有機スペクトル解析ワークブック

T. FORREST・J-P. RABINE・M. ROUILLARD 著

石橋正己 訳

東京化学同人

Organic Spectroscopy Workbook

TOM FORREST
Dalhousie University, Canada

JEAN-PIERRE RABINE
Université de Nice Sophia-Antipolis, France

MICHEL ROUILLARD
Université de Nice Sophia-Antipolis, France

© 2011 John Wiley and Sons Ltd.
All Rights Reserved. Authorised translation from the English language edition published by John Wiley & Sons Limited. Responsibility for the accuracy of the translation rests solely with Tokyo Kagaku Dozin Co., Ltd. and is not the responsibility of John Wiley & Sons Limited. No part of this book may be reproduced in any form without the written permission of the original copyright holder, John Wiley & Sons Limited.

序

　本書は，スペクトルデータによる有機化合物の構造決定法を習得するための新しい方法をコンピューターを活用して構築したいという長年の計画から生まれた．化学構造を決定する力は暗黙の経験やひらめきによって培われるため，多くの演習問題を解くことは重要である．この経験の蓄積には，たとえば，インターネットサイト（http://spectros.unice.fr/）のようなコンピュータープログラムが役に立つ．しかし，そうやって努力して得られた知識も何らかの方法により強化されないとすぐ忘れ去られてしまうかもしれない．

　本書はもともとコンピューター使用者向けに一度学んだ経験を記録するために利用するものと考えていた．しかし，コンピューター上の練習問題を利用せずに学習する学生にとっても状況は同じであることがわかってきた．そのような学生には，本書はスペクトル解析の演習を行うだけでなく，その見直しやレベルアップにも役立つだろう．したがって，結果的に本書はコンピュータープログラムを使う人にも使わない人にも役立つように考えて作成したものになった．コンピューター上の演習問題では，構造決定のためのより詳しい説明と補足的な図表が用意されており，誰でもオンラインで自由に入手できる．

　本書の各演習問題には，4種類のスペクトルチャートに加えて，各スペクトルの解析法の詳細や化合物の構造の導き方に関する説明が記載されている．解析法に関する説明は後ろにいくに従って少なくなり，最後の数問はほとんど説明が加えられていない．すべての問題に対する答は与えられているが，構造式については問題のページには戴せていない．そのため，スペクトルを解析するにつれて構造が明らかになったところから少しずつ構造式を描いていくことができるだろう．

　近年ではもっともむずかしい構造解析の問題を解くときに有用な機器分析の高度な技術が数多く用いられている．本書の演習問題では，低分解能の電子衝撃型質量分析法によるスペクトルを選んでいる．この方法は測定データの入手が容易であり，構造解析に有用な情報量が多い．最新の質量分析法ではほかのさまざまな種類のイオン化法が用いられ，目的にあわせておのおの異なる特定の情報が得られるが，それらは本書のような初学者向けの演習書の範囲を越えている．NMRスペクトルに関しても，数多くの高度なパルスシーケンスを用いたさまざまな多次元スペクトルが知られており，複雑な構造をもつ化合物の構造解析に用いられている．そのような最新の方法は分子量の大きな複雑な化合物の構造解析にきわめて有用であることは確かであるが，それらの方法を使いこなすためには，スペクトルを用いた構造決定の基礎をしっかり理解していることが前提である．本書はその構造決定の基礎を学ぶことを目的としている．

　本書を用いて学習することにより，読者諸君が楽しく実りある経験ができることを願っている．

謝　辞

　本書の準備のために大学の図書館の資料を多数利用した．またそれ以上に，インターネットを通してさらに多くの資料を集め活用した．このようにわれわれは科学者が共有できるよう，貴重なデータを提供する手間を惜しまなかった多くの人々の恩恵を受けている．スペクトルデータを容易に入手できたことが本書の作成において大きな助けとなった．このように大量の一次資料を入手できたことにより，スペクトルを正しく帰属するための適切なモデル化合物をいくつも見つけることができた．それらは二次資料に掲載された一般的なデータ表にだけ頼っていたら見いだすことはできなかったであろう．

　ここに本書の原稿を準備するためにわれわれが利用したインターネットサイトをすべて列挙することは不可能である．しかしながら，われわれが頻繁に利用したいくつかのインターネットサイトのプロバイダーには深く感謝の意を表したい．それらは多くの場合，大学や研究機関，または化学薬品会社が設けているサイトである．

米国国立標準技術研究所（NIST, National Institute of Standards and Technology），Chemistry Webbook

産業技術総合研究所（AIST, National Institute of Advanced Industrial Science and Technology, 日本），有機化合物のスペクトルデータベース

シグマ アルドリッチ社，NMR, IR スペクトル集

アクロス・オーガニック社，IR スペクトル集

ウィスコンシン大学化学科，H. J. Reich, NMR 化学シフトおよび結合定数データ集

またわれわれは次の大学からの支援に感謝する．

ニース・ソフィア–アンチポリス大学，フランス

ヌーメリック・テマティクス大学: UNISCIEL（サイエンスオンライン大学），フランス

ダルハウジー大学，カナダ

訳者序

　有機化学においてスペクトルデータの解析による有機化合物の構造決定は必要不可欠である．特に，近年の機器分析法の進歩はめざましく，微量の有機化合物の構造をスペクトル解析に基づき迅速に決定することが可能となっている．今では，有機構造解析に関して，NMR法を中心に数多くの教科書，演習書，データ集などが出版されており，授業，輪読，自習など，おのおのの目的に適した良書も多い．そういった状況のなかで，本書を翻訳して，幅広く学生諸君の有機スペクトル解析の上達に役立ててほしいと考えるに至ったのは次のような理由からである．

1) 1問ごとに左右の見開きで，左側ページに問題，右側ページに解説というパターンが特徴的で使いやすい．解答は見開きの右側ページの後半に化合物名として書かれているのみで，構造式は書かれていない．構造式は巻末の解答ページにまとめて載せてあり，しかも問題順とは異なっているため，見ようとしなければ構造式は目に入らない．

2) 全部で100の演習問題がある．最初から80問までは，初歩的な問題に始まり，少しずつ難易度が上がっていく．各問題ごとにポイントとなるスペクトル解析法が丁寧に解説されているため，1問ごとに理解が深まる．最後の20問は，問題ページには解答がなく，解説も少ない．それ以前の80問で学んだことを生かして自分で構造を組立てる必要がある．全体を通して，いずれの問題も難問・奇問ではなく基本的な良問である．

3) NMRに関しては二次元スペクトルは載っていない．二次元NMRを使わず，与えられた一次元NMRおよびほかのスペクトルデータから最大限の情報をひき出し，自分の頭を使って考えなければならない．研究室レベル（学部4年生〜大学院生）では　今ではすぐ二次元NMRを使うことに慣れてしまって，逆にほかの多くの貴重な情報をあまり使いこなしていない傾向もある．かえって，本書のような頭を使う問題はむずかしいと感じる人が多いかもしれない．

　以上のような特徴をもつ本書は，大学の学部の講義において有機スペクトル解析演習を行いたいという場合に推薦できる．また，学生の自習書としても大いに薦めることができる．本書を学ぶことを通じて，学生諸君の有機スペクトル解析に対する苦手意識がなくなり，本分野に興味をもつ人が増えることを期待している．またそれとともに，目の前の貴重な情報を最大限に生かすという経験を積んでほしいと願っている．

　なお，翻訳にあたり，原著の誤りはできる限り訂正し，混乱を減らすためには原著の記述にかかわらず，読みやすい表記を心掛けた．最後に本書の出版にご尽力いただき，打合わせや校正などに多大の労をとられた東京化学同人編集部　橋本純子氏，江口悠里氏に深く感謝の意を表します．

2013年12月

石　橋　正　己

目次

本書の使い方 …………………………………………… 1

はじめに ………………………………………………… 2

不飽和度 ………………………………………………… 5

問題 001〜100 …………………………………………… 6

データ集および用語解説

1. IR データ …………………………………………… 209
振動数（波数）別 IR データ ………………………… 209
IR 官能基別データ …………………………………… 216

2. ^{1}H NMR データ …………………………………… 221
化学シフト表 ………………………………………… 221
官能基の化学シフト表 ……………………………… 221
αまたはβ位に置換基をもつアルキル基の化学シフト比較表 ………… 225
α位に二つ置換基をもつメチレン水素の化学シフト表 ……………… 226
通常のメチレン水素の化学シフトを用いた
　　　　　　　近似式に従って導いた計算値 ………… 227

芳香族水素の化学シフト表 ………………………… 228
結合定数 ……………………………………………… 229

3. ^{13}C NMR データ …………………………………… 231
CH_3-，$-CH_2-$，$>CH-$…の一般的な化学シフト領域 ……… 231
官能基の化学シフト領域 …………………………… 232
化学シフトの見積もり ……………………………… 232

4. MS スペクトルデータ ……………………………… 236
主要なフラグメントイオン ………………………… 236
原子の質量 …………………………………………… 237
同位体存在比（％）と精密質量 …………………… 238

関連インターネットサイト ……………………………… 245

問題中の重要な用語 ……………………………………… 247

解　　答 ………………………………………………… 249

索　　引 ………………………………………………… 251

本書の使い方

　問題にはスペクトルチャートと若干の数値データが載せてあるだけで，問題の答（構造式）は書かれていない．構造式が注釈つきで書かれていればスペクトルの解析は容易となるだろうが，本書ではあえて答を早々に開示することは避けている．読者の多くは，問題を解くことに十分時間を費やした後でなければ答は見たくないであろう．もし隣のページに答やスペクトルの解説が載っていたならば，その部分を小さな紙で隠しながら問題を解こうとする人も多いだろう．本書の問題のページの余白に思いついた構造式やスペクトルの解釈を書き込んでおくとよい．問題の解答（完全な構造式）は，巻末に解答のページが設けてあり，そこにまとめて載っている．各問題には問題番号とともにその後ろの括弧のなかに第二の番号が付してあるが，これは解答のページに載っている化合物の番号を表している．次の問題の答を見たくないのに勝手に目に入ってくることがないように，構造式の順番は問題の順番と変えてある．

　本書で出てくる問題の解き方は一つではない．問題には通常たくさんの情報が与えられているので，答に至る道筋はいくつもある．しかし，完全な構造式がいきなり明らかになるわけではない．通常はいくつかの部分構造をつなぎあわせることによって全体の構造が導かれる．それぞれの問題で説明されているスペクトル解析の順序は必ずしもベストではないかもしれない．一般的な順序としては，まず与えられたスペクトル全体を大まかに見て，重要と思われるスペクトル上の特徴をいくつか拾い出す．そして，その特徴的なスペクトルを与える部分構造を推定し，ほかのスペクトルデータとあわせて解析することにより，その部分構造が全体の分子の中に確かに存在することを明らかにする．たとえば，IRスペクトル（infrared spectrum）からカルボニル基が存在することが示唆された場合，^{13}C NMRスペクトル（^{13}C nuclear magnetic resonance spectrum）で対応する化学シフトをもつシグナルが観測されればカルボニル基の存在は確実なものとなる．このように複数のスペクトルからのデータを集めることにより，当初推定した部分構造から分子全体の構造式の完成へと確実に近づいていくことができるだろう．

　読者にまずお薦めしたいのは，部分構造を思いついたらすぐそれを書きとめておくことである．それが誤っているとわかったらいつでも消すことができる．でもその誤った構造は消してしまわないで線を引くだけにしておけば，見直すときにその誤りから逆に学ぶこともできるだろう．一つの問題を終える前には，十分にたくさんのメモを残しておこう．問題を解いているときははっきりと頭にきざまれたつもりでいることも，時間がたつと驚くほどきれいに忘れ去られてしまうものである．

　本書では，^{13}C NMRのDEPTスペクトル（distortionless enhancement by polarization transfer spectrum）はすべてDEPT-135スペクトルである．すなわち，このスペクトルでは，メチレン炭素は下向きに現れ，第四級炭素はシグナルが観測されない．メチル炭素とメチン炭素は通常どおりに上向きに観測される．

　MSスペクトル（mass spectrum）はすべて低分解能（low-resolution）電子衝撃イオン化法（electron ionization mass spectrometry, EIMS）によるものである．EIMSでは，化合物の分子量に相当する分子イオンピークとともに，多くの断片化されたイオン（フラグメントイオン）が観測される．このフラグメントイオンからは，有機化合物の反応性と関連づけることにより，構造解析に有用な多くの貴重な情報が得られる．いくつかの問題では，高分解能質量スペクトル（high-resolution mass spectrometry, HRMS）の結果が載せてある．これは化合物の分子式を直接与えてくれる．

　本書の問題の順序は，分子の構造の複雑さやスペクトル解説文の難易度や長さに従っている．前半では単純なスペクトルに対して詳細な解説が加えられているところがある．後半では，問題の化合物の構造式は複雑であるが，解説文は短いものが多くなっている．最後の20問に関しては，非常に短いヒントが与えられているだけである．これらの問題では^{1}H NMRスペクトルデータ（^{1}H nuclear magnetic resonance spectrum data）が結合定数の値を含めて書き出されている．書き出されたデータをスペクトルチャートとよく比較すれば，スペクトルを言葉で記述する方法が習得できるだろう．

　巻末には，データ解析に必要な数値表や解析法に関する解説がスペクトルごとにまとめてある．

　本書に載っている問題は，オンラインプログラム"マルチスペクトロスコピー（Multispectroscopy, spectros. unice. fr.）"でも入手可能である*．このオンラインプログラムではさらに詳しい解説や図表が公開されており，読者のスペクトル解析と構造決定の学習に役立つであろう．本書を使って学習する際には，このウェブサイトから得られる情報を補助的な資料として活用するとよい．

---

*　訳注：このサイトは英語版読者のために運営されているもので，日本語版読者の使用は必ずしも保証されていません．

はじめに

ある種の官能基や部分構造は，スペクトルを一見しただけでその存在がわかる場合がある．スペクトルの形がその構造に特徴的な場合もある．ただ，このように一見しただけで構造が予想されたとしても，ほかのスペクトルデータをよく解析してさらにその構造を確認することが必要である．

IR（赤外）スペクトル

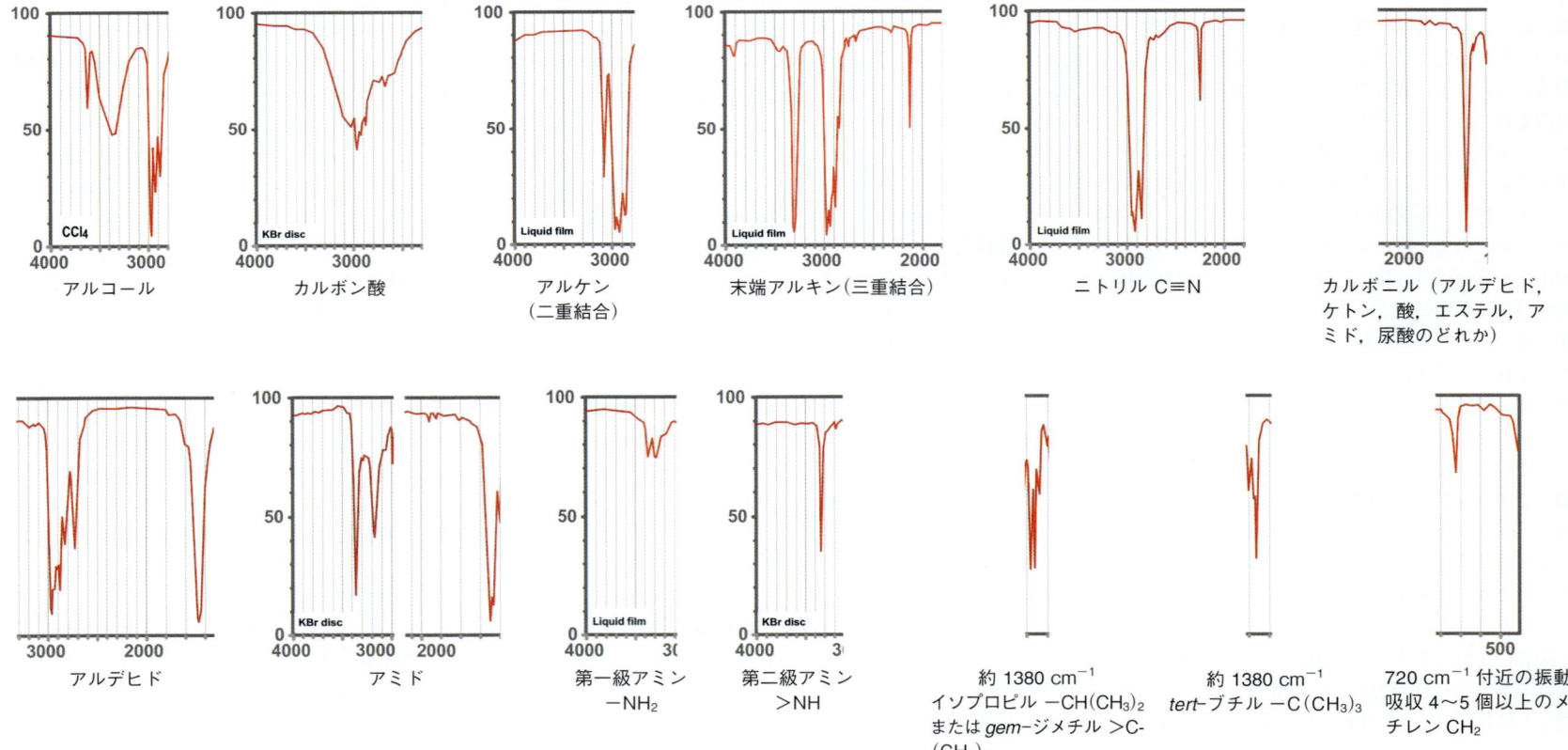

¹H NMR

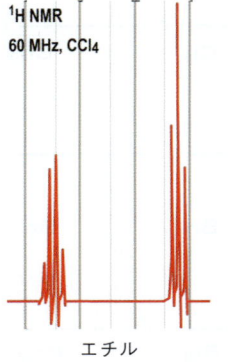
エチル

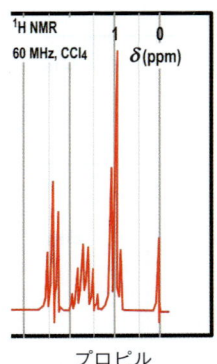
プロピル

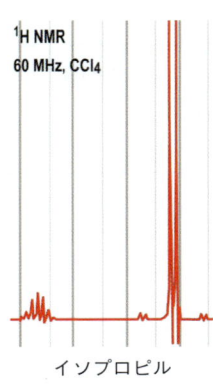
イソプロピル

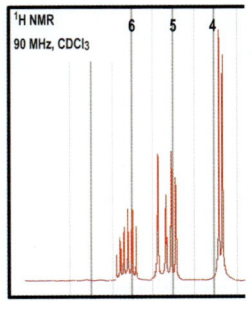
アリル

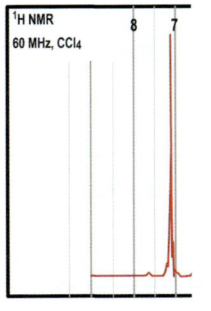
アルキル基が一つ結合したベンゼン（一置換ベンゼン）または二つの同じアルキル基がパラ位に結合したベンゼン（対称二置換ベンゼン）

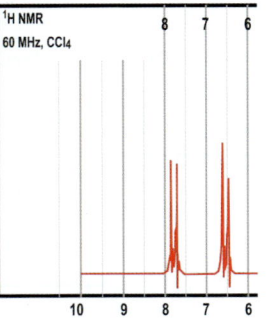
異なる二つの置換基がパラ位に結合したベンゼン（パラ二置換ベンゼン）（AA′XX′系）

¹³C NMR

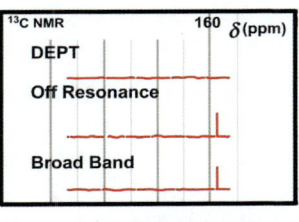
第四級炭素

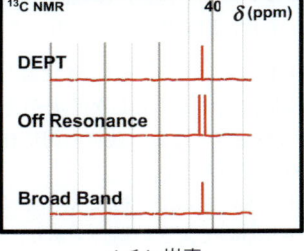
メチン炭素

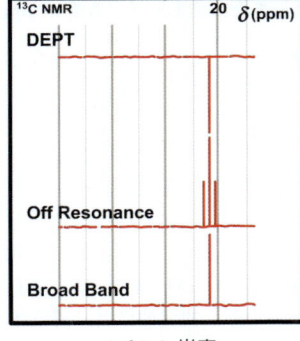
メチレン炭素

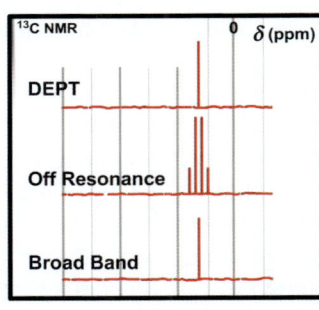
メチル炭素

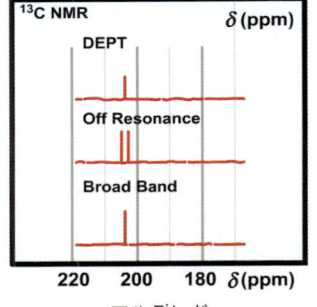
アルデヒド

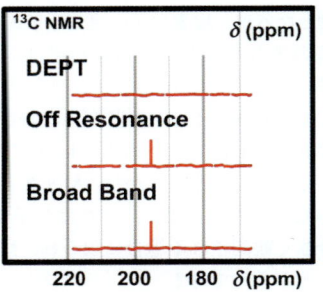
ケトン

MS（質量）スペクトル

分子イオンピーク（M）は観測されるピークのなかで必ずしも最大質量のピークではない．通常は同位体ピークに由来するMより大きい質量のピークが現れる．

- M＋1イオンは，一般にMに対して炭素1個当たり1.1％存在する炭素の^{13}C同位体に由来する．もしケイ素が含まれている場合には，ケイ素1個当たりMの5.1％の強度となる．硫黄の同位体ピークはM＋1イオンよりむしろM＋2イオンの強度が大きい．
- M＋2イオンは，一般にM＋1イオンより強度が小さい．しかし，M＋2の強度がきわめて大きい場合もあり，ときにはM＋2イオンがMより強度が大きいこともある．このような場合には，塩素原子または臭素原子の存在が示唆される．

MSスペクトルの高質量領域の同位体ピークのパターンを見れば，通常，塩素原子または臭素原子の存在を判別することができる．さらには，分子内にこれらの原子が何個存在するかも推定できる．

塩素の場合には天然同位体存在比は，^{35}Clが75％，^{37}Clが25％である．このため塩素原子が何個含まれているかに従って，同位体ピークの強度パターンが明らかに異なってくる（M, M＋2, M＋4, M＋6など）．

臭素の場合，天然同位体存在比は，^{79}Brが50％，^{81}Brが50％である．同位体ピークの強度パターンはきわめて特徴的で（M, M＋2, M＋4, M＋6など），分子内に臭素原子が何個含まれるかに従って明らかに異なっている．視覚的には，同位体ピークのパターンは^{1}H NMRシグナルの分裂様式に似ているところもある．

同一分子中に塩素と臭素の両方が含まれる場合には，同位体ピークパターンはもっと複雑となるが，塩素原子，臭素原子の数に従って特徴的なピークパターンを与える．

硫黄の場合，天然同位体存在比は，^{32}Sが100％（M），^{33}Sが0.8％（M＋1），^{34}Sが4.4％（M＋2）である．

一般に，M＋1イオンの強度には硫黄原子はほとんど影響しない．M＋1イオンは天然存在比1.1％の炭素の同位体^{13}Cの寄与が大きく，硫黄の同位体^{33}Sの寄与はほとんど隠れてしまう．しかし，M＋2イオンが強く観測されれば，硫黄原子の存在が強く示唆される．ただし，これは分子中に臭素や塩素原子が含まれず，Mのピークが十分強く観測される場合に限られ，M＋2イオンが十分信頼性の高い強度で観測されることが条件である．

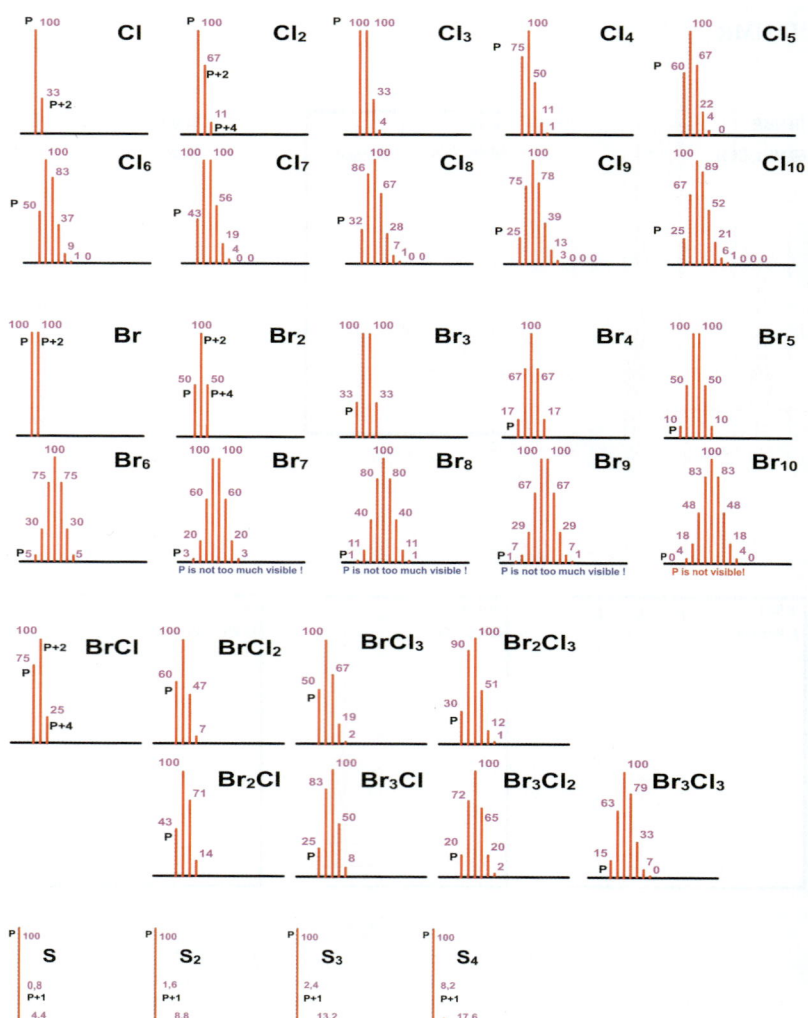

不飽和度

分子式がわかっているならば，化合物の構造を考える際に常に分子式のことを忘れないようにしなければならない．まず最初にすべきことは不飽和度（NCU, number of centers of unsaturation）を計算することである．

不飽和度

分子式が $C_xH_yO_zN_n$ のとき，化合物の不飽和度は次の式で決定できる．

$$NCU = \frac{2x + 2 + n - y}{2}$$

分子式にハロゲン原子が含まれているときは，ハロゲンを水素と置き換えればよい．
不飽和度が4より小さいとき，化合物はベンゼン環を含まない．
不飽和度が0のとき，化合物は二重結合，カルボニル基，または環を含まない．
化合物が三重結合を含むときは，化合物の不飽和度は2以上である．

C_xH_y：酸素が0個，窒素も0個

この分子式をもつ化合物には，アルコール，ケトン，アルデヒド，フェノール，酸，エステル，酸無水物，アミド，アミン，ニトリルなどは含まれない．
不飽和度が0のとき，化合物はアルカンである．
不飽和度が1のとき，化合物は環を一つ含むか，または二重結合（アルケン）を一つ含む．
不飽和度が2のとき，化合物は二重結合を二つ含むか，環を二つ含むか，二重結合一つと環を一つ含むか，または三重結合（アルキン）を一つ含む．
不飽和度が4のとき，化合物は二重結合を四つ含むか，環を四つ含むか，二重結合一つと環を三つ含むか，二重結合二つと環を二つ含むか，または二重結合三つと環を一つ含む（ベンゼン環）．

C_xH_yO：酸素が1個，窒素は0個

この分子式をもつ化合物には，酸，エステル，酸無水物，アミド，アミン，ニトリルなどは含まれない．
不飽和度が0のとき，化合物はアルコールかエーテルである．
不飽和度が1のとき，化合物は環を一つ含むか，または二重結合（>C=C< アルケン，>C=O ケトンまたはアルデヒド）を一つ含む．
不飽和度が4のとき，化合物は二重結合を四つ含むか，環を四つ含むか，二重結合（>C=C< または >C=O）一つと環を三つ含むか，二重結合（>C=C< または >C=O）二つと環を二つ含むか，二重結合（>C=C< または >C=O）三つと環を一つ含む（この場合はベンゼン環の可能性がある）．
不飽和度が5のとき，化合物はベンゼン環一つと二重結合（>C=C< または >C=O）を一つ含むか，ベンゼン環一つと環をもう一つ含むか，またはその他いろいろな場合が考えられる．

$C_xH_yO_2$：酸素が2個，窒素は0個

この分子式をもつ化合物には，酸無水物，アミド，アミン，ニトリルなどは含まれない．
不飽和度が0のとき，化合物はアルコールかエーテルか，またはその両方の官能基を含む．
不飽和度が1のとき，化合物は環を一つ含むか，または二重結合（>C=C< または >C=O）を一つ含むか，カルボン酸 RCOOH を含むか，またはエステル RCOOR′ を含む．

$C_xH_yO_3$：酸素が3個，窒素は0個

この分子式をもつ化合物には，アミド，アミン，ニトリルなどは含まれない．
不飽和度が2のとき，化合物は酸無水物 RCOOCOR′ である可能性がある．

C_xH_yON：酸素が1個，窒素が1個

この分子式をもつ化合物には，酸，エステル，酸無水物などは含まれない．
不飽和度が1のとき，この化合物はアミド RCON< である可能性がある．

C_xH_yN：酸素が0個，窒素が1個

この分子式をもつ化合物には，酸，エステル，酸無水物，アミドなどは含まれない．
不飽和度が0のとき，化合物はアミンである．
不飽和度が2のとき，化合物はニトリルである可能性がある．

問 題 001 (001)

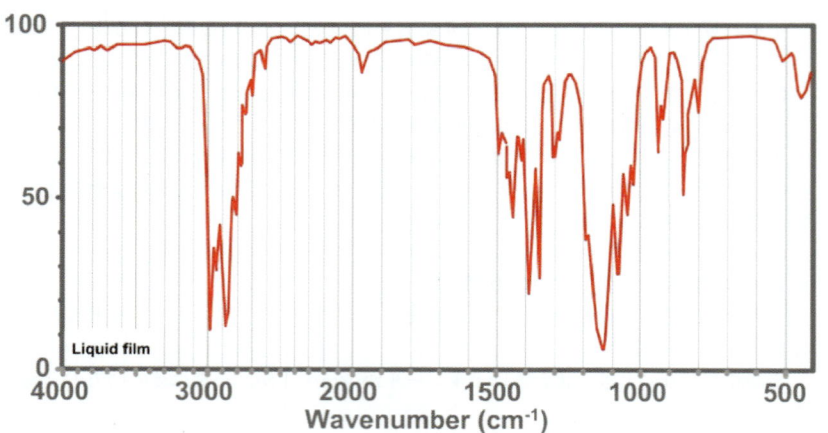

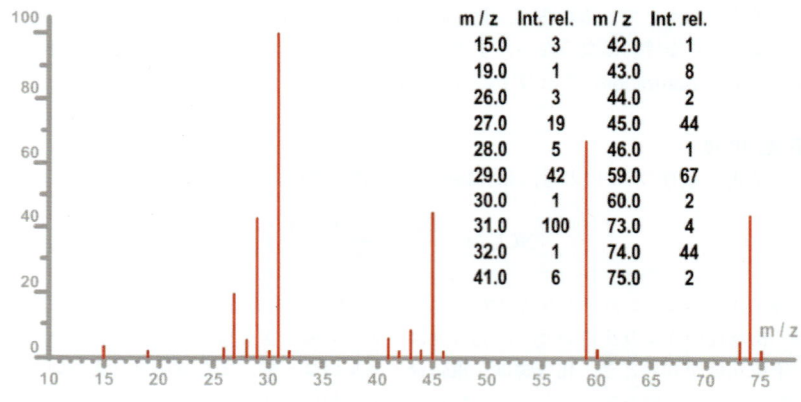

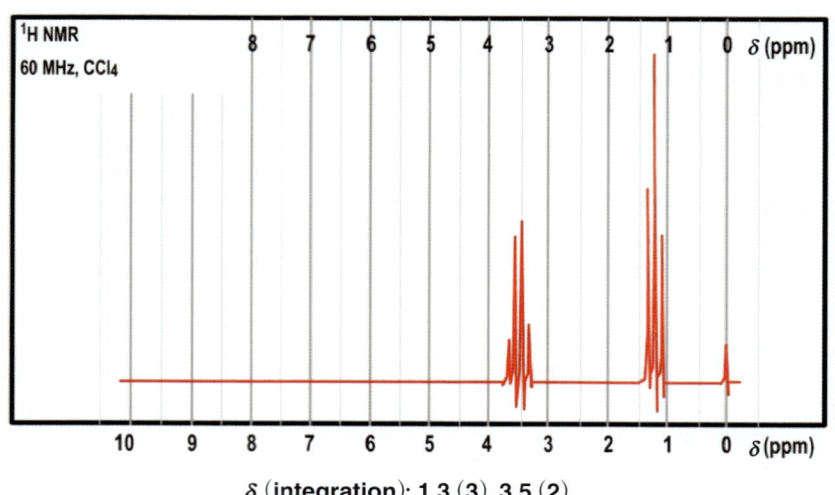

δ (integration): 1.3 (3), 3.5 (2)

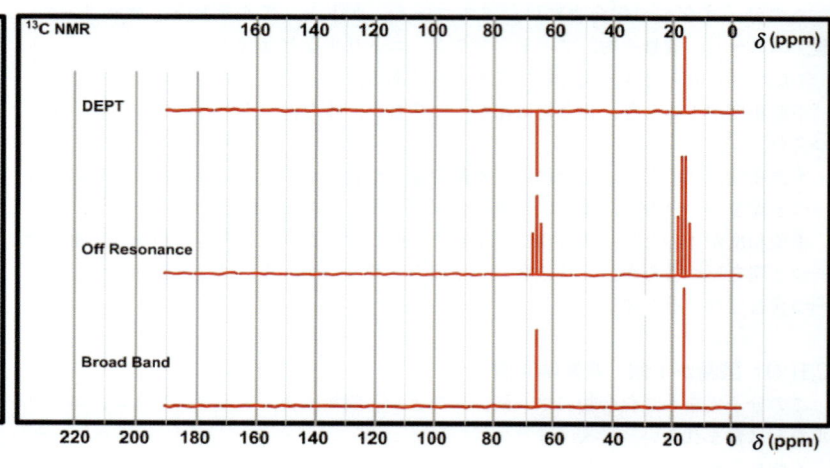

δ: 15.19, 65.88

問 題 001（001）

はじめに

質量（MS）スペクトルからは，化合物の分子量，塩素・臭素などのヘテロ原子の存在などの情報が得られ，フラグメントイオンの開裂様式からは，部分構造を示唆する情報が得られる．赤外（IR）スペクトルからは，官能基の存在やその他の構造的特徴の証拠を得ることができる．^{13}C NMRスペクトルからは，分子に含まれる炭素の数や，それらの炭素に置換した水素の数，官能基などの情報を知ることができる．^{1}H NMRスペクトルからは，水素原子の数とその環境に関する情報が得られ，シグナルの分裂様式からおのおのの水素のつながりが示唆される．

MS

同位体ピークのパターンから塩素や臭素は存在しないと考えられる．分子イオンピーク（M^{+}）は通常最も高質量のイオンである（同位体ピークを伴う）．分子イオンピークが奇数であれば，窒素原子が奇数個存在することが示唆される．MSスペクトルでは，最も高質量ピークは74（相対強度44％）であり，^{13}C同位体ピーク（75）を伴っている（2％）．炭素同位体^{13}Cの天然存在比は1.1％である．したがって炭素原子1個が同位体ピークの相対強度の1.1％に寄与する．ここでは同位体ピーク（M＋1）の分子イオンピーク（M）に対する相対強度は4.5％（2/44×100）であるため，この化合物には炭素原子が4個含まれることが示唆される．最も相対強度が大きなピークは基準ピークとよばれ，強度100％で表す．ここでは，基準ピークは31に観測されており，これより分子中に酸素原子が含まれることが示唆される．この近くに観測される29のピークは炭化水素CH$_3$CH$_2^{+}$に由来すると考えられるが，31のピークCH$_2$OH^{+}には酸素が含まれると帰属される．59のピークはM−15に帰属され，これよりメチル基が存在することがわかる．

^{13}C NMR

最も単純な一番下のスペクトルはブロードバンドデカップルスペクトル（プロトン完全デカップルスペクトル，BBスペクトル）であり，すべてのC−Hカップリングが消去されて観測されるものである．本問題では2本のシグナルのみ観測されている．オフレゾナンス（OR）スペクトルではC−Hの直接カップリングの幅が小さくなっているため，シグナルの分裂パターンが読みやすくなっている．ここではC−H直接カップリングによりメチル基は四重線，メチレン基は三重線として観測されている．DEPTスペクトルではメチレン炭素が下向きに現れるが，本問題でもそのようなシグナルが1本観測されている．DEPTでは奇数の水素が結合した炭素は上向きのシグナルを与える．本問題でもそのようなシグナルが1本あるが，これはメチル基のシグナルである．水素が結合していない第四級炭素のシグナルはDEPTでは観測されない．低磁場側に観測されるシグナルの化学シフト（66 ppm）は酸素に結合したメチレン炭素の化学シフトに相当する．MSスペクトルにおいて炭素の数が4個存在することが示唆されていたので，この分子は対称性をもっていなければならない．

^{1}H NMR

観測されているシグナルは2種類のみであり，一つは三重線，もう一つは四重線である．0.0 ppmの小さなシグナルは基準物質のテトラメチルシラン（TMS）のシグナルである．この結合様式から部分構造としてエチル基 −CH$_2$CH$_3$ の存在が容易に示唆される．すなわちメチル基の水素は隣のメチレン基の2個の水素により三重線に分裂し，メチレン基の水素は隣のメチル基の3個の水素により四重線に分裂する．積分値からこの2本のシグナルの相対強度は2：3であることが示唆され，エチル基の構造と矛盾しない．窒素原子またはハロゲンやほかの奇数原子価の原子を含まない分子は必ず偶数個の水素原子をもつ．したがって，この化合物にはエチル基が偶数個含まれていなければならない．メチレン基の水素の化学シフトが低磁場（3.5 ppm）に観測されることから，このメチレン基は電子求引基（ここでは酸素原子）に結合していると考えられる．

IR

1140 cm^{-1}の吸収はC−O伸縮振動によるもので，エーテル結合の存在を示唆している．このほかには，アルキル基の吸収がある程度で，特徴的な官能基の吸収は観測されていない．IRスペクトルは特定の官能基が存在しないことを証明するのに有効である．ここでは，カルボニル基やヒドロキシ基が存在しないことが明らかである．

まとめ

^{1}Hおよび^{13}C NMRスペクトルから酸素に結合したエチル基（エトキシ基）の存在が示唆された．MSスペクトルから分子量は74であり，エトキシ基の質量が45であることから，残りはもう一つのエチル基（29）と考えられる．この化合物はジエチルエーテル CH$_3$CH$_2$−O−CH$_2$CH$_3$ である．

問 題 002 (003)

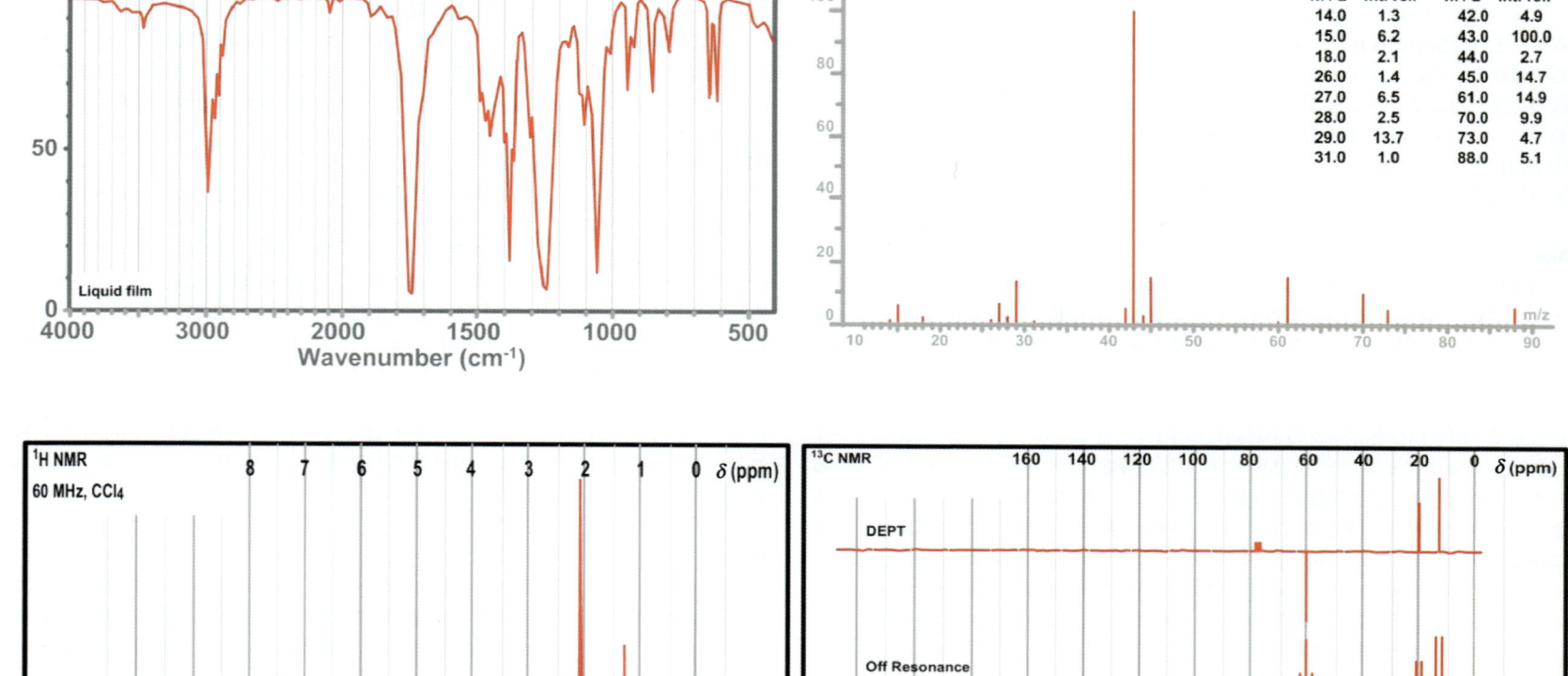

δ (integration): 4.12 (2), 2.04 (3), 1.26 (3)

δ: 171.1, 60.4, 21.0, 14.3

問題 002（003）

はじめに

スペクトルを一見していくつかの際立った特徴があることがわかる．IRスペクトルでは 1740 cm^{-1} にカルボニル基の非常に強い吸収がある．MSスペクトルでは最高質量が偶数（88）であるため，これは分子イオンピーク（M$^+$）を示していると思われる．^{13}C NMRスペクトルは炭素の数と種類を決めるのに有用で，^{1}H NMRスペクトルからは炭素間の結合が示唆される．NMRの化学シフトおよびIRスペクトルから官能基が決まり，MSスペクトルから得られる分子量とあわせて化合物の構造を考える．

^{13}C NMR

BBスペクトルから4種の炭素の存在がわかり，ORスペクトルからは二つの炭素はメチル基（四重線，CH$_3$），一つの炭素はメチレン基（三重線，CH$_2$），もう一つの炭素は第四級炭素（一重線，C）であることがわかる．DEPTスペクトルにおいて下向きに観測される 60 ppm のシグナルはメチレン炭素である．BBで観測された 171 ppm のシグナルはDEPTでは消失していることから，この炭素は第四級炭素である．これらの結果より，二つの異なるメチル基，一つのメチレン基，および大きく低磁場にシフトした第四級炭素一つが含まれていることがわかる．以上から炭素4個と水素8個，またはその倍数の存在が示唆される．

^{1}H NMR

3種の異なるシグナルが観測されている．積分値から3本のシグナル（4.1, 2.0, および 1.3 ppm）の相対強度は 2：3：3 であり，合計で水素8個分である．これは ^{13}C NMRスペクトルから示唆された水素の数と一致する．一つのメチル基（2.0 ppm）はほかの水素とカップリングせず一重線として観測されている．もう一つのメチル基（1.3 ppm，三重線）はメチレン基とカップリングしている．したがって，エチル基が一つと孤立したメチル基が一つ存在する．2.0 ppm のメチル基はその化学シフトから sp^2 炭素の隣に存在すると考えられる．一方，メチレン基（4.1 ppm）は酸素に結合したメチレン基に相当する化学シフトをもっている．メチレン基はメチル基とカップリングしていることから，エトキシ基 −OCH$_2$CH$_3$ が存在する．

IR

官能基を示唆する2本の重要な吸収がある．1本は 1740 cm^{-1} のカルボニル基 C=O の吸収であり，もう1本は 1250 cm^{-1} に観測される C−O 結合に由来する吸収である．これらの吸収からエステル C−O−C=O の存在が示唆される．

MS

偶数の最高質量は 88 であり，これは分子イオンピークであると考えられる．最も相対強度が大きいピーク（基準ピーク）は 43 であり，これはアシリウムイオン CH$_3$-C≡O$^+$ に由来するフラグメントピークと考えられる．このアシリウムイオンはカルボニル基の α 開裂によってエトキシルラジカルが脱離することによって生成する．73のイオンはメチル基が一つ脱離したものである．70のイオンは水分子が脱離した脱水ピークであり，エステルでは転位を伴う開裂反応（フラグメンテーション）により生成する．窒素を含まない化合物のフラグメントイオンは奇数質量のものが多い．奇数質量のイオンは偶数個の電子を含み，一般に偶数質量のイオンより安定である．偶数質量のイオンは奇数個の電子を含むラジカルイオンからなることが多く，一般に不安定である．偶数質量のイオンが観測されるのは，フラグメンテーションにより小さい安定な分子が生成する場合である．たとえば，ここでは水が脱離することにより質量 70 のイオンが生成した．

まとめ

明らかな部分構造としては，エチル基，メチル基，および第四級炭素があり，これらの質量を加えると 56 となる．これはMSスペクトルの分子イオンピークから示唆された分子量 88 より 32 小さい．この不足する質量は二つの酸素（2×16）に相当し，IRスペクトルで示唆されたエステルに含まれる酸素数と一致する．NMR化学シフトからメチレン基（4.1 ppm）はエステルの酸素に直接結合しており，カップリングしていないメチル基（2.0 ppm）は sp^2 炭素に隣接していると考えられる．したがって，このメチル基はカルボニル基に結合している．以上より，この化合物は酢酸エチル CH$_3$(C=O)OCH$_2$CH$_3$ である．

問　題　003（010）

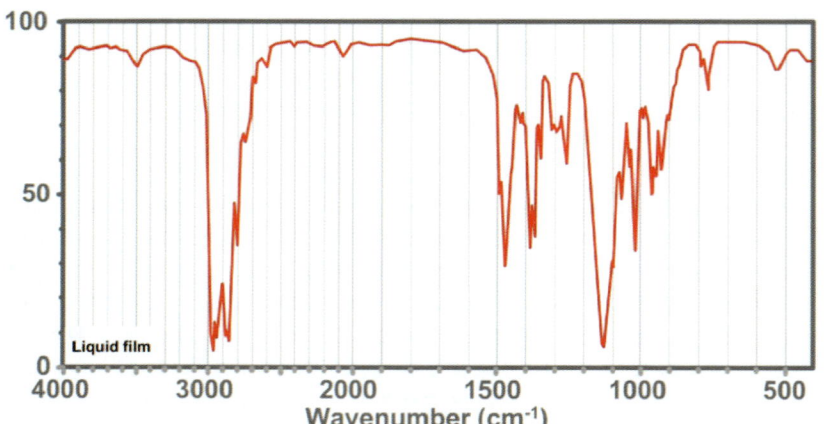

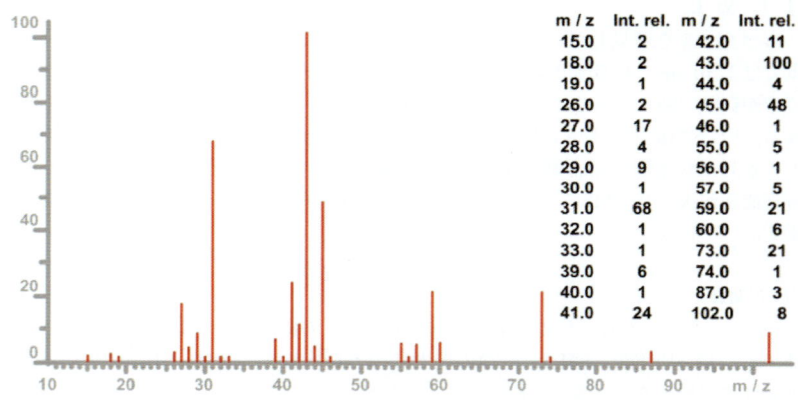

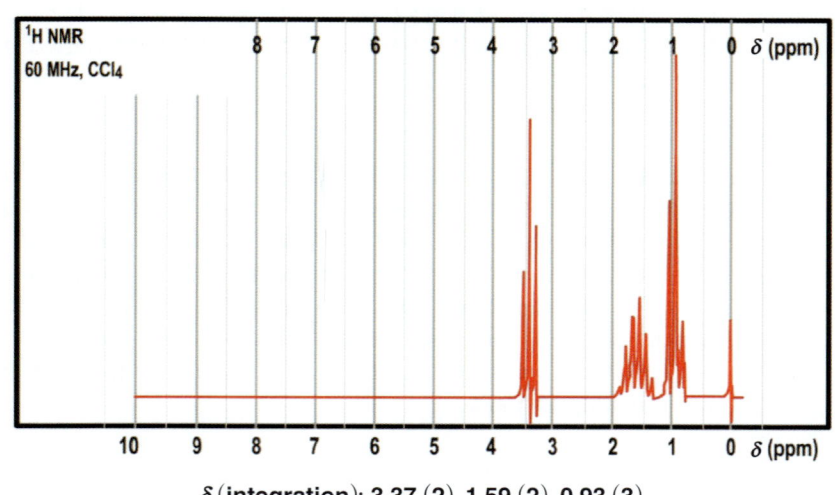

δ (integration): 3.37 (2), 1.59 (2), 0.93 (3)

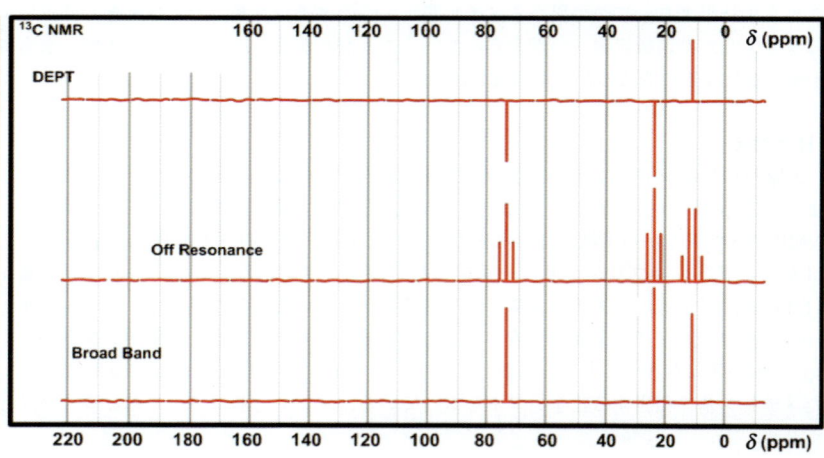

δ: 72.84, 23.34, 10.60

問 題 003 (010)

はじめに

　IR スペクトルは分子中に存在する官能基に関する最初の手がかりを与える．もし IR からでははっきりしない場合は NMR スペクトルの化学シフトが次のヒントとなる．NMR からは分子中に含まれる部分構造についての情報がたくさん得られる．MS スペクトルの開裂様式からも多くの情報が得られるが，その開裂は MS における高エネルギー条件下に起こった反応であることには注意を要する．

MS

　102 のピークは分子イオンピークの有力な候補である．このピークは偶数であるが，奇数のピークも多く観測されている．たとえば，87（M－15），73（M－29），59（M－43）などである．特に，31 のピークは通常，酸素を含むイオン CH_2OH^+ であることが多いので注意しておこう．この化合物は酸素原子を一つ含む飽和化合物 $C_6H_{14}O$ か二つの酸素原子を含む不飽和化合物 $C_5H_{12}O_2$ かのいずれかと考えられる．メチル基が脱離したピーク（M－15）とエチル基が脱離したピーク（M－29）が観測されているので，この化合物にはメチル基とエチル基が含まれていると予想されるが，この予想は常に ^1H や ^{13}C NMR スペクトルによって確認する必要がある．

^1H NMR

　3 種類のシグナルが 2：2：3 の積分比で観測されている．これらのシグナルの分裂パターンはおのおの三重線，六重線，三重線である．これにより，プロピル基 $-CH_2-CH_2CH_3$ の存在が示唆される．片方の端の CH_2 は隣に水素が二つ，中央の CH_2 は隣に水素が五つ，末端の CH_3 は隣に水素が二つ存在するため，上記のような分裂パターンとなっている．端の CH_2 の化学シフトは 3.4 ppm であり，この化学シフトからこの CH_2 基は酸素に結合していることが示唆される．MS スペクトルから，この化合物はプロピル基 1 個と酸素 1 個だけからなるのではなく，それより大きい分子量をもつことが示唆される．しかし ^1H NMR ではプロピル基以外のシグナルは観測されないため，この化合物にはプロピル基が二つ含まれていると予想される．

IR

　1120 cm^{-1} に C－O 伸縮振動の強い吸収帯が観測されている．カルボニル基やヒドロキシ基の吸収は存在しないため，この C－O 結合はエーテル結合と予想される．このほかにはアルキル鎖に由来するものと考えられる吸収以外は，あまり特徴的な吸収が観測されていない．1380 cm^{-1} 付近には同じ強度の 2 本の吸収が観測されている．このような吸収は二重線ともよばれ，通常は *gem*-メチル基の存在を示唆する．しかし，この吸収のみから判断すると誤るかもしれないので注意が必要である．この化合物の場合，NMR スペクトルから *gem*-メチル基は存在しないと考えられる．

^{13}C NMR

　この化合物には 3 種類の炭素が存在する．二つはメチレン炭素 CH_2 で一つはメチル炭素 CH_3 である．メチレン炭素は OR スペクトルで三重線として観測され DEPT スペクトルでは下向きに観測される．メチル炭素は OR スペクトルで四重線として観測される．化学シフト 73 ppm に観測される炭素はエーテル結合によって酸素に結合している炭素の化学シフトとして適切である．

まとめ

　この化合物は酸素原子に結合したプロピル基を含み，分子量は 102 である．プロピル基 1 個は質量 43，酸素 1 個は 16 であるため，あわせて 59 である．これは分子量 102 より 43 少ない．したがって構造式を完成させるにはプロピル基もう 1 個が必要である．すなわち，本化合物はジプロピルエーテル $CH_3CH_2CH_2-O-CH_2CH_2CH_3$ である．^1H NMR スペクトルにおける二つの三重線は対称ではない．特にメチル基の三重線は左右対称からはほど遠い形で観測されている．どちらのピークもカップリングしている相手のシグナル側のピークが大きくなった非対称形として観測されている．この現象は化学シフトの差が結合定数の大きさに比べてあまり大きくないときに顕著に現れる．言いかえると，互いにカップリングしている 2 本のシグナルの化学シフトが接近しているとき対称性が大きく崩れる傾向にある．しかし NMR スペクトルを高磁場の装置で測定すると（たとえば，60 MHz の代わりに 400 MHz の装置を使うと），そのような対称性の崩れは小さくなる．これはヘルツ単位での化学シフトの差が大きくなるのに対して，結合定数の大きさは変わらないためである．すなわち，結合定数に対する化学シフト差の比が大きくなるため，対称性の崩れは減少する．本問題の ^1H NMR スペクトルと問題 004 の ^1H NMR スペクトルのシグナルの対称性の違いを比較してみるとよい．

問 題 004 (007)

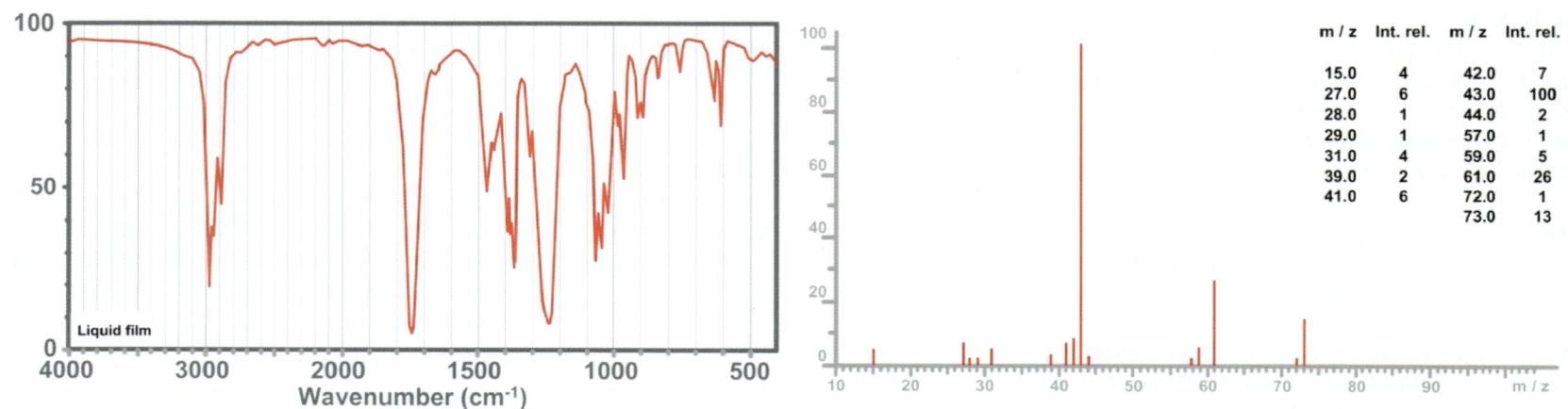

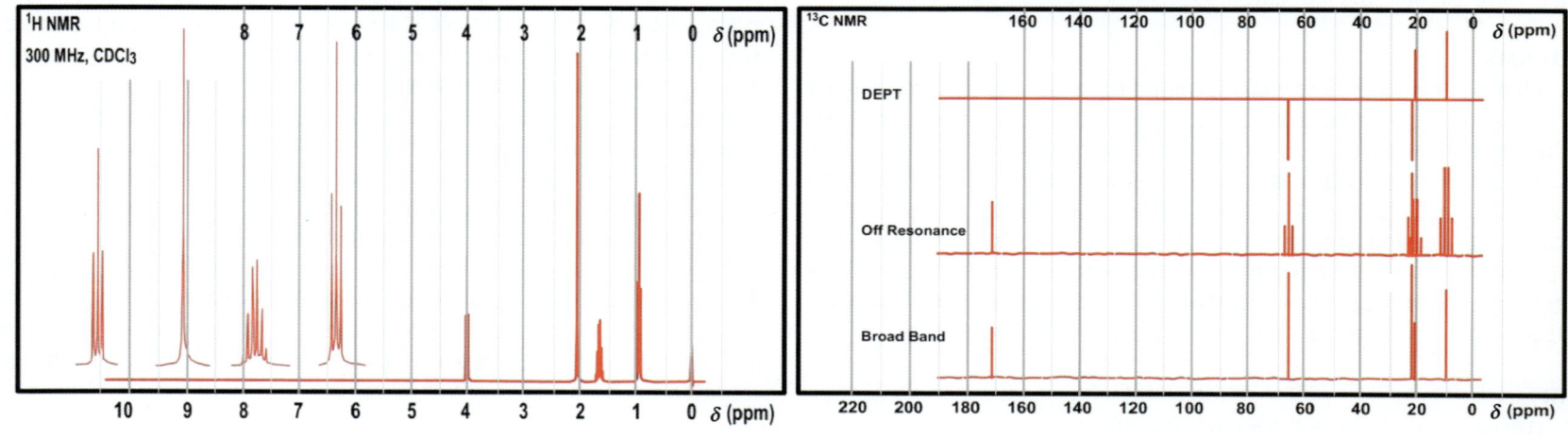

δ (integration): 4.02 (2), 2.05 (3), 1.65 (2), 0.95 (3)

δ : 171.1, 66.1, 22.1, 20.9, 10.4

問題 004（007）

はじめに

まず注目したいのは IR スペクトルにおける 2 本の強い吸収である．これは構造決定に有用な情報である．MS スペクトルにおける最高質量のイオンは奇数である．したがって，フラグメントイオンとして開裂しやすい官能基が存在することが予想される．NMR スペクトルではアルキル基のシグナルが特徴的である．

IR

上述のように 2 本の強い吸収がある．1745 cm^{-1} の吸収はカルボニル基の存在を示唆している．IR スペクトルにおけるカルボニル基の吸収の位置によってカルボニル基の種類（ケトン，アルデヒド，エステル，アミドなど）や共役しているかどうかなどを見分けることができる．本問題のカルボニル基の吸収は，典型的な非共役エステルの領域内にある．C-O 単結合の伸縮振動が 1238 cm^{-1} に観測されているが，これはエステル（特にアルキルエステル）に典型的な領域である．IR スペクトルは官能基が存在しないことを示すのにも有用であるが，ここでは IR スペクトルからヒドロキシ基，カルボキシル基，アミノ基などは存在しないことがわかる．

^{13}C NMR

DEPT スペクトルから二つのメチレン炭素（下向きのシグナル）と一つの第四級炭素（消失したシグナル）の存在がわかる．後者のシグナルの化学シフトから第四級炭素はエステルのカルボニル炭素であると予想される．10 および 21 ppm の 2 本のシグナルは DEPT スペクトルでは上向き，OR スペクトルでは四重線として観測されているので，これらはメチル炭素と考えられる．以上より予想される部分構造の質量を合計すると，$5 \times 12(\text{C}) + 2 \times 16(\text{O}) + 10 \times 1(\text{H})$ より，102 となる．

MS

このスペクトルの解釈はあまり容易ではない．もし 73 のピークが分子イオンピークだとすると，この化合物は窒素ルール（奇数個の窒素原子を含む化合物の分子量は奇数であり，0 または偶数個の窒素原子を含む化合物の分子量は偶数である）より窒素原子を含むことになる．しかし，強く観測されている主要なピークは奇数であり（43 や 61），これらは窒素を含んでいる化合物のフラグメントイオンとは考えにくい（窒素を含む化合物の場合は，偶数のフラグメントイオンが期待される）．エステルでは構成する酸とアルコールに由来するフラグメントイオンが生成する．生じるイオンは，エステルの開裂する場所と電荷の位置によって決まる．電荷は多くの場合カルボニル基上に存在する．フラグメントイオンはカルボニル基の α 結合の開裂（α 開裂）によって生成することが多い．α 開裂によってアシルカチオン $\text{RC} \equiv \text{O}^+$ が生じる．この場合は，アシルカチオンは基準ピークの 43（$\text{CH}_3\text{C}\equiv\text{O}^+$）であり，これは酢酸エステルに特徴的なイオンである．61 のイオンは比較的安定な偶数電子のプロトン化された酢酸イオン $[\text{CH}_3\text{C}(\text{OH})_2]^+$ であり，アルキル酢酸エステルに典型的なピークである．73 のピークはアルコール酸素からの α 開裂によりエチルラジカルが脱離することによって生成したイオンである．

^{1}H NMR

4 本のシグナルが 2:3:2:3 の比で観測されている．水素は全部で 10 個分である．おのおののシグナルの分裂様式は，二つの水素とカップリングした CH_2（三重線）が一つ，カップリングした水素をもたない CH_3（一重線）が一つ，五つの水素とカップリングした CH_2（六重線）が一つ，二つの水素とカップリングした CH_3（三重線）が一つである．これらの結合様式からプロピル基の存在が示唆され，プロピル基の一方の末端のメチレン基は低磁場シフトしていることから酸素に結合していることが示唆される．一重線のメチル基は化学シフトからカルボニル基に隣接していると予想される．

まとめ

化合物はプロポキシ基 $-\text{OCH}_2\text{CH}_2\text{CH}_3$ と，カルボニル基に結合したメチル基を含むエステルである．そのような化合物として酢酸プロピル $\text{CH}_3\text{CH}_2\text{CH}_2\text{O}(\text{C}=\text{O})\text{CH}_3$ が考えられる．

問 題 005 (094)

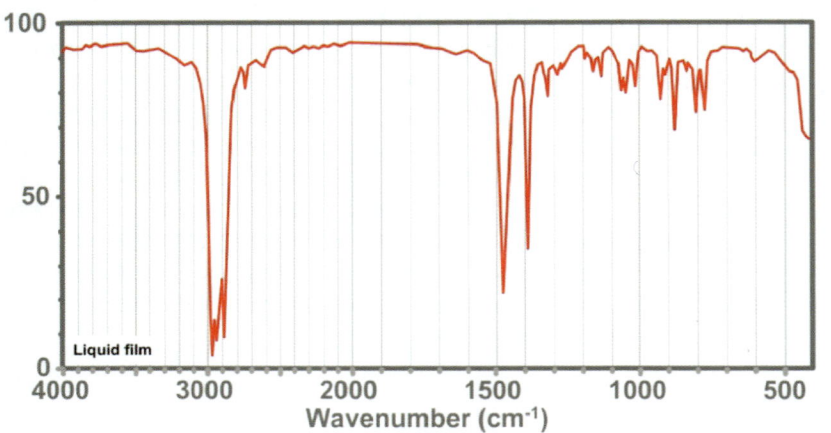

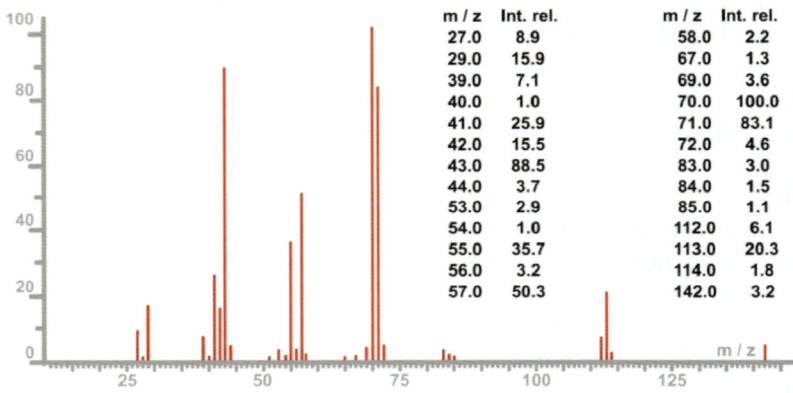

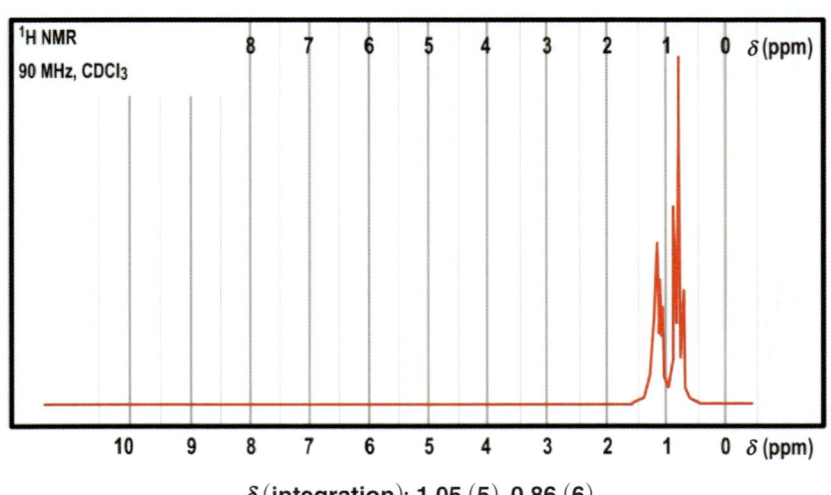

δ (integration): 1.05 (5), 0.86 (6)

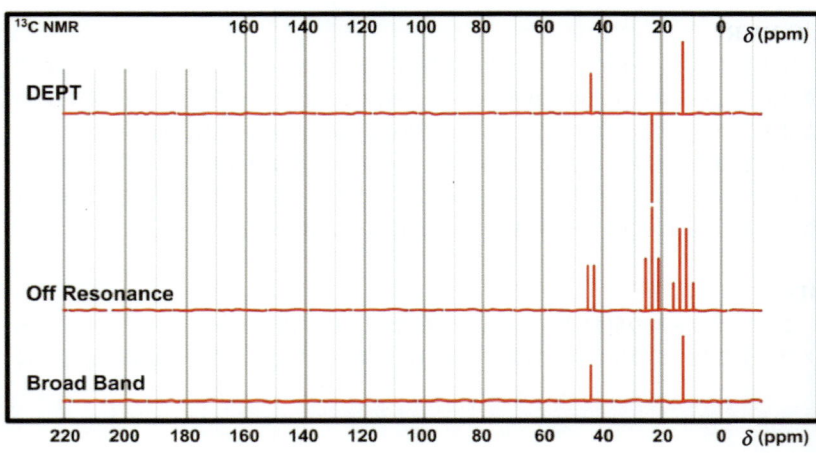

δ: 43.08, 22.88, 12.61

問題 005（094）

はじめに

まず，スペクトルを一通り見て，どのような官能基が含まれているか予想する．次に，MSスペクトルから分子式を決定する．^{13}Cおよび^{1}H NMRスペクトルからアルキル基を同定する．分子式と炭素の種類から予想される部分構造や官能基をつなぎあわせて化合物の構造を組立てる．

IR

特に官能基の存在を示す証拠は得られない．観測されている吸収はすべてアルキル基に由来するものと考えられる．1380 cm^{-1}の吸収はメチル基の吸収が変形したものかもしれない．もしこれが二重線として現れていたら*gem*-ジメチル基〔イソプロピル基 −CH(CH$_3$)$_2$，*tert*-ブチル基 −C(CH$_3$)$_3$，または >C(CH$_3$)$_2$〕の存在が示唆される．

MS

観測されている最高質量イオンは偶数（142）であり，フラグメントイオンの多くはアルカン由来と考えられる奇数のイオン（29, 43, 57, 71, 113）である．これより分子量142の炭化水素と予想される．分子量142を14で割り算すると10余り2となる．つまり，この分子量は10個のCH$_2$に質量単位2を加えたものであり，ちょうど飽和炭化水素C$_{10}$H$_{22}$に相当する．MSスペクトルにおける最初のフラグメントイオンは113であり，エチル基29が脱離したものと帰属される．メチル基が脱離したピーク M−15 が観測されていないことから，メチル基が枝分かれした構造は含まれないと考えられる．また31のピークも観測されていない．31は酸素の存在を示唆するピークであるため，MSからは酸素の存在は示唆されない．

^{1}H NMR

シグナルが接近していて正確な積分値を読取ることはむずかしい．さらに強力な磁場をもつNMR装置で測定すれば，シグナルの分離はよくなり，もっと正確に積分値を読取ることができるだろう．0.9 ppm付近の三重線はメチル基に由来する．このメチル基のシグナルの変形のしかたから，このメチル基は化学シフトが近いほかの水素とカップリングしていると考えられる．このことから，MSスペクトルより示唆されたエチル基の存在が^{1}H NMRでも支持される．0.9 ppmのメチル基よりやや低磁場側に観測されるシグナルはCH$_2$またはCHのシグナルと考えられる．

^{13}C NMR

分子式はC$_{10}$H$_{22}$とわかったけれども，^{13}C NMRスペクトルでは3種類のシグナルしか観測されていない．これより，いくつかの等価な炭素が存在することが明らかである．どの炭素もsp^{3}炭素の化学シフト領域に観測されており，官能基の影響は受けていない．DEPTスペクトルから第四級炭素（消失するシグナル）は存在せず，第二級炭素（CH$_2$，下向きのシグナル）が一つあることがわかる．ORスペクトルから43.1 ppmの二重線はメチン炭素，22.9 ppmの三重線はメチレン炭素，12.6 ppmの四重線はメチル炭素であることがわかる．

まとめ

以上の結果から，この化合物はエチル基 −CH$_2$CH$_3$とメチン炭素 >CH− を含み第四級炭素を含まないことがわかった．構造中の枝分かれした鎖はいずれも末端がメチル基と考えられる．もし直鎖アルカン化合物とするとメチル基は二つあるがメチンは存在しないので直鎖アルカンではない．直鎖アルカンのどこかにメチン炭素を挿入すると，もう一つメチル基が必要になる．ここではメチル基はエチル基の一部になっている．二つのエチル基の真ん中にメチン炭素を挿入するともう一つのエチル基をつなげなければならず，そうすると炭素は全部で7個になる．さらにもう一つのメチン炭素を加えると，もう一つエチル基をつなげることが必要となり，炭素数は全部で10個となる．この場合，四つのエチル基と二つのメチン炭素が分子中に含まれる．四つのエチル基がすべて等価であり，さらに二つのメチン炭素も等価となる構造をもつ化合物は3,4-ジエチルヘキサン(CH$_3$CH$_2$)$_2$CHCH(CH$_2$CH$_3$)$_2$しかない．

注意点

90 MHz ^{1}H NMRスペクトルではメチンとメチレン水素のシグナルはメチル基のシグナルの裾野に重なっているが，400 MHz ^{1}H NMRスペクトルではこれらのシグナルは分離して観測され，分裂様式の解析もおそらく可能である．この化合物ではメチレン炭素上の二つの水素は等価ではない．メチレン炭素の隣のメチンには3種類の異なる置換基が結合しており，メチレン炭素上の二つの水素はジアステレオトピックである．二つのメチレン水素は互いに $^2J = 13$ Hz でカップリングするAB組を形成し，さらに隣のメチル基とカップリングしている（$^3J = 7.2$ Hz）．また隣のメチン水素との結合定数は異なっている（$^3J = 2$ Hz と 6.5 Hz）．

問 題 006（009）

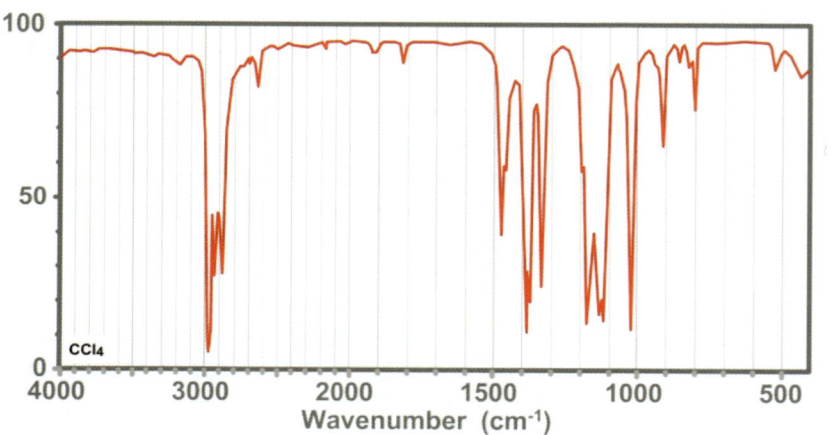

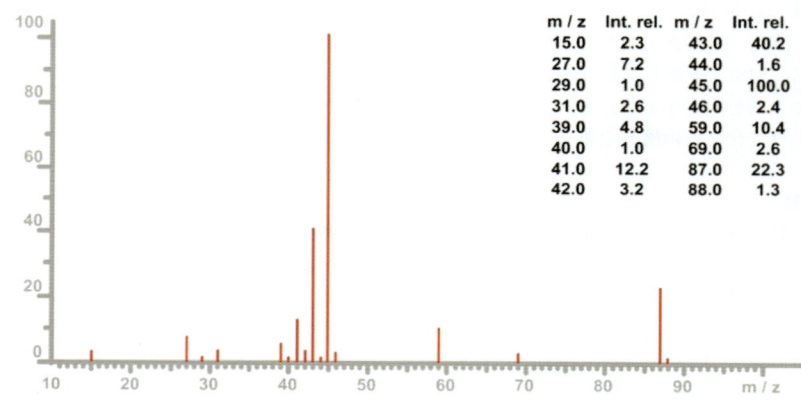

m/z	Int. rel.	m/z	Int. rel.
15.0	2.3	43.0	40.2
27.0	7.2	44.0	1.6
29.0	1.0	45.0	100.0
31.0	2.6	46.0	2.4
39.0	4.8	59.0	10.4
40.0	1.0	69.0	2.6
41.0	12.2	87.0	22.3
42.0	3.2	88.0	1.3

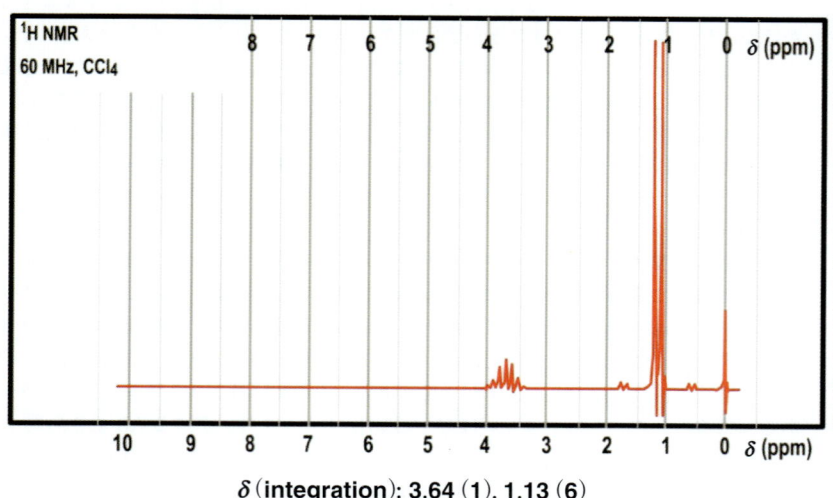

δ (integration): 3.64 (1), 1.13 (6)

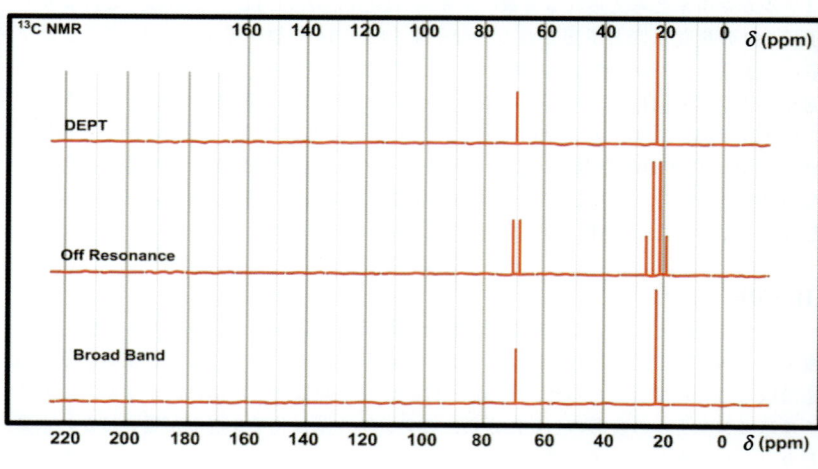

δ: 68.57, 22.95

問題 006（009）

はじめに

^{1}H NMR スペクトルでは 1 ppm 付近の大きなシグナルの両側に小さなシグナルが現れている．これはスピニングサイドバンド（spinning sideband）とよばれる偽のシグナルである．このシグナルは磁場の傾斜によって生じ，試料管の回転数によって変わる．スペクトル解析を行うにはこのシグナルは無視してよい．1380 cm^{-1} の赤外吸収は二重線として現れている点に注意しておこう．IR スペクトルからは特徴的な官能基の存在は示唆されないが，NMR や MS スペクトルからはヒントが得られるだろう．

^{1}H NMR

2 種類のシグナルが観測されている．一つは七重線，もう一つは二重線である．これらは脂肪族のシグナルであることは容易に帰属できる．高磁場側のシグナルはメチル基であり，二重線で観測されていることからその隣には水素が 1 個だけ存在することがわかる．その隣の水素とは低磁場側 3.7 ppm のシグナルであり，このシグナルは七重線に分裂している．すなわち 6 個の水素が隣接している．このことからイソプロピル基 $-$CH(CH$_3$)$_2$ の存在が示唆される．積分比が 1：6 であることも矛盾しない．ただイソプロピル基一つでは水素数は奇数（7 個）となるので，ほかの 1 価の原子や窒素がない場合，この化合物は対称性をもつ分子でなければならない．すなわちイソプロピル基が二つ含まれ，水素は偶数個存在すると考えられる．

IR

1100 cm^{-1} の吸収はエーテル結合の C$-$O 伸縮振動の吸収である．1380 cm^{-1} には同じ強度の二重線の吸収が観測されている．これは *gem*-ジメチル基に特徴的な吸収であり，イソプロピル基 $-$CH(CH$_3$)$_2$ に由来すると考えられる．これ以外には，特徴的な官能基の吸収は観測されていない．

MS

87 に最高質量のピークが観測されている．88 のピークは 87 のピークの同位体ピークである．その相対強度は 1.3/22.3 × 100 = 5.8% であり，87 のイオンには炭素が 5 個含まれていると推定される．奇数の質量は奇数の窒素原子を含む化合物の特徴であるが，ここでは，最も強度の大きいフラグメントピークも奇数である．一方，窒素を含む化合物のフラグメントイオンは偶数のことが多い．したがって，87 は分子イオンピークではないと考えられる．MS スペクトルにおいて最高質量が奇数の場合，そのピークが分子イオンピークであるかどうかを判定するときには注意が必要である．通常，開裂しやすい化合物の分子イオンピークは観測されない．87 のピークは，酸素原子に結合した炭素とそのもう一つ隣の炭素との間の結合が開裂（α 開裂）してメチル基が脱離することにより生じるピークであり，比較的安定な偶数電子イオンである．また 31 のピークは分子中に酸素が含まれていることを示唆するピークである．

^{13}C NMR

炭素の数と種類（第一級，第二級，第三級，第四級）を決定するときに，同時に各炭素の化学シフトにも注意しよう．DEPT スペクトルからこの化合物にはメチレン炭素 CH$_2$（下向きのシグナル）や第四級炭素（消失したシグナル）は含まれないことがわかる．OR スペクトルから，メチン炭素 >CH$-$ およびメチル炭素 $-$CH$_3$ の存在がわかる．メチン炭素の化学シフトから，この炭素は酸素に結合していると考えられる．

まとめ

各スペクトルから導かれる部分構造をつなげると，対称性をもつ最終構造が導かれる．この構造に含まれる水素は 2 種類のみである．この化合物はジイソプロピルエーテル (CH$_3$)$_2$CHOCH(CH$_3$)$_2$ である．

問題 007 (057)

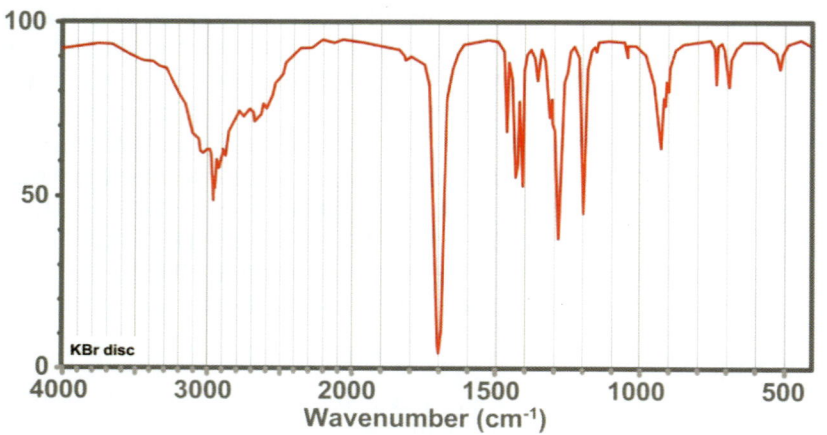

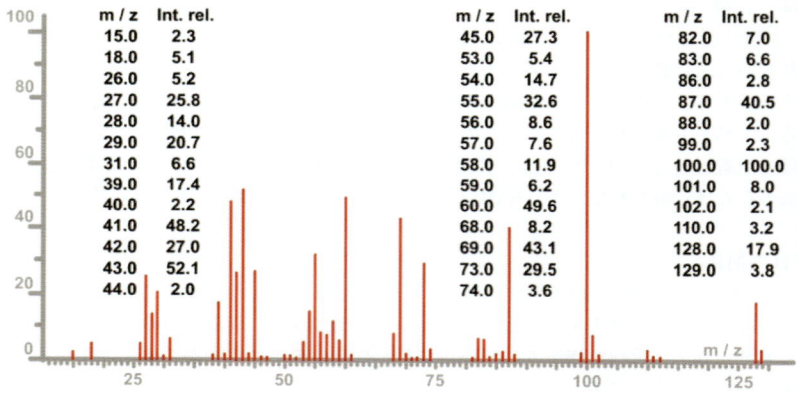

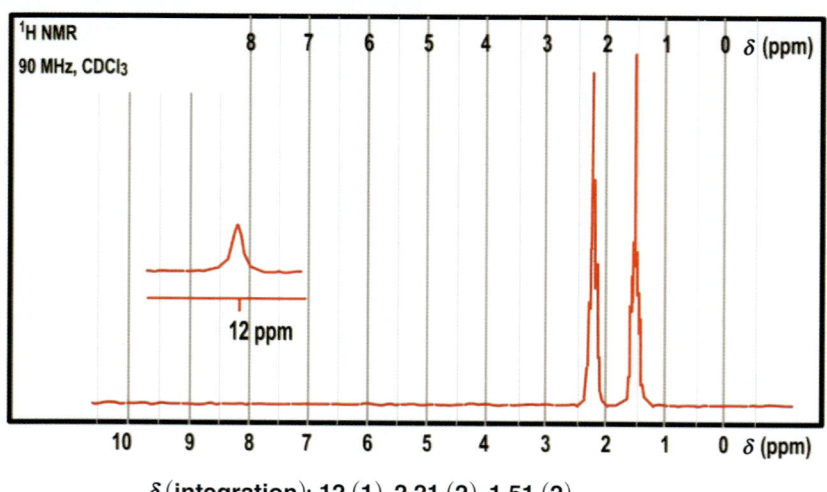

δ (integration): 12 (1), 2.21 (2), 1.51 (2)

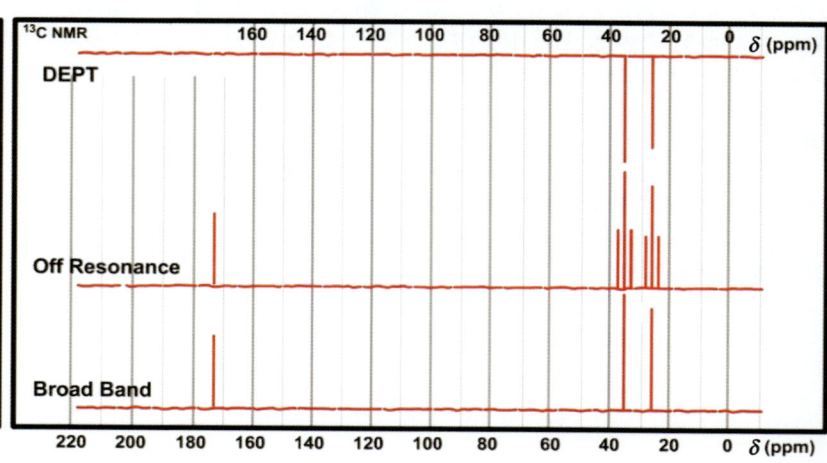

δ: 174.3, 33.4, 24.0

問題 007（057）

はじめに

IR スペクトルでは，ある官能基の存在が明瞭に示唆される．この官能基は ^{13}C および ^{1}H NMR スペクトルからもすぐ確認することができる．

IR

2300〜3500 cm^{-1} にとても幅広い吸収がある．これはカルボン酸の O−H 伸縮振動に特徴的な吸収である．1700 cm^{-1} に観測されている強い吸収はカルボニル基の伸縮振動に由来するもので，カルボン酸の存在を支持している．930 cm^{-1} と 1430 cm^{-1} 近くの吸収は O−H 変角振動に由来する．

MS

128 のピークは分子イオンではない．128 が分子イオンピークであれば，129 のピークは M＋1 同位体ピークとなる．しかし，129 の相対強度は 128 の 21％（3.8/17.9×100）であり，19 個か 20 個の炭素が存在することを意味する．しかし，これだけの数の炭素が 128 の質量に含まれることは不可能であり（最大炭素 10 個までである），128 が分子イオンピークとすると同位体比に大きな矛盾がある．カルボン酸はさまざまな機構でフラグメントを生じるので，MS ではカルボン酸の分子イオンピークはあまり観測されない．偶数質量フラグメントは多くの場合，水のような中性分子の脱離によって生成する．128 のピークは M−18（M−H$_2$O），129 は M−17（M−OH）のイオンに帰属される．基準ピークの 100（M−46）は水と一酸化炭素が脱離したピーク（M−H$_2$O−CO）である．

^{13}C NMR

3 種類のシグナルしか観測されていない．1 本は 174 ppm のカルボン酸のカルボニル炭素である．174 ppm のシグナルは DEPT スペクトルで消失しているので第四級炭素である．DEPT からほかの 2 本のシグナルはメチレン炭素（下向きのシグナル）であることがわかる．OR スペクトルでは，この 2 本のメチレン炭素のシグナルは三重線として現れている．33 ppm のシグナルはカルボン酸の α 位，24 ppm のシグナルは β 位の炭素に帰属される．

^{1}H NMR

3 本のシグナルが観測されている．その積分比は 1（12 ppm）：2（2.2 ppm）：2（1.5 ppm）であり，全部で水素 5 個分である．ハロゲンのような 1 価の原子が含まれない限り，奇数個の水素が偶数質量の化合物に含まれていることはない．積分比を 2 倍すると水素原子数は偶数となる．すなわち，2H：4H：4H とすれば全部で水素は 10 個となる．12 ppm のシグナルはカルボン酸 COOH の水素に帰属され，2.2 ppm のシグナルはカルボン酸の α 位のメチレン水素 −CH$_2$−COOH，1.5 ppm のシグナルは β 位のメチレン水素に帰属される．これらの二つのメチレン基に結合した水素は互いにカップリングしており，ブロードな 2 本の三重線として観測されている．

まとめ

カルボン酸の存在は IR スペクトルの 2300〜3500 cm^{-1} の非対称な幅広い吸収と，1700 cm^{-1} 付近の強く鋭い吸収から明瞭に示唆される．また ^{13}C NMR スペクトルでは 174 ppm にカルボン酸のカルボニル炭素，^{1}H NMR スペクトルでは低磁場の 12 ppm にカルボン酸の水素のシグナルが観測されている．これ以外にはメチレン基のシグナルが観測されるのみである．水素原子の数は偶数でなければならないことや，MS の結果から分子量は 128 より大きいことが予想される．このことから，この分子は対称性をもつ化合物であり，それぞれの部分構造が二つずつ存在すると考えられる．以上より，この化合物はアジピン酸 HOOCCH$_2$CH$_2$CH$_2$CH$_2$COOH，C$_6$H$_{10}$O$_4$ であることがわかる．

問　題　008（011）

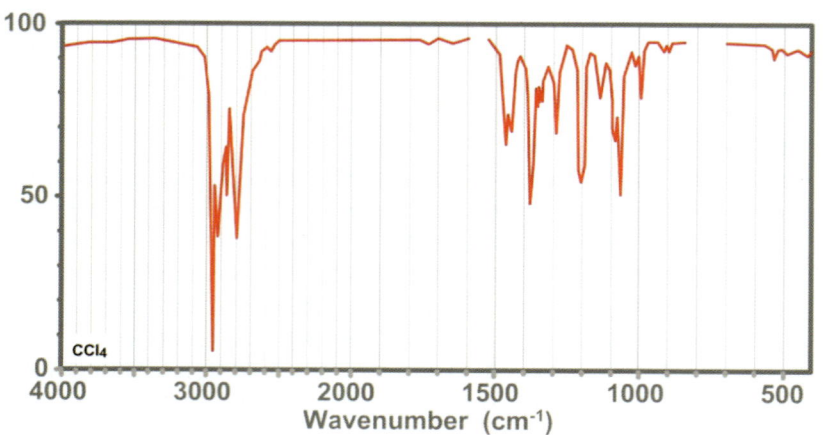

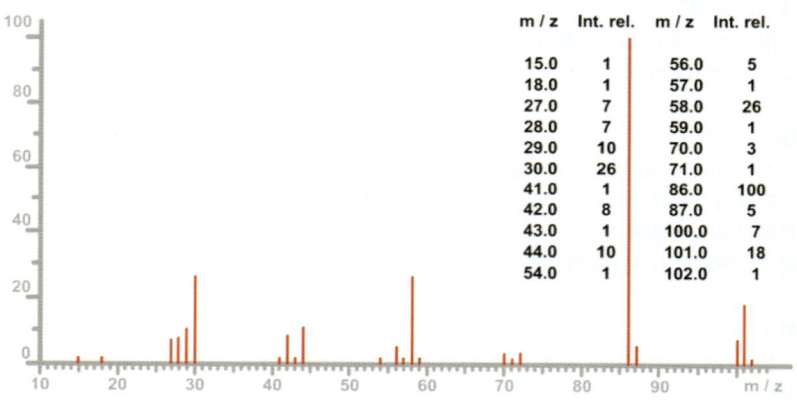

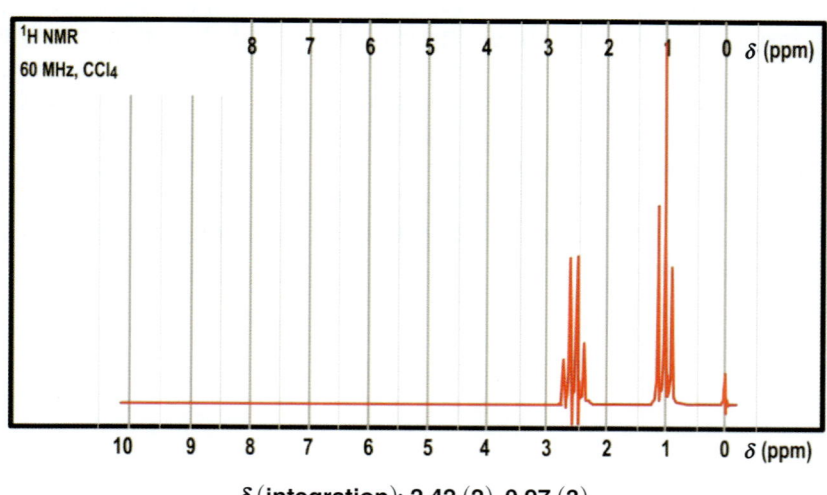

δ (integration): 2.42 (2), 0.97 (3)

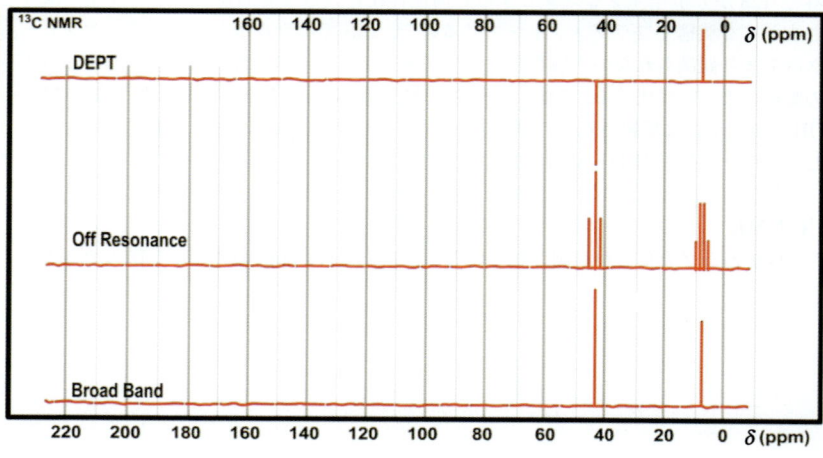

δ: 46.5, 11.8

問題 008（011）

はじめに

IRスペクトルからはこの化合物に含まれる官能基の証拠はあまり得られない．MSスペクトルかNMRスペクトルを見た方がずっと有益な情報が得られる．MSスペクトルにおいて分子イオンは奇数と考えられ，フラグメントイオンの多くが偶数であることに注意しよう．

MS

分子イオンピークは101である（強度18％）．M＋1同位体ピークの強度は1％であり，強度が弱すぎるため分子イオンピークに対する相対強度を計算しても，あまり信頼することはできない．分子イオンピークが奇数であることから，窒素が一つまたは奇数個存在し，1価の原子が奇数個含まれていることが示唆される．窒素を含む化合物の場合に予想されるとおり，この化合物の主要なフラグメントイオンはいずれも偶数である（30,58,86）．一般に，窒素を含まない化合物のフラグメントイオンは奇数，窒素を含む化合物のフラグメントイオンは偶数であることが多い．最も強い強度をもつフラグメントイオンは，窒素原子のα位の炭素からラジカルが脱離すること（α開裂）により生じたものである．ここではメチル基の脱離による86のピーク（強度100％），および水素の脱離による100のピーク（強度7％）が顕著に観測されている．さらに質量が大きく複雑なラジカルの脱離によって生じるイオンもある．たとえば30のピークは$H_2C=NH_2^+$に帰属され，アミンによくみられるフラグメントイオンである．

^{13}C NMR

DEPTスペクトルにおいてメチレン基$-CH_2$の下向きのシグナルが観測され，その化学シフト（42 ppm）からこの炭素は窒素に結合していることが示唆される．ORスペクトルではメチル基$-CH_3$の四重線のシグナルが観測されている．これによりヘテロ原子により非遮蔽効果を受けたメチレン基とメチル基の二つの炭素があり，これらの炭素にあわせて五つの水素が結合していることが明らかとなった．MSからわかっている質量を満足させるには，さらに多くの炭素が必要である．上記の炭素を2倍すると10H（偶数個の1価原子が存在する第二級アミン）となるが，それでもまだ足りない．そこで，3倍してみると6個の炭素と15個の水素となり（奇数個の水素をもつ第三級アミン），適切な質量となる．

^1H NMR

2本のシグナルが積分比2：3で観測されている．分裂様式は三重線と四重線であり，CH_2とCH_3が互いにカップリングしていることがわかる．この結合様式と四重線シグナルの化学シフトからCH_3-CH_2-Nという部分構造が分子内に存在することが示唆される．分子の対称性を考慮することにより，この化合物はトリエチルアミンと予想される．NHまたはNH_2のシグナルが観測されていないこともこの予想と一致する．^{13}C NMRスペクトルで観測されたCH_2とCH_3は互いに隣接してエチル基を形成することが，^1H NMRスペクトルの結合様式から明らかである．

IR

特徴的な官能基の存在がはっきりとは示されない．1000～1400 cm^{-1}の中程度の吸収はアミンに帰属されるが，この領域はC－C伸縮振動の吸収領域と重なるのでアミンの吸収とあまり明確に結論することはできない．また，第三級アミンの存在をIRから判定することは一般にむずかしい．なぜなら，NH基がない第三級アミンでは3100 cm^{-1}付近のNH伸縮振動が観測されないこと，また，C－O結合の吸収は比較的はっきり観測されるのに対して，C－N結合の吸収は強度が弱く検出しにくいことなどの理由が考えられる．この問題では，不飽和結合がなく，第一級や第二級アミンの特徴的な吸収もないことから，第三級アミンの可能性だけが残されることになる．

まとめ

MSスペクトルから分子イオンピークが101であり，この化合物は窒素原子と奇数の水素原子を含むことがわかる．窒素原子の存在はMSスペクトルにおいて偶数質量のフラグメントイオンが観測されたことからも確認できる．^{13}C NMRスペクトルでは2種の炭素，CH_2とCH_3が観測されただけである．^1H NMRスペクトルで観測された水素原子間のカップリングから二つの炭素は隣接し，エチル基を形成することがわかる．メチレン基の化学シフトからCH_3CH_2Nという部分構造が存在することが明らかである．窒素の存在はIRスペクトルから判断することはむずかしい．化合物の分子量はわかっているため，この分子量をみたすためには，三つのエチル基と一つの窒素原子を含む対称性をもつ構造であると考えられる．

問　題　009（022）

元素分析: C = 62.07%, H = 10.35%

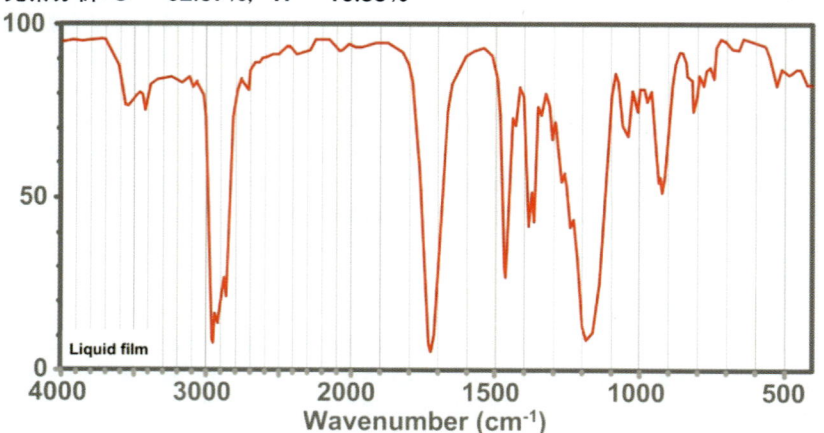

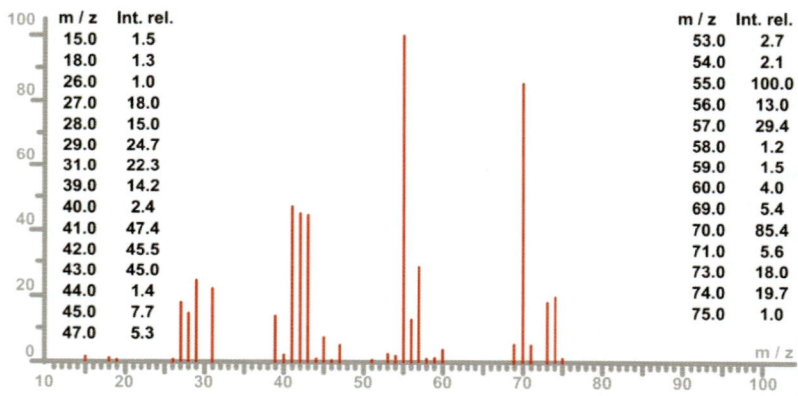

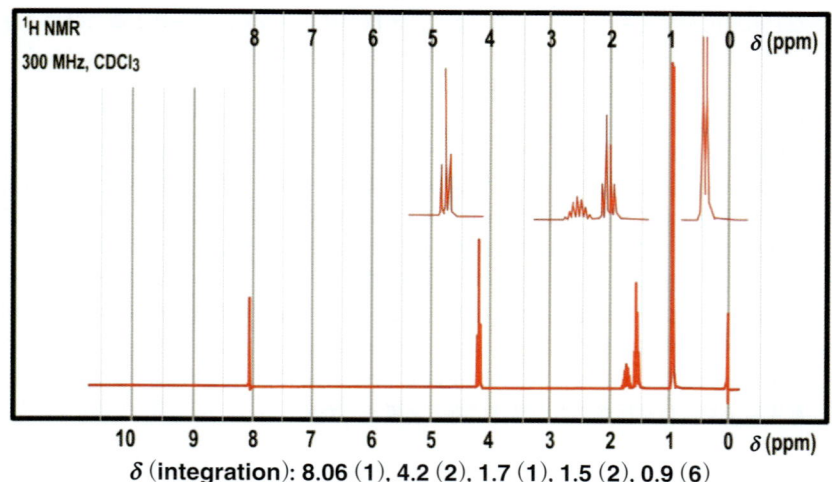

δ (integration): 8.06 (1), 4.2 (2), 1.7 (1), 1.5 (2), 0.9 (6)

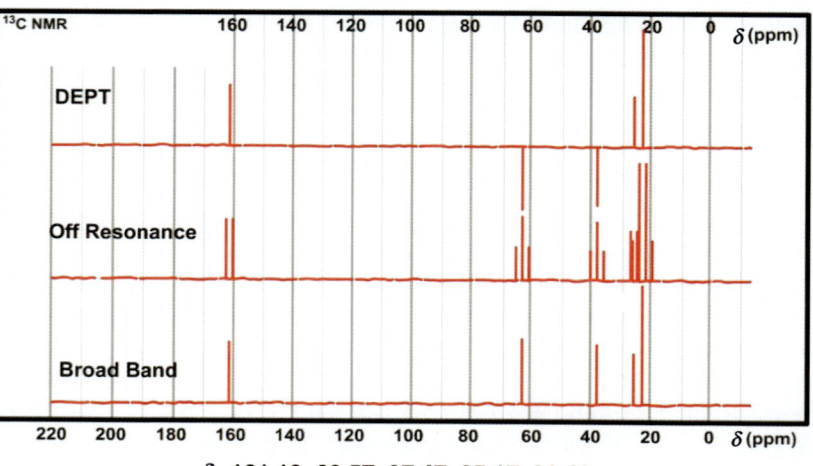

δ: 161.19, 62.57, 37.47, 25.17, 22.46

問題 009 (022)

IR

2本の強い吸収が観測されている．1本は 1730 cm^{-1} のエステルカルボニル基の >C=O 伸縮振動の吸収，もう1本は 1180 cm^{-1} のエステル C–O 結合の伸縮振動の吸収である．1180 cm^{-1} という吸収位置はギ酸エステルの吸収として典型的な吸収位置である．1380 cm^{-1} の強度が等しい二重線の吸収は *gem*-ジメチル基 >C(CH$_3$)$_2$ の存在を示唆している．

MS

このスペクトルは注意深く読む必要がある．74 のピークは分子イオンではない．もし分子イオンだとすると 70 のピークは分子イオンより 4 質量単位だけ少ないフラグメントイオンとなるが，そのようなイオンは二つの水素分子が脱離する場合にのみ観測される．そのようなフラグメントイオンが観測されることはほとんどない．元素分析により C = 62.07%，H = 10.35% という結果が得られている．残りの 27.58% はほかの元素（おそらく酸素）に由来する．原子の存在比を計算すると，

$$C : H : O = (62.07/12.01) : (10.35/1.008) : (27.58/16)$$
$$= 5.17 : 10.27 : 1.72$$
$$= (5.17/1.72) : (10.27/1.72) : (1.72/1.72)$$
$$= 3 : 6 : 1$$

となる．これより，組成式は C$_3$H$_6$O（質量 58）となり，これを 2 倍すると分子式 C$_6$H$_{12}$O$_2$ が導かれる．MS スペクトルにおける 74 のピークは分子イオンではなく，中性分子プロペン C$_3$H$_6$ が脱離したフラグメントイオンと考えられる．

^{13}C NMR

5本のシグナルが観測されているが，そのうちの1本はほかのシグナルの約2倍の強度をもっている．^{13}C NMR では積分は行わないが，類似した性質の炭素はほぼ同等のシグナル強度を示すと考えられる．したがって，22 ppm の炭素はおそらく炭素 2 個分に相当し，2 個の等価なメチル炭素と考えられる（OR スペクトルで四重線を示す）．ほかの四つの炭素は 2 個のメチレン炭素（DEPT スペクトルで下向き）と 2 個のメチン炭素（OR スペクトルで二重線）であり，第四級炭素は存在しない．161 ppm の OR スペクトルで二重線の炭素はその化学シフトからギ酸エステルのカルボニル炭素と予想される．63 ppm のメチレン炭素はその化学シフトから酸素に結合した CH$_2$(O–CH$_2$) と考えられ，ギ酸エステルのアルコール側炭素に帰属される．

^{1}H NMR

8.1, 4.2, 1.7, 1.5, および 0.9 ppm に 5 種のシグナルが，それぞれ一重線，三重線，多重線（七重線以上），四重線，そして二重線として観測されている．これらのシグナルの積分比は 1:2:1:2:6 であり，全部で 12 個分の水素に相当する．4.2 ppm の三重線はエステル酸素に結合したメチレン基 –CH$_2$OCOR に特徴的な化学シフトであり，8.1 ppm のシグナルはギ酸エステル HCOO–R のシグナルと考えられる．0.9 ppm の積分値 6 の二重線はイソプロピル基に帰属され，これは 1.7 ppm の多重線の分裂様式からも示唆される．1.5 ppm の積分値 2 の四重線は 3 個の水素と同じ結合定数でカップリングしたメチレン基のシグナルと考えられ，これよりメチレン基がもう一つの CH$_2$ と CH の間に存在する –CH$_2$CH$_2$CH< が示唆される．

まとめ

MS スペクトルでは分子イオンピークが観測されていないが，元素分析と NMR スペクトルの結果から分子式は C$_6$H$_{12}$O$_2$ と推定される．IR スペクトルからはギ酸エステルの存在が示唆された．これは，^{13}C NMR スペクトルにおいてカルボニル炭素が OR スペクトルで二重線を示したこと，^{1}H NMR スペクトルにおいて一重線のシグナルが 8.1 ppm に観測されたことからも支持される．分子の残りの部分は C$_5$H$_{11}$ であり，これはエステルのアルコール側を形成する部分である．酸素に結合した炭素は 63 ppm のメチレン炭素であり，この炭素は DEPT で下向き，OR スペクトルで三重線として観測された．^{1}H NMR では 4.2 ppm にメチレン水素のシグナルが観測されたが，このシグナルは三重線であり，このメチレンの隣にももう一つのメチレン炭素が存在することが示唆される．これまでの結果より，–CH$_2$CH$_2$O(C=O)H という部分構造が導かれる．^{1}H NMR で高磁場側に観測される積分値 6 の二重線は二つのメチル基 –CH(CH$_3$)$_2$ に帰属される．これを上記の部分構造につなげることにより最終的な構造としてギ酸イソペンチル H(CO)OCH$_2$CH$_2$CH(CH$_3$)$_2$ ができあがる．

MS スペクトルにおける 70 のイオンは，分子イオンからギ酸（HCOOH, 46）が脱離したものであるが，これは分子イオンから McLafferty 転位を経て生成するアルケン側に電荷が保持されたものと考えられる．生成したラジカルイオン [CH$_2$=CH–CH(CH$_3$)$_2$]$^+$$_\cdot$ から典型的なアリル開裂によってメチルラジカルが脱離すると，安定な偶数電子をもつイオン [CH$_2$=CH–CHCH$_3$]$^+$（基準ピーク，55）が生成する．

問　題　010（005）

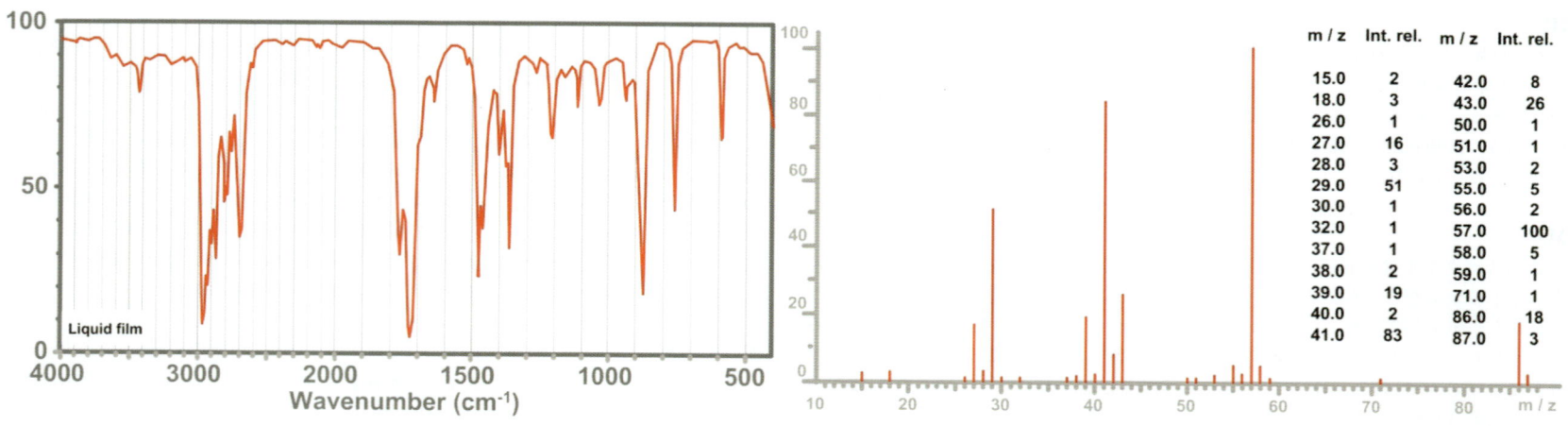

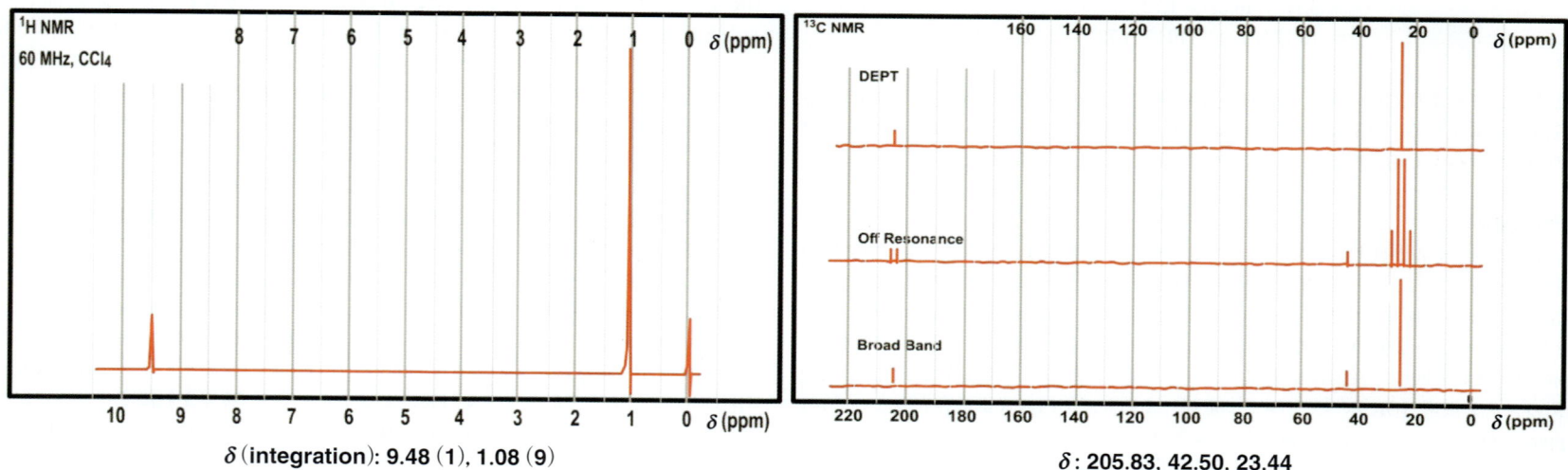

δ (integration): 9.48 (1), 1.08 (9)

δ : 205.83, 42.50, 23.44

問題 010（005）

¹H NMR

　このスペクトルは非常に単純であり，2本のシグナルしか観測されていない．その2本のシグナルはいずれも鋭い一重線である．積分値から相対強度が9：1であることがわかり，これより全部で10個の水素が存在すると考えられる．1.1 ppmの9H分のシグナルは三つの等価なメチル基に由来すると考えられ，*tert*-ブチル基であると推定される．また，9.5 ppmの1H分のシグナルは，カルボニル基のような電子求引基によって大きく非遮蔽効果を受けていることから，アルデヒド水素のシグナルと考えられる．

¹³C NMR

　BBおよびORスペクトルでは3種類の炭素のシグナルが観測されている．DEPTスペクトルでは2本のシグナルのみ観測されている．消失した43 ppmのシグナルは第四級炭素（水素が結合していない炭素）である．それ以外の2本のシグナルはメチン炭素（CH，ORスペクトルにおいて二重線）とメチル炭素（CH_3，ORスペクトルにおいて四重線）である．206 ppmの低磁場シグナルはアルデヒド炭素（メチン炭素，CH）と考えられる．

IR

　多くの吸収が観測されている．そのなかには分子中に存在する官能基に特徴的な吸収もある．1720 cm^{-1}の強い吸収はカルボニル基の伸縮振動に由来する．2700と2800 cm^{-1}の2本の吸収はアルデヒドに特徴的なものである．1380 cm^{-1}の強度の異なる2本の吸収は*tert*-ブチル基に特徴的である．

MS

　86のピークはおそらく分子イオンである．質量が偶数であるため，窒素は存在しないと推定される．86の質量は炭素6個のアルカンC_6H_{14}に相当するが，酸素一つと不飽和結合を一つ含む化合物かもしれない．または酸素二つと不飽和結合二つを含む化合物かもしれない．86のイオンの高分解能質量スペクトル（HRMS）の結果（86.0732）は分子式$C_5H_{10}O$の計算値（86.073165）に最もよく一致していた．C_6H_{14}の計算値（86.1096）とは一致しなかった．71のイオンは分子イオンから質量単位15が消失したものでメチル基の脱離に相当する．57のピークはC_4H_9（*tert*-ブチル基）かC_3H_5Oのイオンである．

まとめ

　分子式$C_5H_{10}O$を導く情報はさまざまなスペクトルから得られる．たとえば，MSの分子イオンピーク86，¹H NMRの積分値10，IRのカルボニル基の吸収（酸素原子の存在），¹³C NMRのシグナル数（炭素数）などである．¹³C NMRでは¹H NMRのような積分は行わないが，シグナル強度を比較すれば同じ環境にある炭素の数を予想できることが多い．¹³C NMRスペクトルでは，大きなメチル炭素のシグナルは炭素3個分である．これは¹H NMRで9H分のメチル基のシグナルが観測されていることと符合する．IRからは1720 cm^{-1}のカルボニル伸縮振動の吸収と2700と2800 cm^{-1}の2本の吸収からアルデヒドの存在が示唆される．これは¹H NMRと¹³C NMRで観測されるアルデヒドの水素および炭素の化学シフトと分裂様式から確認できる．*tert*-ブチル基の存在は¹H NMRおよび¹³C NMRから示唆されるが，IRの1380 cm^{-1}付近にある強度の異なる2本の吸収からも支持される．MSにおける57の基準ピークも*tert*-ブチルカチオンに由来する．*tert*-ブチル基にアルデヒドを結合させるとピバルアルデヒド（トリメチルアセトアルデヒド）$(CH_3)_3CCHO$となり，これが答である．

問題 011 (066)

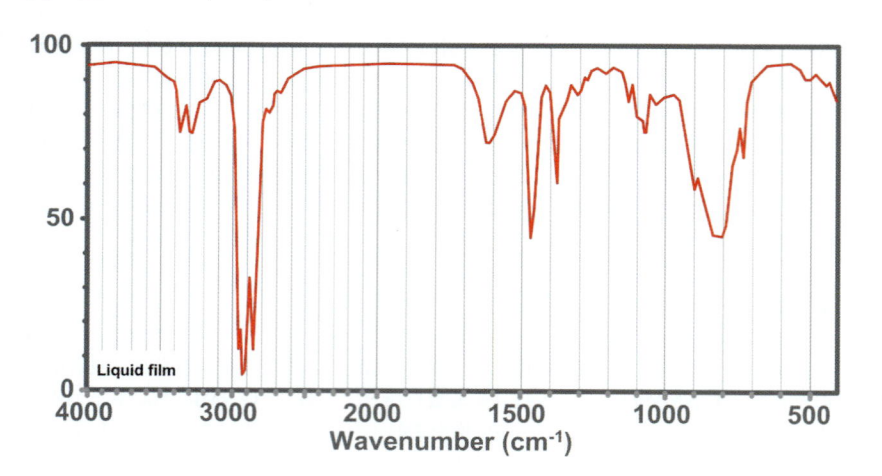

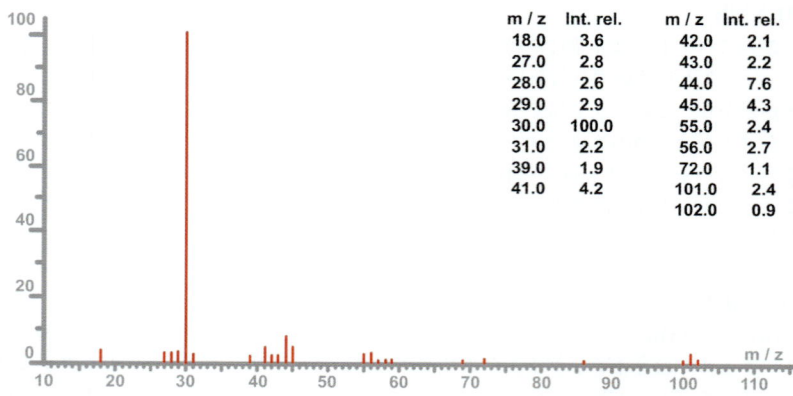

IR (Liquid film)

MS:

m/z	Int. rel.	m/z	Int. rel.
18.0	3.6	42.0	2.1
27.0	2.8	43.0	2.2
28.0	2.6	44.0	7.6
29.0	2.9	45.0	4.3
30.0	100.0	55.0	2.4
31.0	2.2	56.0	2.7
39.0	1.9	72.0	1.1
41.0	4.2	101.0	2.4
		102.0	0.9

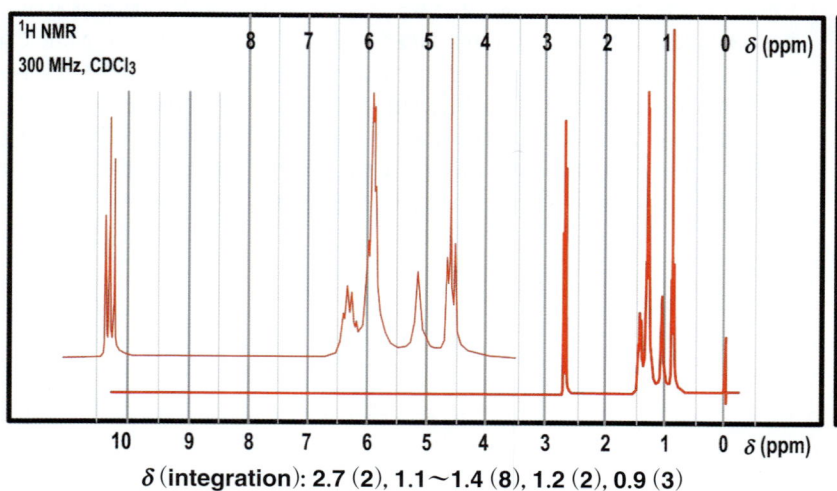

^{1}H NMR 300 MHz, CDCl$_3$

δ (integration): 2.7 (2), 1.1〜1.4 (8), 1.2 (2), 0.9 (3)

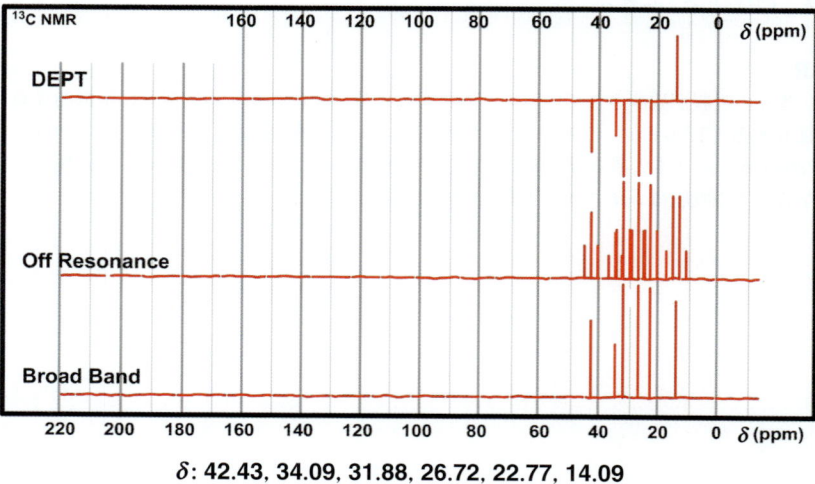

^{13}C NMR

δ: 42.43, 34.09, 31.88, 26.72, 22.77, 14.09

問題 011（066）

はじめに

IR スペクトルにおける 3300 と 3400 cm^{-1} の 2 本の吸収は官能基のヒントとなるだろう．MS スペクトルでは官能基の性質に関してもう一つのヒントが与えられている．特に分子イオンピークが奇数であり，多くのフラグメントイオンが偶数であることに注意しよう．^{13}C NMR スペクトルからは分子中に含まれる非等価な炭素の数がわかる．一方，^{1}H NMR スペクトルからは非等価な水素の数がわかる．

MS

101 に小さな分子イオンピークが観測されている．分子イオン M およびその M＋1 同位体ピークの強度が小さいため，同位体ピークの相対強度に基づいて，炭素数を算出することは困難である．分子イオンピークが奇数であること，また，フラグメントイオンの多くが偶数であることから，窒素原子が存在すると考えられる．偶数質量のフラグメントイオンはアルキル基の脱離に由来すると考えられる〔86（M－15），72（M－29），58（M－43）〕．30 にみられる基準ピークはアルキルアミンに特徴的な窒素原子の α 位で開裂したフラグメントイオン CH$_2$＝NH$_2^+$ である．以上により，この化合物は分子量 101 のアルキルアミンであり，また，分子式は C$_6$H$_{15}$N である．

IR

3300 と 3400 cm^{-1} の 2 本の吸収は第一級アミンの対称および逆対称 N－H 伸縮振動に由来する．これは 1620 cm^{-1} の NH$_2$ 変角振動（はさみ振動），および 800 cm^{-1} の NH$_2$ 面外振動による吸収からも示唆される．アルキル鎖に由来する吸収としては 2980 と 2860 cm^{-1} の C－H 伸縮振動，1470 cm^{-1} の CH$_2$ はさみ振動，および 1370 cm^{-1} の CH$_3$ 対称変角振動が観測されている．

^{1}H NMR

4 種類のシグナルの積分比は 2：8：2：3 であり，全部で 15H 分である．水素の数が奇数であり，アミンと予想したことと符合する．0.9 ppm の 3H 分のシグナルはアルキル鎖末端のメチル基である．このメチル基は，化学シフトが近いメチレン基とカップリングしており，直鎖アルキル基末端のメチル基に特徴的な三重線として観測されている．1.1～1.4 ppm の幅広いシグナルはアルキル鎖内の複数のメチレン基であり，ほぼ等しい化学シフトをもっている．窒素原子に結合しているメチレン基だけが明らかに異なる化学シフトをもつ．そのメチレン基は窒素原子による非遮蔽効果を受けて 2.7 ppm に観測されている．このシグナルはその隣のメチレン基とのカップリングにより三重線として現れている．1.2 ppm のシグナルはアミノ基 －NH$_2$ の二つの水素である．この種の水素のシグナルは比較的高磁場に現れることに注意しよう．

^{13}C NMR

DEPT スペクトルでは 5 本の非等価な炭素のシグナルがある（下向きに観測されている）．これは OR スペクトルにおいて 5 本の三重線が観測されていることからも確認できる．OR スペクトルにおける一つの四重線はメチル基の存在を示唆する．OR スペクトルの 42 ppm の三重線はアミン窒素に結合したメチレン基である．

まとめ

3300 と 3400 cm^{-1} の 2 本の吸収からアミン（窒素原子）の存在が明らかである．^{1}H NMR スペクトルでは 15 個の水素の存在が示唆され，これは MS においても同様に示唆される．^{13}C NMR スペクトルにより少なくとも 6 個の炭素が存在する．MS スペクトルで分子イオンが奇数であることから，奇数個の窒素原子が存在すると考えられる．以上より，五つのメチレン基，一つのメチル基，一つの NH$_2$ 基を組合わせて構築できる構造はヘキシルアミン CH$_3$CH$_2$CH$_2$CH$_2$CH$_2$CH$_2$NH$_2$ のみである．

問題 012 (004)

m/z	Int. rel.	m/z	Int. rel.
14.0	2.0	42.0	17.3
15.0	15.5	43.0	38.5
18.0	4.1	44.0	100.0
27.0	1.2	45.0	24.0
28.0	4.2	56.0	1.1
30.0	9.8	72.0	13.9
40.0	1.3	87.0	53.4
41.0	2.1	88.0	2.6

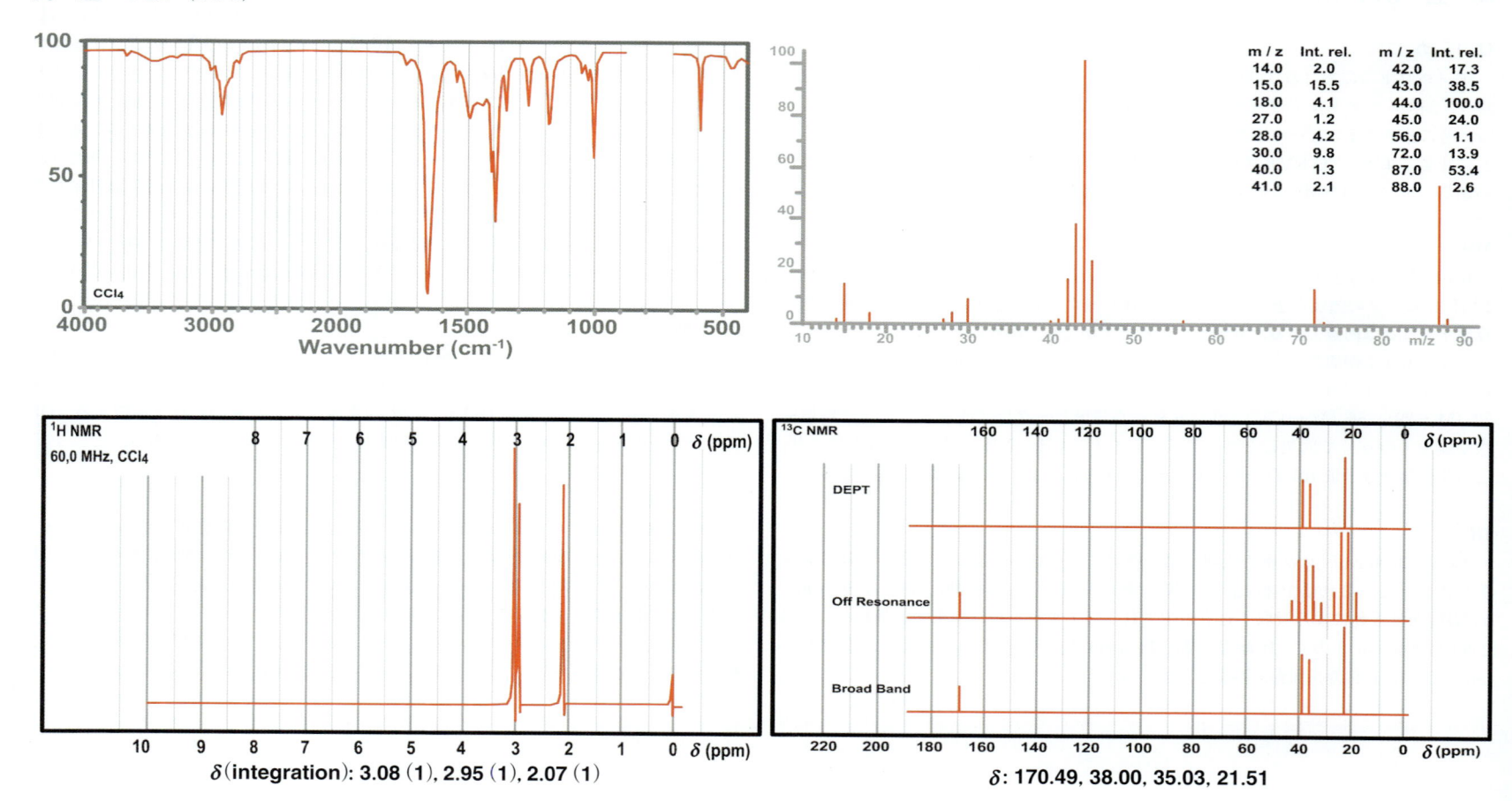

^{1}H NMR 60.0 MHz, CCl$_4$

δ (integration): 3.08 (1), 2.95 (1), 2.07 (1)

^{13}C NMR

δ: 170.49, 38.00, 35.03, 21.51

問題 012 (004)

はじめに

MSスペクトルは非常に単純であるが，おそらく有益な情報をいくつか含んでいるだろう．^{13}C NMRスペクトルからは非等価な炭素の数がわかる．一方，^{1}H NMRスペクトルからは非等価な水素の数がわかる．IRスペクトルでは非常に強い吸収があるが，その吸収の位置に注意しよう．

MS

分子イオンは87と思われる．奇数であることから，窒素原子が含まれることが予想される．同位体ピークの強度から分子中の炭素数が予想できる．M＋1同位体ピークのピーク強度に対して，炭素1個は1.1%寄与する．本問題ではM＋1イオンの分子イオンに対する相対強度は4.9%（2.6/53.4×100）であることから，炭素4個の存在が示唆される．もし分子イオンやM＋1イオンのイオン強度がかなり小さかったら，相対強度比の算出はあまり正確ではなくなることに注意しておこう．

^{13}C NMR

BBスペクトルから4種の非等価な炭素が存在することがわかる．ORスペクトルから高磁場側のシグナルはすべて四重線として観測されていることから，これらはメチル基である（これらの炭素には直接結合した水素が3個存在する）．170 ppmのシグナルは，ORスペクトルで分裂していないことから，第四級炭素である．DEPTスペクトルではメチンとメチルの炭素は上向きに，メチレンの炭素は下向きに観測され，第四級炭素のシグナルは消失する．この化合物では，第四級炭素（170 ppm）が消失しており，三つのメチル基の炭素は上向きに観測されている．下向きのシグナルは存在しないことから，メチレン基は含まれていないことがわかる．低磁場の炭素の化学シフト（170 ppm）から，この炭素はアミドまたはエステルのカルボニル炭素であると予想される．

IR

1660 cm^{-1}にきわめて強い吸収があり，これがこのIRで最も特徴的である．これはカルボニル基C＝Oの伸縮振動に由来する吸収であり，吸収強度が大きいのはカルボニル結合が大きく分極した性質をもつためである．この吸収が低振動数側にあることから，このカルボニル基はアミドであると予想される．

^{1}H NMR

3本の一重線のシグナルが同じ積分値で観測されている．これらは^{13}C NMRスペクトルで観測された三つのメチル基に帰属される．2 ppmのシグナルは化学シフトからカルボニル基に直接結合したメチル基と予想される．3 ppmにある2本のシグナルはアミドの窒素原子に直接結合したメチル基と考えられる．

まとめ

分子イオンピークが奇数であることからこの化合物は窒素原子を含み，M＋1同位体ピークの相対強度から四つの炭素原子の存在が示唆される．IRスペクトルからはカルボニル基が存在することが示唆され，これは^{13}C NMRスペクトルにおける低磁場のシグナルから確かめられる．^{13}C NMRおよび^{1}H NMRスペクトルからメチル基が3個存在することが示唆される．メチル基3個，カルボニル基1個，そして窒素原子1個を足し合わせると分子式はC$_4$H$_9$NOとなり，これはMSスペクトルで観測された分子量87と一致する．上記の部分構造を組立てて得られる構造式はただ一つ，N,N-ジメチルアセトアミド CH$_3$(C=O)N(CH$_3$)$_2$だけである．窒素原子に結合した二つのメチル基は非等価に観測されている．窒素の非共有電子対がカルボニル基の二重結合と強く共役しているため，炭素－窒素間の結合の回転が遅くなり，二つのメチル基は等価ではない．そのためNMRでは二つのメチル基が区別して観測される．

問題 013 (023)

元素分析: C = 62.60%, H = 11.32%, N = 12.17%

m/z	Int. rel.	m/z	Int. rel.
18.0	2	45.0	1
27.0	8	55.0	4
28.0	1	58.0	0
29.0	8	59.0	100
39.0	5	60.0	3
41.0	11	71.0	2
42.0	3	72.0	18
43.0	25	73.0	4
44.0	28	86.0	9
		99.0	1

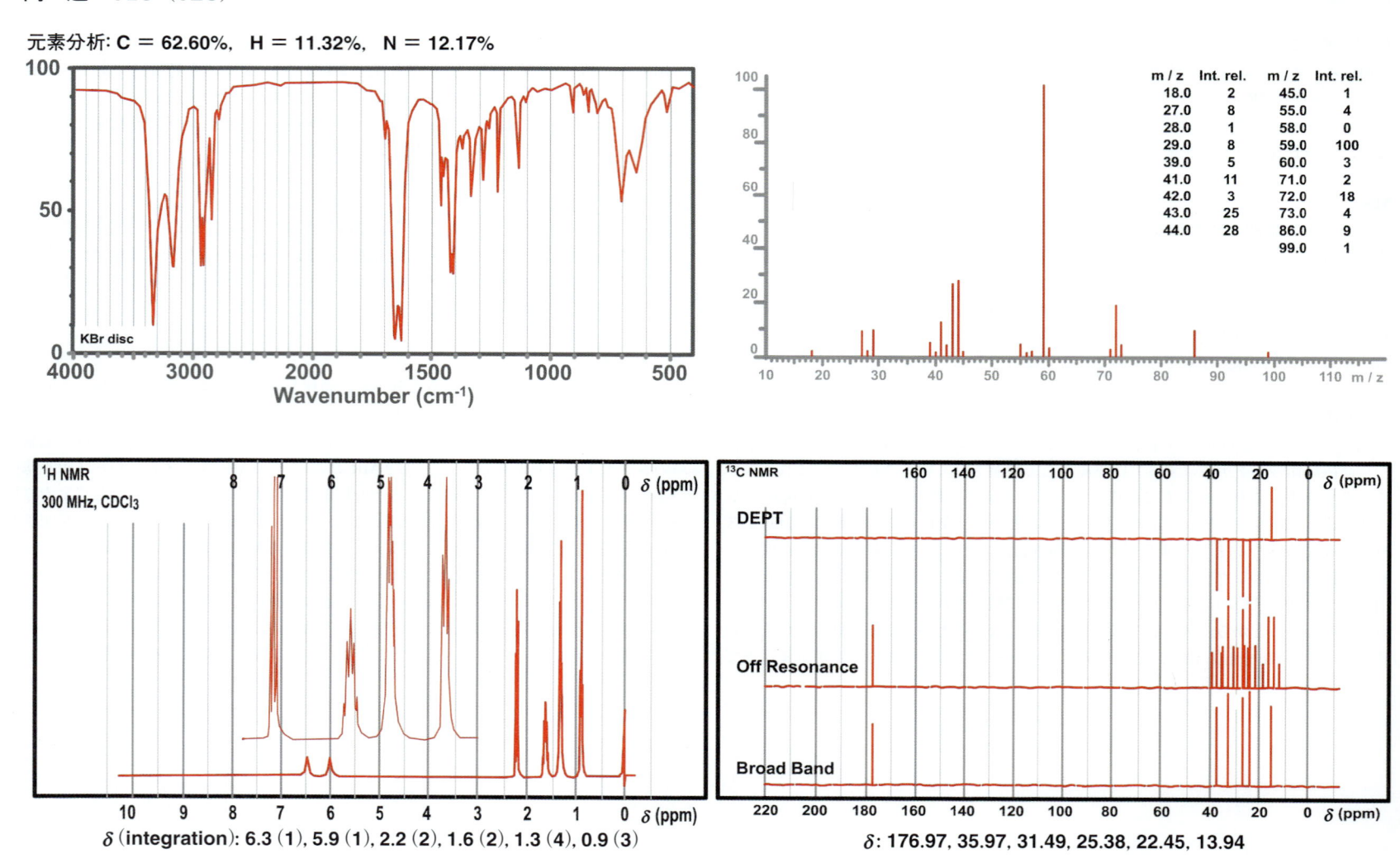

IR: KBr disc

^{1}H NMR, 300 MHz, CDCl$_3$

δ (integration): 6.3 (1), 5.9 (1), 2.2 (2), 1.6 (2), 1.3 (4), 0.9 (3)

^{13}C NMR (DEPT, Off Resonance, Broad Band)

δ: 176.97, 35.97, 31.49, 25.38, 22.45, 13.94

問題 013（023）

はじめに

IR において官能基の推定に有効な非常に特徴的な吸収が観測されている．MS からはこの化合物がフラグメンテーションを起こしやすいことが示唆される．

MS

99 のピークは非常に弱く，おそらく分子イオンピークではないだろう．また，一連のフラグメントイオン（44, 72, および 86）が偶数であることから，この化合物は窒素を含むと予想される．元素分析の結果（C = 62.60%, H = 11.32%, N = 12.17%）から，残りの 13.91% は酸素と考えると，組成比は C 5.21（62.60/12.011）：H 11.23（11.32/1.008）：N 0.87（12.17/14.007）：O 0.87（13.91/16）となり，これらを 0.87 で割り整数比にすると，C：H：N：O = 6：13：1：1 となる．分子式を $C_6H_{13}NO$ とすると分子量は 115 である．99 のフラグメントイオンは 16（NH_2）が脱離したイオンと考えられるが，この脱離はカルボニル基の α 開裂により起こりやすい．これにより第一級アミドが含まれることがわかる．カルボニル基の逆側の α 開裂が起こると 44 のイオン $O=C=NH_2^+$ が生成する．59 の基準ピークはブテンの脱離に由来する．ブテンの脱離は MacLafferty 転位，すなわち，γ 位水素の引抜きを伴うカルボニル基の β 開裂反応によって起こる．

^{13}C NMR

BB スペクトルでは，6 個の非等価な炭素が観測される．そのうちの 1 個はメチル炭素（OR スペクトルで四重線），4 個はメチレン炭素（DEPT スペクトルで下向き，OR スペクトルで三重線）であり，残りの 1 個は第四級炭素である（DEPT スペクトルでシグナルが消失している）．これにより，全部で 11 個の水素が炭素に結合していることがわかる．第四級炭素は 177 ppm に観測されているが，これはアミドカルボニル炭素の化学シフトとして適切な値である．

^1H NMR

次の 6 種類のシグナルが観測されている．1H（6.3 ppm）：1H（5.9 ppm）：2H（2.2 ppm）：2H（1.6 ppm）：4H（1.3 ppm）：3H（0.9 ppm），全部で 13H 分である．6.3 と 5.9 ppm の二つのシグナルは窒素原子に結合した水素に帰属される．この二つの水素が非等価（異なる化学シフト）であることに注意しよう．アミドの C–N 結合の回転が制限されているため，カルボニル酸素に対してシスの水素とトランスの水素が区別される．これらの化学シフト（6.3 と 5.9 ppm）から，これらは第一級アミドの窒素に結合した水素であることが示唆される．2.2 ppm のシグナルはアミドカルボニル基の α 位の CH_2 である．このシグナルが三重線であることから，その隣も CH_2 であることがわかる．0.9 ppm のシグナルは積分値が 3H であり，末端メチル基に帰属される．1.6 と 1.3 ppm のシグナルはあわせて 6H 分であり，メチレン基 3 個のシグナルと考えられる．

IR

$3200 \sim 3400$ cm^{-1} の強い吸収は，NH_2 基に含まれる大きく分極した N–H 結合に特徴的な対称および逆対称 N–H 伸縮振動を表す．これと符合して 750 cm^{-1} より低振動数（低波数）側に >N–H 変角（面外縦ゆれ）振動による吸収が幅広く観測されている．1660 cm^{-1} の吸収は >C=O 結合の伸縮振動に由来し，また 1630 cm^{-1} の吸収はアミド II 吸収帯とよばれ NH_2 基の NH 変角振動に基づく．これらの吸収は第一級アミドの存在を示唆する．

まとめ

MS スペクトルにおける最高質量ピークが奇数であることと，いくつかの偶数質量のフラグメントイオンが観測されることから，窒素原子が存在すると予想される．しかし，99 のイオンは強度も非常に弱いため，これもフラグメントイオンと考えられる．元素分析から窒素原子の存在が確かめられ，分子式 $C_6H_{13}NO$（分子量 115）が導かれる．^{13}C NMR スペクトルから炭素が 6 個存在し，そのうちの 1 個はカルボニル炭素であることがわかる．カルボニル基の存在は IR スペクトルからも確かめられ，IR では NH_2 基の吸収も観測されたことから，第一級アミドの存在が示唆される．^{13}C NMR スペクトルからメチル基は 1 個だけであり，このメチル基はアルキル鎖の末端に存在すると予想される．ほかの 4 個の炭素はすべてメチレン基であることから分子の残りの部分はアルキル鎖と考えられる．カルボニル基に結合したメチレン基の ^{13}C NMR および ^1H NMR のシグナルは期待される化学シフト（36 ppm および 2.2 ppm）をもつ．以上により，考えられるアルキル鎖は直鎖ペンチル基 $–CH_2CH_2CH_2CH_2CH_3$ だけであり，この化合物はヘキサンアミド $CH_3CH_2CH_2CH_2CH_2CONH_2$ であることがわかる．

問 題 014 (068)

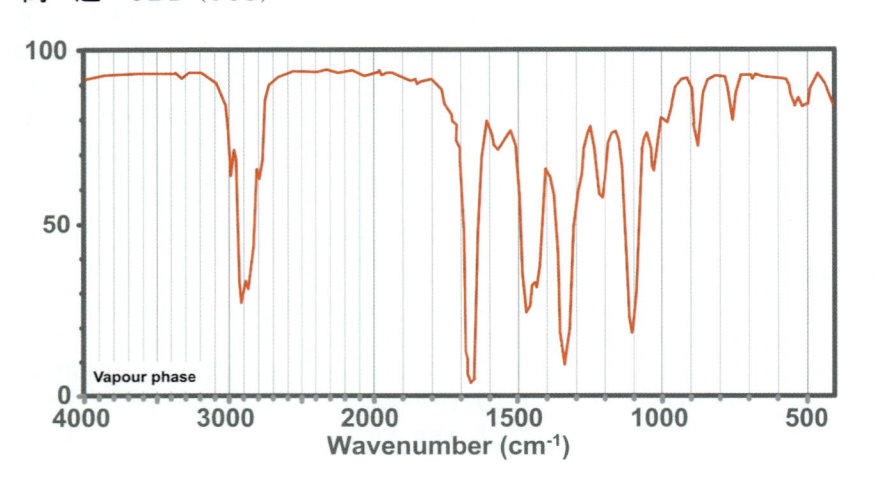

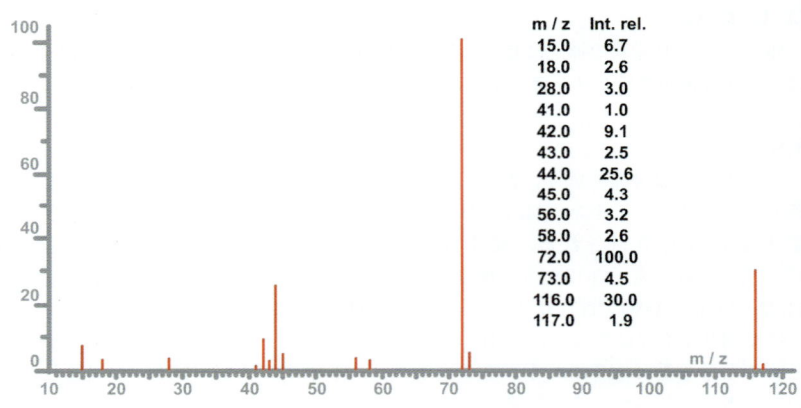

m/z	Int. rel.
15.0	6.7
18.0	2.6
28.0	3.0
41.0	1.0
42.0	9.1
43.0	2.5
44.0	25.6
45.0	4.3
56.0	3.2
58.0	2.6
72.0	100.0
73.0	4.5
116.0	30.0
117.0	1.9

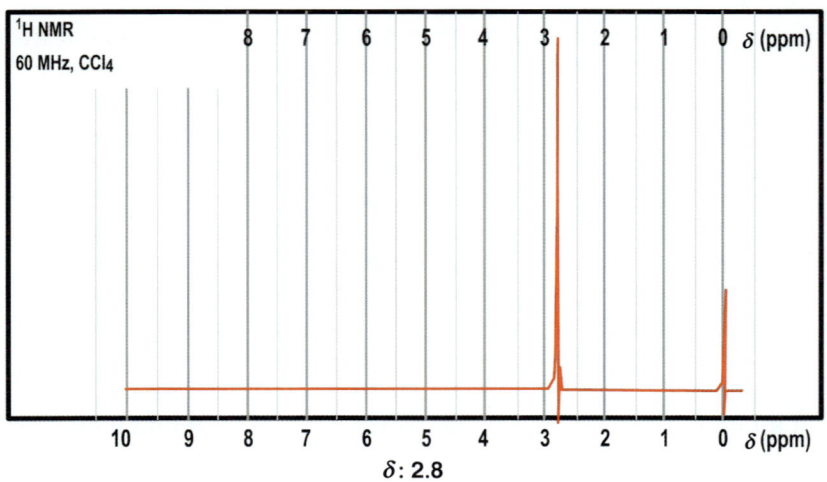

IR: Vapour phase

^{1}H NMR, 60 MHz, CCl$_4$
δ: 2.8

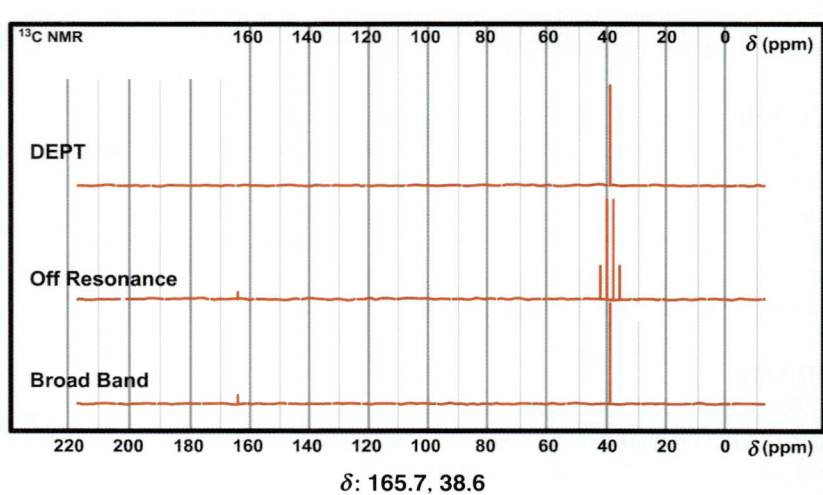

^{13}C NMR (DEPT, Off Resonance, Broad Band)
δ: 165.7, 38.6

問題 014（068）

はじめに

IRスペクトルにおいて1685 cm^{-1}の強いカルボニル基の吸収に注目しよう．この吸収は通常のカルボニル基の吸収としては最も低振動数（低波数）側である．MSスペクトルでは偶数の分子イオンピークと偶数のフラグメントイオンをもつことが興味深い．

MS

最高質量のイオンは116であり，偶数であることから窒素を含まないか窒素が偶数含まれることを意味する．おもなフラグメントイオンがやはり偶数（44と72）であることから，本化合物には偶数個の窒素が含まれると考えられる．2個の窒素原子を含む偶数分子量の化合物は1個の窒素を含むフラグメントが脱離することにより，もう一つの窒素を含む偶数質量のフラグメントイオンを生成する．117のM＋1同位体ピークの強度から分子に含まれる炭素数を予想することができる．分子イオンピークに対する相対強度が6.33%（1.9/30×100）であることから，炭素数は5個か6個と推定される．これは炭素1個が同位体ピークの相対強度に1.11%寄与することに基づく．また^{13}Cの寄与ほど大きくはないが，窒素の同位体^{15}NもM＋1同位体ピークの相対強度にある程度寄与していることは考慮しておく必要がある．5個の炭素と2個の窒素の場合，M＋1ピークの相対強度に対して炭素1個が1.11%，窒素1個が0.37%寄与するため（5×1.11＋2×0.37＝6.29%），相対強度の計算値は実測値に非常に近くなる．炭素5個，窒素2個，酸素1個を加えた質量は104であり，116の分子量をみたすには水素が12個必要である．これより分子式$C_5H_{12}N_2O$が導かれる．

^{13}C NMR

本化合物に含まれる炭素は2種類のみである．一つは39 ppmのメチル炭素（ORスペクトルで四重線），もう一つは166 ppmの第四級炭素（DEPTスペクトルで消失）である．39 ppmのシグナルは窒素原子に結合したメチル炭素であり，166 ppmのシグナルは尿素のカルボニル炭素に相当する．MSスペクトルから決定した分子式をみたすには39 ppmのメチル炭素は4個存在することになる．

^{1}H NMR

2.8 ppmの一重線1本が観測されるのみである．このシグナルは尿素の窒素原子2個に結合した合計4個の等価なメチル基に帰属される．シグナルが1本だけなので積分値からは水素原子数は決められないが，分子式からこのシグナルは12個分の水素に相当することがわかる．

IR

1685 cm^{-1}の吸収は＞C＝O伸縮振動である．この吸収の位置はカルボニル領域のなかでも最も低振動数側であり，アミドカルボニルの領域に含まれる．アミドではカルボニル基に結合した窒素原子の電子供与効果によりカルボニル基の吸収振動数が低くなる．N－H伸縮振動の吸収が3200〜3400 cm^{-1}の領域に観測されていないことから，このアミドは第一級や第二級ではないことがわかる．1000〜1400 cm^{-1}の吸収，特に1120 cm^{-1}の強い吸収はC－N伸縮振動に由来する．

まとめ

IRスペクトルでは強いカルボニル基の吸収があるが，その吸収位置はカルボニル領域のなかでは最も低振動数側であり，アミドまたは尿素のカルボニル基の領域である．^{13}C NMRスペクトルでもカルボニル炭素のシグナルがあるが，それ以外のシグナルは1本だけで，等価な複数のメチル基に帰属される．^{1}H NMRスペクトルではシグナルは1本だけしか観測されず，窒素に結合したメチル基のシグナルと考えられる．MSスペクトルからは分子式$C_5H_{12}N_2O$が予想される．一つのカルボニル基，二つの窒素原子，四つのメチル基からなる分子の構造としてはテトラメチル尿素$(CH_3)_2N(C=O)N(CH_3)_2$が考えられる．MSスペクトルにおける72の基準ピークは，分子イオンピークから転位反応を伴って中性分子（44）が脱離したとも考えられるだろう．しかし，ここではカルボニル基のα位での開裂により窒素を含む偶数質量のラジカル $^{\bullet}N(CH_3)_2$ が脱離したものである．さらにこのイオンから一酸化炭素 $C\equiv O$ が脱離することにより，44のイオンが生成する．

問題 015 (006)

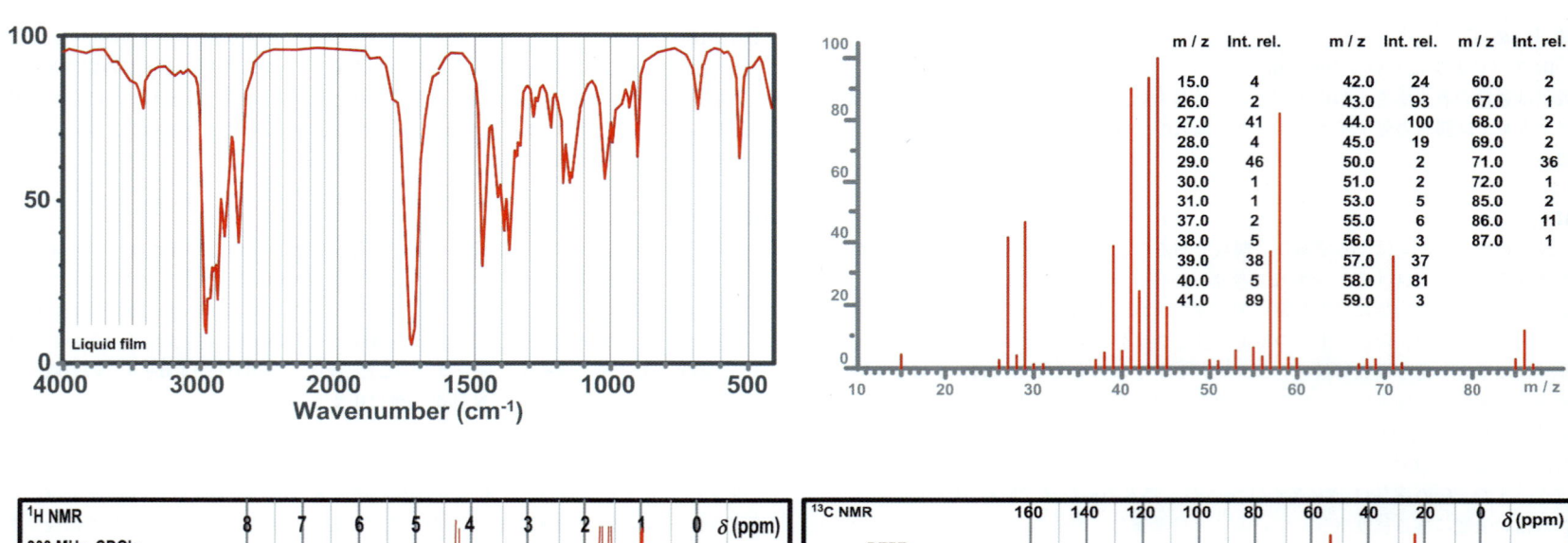

IR (Liquid film)

Mass Spectrum

m/z	Int. rel.	m/z	Int. rel.	m/z	Int. rel.
15.0	4	42.0	24	60.0	2
26.0	2	43.0	93	67.0	1
27.0	41	44.0	100	68.0	2
28.0	4	45.0	19	69.0	2
29.0	46	50.0	2	71.0	36
30.0	1	51.0	2	72.0	1
31.0	1	53.0	5	85.0	2
37.0	2	55.0	6	86.0	11
38.0	5	56.0	6	87.0	1
39.0	38	57.0	37		
40.0	5	58.0	81		
41.0	89	59.0	3		

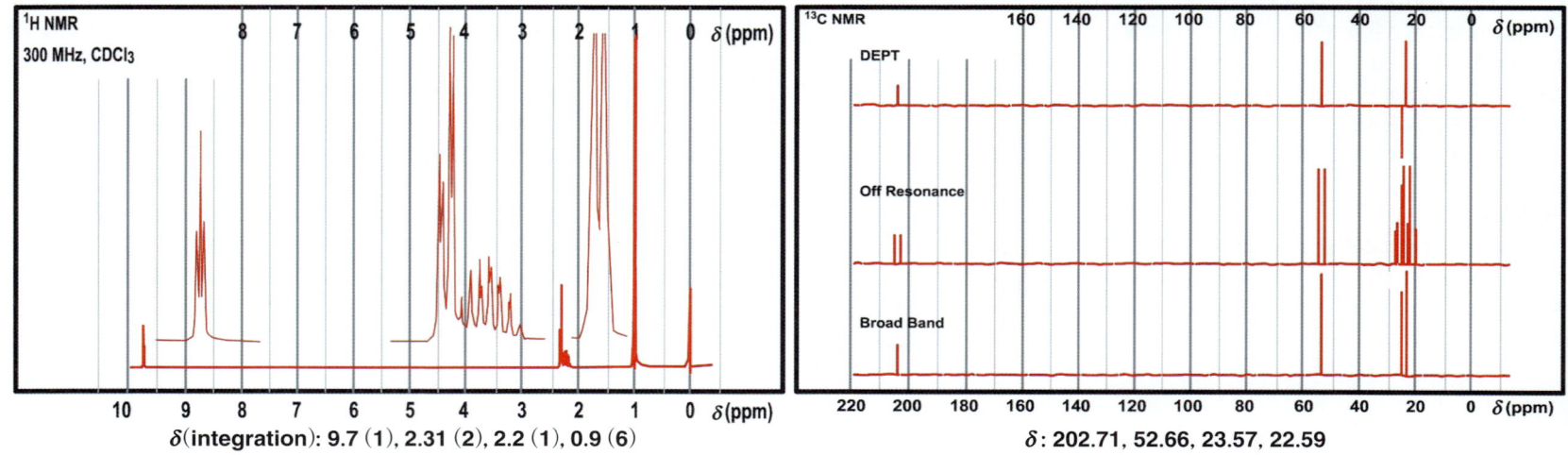

1H NMR 300 MHz, CDCl₃

δ(integration): 9.7 (1), 2.31 (2), 2.2 (1), 0.9 (6)

13C NMR

δ: 202.71, 52.66, 23.57, 22.59

34 問題 015

問題 015 (006)

はじめに

IR スペクトルにおける非常に強い吸収からカルボニル基の存在がわかる．C-H 伸縮振動の吸収領域からカルボニル基の性質が予想できる．^{1}H NMR スペクトルにおける非常に低磁場のシグナルとその分裂パターンが興味深い．

IR

1728 cm^{-1} の強い吸収はカルボニル基が存在することを表す．2720 と 2820 cm^{-1} の 2 本の吸収はアルデヒドを示唆する．1380 cm^{-1} 付近に観測される強度が同程度の 2 本の吸収は *gem*-ジメチル基の存在を示唆している．IR スペクトルはある官能基の存在を除外することにも有効である．たとえば，この場合は，O-H 伸縮振動の吸収がないのでアルコールやカルボン酸は存在しないことがわかる（3430 cm^{-1} の吸収はカルボニル基の倍音振動である）．

MS

86 のピークは分子イオンピークと思われる．このピーク強度が弱いことが構造に関する情報を含むかもしれない．87 の M+1 イオンのピーク強度は分子イオンピークに対して 9% である．一般的にはこの相対強度から炭素数に関する情報が得られるが，この問題の場合はピーク強度が低すぎるため確実とはいえない．85 の M-1 イオン（強度 2%）はアルデヒドから水素が脱離したイオンに帰属される．

^{13}C NMR

DEPT スペクトルよりメチレン基（下向きのシグナル）が存在し，第四級炭素（消失するシグナル）は存在しないことがわかる．OR スペクトルからメチレン基（三重線）が 1 個，メチル基（四重線）が 2 個，メチン基（二重線）が 2 個観測される．二つのメチン基のうち一つが大きく非遮蔽化されて低磁場に観測されている．もう一つのメチン基は脂肪族領域にある．

^{1}H NMR

積分比は 1 : 2 : 1 : 6 である．9.7 ppm のアルデヒド水素のシグナルは三重線に分裂しており，このアルデヒドには水素二つが隣接していることが示唆される．その結合定数は小さいが，これはアルデヒド水素とその α 位の水素とのカップリングに特徴的である．これより部分構造 -CH$_2$CH=O が得られる．このメチレン基のシグナルは 2.3 ppm に二重の二重線として観測される．小さい結合定数はアルデヒド水素とのカップリングであり，これ以外に大きな結合定数でカップリングしている．すなわち，アルデヒド水素に隣接するメチレン基はもう一つの異なる水素と大きな結合定数でカップリングしている．そのもう一つの水素は 2.2 ppm に多重線として観測されているメチン基の水素と考えられる．0.9 ppm のシグナルはメチル基 2 個分のシグナルであり，一つの水素とカップリングしている．

まとめ

IR，^{1}H NMR，^{13}C NMR スペクトルからアルデヒドの存在が明らかである．^{13}C NMR スペクトルではアルデヒド炭素（CH）のほか，もう一つ別のメチン基，およびメチレン基，メチル基のシグナルが 1 本ずつ観測される．第四級炭素は観測されない．^{1}H NMR スペクトルではメチレン基はアルデヒド炭素（CH）ともう一つのメチン基の両方とカップリングしている．これにより，部分構造として >CHCH$_2$CH=O が得られる．この二つ目のメチン基は 2 ppm 付近に一部ほかのシグナルと重なって観測される多重線シグナルである．この多重線はおそらく九重線であり，隣接する水素が 8 個存在することが示唆される（メチレン基 1 個とメチル基 2 個）．0.9 ppm に観測される 6H 分の二重線は二つの等価なメチル基に帰属される．以上の結果，この化合物はイソバレルアルデヒド（CH$_3$）$_2$CHCH$_2$CHO であることがわかる．

問題 016 (021)

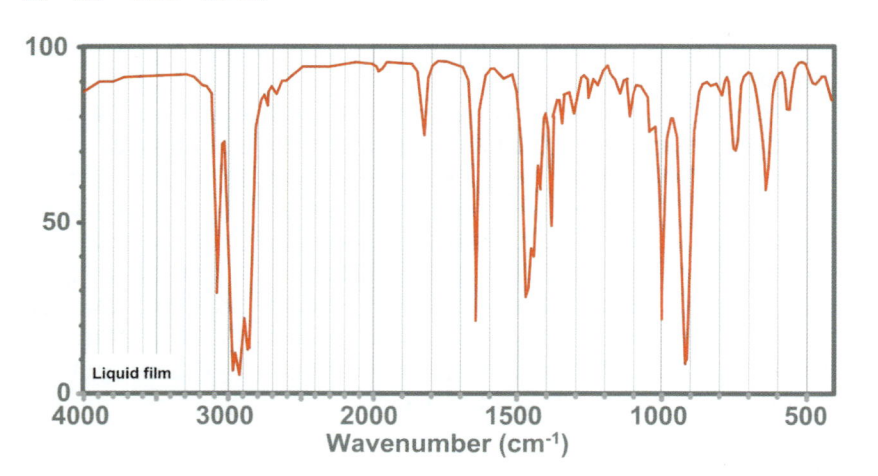

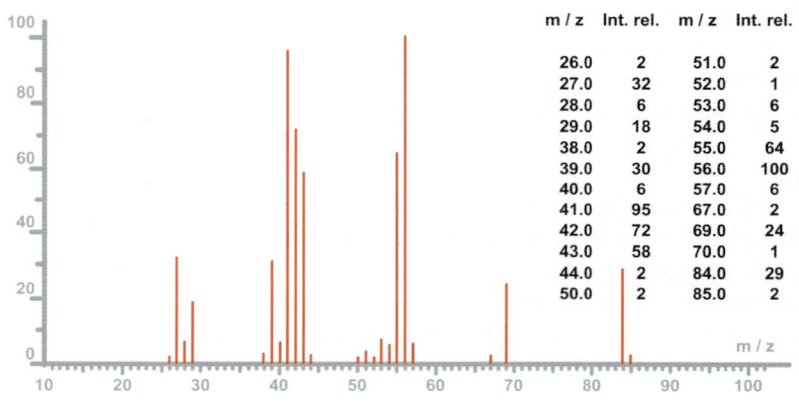

IR (Liquid film)

Mass Spectrum

m/z	Int. rel.	m/z	Int. rel.
26.0	2	51.0	2
27.0	32	52.0	1
28.0	6	53.0	6
29.0	18	54.0	5
38.0	2	55.0	64
39.0	30	56.0	100
40.0	6	57.0	6
41.0	95	67.0	2
42.0	72	69.0	24
43.0	58	70.0	1
44.0	2	84.0	29
50.0	2	85.0	2

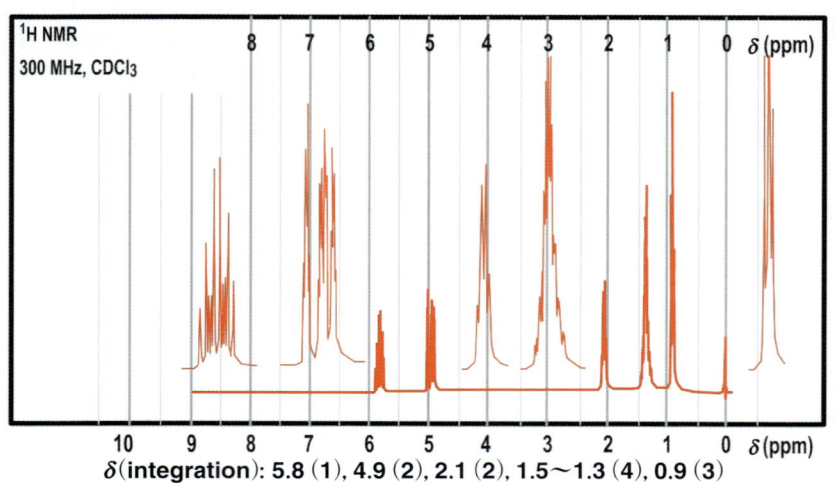

^{1}H NMR (300 MHz, CDCl$_3$)

δ(integration): 5.8 (1), 4.9 (2), 2.1 (2), 1.5〜1.3 (4), 0.9 (3)

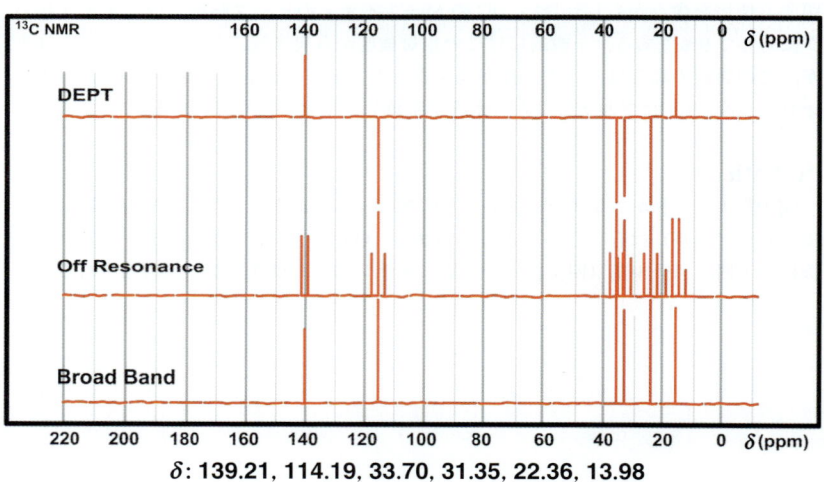

^{13}C NMR

δ: 139.21, 114.19, 33.70, 31.35, 22.36, 13.98

問題 016（021）

はじめに

各スペクトルを一見しただけでは，アルケン以外に特徴的な官能基の存在は明らかでない．IR スペクトルの 1810 cm^{-1} の吸収はカルボニル基としては弱い．OH 基，NH 基やほかのヘテロ原子に由来する吸収も特に観測されていない．3000 cm^{-1} を境にして左右両方に吸収が観測される．これは sp^3 炭素と sp^2 炭素両方の C−H 伸縮振動に由来する．アルケンの二重結合の存在は 1600 cm^{-1} 領域の C＝C 伸縮振動の吸収，1000 cm^{-1} より低振動数（低波数）側の面外変角振動の吸収などからも示唆される．

IR

3000 cm^{-1} より高振動数の吸収（この問題では 3082 cm^{-1}）は二重結合炭素とそれに結合した水素間の C−H 伸縮振動に特徴的な吸収であり，二重結合の存在が示唆される．1650 cm^{-1} の吸収はアルケンの C＝C 伸縮振動の吸収である．アルケン水素の面外変角振動が 910 cm^{-1} に観測されており，これは一置換二重結合の特徴的な吸収である．この吸収の倍音振動が 1820 cm^{-1} に観測されている．これによりこの化合物にはビニル基 −CH＝CH$_2$ が含まれることが示唆される．

MS

分子イオンピークが 84 に観測されている．85 の同位体ピークの相対強度は 6.9% である．これより炭素原子 6 個の存在が示唆される．一連のフラグメントイオン 69，55，41，および 27 は単純な開裂を表し，メチル，エチル，プロピル，およびブチルラジカルの脱離に相当する．56 の基準ピークは転位反応に由来し，中性分子のエチレン（28）が脱離したものである．これと類似して，42 の偶数質量の強いピークはプロピレンが脱離したものである．

^{13}C NMR

BB スペクトルでは 6 個の炭素が観測されている．6 個の内訳は，メチル炭素 1 個（OR スペクトルで四重線），メチレン炭素 4 個（DEPT スペクトルで下向き，OR スペクトルで三重線），およびメチン炭素 1 個（OR スペクトルで二重線）である．第四級炭素（DEPT スペクトルで消失するシグナル）は存在しない．^{13}C NMR スペクトルから炭素に結合した水素が全部で 12 個あることがわかる．炭素の化学シフトから，4 個は sp^3 炭素，2 個は sp^2 炭素であることが示唆される．139 ppm のシグナルは sp^2 メチン炭素 ＝CH，114 ppm のシグナルは sp^2 メチレン炭素 ＝CH$_2$ と帰属される．4 個の sp^3 炭素のうち 1 個はメチル炭素で残りの 3 個はメチレン炭素である．

^{1}H NMR

5 本のシグナルが観測されており，これらの積分比は 1 : 2 : 2 : 4 : 3，全部で 12H 分となる．3 個のアルケン水素のシグナルが 5.80，4.96，および 4.92 ppm にいずれも多重線として観測されている．4.96 と 4.92 ppm のシグナルは，非等価な末端メチレン ＝CH$_2$ の水素に帰属される．これらのシグナルはいずれも二重線として観測されているが，詳細に見るとさらに小さい結合定数でのカップリングを含んでいる．高磁場側の 4.92 ppm の二重線の結合定数は $^3J ≈ 10$ Hz（シス結合）であり，低磁場側の 4.96 ppm の二重線の結合定数は $^3J ≈ 16$ Hz（トランス結合）である．シス水素間よりトランス水素間の方が結合定数が大きい．さらに，これら二つの末端メチレン水素間にはジェミナルカップリング（$^2J ≈ 2$ Hz）が存在する．5.8 ppm のシグナルは sp^2 メチン水素 ＝CH に帰属され，トランス水素（$^3J ≈ 16$ Hz），シス水素（$^3J ≈ 10$ Hz）とのカップリングに加えて，逆側の sp^3 メチレン水素（三重線，$^3J ≈ 6$ Hz）とカップリングしている．2.06 ppm のシグナルは化学シフトから二重結合の α 位のメチレン水素に帰属される．1.3〜1.5 ppm の 4H 分のシグナルは二つのメチレン基に帰属される．最後に 0.90 ppm の 3H 分の三重線はメチル基のシグナルである．

まとめ

MS スペクトルから分子量は 84 であり，アルケン以外の官能基の存在を示すスペクトルデータはない．これより分子式は C$_6$H$_{12}$ が得られる．分子中にメチル基 1 個とビニル基 1 個が存在することが示唆されたことから，これらを両末端としてその間に残りの 3 個のメチレン基が存在すると考えられる．これよりこの化合物は 1-ヘキセン CH$_3$CH$_2$CH$_2$CH$_2$CH＝CH$_2$ である．

問 題 017 (018)

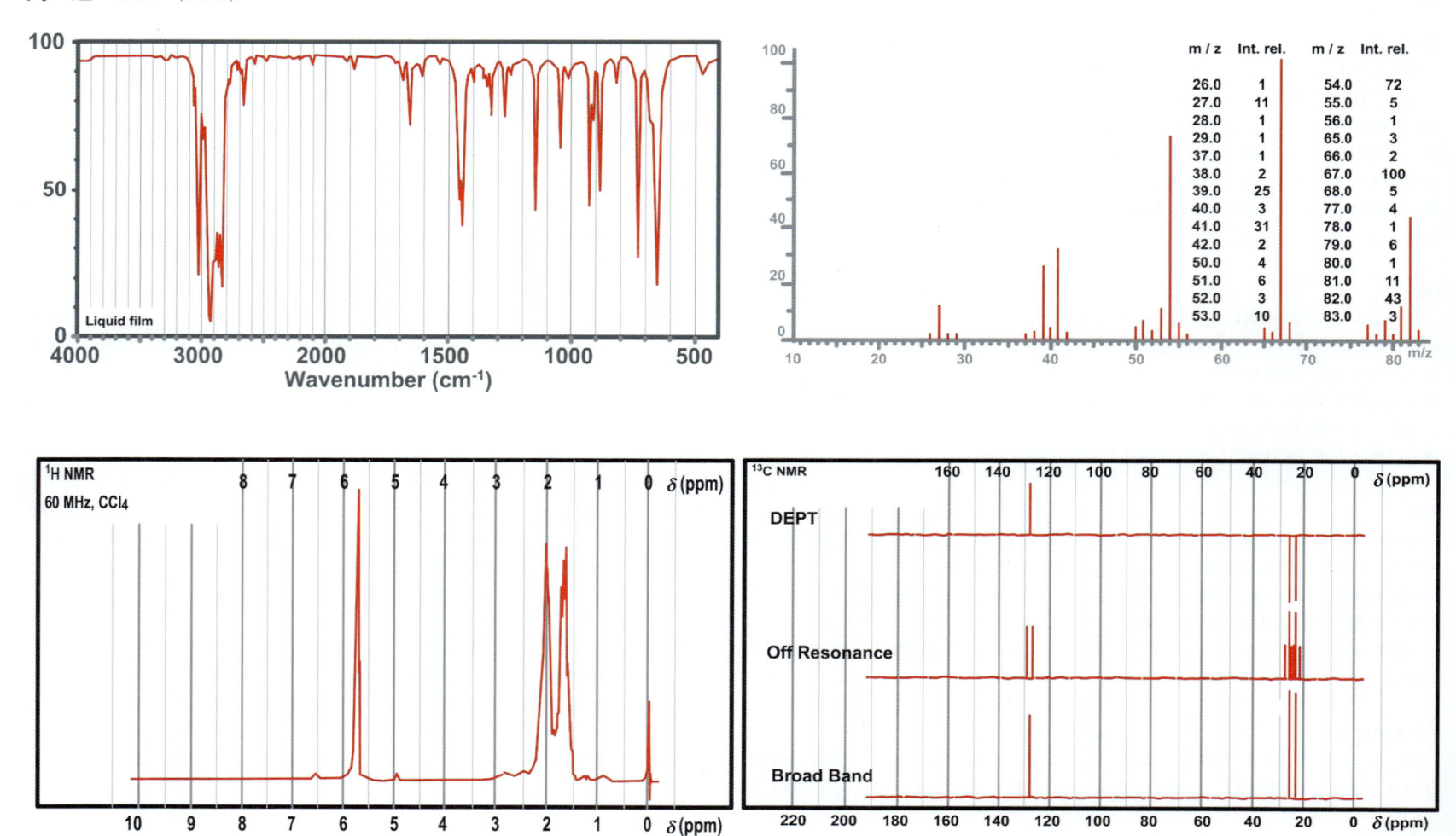

m/z	Int. rel.	m/z	Int. rel.
26.0	1	54.0	72
27.0	11	55.0	5
28.0	1	56.0	1
29.0	1	65.0	3
37.0	1	66.0	2
38.0	2	67.0	100
39.0	25	68.0	5
40.0	3	77.0	4
41.0	31	78.0	1
42.0	2	79.0	6
50.0	4	80.0	1
51.0	6	81.0	11
52.0	3	82.0	43
53.0	10	83.0	3

^{1}H NMR 60 MHz, CCl$_4$

δ (integration): 5.6 (1), 1.98 (2), 1.6 (2)

^{13}C NMR

δ: 127.3, 25.3, 22.8

38 問題 017

問題 017 (018)

はじめに

IR スペクトルの C−H 伸縮振動領域をよく見ると sp^3 C−H 結合と sp^2 C−H 結合の両方の伸縮振動の吸収がある．^{1}H および ^{13}C NMR スペクトルからもアルケンまたは芳香環の存在が示唆される．

MS

分子イオンピークが 82（強度 43%）に，同位体ピークが 83（強度 3%）に観測されており，同位体ピークの相対強度が 6.9%（3/43×100）であることから 6 個の炭素の存在が示唆される（6×1.1% = 6.6%）．炭素数が 6 個で分子量 82 をもつ化合物の分子式は C$_6$H$_{10}$ と考えられる．27，41，55 のピークはアルケンに特徴的なフラグメントピークであり，これより不飽和結合の存在が示唆される．M − 15 の基準ピークは通常は脱メチルイオンと考えられるが，多くの環状化合物も脱メチルイオンのピークを与えることに注意しなければならない．たとえば最も単純な環状化合物であるシクロヘキサンやシクロペンタンの MS スペクトルには強い M − 15 のイオンピークが観測される．環状炭化水素化合物では水素移動を伴うラジカルイオン転位反応が起こりやすいことが知られている．54 の偶数質量イオンは逆 Diels-Alder 反応によるエチレン分子の脱離によって生成する．

^{13}C NMR

BB スペクトルでは 3 本のシグナルが観測されるのみである．その 3 本のうち一つはメチン炭素（OR スペクトルで二重線）であり，残りの二つはメチレン炭素（OR スペクトルで三重線，DEPT スペクトルで下向き）である．127 ppm のシグナルはその化学シフトから sp^2 炭素と考えられる．sp^2 炭素のシグナルは 1 本しか観測されていないが，二重結合を形成するには炭素 2 個が必ず必要である．したがってこの 127 ppm のシグナルは等価な炭素 2 個分のシグナルであり，本化合物は対称性をもつものと推定される．炭素シグナルの種類（1 個の CH と 2 個の CH$_2$）から全部で 5 個の水素の存在が示唆されるが，これだけでは分子量 82 の半分をみたすだけである．したがって各シグナルはおのおの炭素 2 個分に相当すると考えられる．

^{1}H NMR

3 種類のシグナルが 1：2：2 の積分比で観測されている．この水素数を単純に足すと 5H 分であるが，^{1}H NMR の積分では水素数の比を表すだけなので，上記の MS，^{13}C NMR スペクトルの結果を考えると，実際にこの化合物中に含まれる水素原子は 10 個と考えられる．5.6 ppm のシグナルはアルケン水素，1.98 ppm のシグナルはアリル位の水素 −CH$_2$C=C，1.6 ppm のシグナルは二重結合の β 位のメチレン水素に帰属される．カップリングパターンは複雑であり，一つ一つのカップリングを識別することは困難である．

IR

3000 cm^{-1} より高振動数（高波数）側の吸収はアルケンの =C−H 伸縮振動に特徴的な吸収である．これによっても二重結合の存在が確かめられる．1660 cm^{-1} の吸収は ＞C=C＜ 二重結合の伸縮振動に帰属される．面外変角振動の吸収が 720 cm^{-1} に観測されているが，この吸収はシス二置換アルケンに特徴的な吸収領域内に含まれている．

まとめ

MS スペクトルでは分子イオンピークが 82 に観測され，これと M + 1 同位体ピークの相対強度から 6 個の炭素の存在が示唆され，それに基づき分子式は C$_6$H$_{10}$，不飽和度は 2 と考えられる．^{13}C NMR スペクトルでは 3 本のシグナルが観測され，このうちの二つはメチレン炭素，一つはアルケン CH 炭素である．これを加えると炭素 3 個，水素 5 個となるが，これは予想される分子式の半分に相当するため，本化合物は明らかに対称性をもつと考えられる．IR スペクトルではアルケンの C−H 伸縮振動，C=C 伸縮振動，シス二重結合，水素 2 個の面外変角振動の吸収が観測される．不飽和度 2 は二重結合一つと環一つに帰属される．以上より本化合物はシクロヘキセンであることがわかる．MS スペクトルではメチル基の脱離に相当するピークが観測されるが，これは環状化合物に起こりやすい転位反応に由来している．

問題 018 (020)

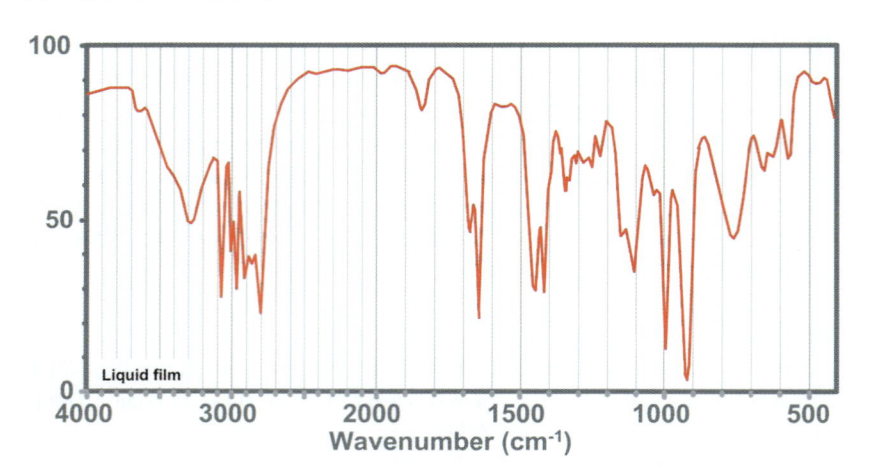

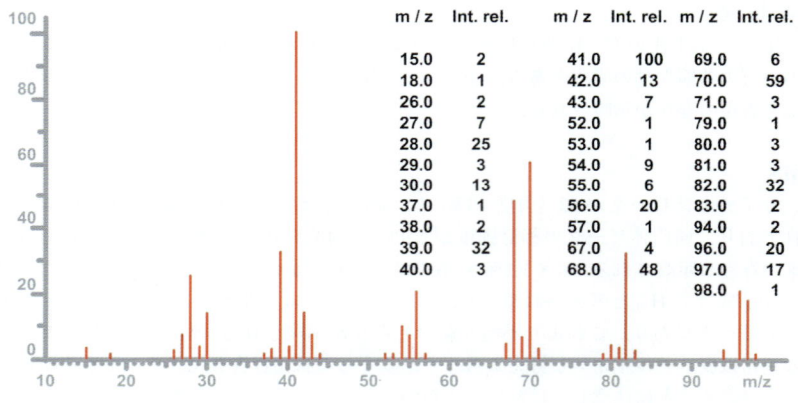

IR (Liquid film)

MS

m/z	Int. rel.	m/z	Int. rel.	m/z	Int. rel.
15.0	2	41.0	100	69.0	6
18.0	1	42.0	13	70.0	59
26.0	2	43.0	7	71.0	3
27.0	7	52.0	1	79.0	1
28.0	25	53.0	1	80.0	3
29.0	3	54.0	9	81.0	3
30.0	13	55.0	6	82.0	32
37.0	1	56.0	20	83.0	2
38.0	2	57.0	1	94.0	2
39.0	32	67.0	4	96.0	20
40.0	3	68.0	48	97.0	17
				98.0	1

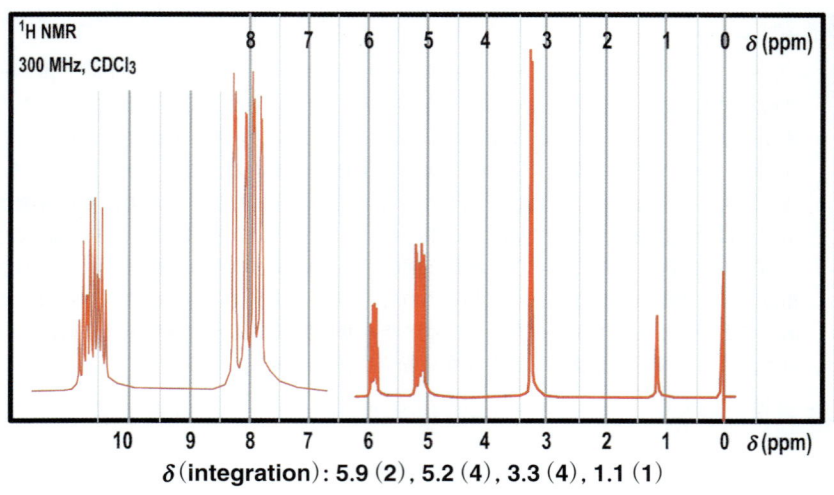

^{1}H NMR 300 MHz, CDCl$_3$

δ (integration): 5.9 (2), 5.2 (4), 3.3 (4), 1.1 (1)

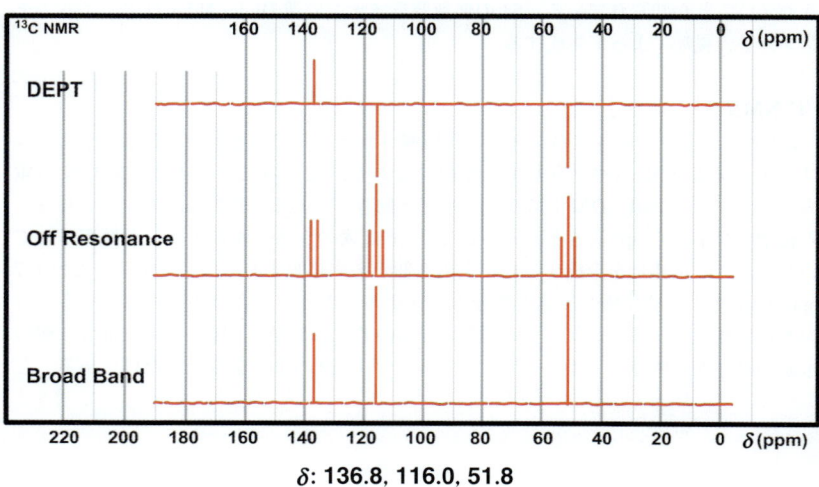

^{13}C NMR

δ: 136.8, 116.0, 51.8

問題 018 (020)

はじめに

IR スペクトルの C−H 伸縮振動領域では飽和型と不飽和型の両方の C−H 伸縮振動の吸収が観測されている．^{1}H および ^{13}C NMR スペクトルからもアルケンの存在が示唆される．

IR

3250〜3450 cm^{-1} の吸収は第二級アミンの N−H 伸縮振動に特徴的な吸収である．第二級アミンの存在は 1450 cm^{-1} の変角はさみ振動，750 cm^{-1} の面外変角振動の吸収からもわかる．3100 cm^{-1} には =C−H 伸縮振動の吸収があり，二重結合の存在が示唆される．二重結合に由来する吸収としては，1650 cm^{-1} 付近の >C=C< 伸縮振動の吸収，920〜990 cm^{-1} のビニル基 −CH=CH$_2$ に特徴的な変角振動の吸収も観測されている．1840 cm^{-1} の吸収は 920 cm^{-1} の変角振動の倍音である．

^{13}C NMR

BB スペクトルでは 3 本のシグナルが観測されている．137 ppm のシグナルはメチン炭素（OR スペクトルで二重線），116 ppm と 52 ppm のシグナルはメチレン炭素（DEPT スペクトルで下向き，OR スペクトルで三重線）に帰属される．これらのシグナルの化学シフトから，52 ppm のシグナルは窒素原子に結合したメチレン炭素，116 ppm と 137 ppm のシグナルはビニル基 −CH=CH$_2$ の二つの炭素に帰属される．

^{1}H NMR

4 本のシグナルが，5.9, 5.2, 3.3, および 1.1 ppm に積分比 2：4：4：1 で観測されている．これより水素数は全部で 11 個であり，このうちの 6 個は化学シフトからアルケン水素 =CH である．3.3 ppm のシグナルはアルケンとアミンの二つの官能基による非遮蔽効果を受けているメチレン基の水素に帰属される．このシグナルはアルケン水素とのカップリングにより二重線（$^3J ≈ 6$ Hz）に分裂している．5.2 ppm には 2 本のシグナルがおのおの細かなカップリングを伴った二重線として観測されているが，これらは二重結合末端の二つの非等価な水素 =CH$_2$ に帰属される．この二つのうち高磁場側の二重線は結合定数 $^3J ≈ 10$ Hz であることから，隣の sp^2 アルケン水素に対してシス側にあり，低磁場側の二重線は結合定数 $^3J ≈ 16$ Hz であることからトランス側にあることがわかる．これら二つの末端メチレン水素の間には互いにジェミナルカップリング（$^2J ≈ 2$ Hz）が存在する．5.9 ppm のシグナルはアルケン水素 =CH でありトランスの末端水素 1 個（$^3J ≈ 16$ Hz），シスの末端水素 1 個（$^3J ≈ 10$ Hz），および逆側の sp^3 メチレン水素 2 個（$^3J ≈ 6$ Hz）とカップリングしている．最後に 1.1 ppm のシグナル（1H 分）はアミンの水素に帰属される．

MS

分子量 97 が示唆される．同位体ピークの相対強度から炭素数 6 と考えられるが，ピーク強度が小さいため信頼性は十分ではない．この化合物は窒素原子と奇数個の水素原子を含むと考えられ，主要なフラグメントイオンピークは偶数である．M−1 イオンが比較的強く観測されているが，これは窒素原子の α 位のメチレン基からの水素の脱離に由来する（窒素原子の α 炭素上の C−H 結合が開裂する）．82 のイオンはメチル基 (15) の脱離に相当するが，この化合物にはメチル基は存在しない．メチル基が脱離するには，水素移動を伴う転位反応が起こる必要があるが，結果的に生成するイオンは安定な共役した構造をもっている [H$_2$C=CHCH=NHCH=CH$_2$]$^+$．70 のイオンは M−27 に相当し，α 開裂によるビニルラジカルの脱離に由来する．68 のイオンはエチル基が脱離した質量に相当するが，これは上記の M−27 イオンから水素 H$_2$ が脱離するか，もしくは分子イオンからの転位を経てエチル基が脱離することによって生じたものと考えられる．最後に 41 の基準ピークは，電荷の非局在化によって安定化したアリルカチオン H$_2$C=CH−CH$_2^+$ に帰属される．

まとめ

MS スペクトルで観測される分子イオンピークが奇数 (97) であることから窒素原子の存在が示唆される．M+1 イオンは強度が弱いため正確さは不十分ではあるが，相対強度からこの化合物に含まれる炭素数は 6 個と予想される．^{13}C NMR スペクトルでは，アルケンメチレン炭素 =CH$_2$，アルケンメチン炭素 =CH，および脂肪族メチレン炭素 CH$_2$ の 3 本のシグナルのみ観測される．^{1}H NMR スペクトルの積分値から 11 個分の水素の存在が示唆され，そのうちの 6 個は化学シフトから二重結合上にあることがわかる．このことから二つの等価なビニル基が存在すると考えられる．IR スペクトルからアミノ基の存在が示唆されるが，^{1}H NMR スペクトルでもアミノ基の水素のシグナルが観測されている．以上より，この化合物には，アリル基が二つとアミノ基が一つ含まれていることがわかり，これらを組合わせることにより全体の構造として，ジアリルアミン HN(CH$_2$CH=CH$_2$)$_2$ が導かれる．^{1}H NMR スペクトルのほかのシグナルもこの構造と矛盾しない．

問題 019 (041)

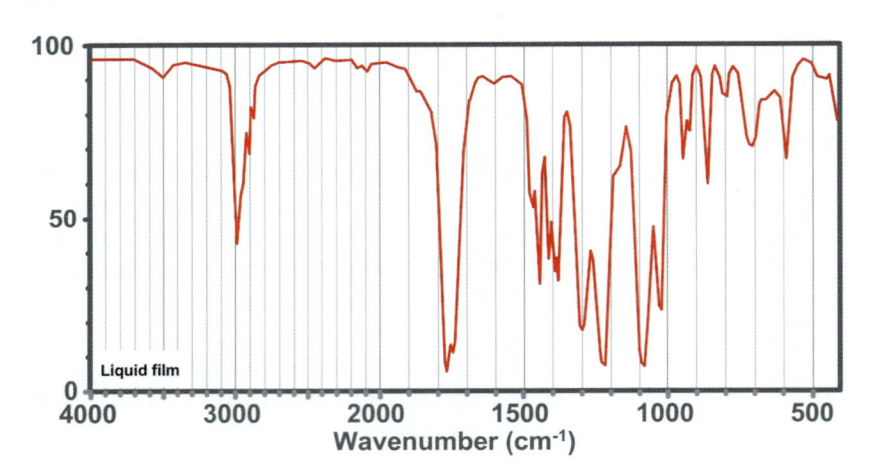

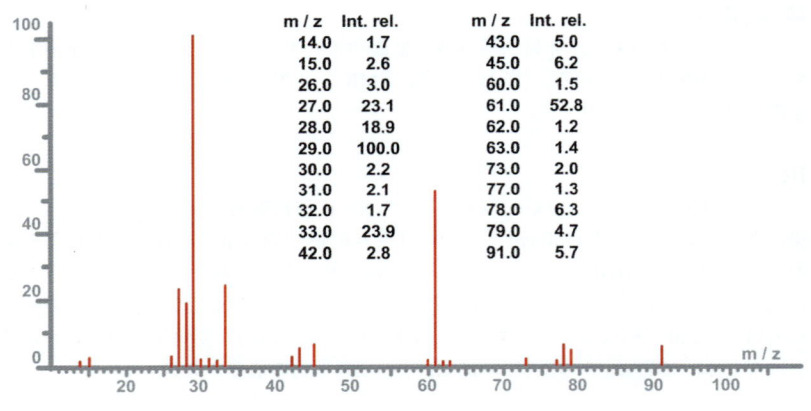

IR (Liquid film)

Mass Spectrum

m/z	Int. rel.	m/z	Int. rel.
14.0	1.7	43.0	5.0
15.0	2.6	45.0	6.2
26.0	3.0	60.0	1.5
27.0	23.1	61.0	52.8
28.0	18.9	62.0	1.2
29.0	100.0	63.0	1.4
30.0	2.2	73.0	2.0
31.0	2.1	77.0	1.3
32.0	1.7	78.0	6.3
33.0	23.9	79.0	4.7
42.0	2.8	91.0	5.7

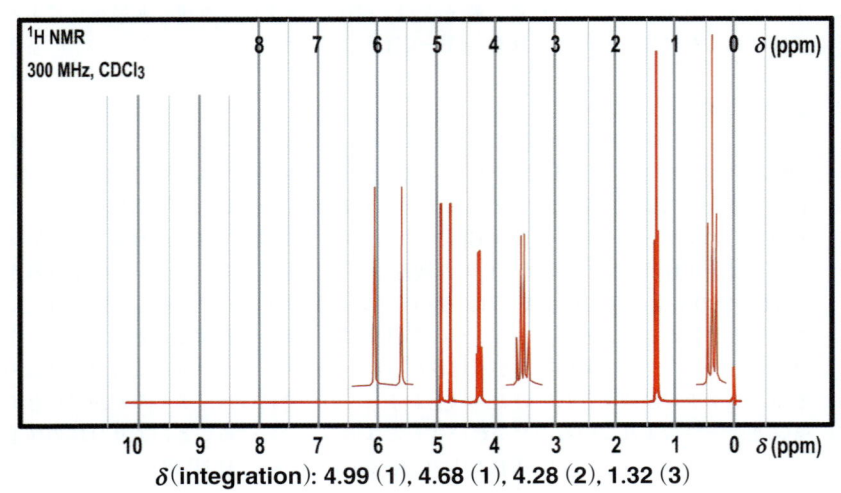

^{1}H NMR (300 MHz, CDCl$_3$)

δ (integration): 4.99 (1), 4.68 (1), 4.28 (2), 1.32 (3)

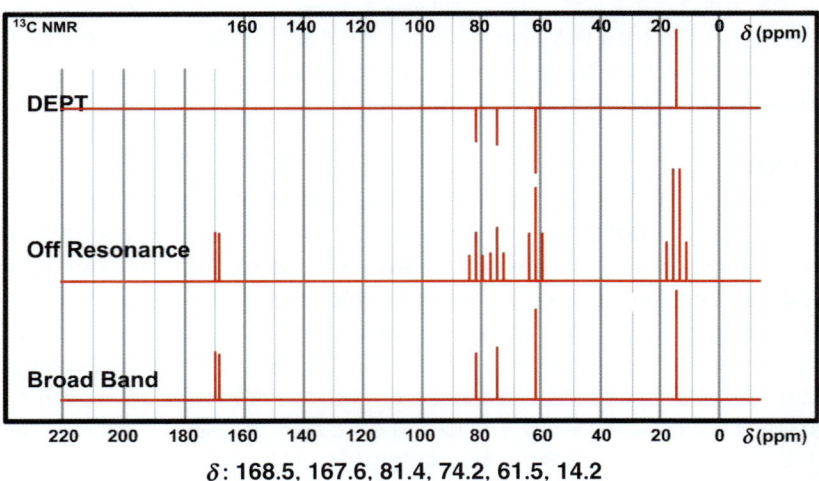

^{13}C NMR

δ: 168.5, 167.6, 81.4, 74.2, 61.5, 14.2

問題 019（041）

はじめに

スペクトルを一見していくつかの興味深い特徴がみられる．IR スペクトルではカルボニル領域に強い 2 本の吸収がある．1744 cm^{-1} の吸収は通常のエステルカルボニルの領域内であるが，もう一つの 1767 cm^{-1} の吸収は通常のエステルカルボニルの領域より高振動数（高波数）側である．MS スペクトルでの最高質量 91 は奇数であるが，この化合物には窒素原子が存在するという証拠がないため，91 のピークは分子イオンピークではないと考えられる．29 の基準ピークは通常のエチルカチオンに帰属されるが，33 のピークは通常あまり観測されない興味深いピークである．

MS

基準ピーク 29（100%）は通常のアルキルイオン CH$_3$CH$_2^+$ に帰属される．33 の強いピーク（23.9%）はこのスペクトルの特徴的なピークである．一般に 29 よりわずかに大きい質量のピークはヘテロ原子の存在を示唆する．たとえば 30 のピークは窒素原子 CH$_2$=NH$_2^+$，31 のピークは酸素原子 CH$_2$=OH$^+$ の存在を示唆する．したがって 33 の強いピークは周期表の次の元素，フッ素に由来する．フッ素の質量は 19 であり，質量 33 のイオン CH$_2$=F$^+$ を生成する．フッ素には天然同位体が存在しないので，同位体パターンからフッ素の存在を知ることはできない．しかし，フッ素は NMR で検出可能であり，炭素 ^{13}C や水素 ^{1}H とのカップリングが存在する．

IR

カルボニル領域に大変強い吸収が観測されている．よく見ると，そのカルボニル領域には強い 2 本の吸収が 1767 と 1744 cm^{-1} にある．1744 cm^{-1} の吸収は通常のエステルカルボニルの吸収領域内にある．しかし，1767 cm^{-1} の吸収は通常のエステルカルボニルの吸収領域よりも高振動数側にある．カルボニル基の α 位にハロゲン原子が存在するとカルボニル伸縮振動の振動数が大きくなることが知られている．したがってこの IR スペクトルの吸収からエステルの α 位にフッ素原子が結合していることが示唆される．一般に，エステルでは 1000～1250 cm^{-1} に C-O 伸縮振動の吸収が観測される．一方，C-F 伸縮振動の吸収も 1000～1350 cm^{-1} の領域に観測される．

^{1}H NMR

4 本のシグナルがある．4.99 と 4.68 の 2 本の一重線，4.28 の四重線，および 1.32 の三重線である．これらのシグナルの積分比は 1:1:2:3，全部で 7 個の水素が観測されている．7 個の水素にフッ素原子 1 個を加えると 1 価の原子の数は偶数となる．四重線と三重線のシグナルは，7.2 Hz で互いにカップリングしており，エチル基に帰属される．このうちメチレン基の化学シフト（4.28 ppm）からこのメチレン基はエステル酸素に結合していると考えられる．残りの 2 本のシグナル（4.99 と 4.68 ppm）は実際にはメチレン基の等価な 2 個の水素が二つに分かれて観測されているものである．これは 4.84 ppm を中心とした 2H 分のシグナルが，同じ炭素に結合しているフッ素原子とのカップリングにより二重線として観測されているものであり，その結合定数（$^2J_{HF}$）は 47 Hz である．これはエステルカルボニル FCH$_2$(C=O)OR に隣接する FCH$_2$ 基の水素のシグナルである．Shoolery 則（p.226）に基づく化学シフトの計算値は 4.98 ppm（0.23＋3.2＋1.55）であり，実測値（4.84 ppm）に非常に近い．

^{13}C NMR

BB スペクトルでは 4 本のシグナルがある．低磁場の 167.6 と 168.5 ppm の対のシグナルはエステルカルボニル炭素のシグナル（第四級炭素 C=O, DEPT スペクトルで消失）であり，隣のフッ素原子とのカップリング（$^2J_{CF}$ = 22 Hz）により 2 本に分かれて観測されている．74.2 と 81.4 ppm の対のシグナルはメチレン基（DEPT スペクトルで下向き，OR スペクトルで三重線）であるが，これもフッ素とのカップリング（$^1J_{CF}$ = 181 Hz）により 2 本に分かれている．OR スペクトルで三重線で観測される 61.5 ppm のシグナルはエステル酸素に結合したメチレン基である．OR スペクトルで四重線の 14.2 ppm のシグナルはエチル基のメチル炭素である．

まとめ

部分構造として，エトキシ基 -OCH$_2$CH$_3$，エステルカルボニル基 C=O，フルオロメチル基 -CH$_2$F の存在が示唆される．これらの部分構造をつなげるとフルオロ酢酸エチル CH$_3$CH$_2$O-(C=O)-CH$_2$F ができる．分子量は 106 であるが，MS スペクトルにおける主要なピークは，脱メチルイオン（91），脱エトキシイオン（61），および McLafferty 転位を経てエチレンが脱離したイオン（78）などである．IR スペクトルにおいてカルボニル基の吸収が通常より高振動数側に観測されるが，これは α 位のフッ素原子による電子求引効果により，C=O 結合の結合次数が増加するためである．カルボニル基の吸収が二つに分裂しているのはフッ素原子とカルボニル基の相対的な向きが異なる立体配座が存在するためである．立体配座が異なるとフッ素の電子求引効果に影響する．

問 題 020 (012)

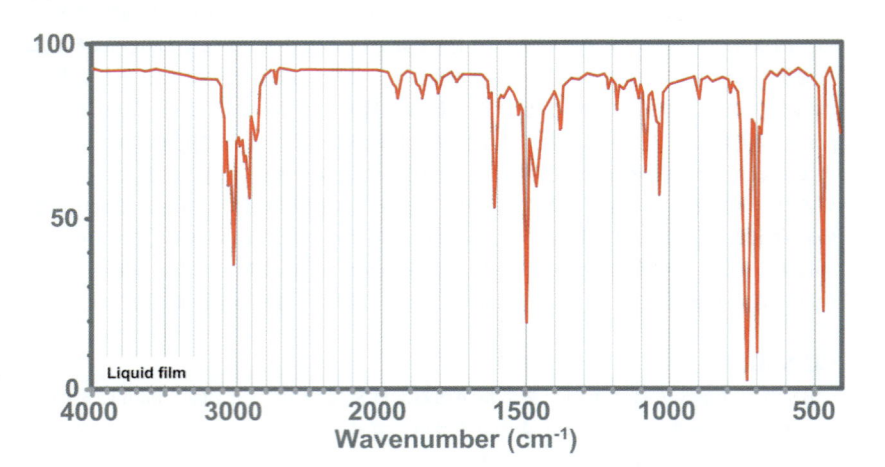

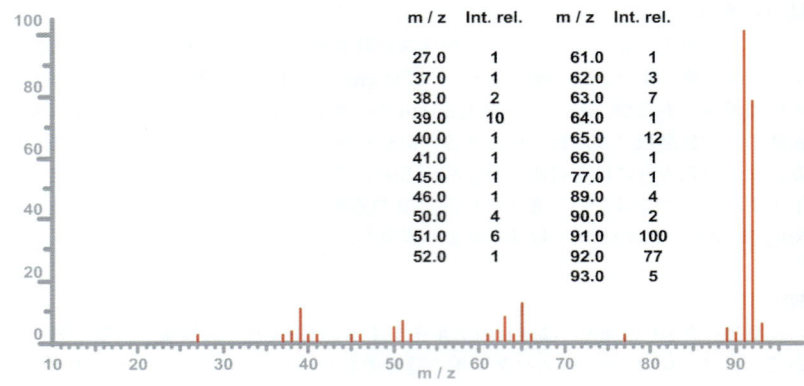

m/z	Int. rel.	m/z	Int. rel.
27.0	1	61.0	1
37.0	1	62.0	3
38.0	2	63.0	7
39.0	10	64.0	1
40.0	1	65.0	12
41.0	1	66.0	1
45.0	1	77.0	1
46.0	1	89.0	4
50.0	4	90.0	2
51.0	6	91.0	100
52.0	1	92.0	77
		93.0	5

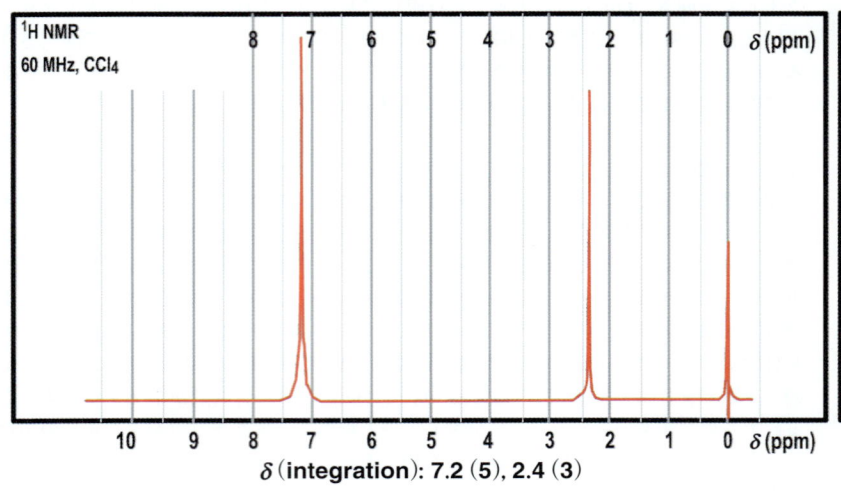

Liquid film

^{1}H NMR
60 MHz, CCl$_4$

δ (integration): 7.2 (5), 2.4 (3)

^{13}C NMR

DEPT

Off Resonance

Broad Band

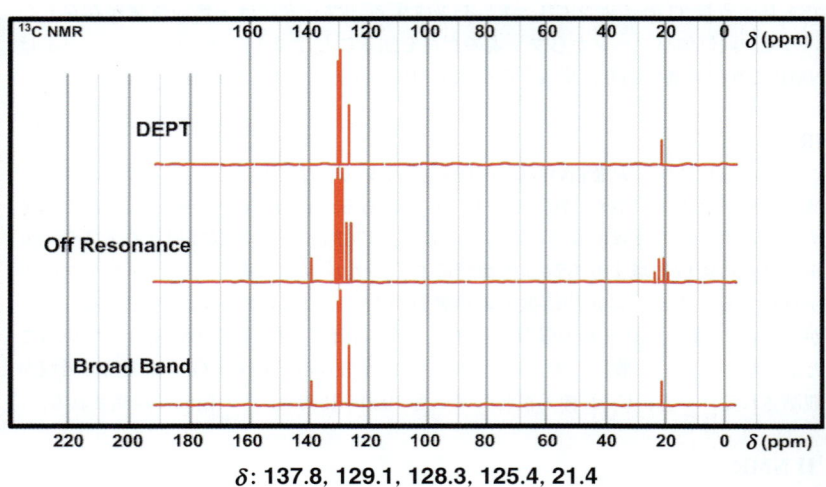

δ: 137.8, 129.1, 128.3, 125.4, 21.4

44　問 題　020

問題 020 (012)

はじめに

　IRスペクトルを見ると官能基としては，芳香環が存在することがわかる．次の四つの領域にそれぞれ芳香環を示唆する吸収が観測されている．すなわち，3000〜3100 cm^{-1}のC−H伸縮振動の吸収，1600〜2000 cm^{-1}の小さな倍音振動の吸収，1500〜1600 cm^{-1}付近の強い吸収，そして最後に700〜750 cm^{-1}の面外変角振動の吸収である．

MS

　92の分子イオンピーク（77%）と91のM−1イオンのピーク（100%）が特徴的に強く観測されている．もし91が分子イオンピークとすると92はM＋1同位体ピークとなるが，これは同位体ピークとしては強すぎるため，91のイオンは分子イオンピークではありえない．フラグメントイオンとしては39, 63,および65の奇数ピークが顕著であるが，これらはフェニル基のフラグメントイオンとして特徴的なものである．

^{13}C NMR

　5本のシグナルがある．メチル基が一つ（ORスペクトルで四重線），芳香族第四級炭素が一つ（DEPTスペクトルで消失），芳香族メチン炭素（DEPTスペクトルで上向き，ORスペクトルで二重線）が三つである．3本の芳香族メチン炭素のシグナルには強度に差がある．2本のシグナルの強度は残りの1本のシグナル強度の約2倍である．したがって，強度の大きい2本のシグナルはおのおの炭素2個分と考えられる．このピークパターンは一置換ベンゼン環に特徴的なものである．

^{1}H NMR

　2本のシグナルが5：3の積分比で観測されている．2.4 ppmのシグナルはsp^{2}炭素に結合したメチル基であり，7.2 ppmのシグナルは5個の芳香族水素（一置換ベンゼン環）である．芳香族水素にはo, m, pの3種が存在するが，化学シフトが非常に接近しているので，60 MHzのNMR装置などでは区別されない．o, m, pの3種は^{13}C NMRスペクトルでは明らかに区別されている．^{13}C NMRスペクトルでは3種類のsp^{2}メチン炭素 ＝C−Hが観測されている．すなわち，メチル基に対してパラ位の炭素が一つ，オルト位の炭素およびメタ位の炭素が一つずつである．オルト位の炭素とメタ位の炭素は分子の対称性から，おのおの2個分ずつが重なっている．

IR

　3000〜3100 cm^{-1}の吸収からsp^{2}炭素に結合した水素の存在（C−H伸縮振動）が示唆される．これはアルケンのC−Hかまたは芳香環のC−Hのいずれかである．1500 cm^{-1}と1600 cm^{-1}の吸収は＞C＝C＜二重結合の伸縮振動である．また700〜750 cm^{-1}の吸収は面外変角振動の吸収であり，一置換ベンゼン環に特徴的である．

まとめ

　MSスペクトルでは分子イオンピークが92に観測されているが，最も強いピークは91のトロピリウムイオンのピークである．これはアルキルベンゼンのMSスペクトルで特徴的に観測される．^{13}C NMRスペクトルでは第四級炭素のシグナルが1本，メチン炭素のシグナルが3本，およびメチル炭素のシグナルが1本観測されている．^{1}H NMRスペクトルではメチル基が1本と5本の芳香族水素のシグナルが観測される．以上より，この化合物にはベンゼン環とその環上に結合したメチル基が存在する．すなわちこの化合物はトルエン C$_6$H$_5$CH$_3$ である．

問　題　021（013）

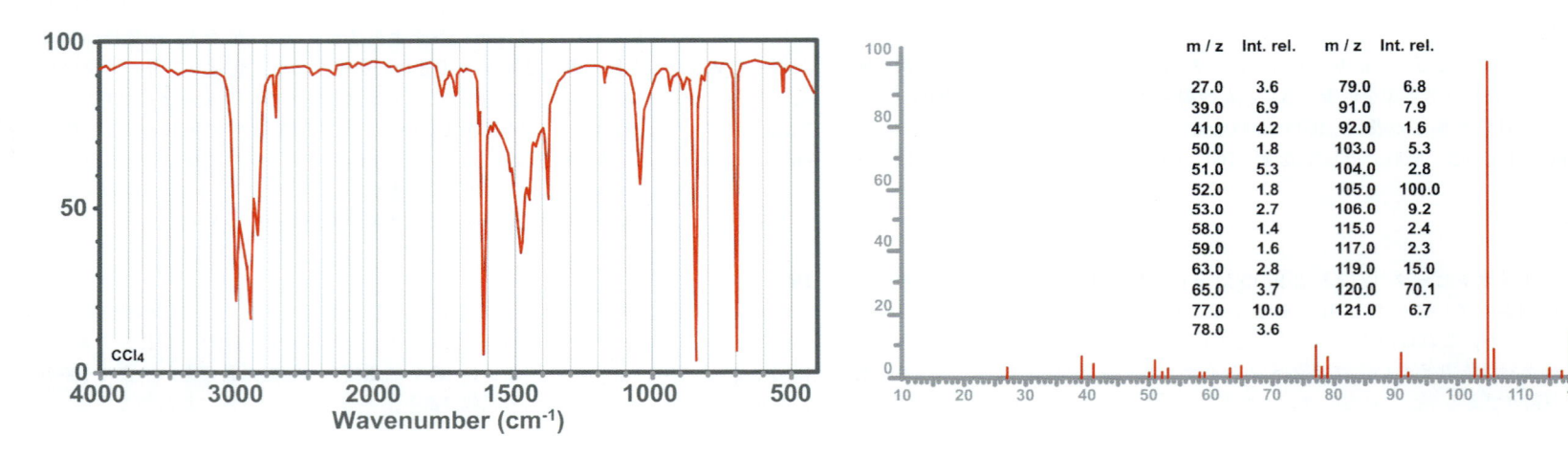

m/z	Int. rel.	m/z	Int. rel.
27.0	3.6	79.0	6.8
39.0	6.9	91.0	7.9
41.0	4.2	92.0	1.6
50.0	1.8	103.0	5.3
51.0	5.3	104.0	2.8
52.0	1.8	105.0	100.0
53.0	2.7	106.0	9.2
58.0	1.4	115.0	2.4
59.0	1.6	117.0	2.3
63.0	2.8	119.0	15.0
65.0	3.7	120.0	70.1
77.0	10.0	121.0	6.7
78.0	3.6		

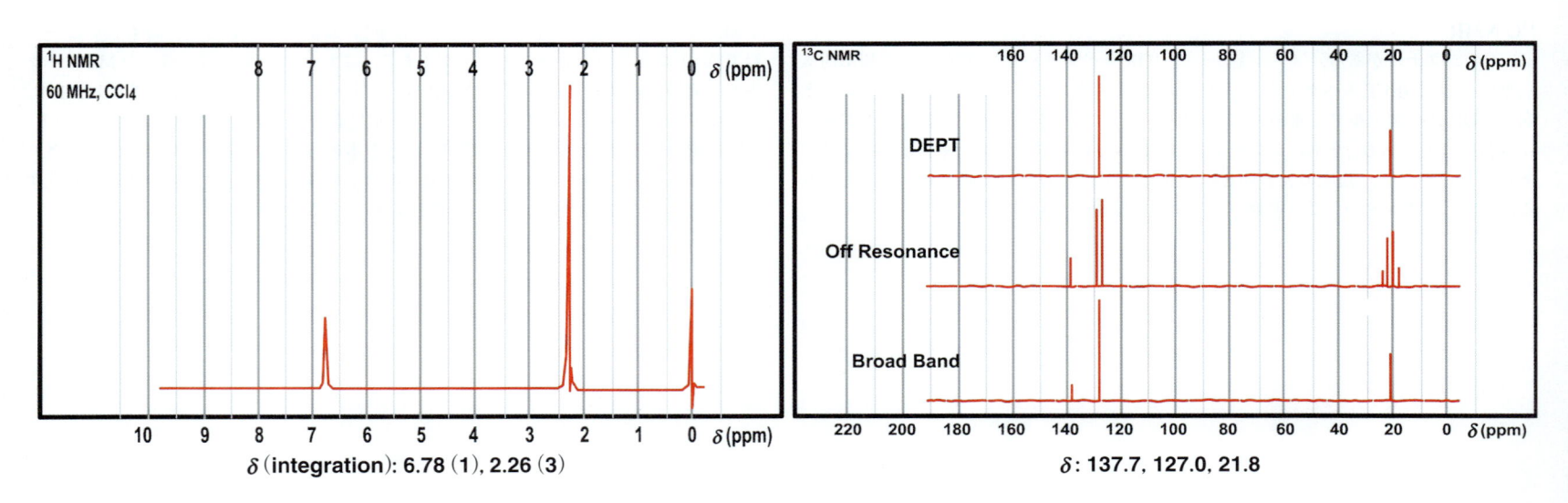

^{1}H NMR 60 MHz, CCl$_4$

δ (integration): 6.78 (1), 2.26 (3)

^{13}C NMR

δ: 137.7, 127.0, 21.8

46　問　題　021

問題 021 (013)

はじめに

IRスペクトルからは芳香環の存在が示唆されるが，それ以外には特徴的な吸収はない．NMRスペクトルも単純であり，この化合物は対称性の高い分子であることが予想される．

MS

分子量は120であることが示唆される．M＋1ピークの相対強度が9.56%（6.7/70.1×100）であることから分子中に9個の炭素が存在すると考えられる．計算上は炭素が9個存在する場合のM＋1同位体ピークの相対強度は9.9%である．厳密に言えば，より正確な（M＋1）/Mの相対強度の計算値は9.8%（6.7/68.6×100）である．これは分子イオン（M）の強度からM－1イオンの同位体ピークとしての寄与を差し引いて計算したものである．77（$C_6H_5^+$），91（$C_7H_7^+$），105（$C_8H_9^+$）のピークはいずれもベンゼン環にアルキル基が置換した構造を示唆する．

^{13}C NMR

BBスペクトルでは3本のシグナルがある．芳香族領域（137.7 ppm）に第四級炭素が1本（DEPTスペクトルで消失），同じく芳香族領域（127.0 ppm）にメチン炭素が1本（ORスペクトルで二重線），そして脂肪族領域（21.8 ppm）にメチル炭素が1本である（ORスペクトルで四重線）．MSスペクトルからは9個の炭素が含まれることが示唆されたが，^{13}C NMRスペクトルでは3本のシグナルしかない．したがってこの化合物には対称性があり，一つの構成要素が三つ含まれる分子と考えられる．

IR

3017 cm^{-1}の吸収はsp^2炭素に結合した水素のC－H伸縮振動に由来する吸収である．この吸収だけからはsp^2炭素がアルケンか芳香族かはわからない．1500 cm^{-1}と1600 cm^{-1}の吸収は環状の＞C＝C＜伸縮振動，835 cm^{-1}の吸収はC－H面外変角振動の吸収であり，これらは孤立した水素原子をもつ芳香環に特徴的な吸収である．すなわち，この化合物は三置換ベンゼン環をもち，置換基は互いにメタの位置に結合していると考えられる．

^{1}H NMR

2本のシグナルが観測される．これらにはカップリングは観測されず，またその積分比は1：3である．2.3 ppmのシグナルはsp^2炭素に結合したメチル基に由来し，6.8 ppmのシグナルは芳香族水素のシグナルである．この芳香族水素の化学シフトはベンゼンの化学シフトより0.5 ppm高磁場に観測されている．この高磁場へのシフトは，二つのオルト位のメチル基と一つのパラ位のメチル基が存在する場合の芳香族水素の計算値と一致する．

まとめ

MSスペクトルでは分子イオンピークが120（C_9H_{12}）に観測される．^{13}C NMRスペクトルでは3本のシグナルがある．それらはsp^2第四級炭素，sp^2メチン炭素CH，およびsp^3メチル炭素CH_3である．^{1}H NMRスペクトルではメチル基のシグナルと芳香族水素のシグナルの2本が観測される．IRスペクトルでは＝C－Hおよび＞C＝C＜伸縮振動の吸収，およびベンゼン環上の孤立した（二つの置換基に挟まれた）水素の面外変角振動の吸収がある．以上より，この化合物はベンゼン環上にメチル基を三つもつと考えられる．^{13}C NMRスペクトルにおいて9個の炭素に対してシグナルが3本しか観測されないことから，ベンゼン環上の置換様式が示唆され，この化合物は一つの構成要素が3回繰り返し構造をもつ対称性分子，1,3,5-三置換ベンゼンであることがわかる．すなわち，この化合物はメシチレン（1,3,5-トリメチルベンゼン）である．

問題 022（025）

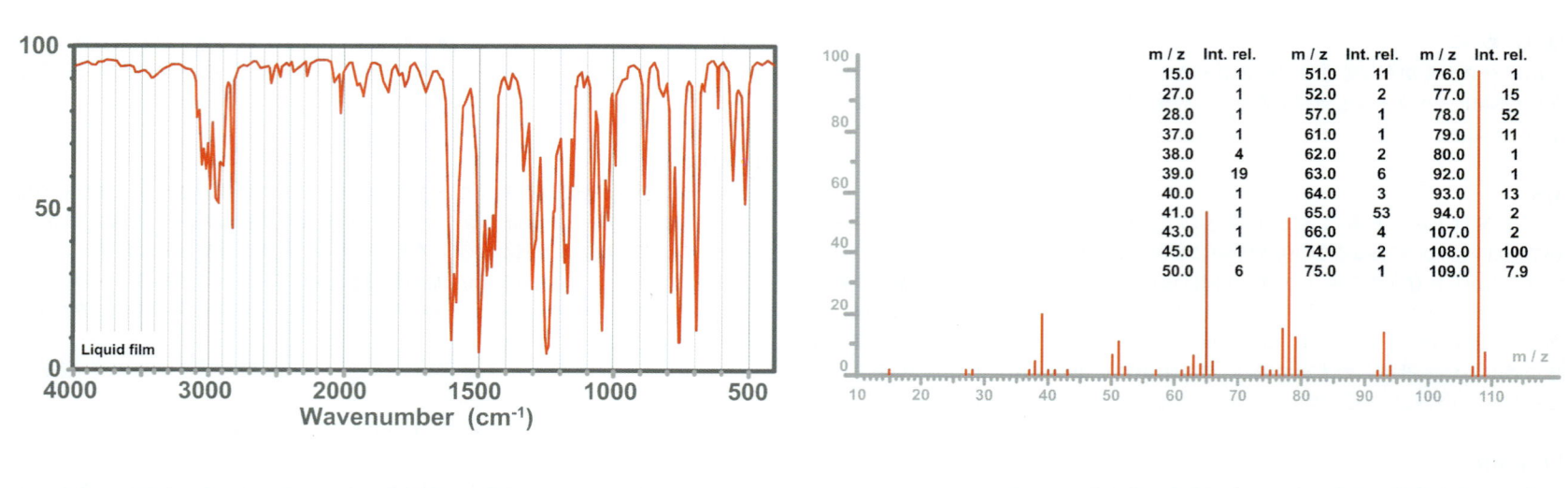

IR (Liquid film)

Mass Spectrum

m/z	Int. rel.	m/z	Int. rel.	m/z	Int. rel.
15.0	1	51.0	11	76.0	1
27.0	1	52.0	2	77.0	15
28.0	1	57.0	1	78.0	52
37.0	1	61.0	1	79.0	11
38.0	4	62.0	2	80.0	1
39.0	19	63.0	6	92.0	1
40.0	1	64.0	3	93.0	13
41.0	1	65.0	53	94.0	2
43.0	1	66.0	4	107.0	2
45.0	1	74.0	2	108.0	100
50.0	6	75.0	1	109.0	7.9

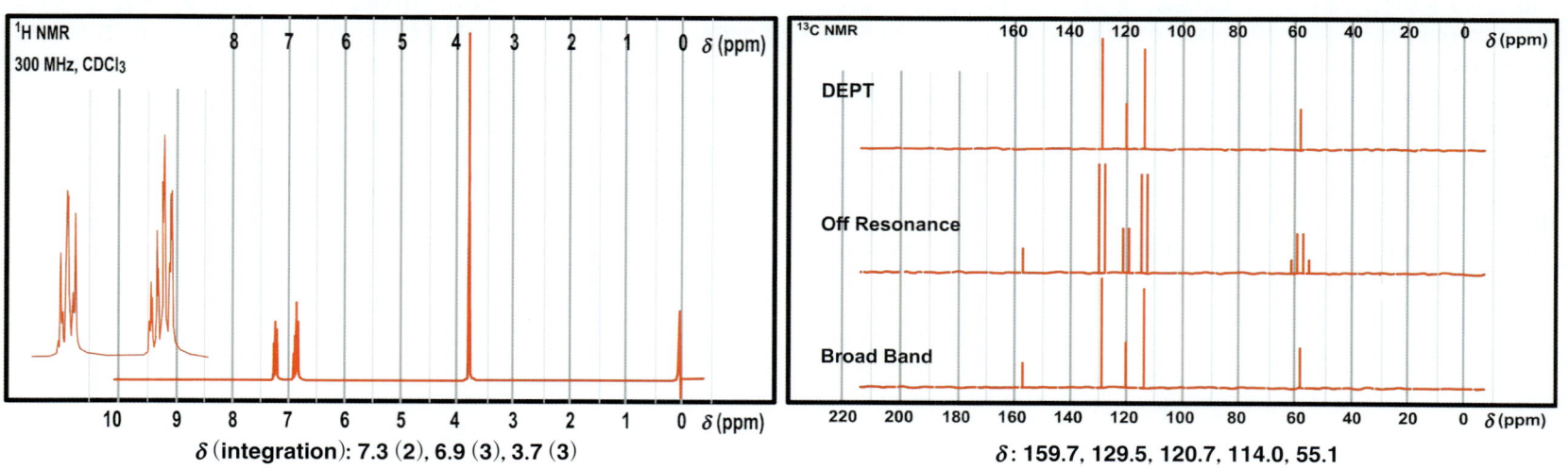

^{1}H NMR (300 MHz, CDCl$_3$)

δ (integration): 7.3 (2), 6.9 (3), 3.7 (3)

^{13}C NMR (DEPT, Off Resonance, Broad Band)

δ: 159.7, 129.5, 120.7, 114.0, 55.1

48　問題　022

問題 022（025）

はじめに

スペクトルを一見して，この化合物は芳香族化合物と予想される．芳香環上の置換基は ^{1}H NMR スペクトルにおいて遮蔽効果を及ぼしている．この化合物の MS スペクトルでは分子イオンピークが顕著に観測されているが，これは芳香環のπ電子共役系が存在するためと考えられる．

IR

芳香環に特徴的な吸収が観測される．C–H 伸縮振動が 3000～3100 cm^{-1} にあり，1600～2000 cm^{-1} の吸収は小さいながら明瞭である．C=C 伸縮振動の吸収が 1500 と 1600 cm^{-1} にあり，675～870 cm^{-1} には面外変角振動の吸収が観測されている．指紋領域の吸収や 700 と 750 cm^{-1} の面外変角振動の吸収は 5 個の水素が連続して存在する芳香環，すなわち一置換ベンゼン環に特徴的な吸収である．2836 cm^{-1} の吸収はメトキシ基 –OCH$_3$ の C–H 伸縮振動であり，1250 cm^{-1} には =C–OC（芳香族炭素とそれに結合したエーテル酸素との間の）伸縮振動に特徴的な吸収が観測されている．

^{13}C NMR

BB スペクトルでは 5 本のシグナルがあり，このうちの 2 本はほかのシグナルより強度が明らかに大きいので，炭素 2 個分以上と考えられる．DEPT スペクトルから，第四級炭素が 1 個（160 ppm，消失したシグナル）存在していることがわかる（数値と図中のピークが異なるが，数値が正しい）．この炭素は大きく非遮蔽化されているため，酸素原子に直接結合した炭素（イプソ炭素）と考えられる．OR スペクトルでは 3 本の二重線（sp^2 メチン炭素），1 本の四重線（メチル炭素），および 1 本の第四級炭素のシグナルが観測される．4 種類の芳香族炭素のうち，二つは強度が大きく，おのおの等価な炭素 2 個分と考えられる．これらは置換基のオルト位およびメタ位の炭素に帰属されるが，高磁場側のシグナルがより強く遮蔽されているオルト位の炭素である．二つの強度の大きいシグナルの間にある一つの弱いシグナルはパラ位のメチン炭素（1 個分）に帰属される．これらの炭素の化学シフトにより，オルト位とパラ位の炭素は共鳴効果によって遮蔽されているが，メタ位の炭素はあまり遮蔽されていないことがわかる．酸素原子に直接結合した炭素は強く非遮蔽化されている．すなわち，メトキシ基のメチル炭素は 55 ppm であり，またベンゼン環上のイプソ炭素（置換基が結合した炭素）は 160 ppm である．

^{1}H NMR

3 種類のシグナルが 2：3：3 の強度比で 7.3, 6.9, および 3.7 ppm に観測されている．3.7 ppm の一重線はベンゼン環に結合したメトキシ基のシグナルである．6.9～7.3 ppm にあるシグナルは五つのベンゼン環水素に帰属される．7.3 ppm の三重線はメタ位の水素であり，これはオルト位とパラ位の水素とカップリングしている．パラ位とオルト位の水素と違って，メタ位の水素に置換基（酸素原子）の電子供与性（共鳴効果）による遮蔽の影響をあまり受けていない．パラ位およびオルト位の水素の化学シフトは 6.9 ppm であり，通常のベンゼン環水素の化学シフト 7.3 ppm より高磁場である．上述のように，これらの水素はパラ位およびオルト位の酸素原子の共鳴効果によって遮蔽されている．6.9 ppm のシグナル（3H 分）にはパラ位水素（1H 分）の三重線とオルト位水素（2H 分）の二重線が重なっている．

MS

108 に分子イオンピークが 100% の強度で観測されている．M＋1 同位体イオンの相対強度が 7.9% であることから 7 個の炭素の存在が示唆される．93 のイオンはメチル基が脱離したイオンであり，78 のイオンはホルムアルデヒドの脱離イオンである．また 77 にはフェニル基のイオン C$_6$H$_5$$^+$ が観測されているが，これはメトキシ基が脱離したイオンに相当する．以上の MS スペクトルデータからこの化合物はアニソール C$_6$H$_5$OCH$_3$ であることが強く示唆される．

まとめ

各スペクトルからフェニル基の存在が強く示唆される．^{1}H NMR スペクトルでは芳香族領域に 2 種類のシグナルがある．一つは通常のベンゼンに近い化学シフトであるが，もう一つは通常より高磁場側に観測されている．この高磁場側の水素は電子供与性の置換基によって遮蔽されていると考えられる．芳香族水素が遮蔽されるのは，非共有電子対をもつ酸素原子や窒素原子を含む電子供与性置換基からの共鳴効果の影響を受ける場合であり，オルト位やパラ位の水素への効果が最も大きい．メトキシ基はそのような効果をもつ置換基の一つである．メトキシ基のシグナルは 3.8 ppm に一重線として観測さており，その化学シフトは期待されるとおりの値である．この化合物は明らかにアニソール C$_6$H$_5$OCH$_3$ である．

問題 023 (024)

IR (Liquid film)

Mass Spectrum

m/z	Int. rel.	m/z	Int. rel.
26.0	1.3	62.0	1.5
27.0	3.5	63.0	2.4
29.0	3.0	73.0	1.7
37.0	3.1	74.0	6.4
38.0	3.6	75.0	3.3
39.0	6.1	76.0	3.8
49.0	2.4	77.0	92.6
50.0	18.2	78.0	16.2
51.0	36.8	79.0	1.0
52.0	9.9	105.0	94.2
53.0	1.1	106.0	100.0
61.0	1.2	107.0	7.8

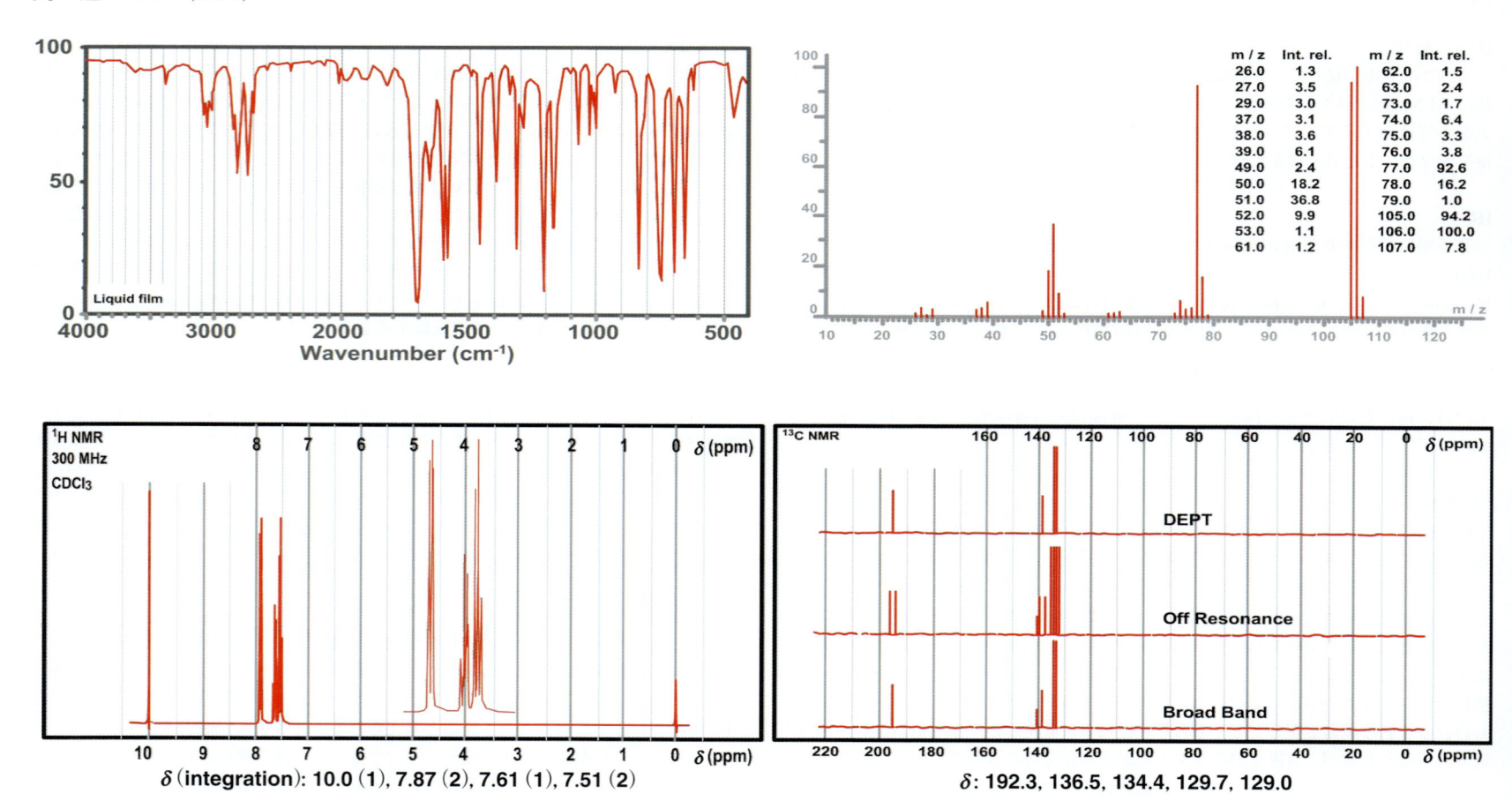

^{1}H NMR (300 MHz, CDCl$_3$)

δ (integration): 10.0 (1), 7.87 (2), 7.61 (1), 7.51 (2)

^{13}C NMR

δ: 192.3, 136.5, 134.4, 129.7, 129.0

問題 023（024）

はじめに

IR と NMR スペクトルにおいて芳香環に特徴的なシグナルがいくつか観測される．IR スペクトルの 2740 と 2820 cm^{-1} の吸収と 1700 cm^{-1} の強いカルボニル基の吸収には特に注意したい．また ^{1}H NMR スペクトルの 10 ppm のシグナルもきわめて特徴的である．

MS

106 のピークは分子イオンピークであり，M＋1 同位体ピークの相対強度が 7.8% であることから 7 個の炭素原子の存在が示唆される．105 に強いピーク（94%）が観測されているが，これは水素ラジカルが脱離したイオンに相当する．次にもう一つ大きなピークが 77（93%）にあるが，これはさらに 28 の質量が脱離したものである．IR スペクトルからカルボニル基の存在が明らかであり，105 のピークはカルボニル基の α 開裂により水素原子が脱離したものである．アルデヒドでは水素原子の脱離はよく観測される．77 のピークはフェニル基のイオン C$_6$H$_5^+$ に相当するが，これは 105 のイオンから一酸化炭素が脱離したものである．51 のイオンはベンゼン環に特徴的なものでフェニルカチオンからアセチレンが脱離したものである．

^{13}C NMR

このスペクトルの特徴は脂肪族領域にシグナルがないことである．観測されているシグナルは芳香族領域に 4 本，カルボニル領域に 1 本である．DEPT スペクトルから芳香族領域シグナルの一つは第四級炭素であり，それ以外はメチン炭素であることがわかる．MS スペクトルより 7 個の炭素が存在するはずであるが，^{13}C NMR スペクトルでは 5 本しかシグナルがない．したがって，この化合物は対称性をもち，いくつかのシグナルは複数の等価な炭素に由来していると考えられる．このスペクトルのメチン炭素のシグナルのうち，2 本のシグナルはほかより約 2 倍の強度があることがわかる．このような強度の比較はメチン炭素どうしであれば行ってもよいが，異なる種類の炭素とは行えない．たとえば，第四級炭素は水素原子が結合した炭素より強度が小さい．2 本の強いシグナルはおのおの等価な炭素 2 個に由来していると考えられる．そうすると 5 本のシグナルで 7 個の炭素を説明できる．芳香族炭素のシグナルは 4 本しか観測されていないが，これはオルト炭素二つと，メタ炭素二つがおのおの等価なためである．192 ppm のシグナルはカルボニル炭素であるが，OR スペクトルで二重線であることから，水素が結合したカルボニル炭素，すなわちアルデヒド HC＝O と考えられる（数値と図中のピークが異なるが，数値が正しい）．

^{1}H NMR

4 本のシグナルが観測されている．10.0 ppm の一重線はアルデヒドの水素である．芳香族水素のうち最も非遮蔽化されている 7.87 ppm の二重線（積分値 2）はカルボニル基のオルト位にある水素に帰属される．パラ位の水素は三重線（積分値 1）として 7.61 ppm に，メタ位の水素は変形した三重線（積分値 2）として 7.51 ppm に観測されている．

IR

四つの領域で芳香族化合物に由来する吸収が観測される．すなわち，3000〜3100 cm^{-1} の C－H 伸縮振動の吸収，1600〜2000 cm^{-1} の弱い倍音振動または結合音振動の吸収，1600 cm^{-1} 付近の C＝C 伸縮振動の吸収，675〜870 cm^{-1} の C－H 面外変角振動の吸収の四つの領域である．この化合物ではその四つの領域すべてに吸収がある．面外変角振動領域の吸収から置換様式が予想できる．695 と 750 cm^{-1} の吸収は一置換ベンゼンを示唆する．1700 cm^{-1} の強い吸収はカルボニル基を示唆しているが，2740 と 2820 cm^{-1} の対の吸収はアルデヒドの特徴である（C－H 伸縮振動）．1400 cm^{-1} の H－C＝O 変角振動もアルデヒドの特徴である．

まとめ

いくつかのスペクトルからこの化合物中にアルデヒドが存在することがわかる．IR スペクトルでは，強いカルボニル基の吸収と 2740 と 2820 cm^{-1} にみられる対の C－H 伸縮振動の吸収がアルデヒドに特徴的である．^{1}H NMR スペクトルで 10 ppm にみられる鋭い一重線と ^{13}C NMR スペクトルの 192 ppm のシグナル（OR スペクトルで二重線）もアルデヒドを表す．MS スペクトルでは，水素原子の脱離したイオンと，そこからさらに一酸化炭素が脱離したイオンが観測されており，これらもアルデヒドの特徴である．一方，ベンゼン環の存在を示唆するスペクトルデータも観測されている．たとえば，^{13}C NMR および ^{1}H NMR スペクトルでは芳香族領域のシグナルがあり，MS スペクトルではフェニル基のイオンが 77 に観測されている．51 のイオンもフェニル基から生成する特徴的なフラグメントイオンである．一置換ベンゼン環とアルデヒドを組合わせるとベンズアルデヒド C$_6$H$_5$CHO が導かれる．

問題 024 (060)

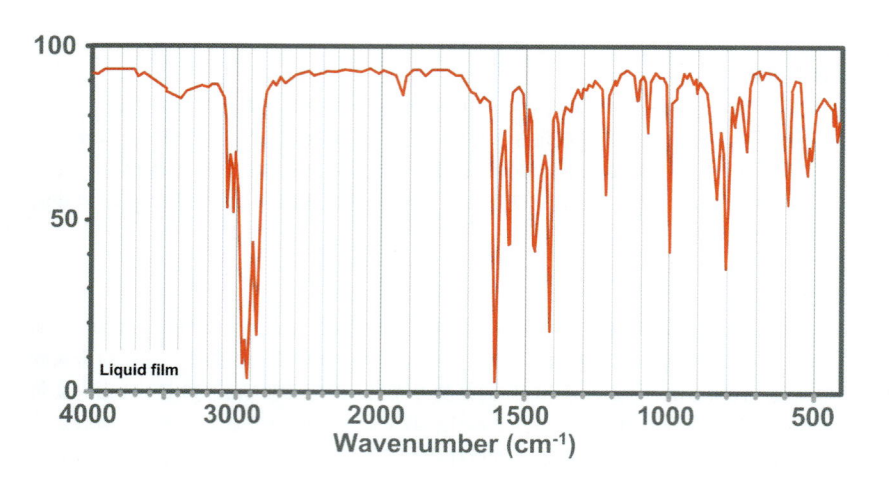

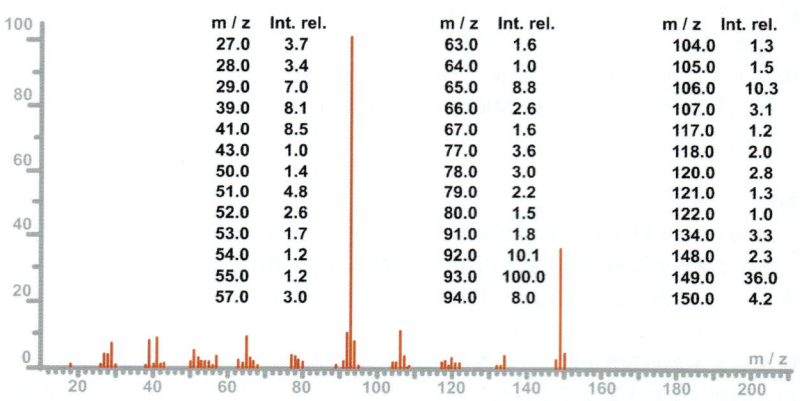

Liquid film

m/z	Int. rel.	m/z	Int. rel.	m/z	Int. rel.
27.0	3.7	63.0	1.6	104.0	1.3
28.0	3.4	64.0	1.0	105.0	1.5
29.0	7.0	65.0	8.8	106.0	10.3
39.0	8.1	66.0	2.6	107.0	3.1
41.0	8.5	67.0	1.6	117.0	1.2
43.0	1.0	77.0	3.6	118.0	2.0
50.0	1.4	78.0	3.0	120.0	2.8
51.0	4.8	79.0	2.2	121.0	1.3
52.0	2.6	80.0	1.5	122.0	1.0
53.0	1.7	91.0	1.8	134.0	3.3
54.0	1.2	92.0	10.1	148.0	2.3
55.0	1.2	93.0	100.0	149.0	36.0
57.0	3.0	94.0	8.0	150.0	4.2

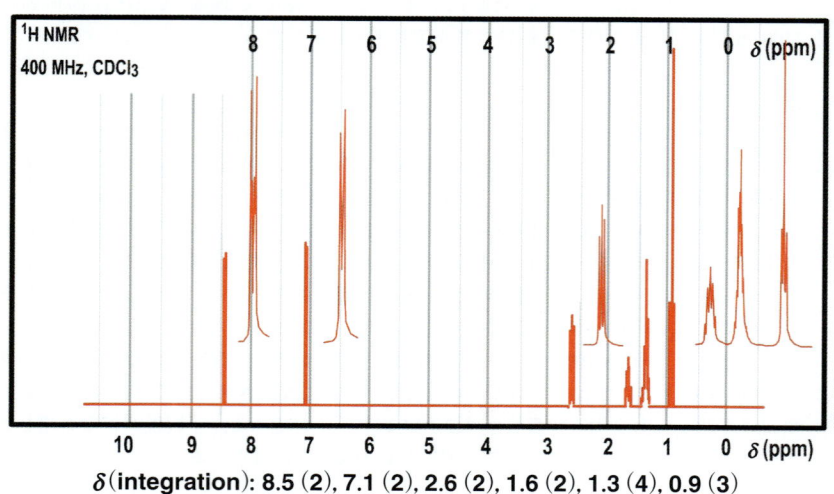

^{1}H NMR 400 MHz, CDCl$_3$

δ(integration): 8.5 (2), 7.1 (2), 2.6 (2), 1.6 (2), 1.3 (4), 0.9 (3)

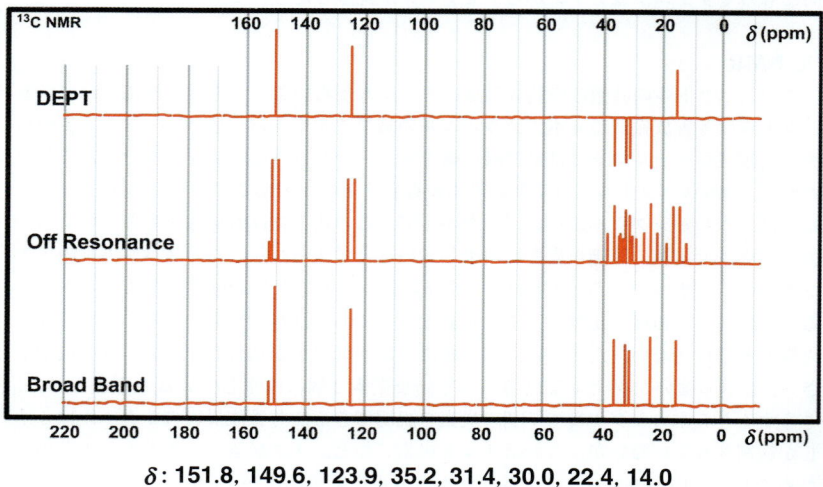

^{13}C NMR — DEPT, Off Resonance, Broad Band

δ: 151.8, 149.6, 123.9, 35.2, 31.4, 30.0, 22.4, 14.0

問題 024（060）

はじめに

IR スペクトルの 3000 cm^{-1} より高振動数側の吸収と ^{1}H NMR スペクトルの非遮蔽化された芳香族水素のシグナルに注目しよう．

MS

分子イオンピークが 149 と奇数であるため，窒素原子が含まれる．150 の M＋1 同位体ピークの相対強度が 11.6％であることから炭素原子は 10 個存在する．分子イオンピークの強度が比較的大きい（36％）ことから，容易にイオン化しやすい官能基（たとえば，環状 π 電子系など）の存在が予想される．134（M－15），120（M－29），106（M－43），および 92（M－57）に観測される 14 ずつ離れた弱いフラグメントイオンは鎖状アルキル基に特徴的なピークである．93 の強いピーク（100％）は転位反応を経てブテンが脱離したイオン（M－56）である．これにより，ブチル基がカルボニル基かそれに相当する極性基の β 位に結合していることが示唆される．そのような構造をもつときには McLafferty 転位が起こってブテンが脱離する．

^{13}C NMR

8 本のシグナルが観測されている．そのうち 3 本は芳香族領域，5 本は脂肪族領域にある．DEPT スペクトルでは 1 本のシグナル（151.8 ppm の芳香族領域の第四級炭素）だけが消失している．残りの 2 本の芳香族領域のシグナル（149.6 と 123.9 ppm）は OR スペクトルで二重線のメチン炭素である．これら 2 本のシグナルはおのおの等価な炭素 2 個分が重なっている．そのため炭素 10 個存在するにもかかわらず，シグナルは 8 本しか観測されない．以上より芳香族炭素が 5 個存在すると考えられ，これに窒素原子 1 個を加えれば芳香環が完成する．149.6 ppm のメチン炭素は窒素原子の α 位，123.9 ppm のメチン炭素は窒素原子の β 位に帰属される．α 位の方が β 位より大きく非遮蔽化されて低磁場にシグナルが観測される．最後の芳香族炭素は比較的大きく非遮蔽化されて，151.8 ppm に観測される第四級炭素であるが，これはパラ位の窒素原子とアルキル置換基の影響である．脂肪族炭素はメチレン炭素 4 個（DEPT スペクトルで下向き）とメチル炭素（OR スペクトルで四重線）1 個からなる．

^{1}H NMR

6 種類のシグナルが積分比 2：2：2：2：4：3 で観測されている．全部で水素 15 個分である．8.5 ppm の二重線（積分値 2）はピリジン環窒素のオルト位の二つの等価な芳香族水素（α 水素）に帰属される．この水素は窒素原子の電子求引効果により非遮蔽化されている．7.1 ppm の二重線（積分値 2）はピリジン環窒素のメタ位の二つの等価な芳香族水素（β 水素）である．これは窒素原子の共鳴効果による電子供与性により遮蔽されている．これらの芳香族水素は AA′XX′ カップリング系を形成し J_{AX} ＝ 4 Hz である．ピリジン環の α 水素および β 水素間の結合定数 ^3J は 4～6 Hz であり，ベンゼン環のオルト位の水素間の結合定数（6～9 Hz）より小さい．2.6 ppm の三重線（積分値 2）はピリジン環に結合したメチレン炭素上の水素であり，1.6 ppm の多重線のシグナル（積分値 2）はピリジン環からみて二つ目のメチレン水素である．1.3 ppm の多重線（積分値 4）は二つの脂肪族メチレンの水素であり，0.9 ppm の三重線（積分値 3）は末端のメチル基である．

IR

芳香族化合物に特徴的な 4 種類の領域の吸収が観測される．それらは，C－H 伸縮振動（3000～3100 cm^{-1} の吸収），弱い倍音振動または結合音振動（1600～2000 cm^{-1} の吸収），環結合間の C＝C 伸縮振動（1600 cm^{-1} の吸収と弱い 1500 cm^{-1} の吸収），および C－H 面外変角振動（675～870 cm^{-1} の吸収）である．環結合間の伸縮振動の吸収が比較的強く観測されている．これは環に大きな極性があることを示唆しており，ヘテロ原子の存在が考えられる．800 cm^{-1} 付近の吸収は二つの隣接する水素原子の変角振動である．脂肪鎖の吸収としては 2850～2980 cm^{-1} にみられる吸収と 720 cm^{-1} の CH$_2$ 横ゆれ振動の吸収が観測されるが，720 cm^{-1} の吸収は芳香環の吸収と重なって判別しにくい．

まとめ

分子量は 149 であり，窒素原子が存在する（C$_{10}$H$_{15}$N）．分子イオンピークは比較的強く（36％），環状 π 電子系のようなイオン化されやすい官能基が存在すると予想される．芳香環の存在は IR や NMR スペクトルからも示唆される．芳香環は第四級炭素 1 個と，メチン炭素 4 個，および窒素原子からできているピリジン環と予想される．この環は対称性をもっているため，置換基はパラ位に結合していると考えられる．NMR スペクトルから置換基はペンチル基であることがわかる．以上より，この化合物は 4-ペンチルピリジンである．MS スペクトルにおける 78，65，51，および 39 のピークはピリジン環から HC≡CH や HC≡N が開裂したイオンに帰属される．

問題 025 (040)

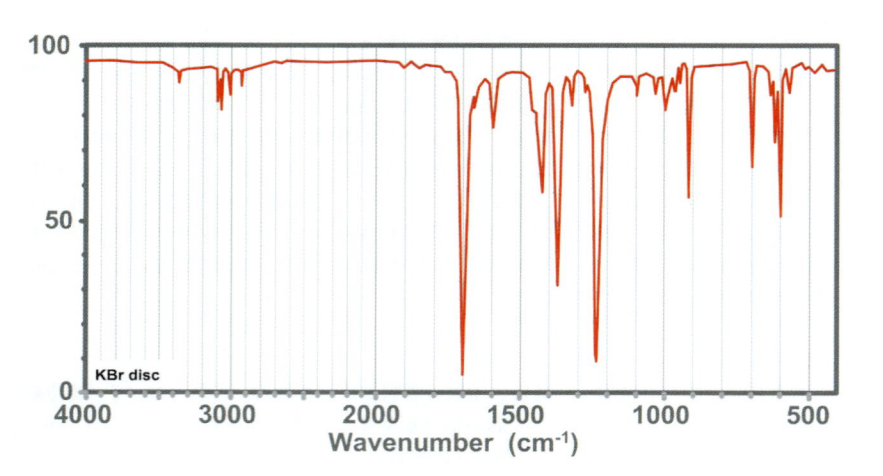

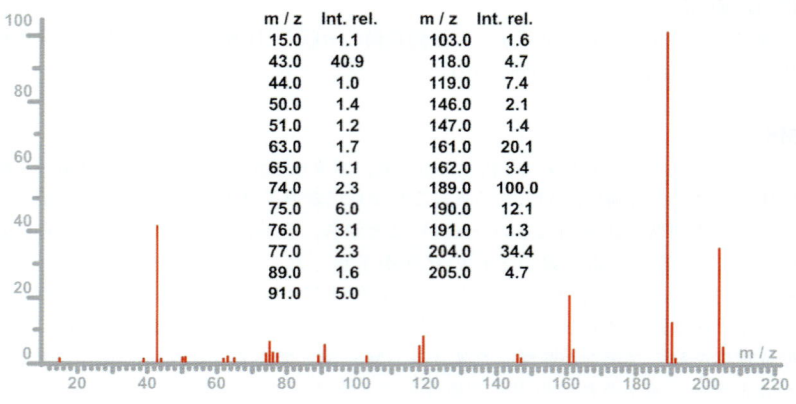

m/z	Int. rel.	m/z	Int. rel.
15.0	1.1	103.0	1.6
43.0	40.9	118.0	4.7
44.0	1.0	119.0	7.4
50.0	1.4	146.0	2.1
51.0	1.2	147.0	1.4
63.0	1.7	161.0	20.1
65.0	1.1	162.0	3.4
74.0	2.3	189.0	100.0
75.0	6.0	190.0	12.1
76.0	3.1	191.0	1.3
77.0	2.3	204.0	34.4
89.0	1.6	205.0	4.7
91.0	5.0		

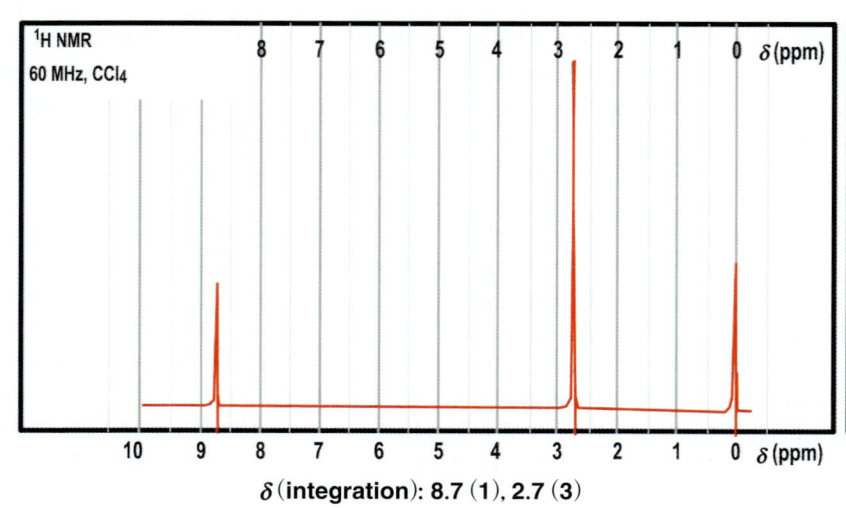

δ (integration): 8.7 (1), 2.7 (3)

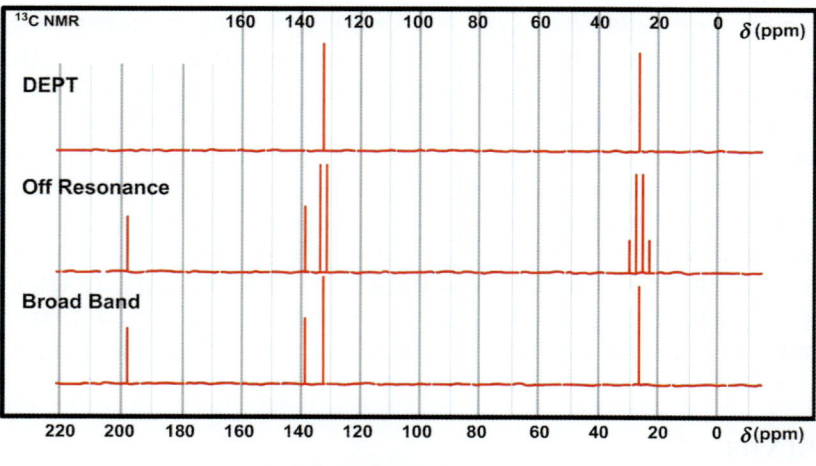

δ: 196.7, 137.8, 131.8, 26.9

問題 025 (040)

はじめに

まず，^{13}C NMR スペクトルの 197 ppm のシグナルと IR スペクトルの 1695 cm^{-1} の吸収からケトンの存在がわかる．IR と NMR スペクトルから芳香環の存在も明らかである．

MS

204 のピーク（34.4%）は偶数質量であり，分子イオンピークの可能性が高い．189 のきわめて強いピークは M－CH$_3$ に相当する．M＋1 同位体ピークが 205（4.7%）に観測されているが，その相対強度は 13.66% と比較的大きく，化合物中に含まれる炭素数は 12 個と考えられる（13.66/1.1 = 12.4）．同様の計算を 189 の基準ピーク（100%）とその同位体ピーク 190（12.1%）に対して行うと炭素数は 11 個という結果が得られる（12.1/1.1 = 11）．脱離したメチル基をこのフラグメントイオンに加えると分子全体の炭素数は 12 個となる．161(20.1%) のフラグメントイオンは 189 のイオンから 28 引いたものだが，これは CO の脱離に相当する．IR スペクトルでカルボニル基の強い吸収が観測されているため CO はカルボニル基と考えられる．また，メチル基や CO の脱離と 43 に強いピーク（40.9%）があることからアセチル基 －CH$_3$C＝O が存在することが強く示唆される．

^{13}C NMR

4 種類の炭素のシグナルが観測されている．2 本は第四級炭素（DEPT スペクトルで消失），1 本はメチン炭素（OR スペクトルで二重線），そして残りの 1 本はメチル炭素（OR スペクトルで四重線）である．メチル炭素は 27 ppm にあり，メチルケトンのメチル基の化学シフトに適した値である．197 ppm の第四級炭素はケトン >C＝O のカルボニル炭素であり，138 ppm のシグナルはカルボニル基が結合した芳香環炭素である．また，132 ppm のシグナルは芳香族メチン炭素である．以上より，芳香族炭素として，メチン炭素とアセチル基が結合した第四級炭素，の 2 種類があることがわかる．

^{1}H NMR

2 本の一重線が 8.7 と 2.7 ppm に 1：3 の積分比で観測されている．8.7 ppm のシグナルは通常のベンゼン環水素（7.3 ppm）よりはるかに低磁場である．この 1.4 ppm 分の強い非遮蔽効果はアセチル基一つの影響だけではない．なぜなら一つのカルボニル基の非遮蔽効果はたかだか 0.60 ppm 程度しかないからである．2.7 ppm の積分値は 3H 分ある．この値はメチルケトンのメチル基の化学シフトとして適切である．

IR

3000～3100 cm^{-1} の吸収は芳香環 ＝C－H 伸縮振動に由来する．芳香環の存在は 1600 cm^{-1} 付近の芳香環 C＝C 結合の伸縮振動，900 cm^{-1} の吸収は二つの置換基に挟まれて孤立した芳香環 C－H 結合の変角振動の吸収からも示唆される．また，1695 cm^{-1} のきわめて強い吸収はケトンのカルボニル基の伸縮振動である．このカルボニル基の吸収振動数は通常のカルボニル基（1720 cm^{-1}）より低いが，これは芳香環と共役しているためと考えられる．1230 cm^{-1} の吸収はケトンが結合した芳香環でよく観測されるが，これは極性に差のある C－C 結合〔芳香環炭素とケトンカルボニル炭素間の結合，C－C(＝O)〕の伸縮振動に帰属される．メチル基の C－H 逆対称伸縮および対称伸縮の吸収がおのおの 2910 と 3005 cm^{-1} に観測されている．また 1360 cm^{-1} の吸収は典型的なメチル基の変角振動である．

まとめ

MS スペクトルでは強い分子イオンピークが観測され，アセチル基 CH$_3$C＝O の存在を示唆するフラグメントイオンピークも観測されている．IR スペクトルのカルボニル基の吸収振動数から，このカルボニル基は共役していると予想される．共役していないメチルケトンは 1720 cm^{-1} 付近に吸収が観測される．分子量からこの化合物はベンゼン環に三つのアセチル基が結合していることが予想される．^{13}C NMR および ^{1}H NMR スペクトルでは芳香族メチンおよび芳香族第四級炭素がおのおの一つずつしか観測されていない．これより 3 個のアセチル基の置換様式には対称性があることがわかり，1,3,5-三置換ベンゼン環のみが考えられる．この化合物は 1,3,5-トリアセチルベンゼンである．

問題 026 (084)

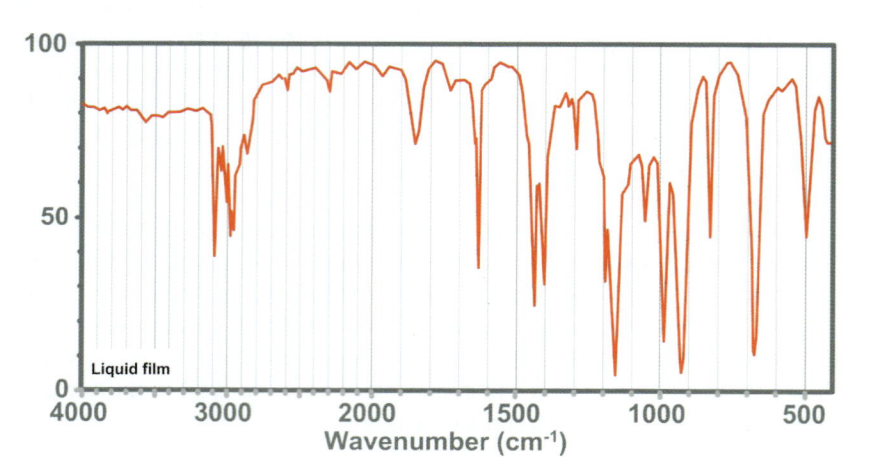

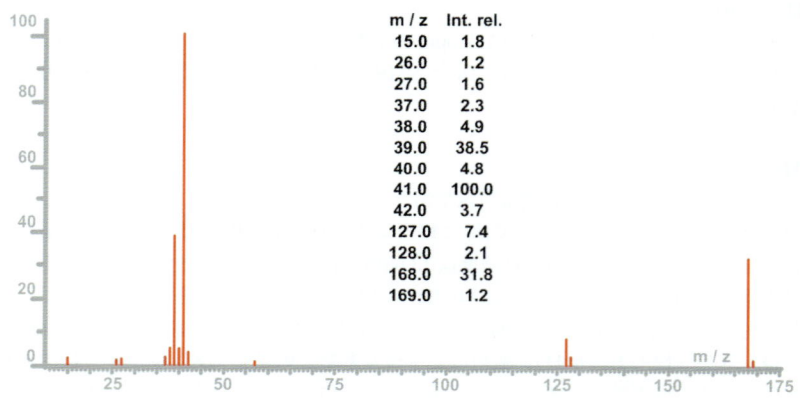

IR (Liquid film)

MS

m/z	Int. rel.
15.0	1.8
26.0	1.2
27.0	1.6
37.0	2.3
38.0	4.9
39.0	38.5
40.0	4.8
41.0	100.0
42.0	3.7
127.0	7.4
128.0	2.1
168.0	31.8
169.0	1.2

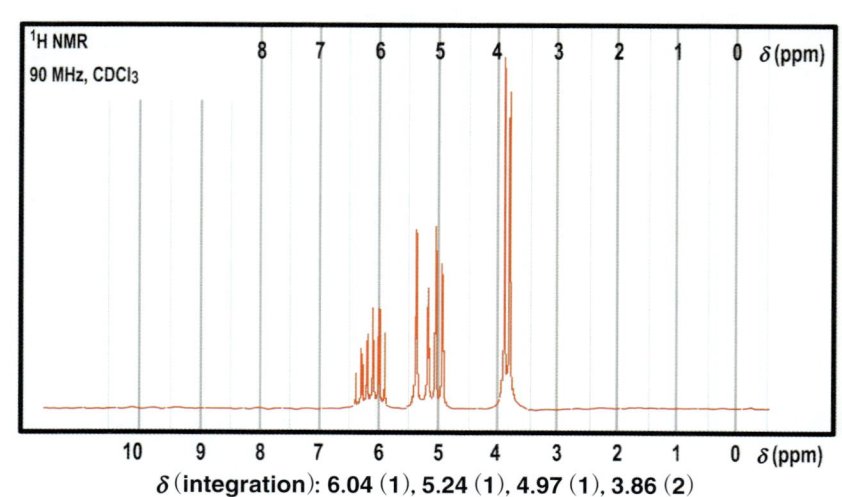

1H NMR, 90 MHz, CDCl3

δ (integration): 6.04 (1), 5.24 (1), 4.97 (1), 3.86 (2)

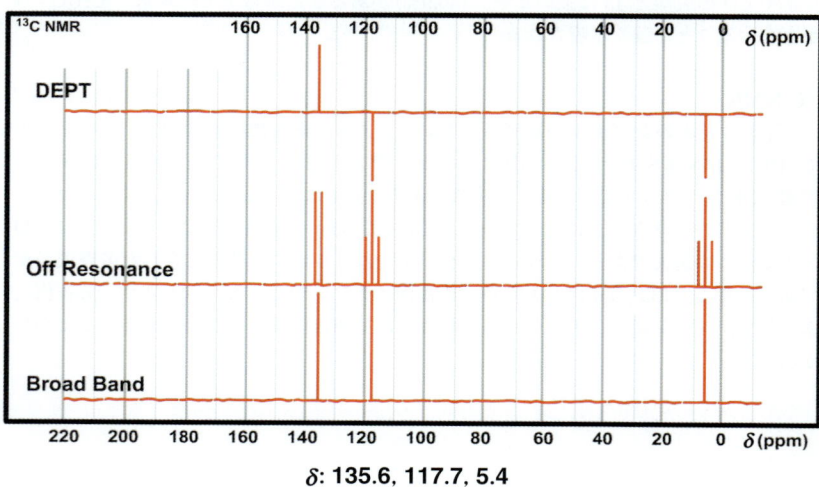

13C NMR (DEPT, Off Resonance, Broad Band)

δ: 135.6, 117.7, 5.4

問 題 026（084）

はじめに
C−H 伸縮振動の吸収が 3000 cm^{-1} 付近にある．

MS
分子イオンピークが 168（31.8%）に，M＋1 同位体イオンが 169（1.2%）に観測される．M＋1 同位体イオンの強度は分子イオンピークに対して 3.8% であることから，この化合物の炭素数は 3 個と予想される．同位体ピークの強度が小さいので，それだけで正確に炭素数を決定できるとはいえないが，^{13}C NMR スペクトルからも炭素数が 3 個であることは確かめられる．分子量 168 に対して炭素数 3 個（36）を差し引くとまだ 132 残る．この残りの質量に対して，127（7.4%）のピークが重要なヒントになる．すなわち 127 の質量をもつものは何かと考えると，ヨウ素が考えられる．127 に I$^+$ イオンが，128 のピークとともに現れている．128 のピークの相対強度は 28% である．ヨウ素は天然同位体をもたないので，128 のピークは同位体ピークではない．これは転位反応により生成した HI である．炭素三つは 41 のイオン $C_3H_5^+$ に含まれる．このイオンは安定なアリルカチオン $CH_2=CHCH_2^+$ である．同時に水素分子 H_2 が脱離した $C_3H_3^+$ のイオンも観測される．127 のイオンと 127 の質量が脱離したピークが観測されることは，明らかにヨウ素が 1 個存在することを示す証拠である．

^{13}C NMR
スペクトル中には 3 本のシグナルしかない．DEPT スペクトルにおいて 3 本のうちの 2 本が下向きであることから二つのメチレン炭素が存在する．OR スペクトルには二重線のシグナルが 1 本あり，メチン炭素が一つあることがわかる．その化学シフトが 135.6 ppm であることから，これはアルケンメチン炭素である．OR スペクトルではほかに三重線が二つみられる．1 本はアルケン領域 117.7 ppm に，もう 1 本は非常に高磁場の 5.4 ppm にある．この高磁場のシグナルはヨウ素に結合したメチレン炭素である．この炭素は非常に大きな遮蔽効果を受けている．この遮蔽効果は重原子効果とよばれるもので，ヨウ素原子に含まれる多くの電子からなる電子雲によってもたらされる．ヨウ素は炭素との電気陰性度の違いによって極性が生じ，誘起効果による非遮蔽効果も示すが，この効果は上記の電子雲の遮蔽効果に比べると弱い．

^{1}H NMR
4 本のシグナルが 6.04, 5.24, 4.97, 3.86 ppm に積分比 1：1：1：2 で観測されている．積分値 2 の 3.86 ppm の二重線はアルケンの α 位のメチレン基に帰属される．この炭素にはヨウ素が結合している．このメチレン水素は 6.04 ppm のアルケン水素（多重線）とビシナルカップリング（^3J）があり，さらに残りの二つのアルケン水素とも弱い遠隔カップリング（^4J）がある．末端二重結合炭素の二つの水素は，もう一つのアルケン水素との結合定数の大きさから帰属できる．4.97 ppm の二重線は 5.24 ppm の二重線より結合定数が小さい．アルケンのシスおよびトランス水素間の結合定数は置換基によって多少異なるものの，アルキル置換基が結合した二重結合の場合の典型的な結合定数は，シスが 10 Hz，トランスが 17 Hz である．この問題では，結合定数は 16.2 Hz と 9.7 Hz である．二つの二重線はさらに小さく先端が割れており，これは約 1.5 Hz のジェミナルカップリング $^2J_{gem}$ に由来する．以上より，末端アリル基 −CH$_2$CH=CH$_2$ の存在が示唆される．

IR
3100 cm^{-1} の吸収は =C−H 伸縮振動の特徴的な吸収である．これは =C−H 伸縮振動としては最も高振動数側に位置しているが，これは末端二重結合 =CH$_2$，特にビニル基やアリル基の CH$_2$ に特徴的である．さらに 1850 cm^{-1} の吸収がみられることから，末端二重結合の存在が確実となる．1850 cm^{-1} の吸収は 920 cm^{-1} の吸収の倍音振動であり，920 cm^{-1} の吸収は一置換アルケンの典型的な変角振動である．1630 cm^{-1} の吸収は >C=C< 伸縮振動の特徴的な吸収である．ほかの末端アルケン化合物（1-ペンテン，1643 cm^{-1}）より低振動数側に現れているが，これはヘテロ重原子との相互作用に由来するものと考えられる．ヨウ素はこの IR スペクトルにおいて特徴的な吸収を示さない．

まとめ
^{13}C NMR スペクトルから炭素が 3 個，^{1}H NMR スペクトルから水素が 5 個存在することが示唆される．これよりアリル基 −CH$_2$CH=CH$_2$ が考えられる．これにヨウ素原子を足すことにより全体の構造，ヨウ化アリル CH$_2$=CHCH$_2$I が完成する．

問題 027 (016)

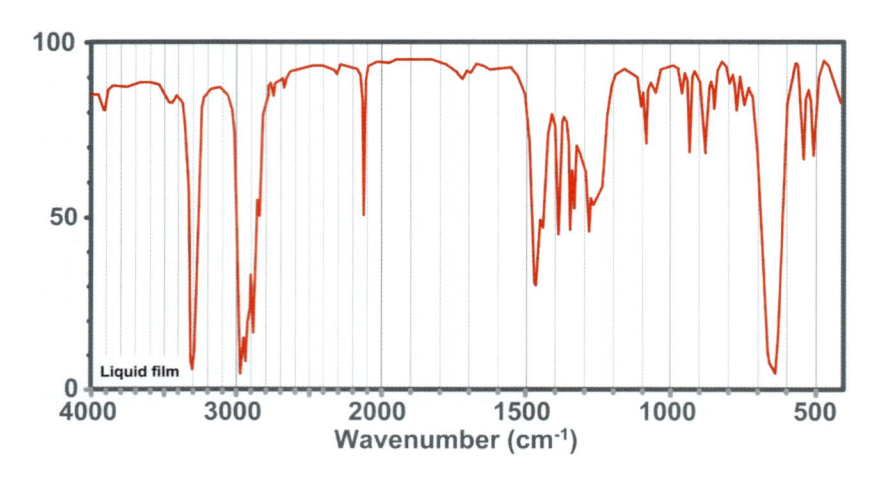

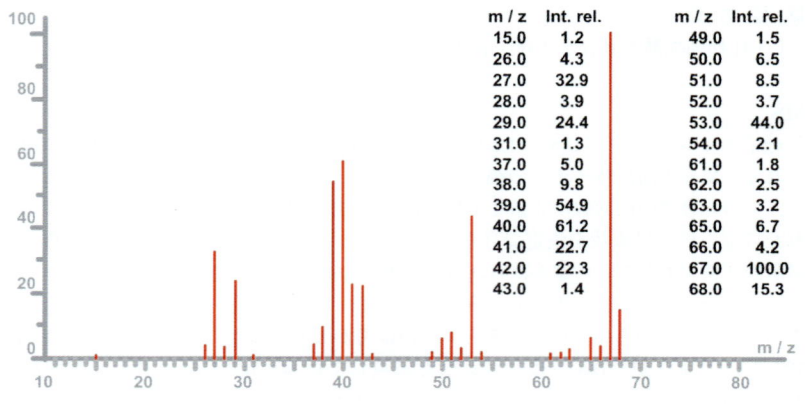

m/z	Int. rel.	m/z	Int. rel.
15.0	1.2	49.0	1.5
26.0	4.3	50.0	6.5
27.0	32.9	51.0	8.5
28.0	3.9	52.0	3.7
29.0	24.4	53.0	44.0
31.0	1.3	54.0	2.1
37.0	5.0	61.0	1.8
38.0	9.8	62.0	2.5
39.0	54.9	63.0	3.2
40.0	61.2	65.0	6.7
41.0	22.7	66.0	4.2
42.0	22.3	67.0	100.0
43.0	1.4	68.0	15.3

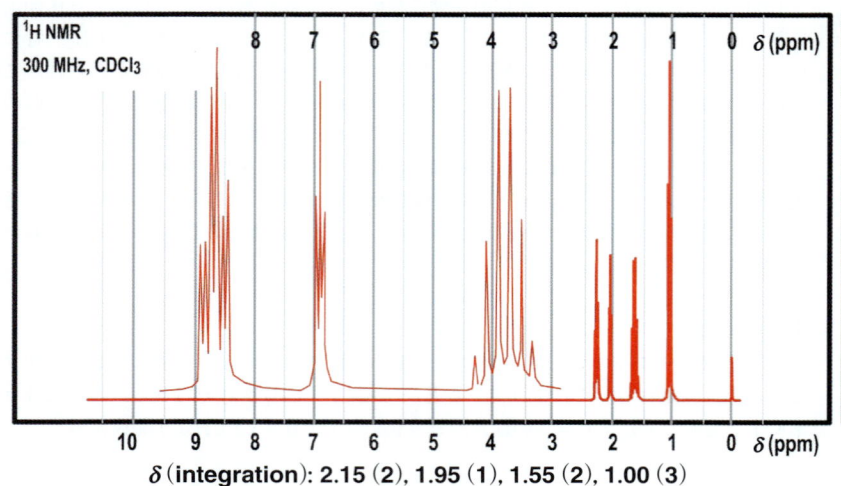

^{1}H NMR 300 MHz, CDCl$_3$

δ (integration): 2.15 (2), 1.95 (1), 1.55 (2), 1.00 (3)

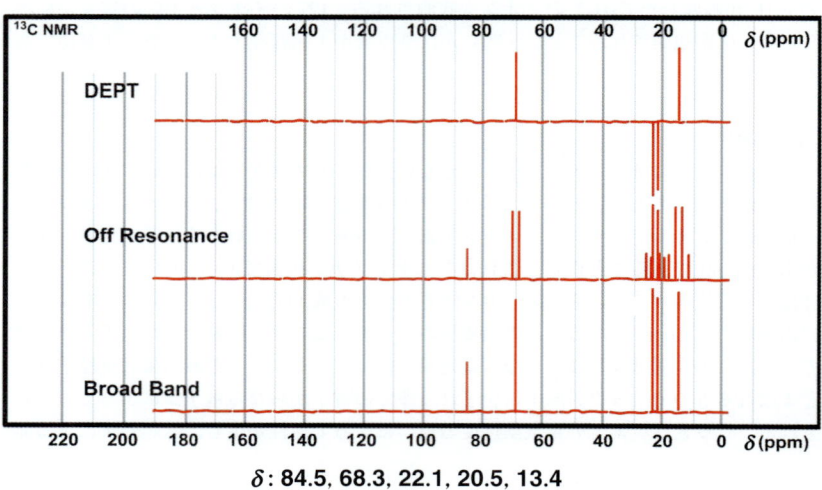

^{13}C NMR

δ: 84.5, 68.3, 22.1, 20.5, 13.4

問題 027（016）

はじめに
2100 と 3300 cm^{-1} の強い吸収の組合わせから特徴的な官能基が存在することが予想される．

IR
3307 cm^{-1} の強い吸収は sp 炭素の C−H 伸縮振動を示唆する．これにより末端アルキンが存在することがわかる．このことは 2120 cm^{-1} に末端アルキンに特徴的な C≡C 三重結合の伸縮振動の吸収が観測されることからも確実である．600〜700 cm^{-1} の幅広い吸収は ≡C−H 結合の変角振動に由来する．

MS
67 の強いピークは分子イオンピークの候補である．しかし，これはいくつかの点で疑わしい．まず 68 のピークであるが，これを M＋1 同位体ピークと考えると，その強度から炭素数は 14 と考えられる．しかし分子量から考えてそれは無理である．次に，もし分子イオンピークが奇数であるならば窒素原子を含まなければならないが，窒素原子の存在を示唆する証拠はない．したがって，おそらく 68 が分子イオンピークであり，67 は水素原子 1 個が失われたイオンと考えられる．そうすると分子式は C$_5$H$_8$ となり，不飽和度 2 の炭化水素と考えられる．39 と 53 の強いピークは飽和炭化水素の 43 と 57 に相当するイオンで，おのおの 4 ずつ小さい．

^{13}C NMR
5 本のシグナルが観測されている．メチル炭素一つ（OR スペクトルで四重線），メチレン炭素二つ（DEPT スペクトルで下向き，OR スペクトルでは三重線），メチン炭素一つ（OR スペクトルで二重線），および第四級炭素一つ（DEPT スペクトルで消失）である．第四級炭素の化学シフト（85 ppm）からこれはアルキンの sp 炭素と考えられる．三重結合のもう一つの炭素は 68 ppm にある．この化学シフトは末端アルキン炭素として適切な値である．

^{1}H NMR
4 本のシグナルがある．その積分比は 2：1：2：3 であり，水素の数は全部で 8 個と考えられる．シグナルの分裂様式はやや複雑であるが，その分裂様式から ^{13}C NMR スペクトルから示唆された炭素をつなげることができる．メチル基が一つ最も高磁場（1.0 ppm）に三重線として現れている．これよりこのメチル基の隣はメチレン基であることがわかる．そのメチレン基の水素は 1.55 ppm に六重線として現れていることから，このメチレン水素はメチル水素ともう一つのメチレン水素ともカップリングしており，あわせて 5 個の水素と隣り合っていると考えられる．その二つ目のメチレン基の水素は 2.15 ppm にさらに複雑な分裂様式で観測されている．これはアルキン水素との間にも遠隔カップリング（^4J）しているためである．1.95 ppm のシグナルは末端アルキン水素であり，小さい結合定数（$J \approx 2.5$ Hz）をもつ三重線として現れている．これはメチレン水素と末端アルキン水素との間のカップリングである．

まとめ
MS スペクトルでは分子イオンピークが 68 に，基準ピークが 67 に現れている．これより，非常に消失しやすい水素原子が含まれていることが予想される．^{13}C NMR スペクトルから炭素が 5 個存在することがわかるが，分子量が 68 と小さいことから，ヘテロ原子は存在しない．OR スペクトルと DEPT スペクトルから 5 個の炭素はメチル炭素 1 個，メチレン炭素 2 個，メチン炭素 1 個，第四級炭素 1 個であることがわかる．さらに ^{1}H NMR スペクトルの結合定数からこれらの炭素の並び方がわかる．その結果，この化合物は 1-ペンチン CH$_3$CH$_2$CH$_2$C≡CH であることがわかる．

問題 028 (017)

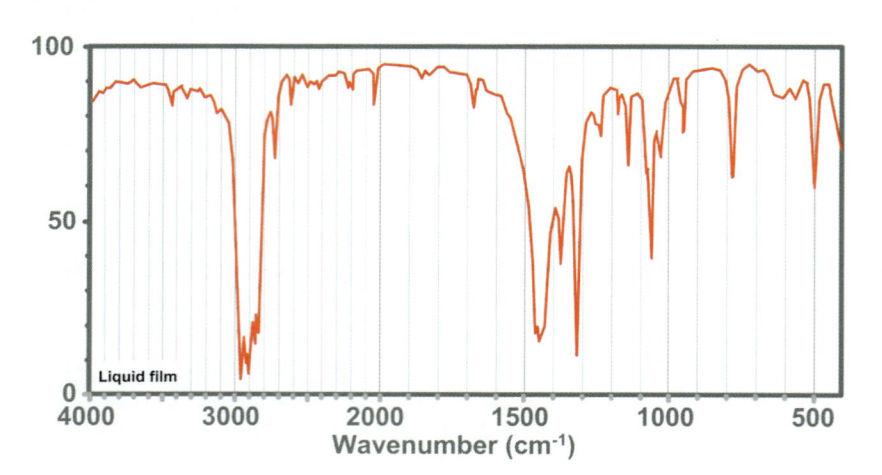

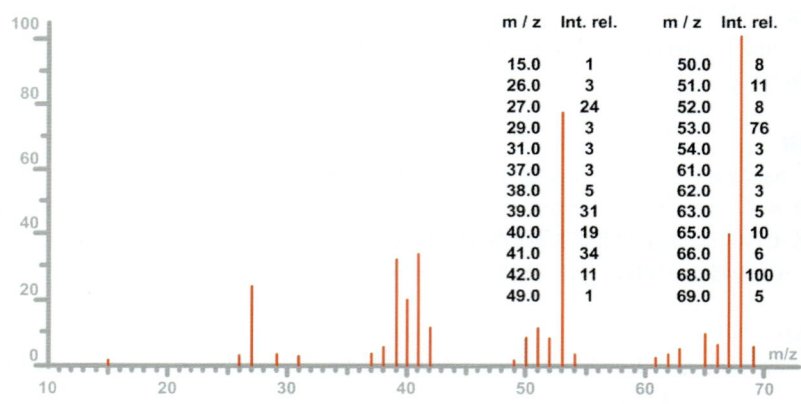

IR (Liquid film)

Mass Spectrum

m/z	Int. rel.	m/z	Int. rel.
15.0	1	50.0	8
26.0	3	51.0	11
27.0	24	52.0	8
29.0	3	53.0	76
31.0	3	54.0	3
37.0	3	61.0	2
38.0	5	62.0	3
39.0	31	63.0	5
40.0	19	65.0	10
41.0	34	66.0	6
42.0	11	68.0	100
49.0	1	69.0	5

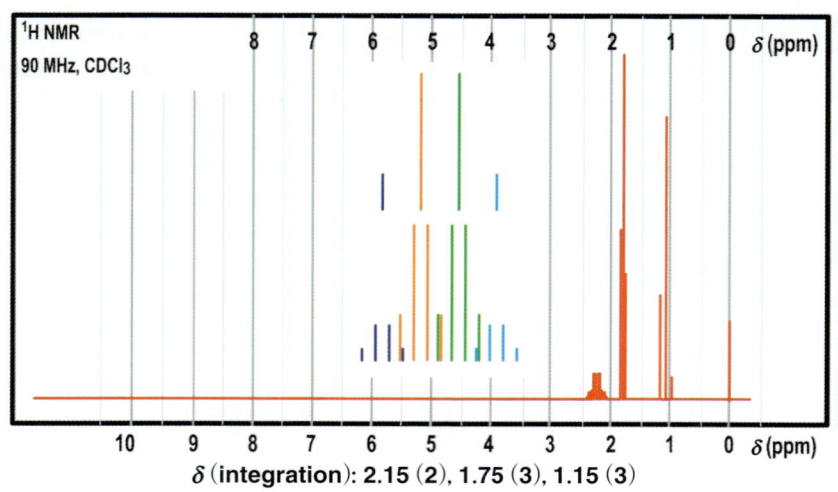

^{1}H NMR (90 MHz, CDCl$_3$)

δ (integration): 2.15 (2), 1.75 (3), 1.15 (3)

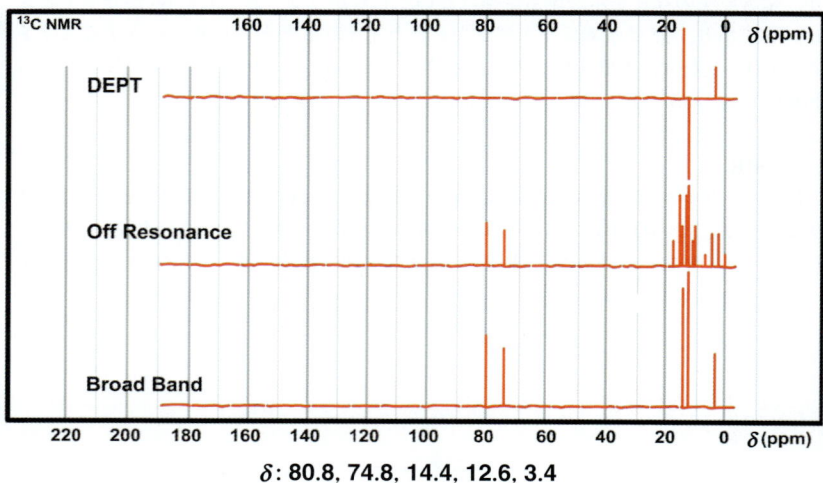

^{13}C NMR

δ: 80.8, 74.8, 14.4, 12.6, 3.4

問 題 028 (017)

はじめに

IR スペクトルからは官能基に関する情報はあまり得られないが，MS スペクトルで強いピークが観測されていることから，イオン化しやすい官能基をもつ化合物であることが予想される．

^{13}C NMR

BB スペクトルでは 5 本のシグナルが観測されている．OR スペクトルや DEPT スペクトルから，二つの異なるメチル炭素（OR スペクトルで四重線），一つのメチレン炭素（DEPT スペクトルで下向き，OR スペクトルで三重線），および二つの第四級炭素（DEPT スペクトルで消失）が含まれていることがわかる．第四級炭素の化学シフトからこれらは sp 炭素と考えられる．以上より，5 個の炭素は，メチル炭素が 2 個，メチレン炭素が 1 個，そして第四級炭素が 2 個である．

MS

68 に分子イオンピークが観測され，これが基準ピークである．分子量は 68 であり，炭素 5 個であることから，分子式は C_5H_8 と考えられる．不飽和度は 2 である．水素原子が脱離したイオン M－1 や脱メチルイオン M－15 が強く観測されている．

^{1}H NMR

全部で 8 個分の水素のシグナルが積分比 2（2.15 ppm）：3（1.75 ppm）：3（1.15 ppm）で観測されている．1.15 ppm のメチル基は 2.15 ppm のメチレン基とのビシナルカップリング（$^3J = 7$ Hz）により，三重線として現れている．メチレン基の水素の化学シフトからこのメチレン基は sp 炭素に隣接していると予想される．またこれは 1.75 ppm のメチル基についても同様である．メチレン基は 1.15 ppm のメチル基とのビシナルカップリング（$^3J = 7$ Hz）により四重線として観測されるが，さらにもう一つのメチル基との遠隔カップリング（$^4J = 2.5$ Hz）によりおのおの細かく四重線に分裂している．その結果，16 本に分裂した複雑なシグナルとなっている．1.75 ppm のメチル基は三重結合に隣接し，メチレン基との遠隔カップリング（$^4J = 2.5$ Hz）により細かい三重線となって観測されている．以上より，炭素のつながりが明らかとなり，この化合物は 2-ペンチン $CH_3CH_2C\equiv CCH_3$ であることがわかる．

IR

特徴的な吸収がないため，IR スペクトルからはこの化合物の官能基に関する情報は得られない．三重結合 $-C\equiv C-$ の両側に結合した二つの置換基はよく類似しているため，双極子モーメントの変化は小さく，2055 cm^{-1} の三重結合の伸縮振動の吸収は非常に弱い．3300 cm^{-1} 付近の $\equiv C-H$ の吸収も存在しないため，この化合物は末端アルキンではないことがわかる．

まとめ

MS スペクトルから分子量が 68，分子式が C_5H_8 であり，不飽和度 2 の炭化水素であることが示唆される．^{13}C NMR スペクトルでは全部で 5 本のシグナルがあり，それらは二つの第四級炭素，一つのメチレン炭素，二つのメチル炭素であることがわかる．^{1}H NMR スペクトルからはメチル基 $-CH_3$ とエチル基 $-CH_2CH_3$ があり，全部で 8 個の水素が存在することがわかる．化学シフトからメチル基とエチル基はおのおの三重結合の両側に結合していることが示唆される．IR スペクトルでは，$\equiv C-H$ 伸縮振動の吸収は存在せず，きわめて弱い $-C\equiv C-$ 伸縮振動の吸収がみられることから，二置換アルキンであることに矛盾しない．

問題 029 (027)

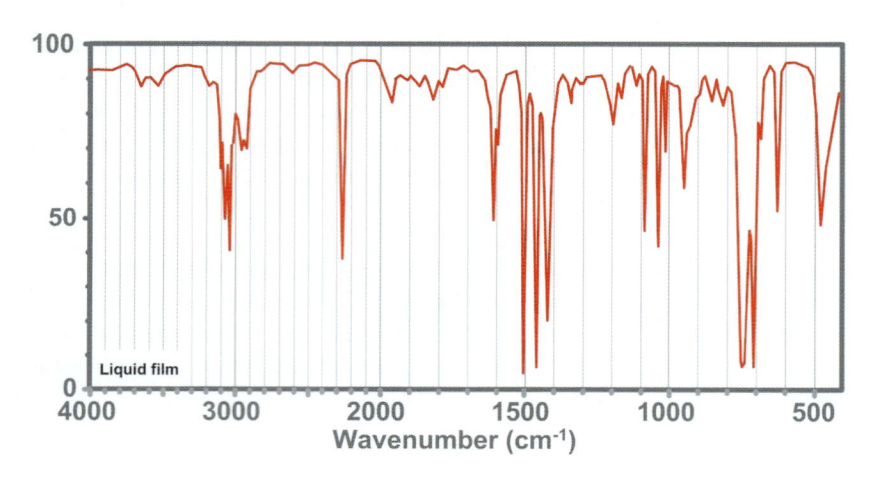

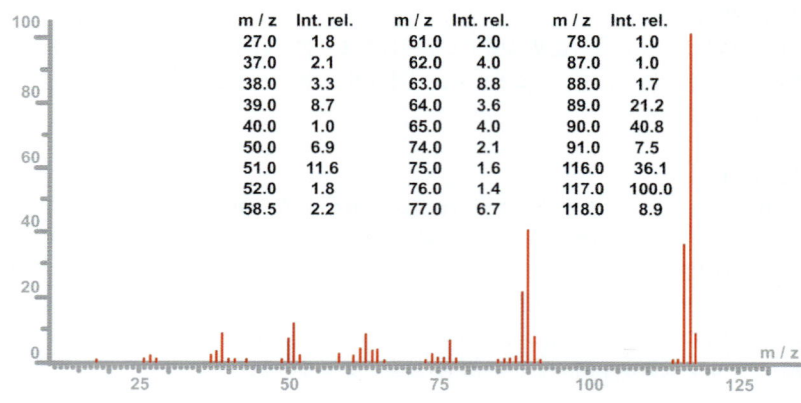

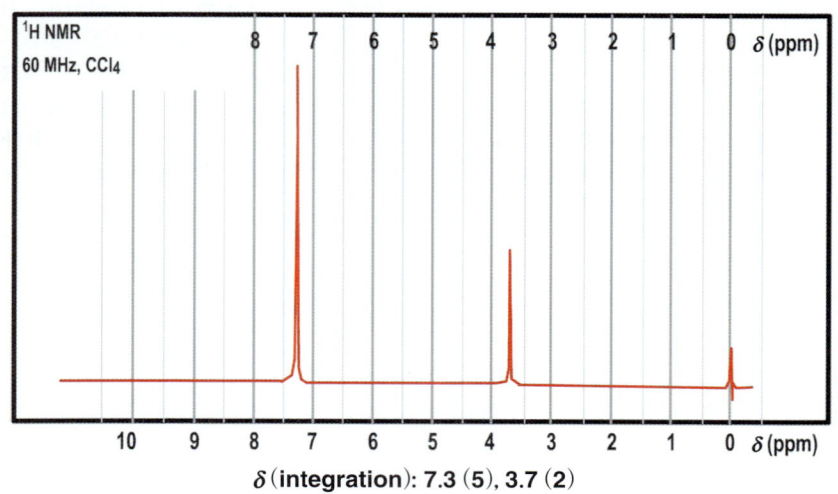

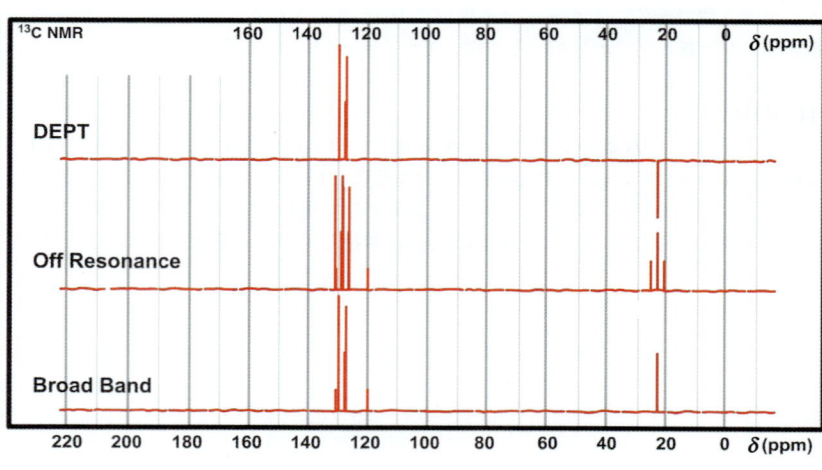

Mass Spectrum

m/z	Int. rel.	m/z	Int. rel.	m/z	Int. rel.
27.0	1.8	61.0	2.0	78.0	1.0
37.0	2.1	62.0	4.0	87.0	1.0
38.0	3.3	63.0	8.8	88.0	1.7
39.0	8.7	64.0	3.6	89.0	21.2
40.0	1.0	65.0	4.0	90.0	40.8
50.0	6.9	74.0	2.1	91.0	7.5
51.0	11.6	75.0	1.6	116.0	36.1
52.0	1.8	76.0	1.4	117.0	100.0
58.5	2.2	77.0	6.7	118.0	8.9

IR: Liquid film

^{1}H NMR, 60 MHz, CCl$_4$

δ (integration): 7.3 (5), 3.7 (2)

^{13}C NMR — DEPT, Off Resonance, Broad Band

δ: 131, 130, 128, 127, 120, 25

問題 029 (027)

はじめに

この化合物に含まれる特徴的な官能基に関して，IRとMSスペクトルから有力な情報が得られる．

IR

2260 cm^{-1}の非常に鋭い吸収が，三重結合の伸縮振動に特有の吸収領域に観測されている．三重結合は分子の末端に存在しなければ，その吸収は非常に弱い．末端に存在する場合は3300 cm^{-1}に≡C−H伸縮振動の吸収を示すが，この化合物ではその吸収はみられない．この場合，最も可能性が高いのはシアノ基 −C≡N である．芳香環が存在することが3000〜3100 cm^{-1}のsp^2 C−H伸縮振動の吸収から示唆される．それ以外にも，1600〜2000 cm^{-1}の倍音振動，1500〜1600 cm^{-1}の芳香環炭素−炭素結合の伸縮振動，700〜750 cm^{-1}の面外変角振動などの吸収が観測されている．

^{13}C NMR

BBスペクトルでは6本のシグナルが観測されている．そのうち，1本だけがsp^{3}領域にある（25 ppm）．このsp^{3}炭素はメチレン炭素である（DEPTスペクトルで下向き，ORスペクトルで三重線）．低磁場にあるシグナルは互いに接近しており，解析には注意を要する．これらのうちの2本（120および131 ppm）はDEPTスペクトルで消失したことから第四級炭素である．ほかの3本はいずれもDEPTスペクトルで変化しなかったことから第三級炭素（メチン >CH）である．DEPTスペクトルで変化しないのはメチン炭素とメチル炭素だけであるが，この領域にはメチル炭素は観測されない．ORスペクトルを注意して見ると，この3本のシグナルはいずれも二重線となっている．まとめると，シアノ基の第四級炭素が120 ppmに，芳香環の第四級炭素が131 ppmにあり，芳香環のメチン炭素が3種類ある（オルト位が2個，メタ位が2個，パラ位が1個）．シアノ基の炭素シグナルはsp^{2}炭素と同じ領域の化学シフトをもつため^{13}C NMRからは判別しにくい．一方，IRスペクトルではシアノ基の吸収は顕著である．最後に25 ppmのシグナルはメチレン炭素であり，二つの非遮蔽効果をもつ基（芳香環とシアノ基）に結合している．

MS

このMSスペクトルの解釈はそれほどむずかしくない．116に強いM−1ピークが観測されるが，これはベンゼン環とシアノ基の両方のα位にある水素の脱離に由来する．分子イオンピークが基準ピークであり，118のM+1イオンの強度から，ある程度正確に炭素の数を決めることができる．118のM+1イオンの強度は8.9%であり，これより炭素は8個存在することが示唆される（炭素1個に対して1.1%）．90のピークはHC≡N（27）が脱離したイオンであり，さらに強度の弱いピーク（77，51，65）は典型的なベンゼン環のフラグメントイオンである．

^{1}H NMR

観測されるシグナルは2本だけである．一つは5H分の7.3 ppmのシグナル，もう一つは2H分の3.7 ppmのシグナルである．3.7 ppmのシグナルは二つの非遮蔽効果をもつ置換基に挟まれたメチレン基に帰属される．7.3 ppmの5H分のシグナルは5個の芳香環上の水素が重なって観測されているものである．これはメチレン基が結合したベンゼン環 −CH$_2$C$_6$H$_5$ ではよくみられる．

まとめ

シアノ基はIRスペクトルから容易に判別できる．しかし^{13}C NMRスペクトルでは芳香族炭素と同じ領域に観測されるため，あまりはっきりしないが，120 ppm付近に観測される第四級炭素シグナルがシアノ基に由来する．MSスペクトルではHC≡Nが脱離したピークがしばしば観測される．芳香環の存在はIR，^{1}H NMR，^{13}C NMRスペクトルを総合して考えれば容易に明らかとなる．sp^{3}炭素が一つだけ含まれているが，これは^{1}H NMRスペクトルの脂肪族領域の一重線と^{13}C NMRスペクトルのORスペクトルにおける三重線のシグナルからメチレン炭素であることは明らかである．以上を総合すると，この化合物はベンジルニトリル C$_6$H$_5$CH$_2$C≡N であることがわかる．

問 題 030 (002)

Liquid film

m/z	Int. rel.	m/z	Int. rel.
15.0	1.4	40.0	100.0
18.0	1.0	41.0	14.6
26.0	2.2	42.0	8.7
27.0	7.4	43.0	4.4
28.0	2.6	44.0	1.2
29.0	9.0	49.0	1.8
31.0	40.7	50.0	4.9
36.0	1.1	51.0	5.1
37.0	6.0	52.0	7.0
38.0	8.9	53.0	2.3
39.0	45.1	55.0	4.7
		69.0	10.2

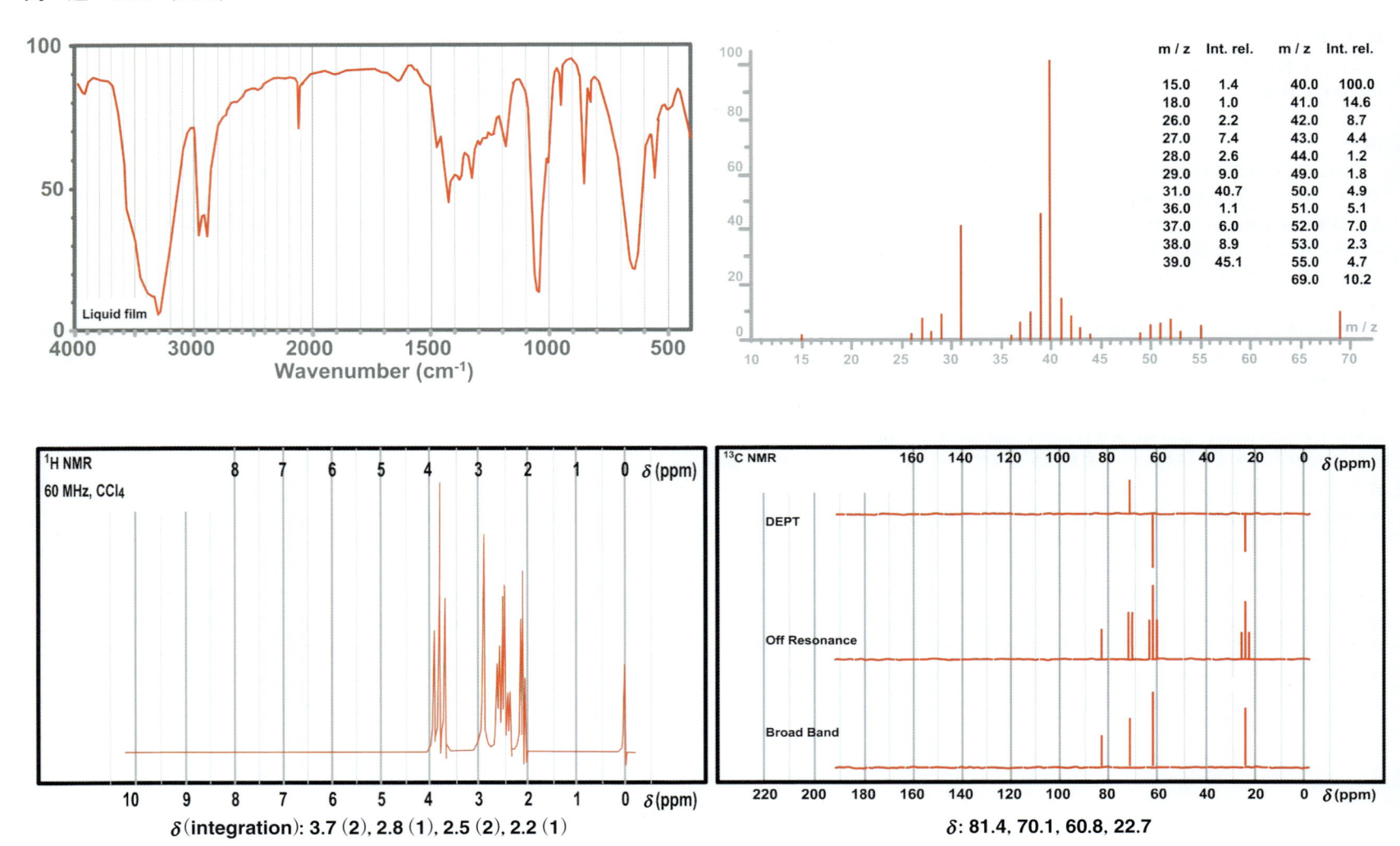

¹H NMR
60 MHz, CCl₄

δ(integration): 3.7 (2), 2.8 (1), 2.5 (2), 2.2 (1)

¹³C NMR

δ: 81.4, 70.1, 60.8, 22.7

問題 030（002）

はじめに

3300 cm^{-1} の幅広い赤外吸収はアルコールの存在を示す．芳香環の存在に関する証拠はないが，2100 cm^{-1} には特徴的な吸収がみられる．

^{13}C NMR

BBスペクトルでは4本のシグナルがある．ORスペクトルからメチレン炭素が二つ（三重線），メチン炭素が一つ（二重線），および第四級炭素が一つ（一重線）あることがわかる．DEPTスペクトルで2本のシグナルが下向きであることからメチレン炭素が二つあることが確認できる．DEPTスペクトルでは第四級炭素のシグナル（81 ppm）は消失しており，また70 ppmのシグナルは上向きであることから奇数個の水素が結合した炭素CHであることがわかる．低磁場側の二つの炭素は末端アルキンの炭素に特徴的な化学シフト（70および81 ppm）をもつ．

^{1}H NMR

4本のシグナルがある．^{13}C NMRスペクトルから予想されたとおり，メチレンが二つとメチンが一つあり，さらにもう一つヘテロ原子に結合した水素のシグナルがある．積分比は 2:1:2:1 であり，メチレンが3.7 ppmと2.5 ppmに，メチンが2.2 ppmに，およびもう一つの水素が2.8 ppmに観測される．^{1}H NMRスペクトルのシグナルの分裂様式はこれらの炭素の並び方を決めるのに役立つ．3.7 ppmの三重線は二つの水素とカップリングしている．このシグナルと2.5 ppmのシグナルとは同じ分裂幅（結合定数）をもつ（互いにカップリングしている水素どうしの分裂幅は等しい）．2.5 ppmのシグナルはさらにもう一つの分裂があるが，これは2.2 ppmの水素との間のカップリングに基づいており，その結合定数は小さい．二つのメチレンどうしが明らかにカップリングしていることから，これらは互いに隣り合っていると考えられる．メチンと一つのメチレンとの間に小さなカップリングが存在することも全体の構造を導くためには有用な情報である．

IR

3300 cm^{-1} の吸収が最も特徴的である．この非常に幅広くほぼ対称な形の吸収はアルコールのO-H伸縮振動に典型的なものである．アルコールに関するもう一つの強い吸収は1050 cm^{-1} にあるC-O伸縮振動の吸収である．これより ^{1}H NMRスペクトルで観測されたヘテロ原子に結合した水素はOHの水素であると考えられる．末端アルキンのC≡C三重結合の伸縮振動の特徴的な吸収が2100 cm^{-1} に観測されているが，3300 cm^{-1} 付近にみられるはずの ≡C-H 伸縮振動の吸収は，OHの非常に幅広い吸収に埋もれてしまって明瞭には現れていない．末端アルキンの存在は650 cm^{-1} にみられる変角振動の吸収からも確認できる．

MS

最も高質量のイオンが奇数（69）であり，基準ピークが偶数のフラグメントイオン（40）であることから，この化合物は窒素を含むかのように思われる．しかし，高質量イオン（69）もフラグメントイオンであるとすると，基準ピーク（40）は一つの分子が脱離して生成したフラグメントイオン（偶数）と考えられる．この場合は69のピークは分子イオンから水素原子が脱離したものである．この分子には脱離しやすい位置に二つの水素が存在する．一つは末端アルキンの水素であり，もう一つはアルコールのα位の水素である．基準ピーク（40）は中性分子であるホルムアルデヒド CH$_2$=O が脱離したものと考えられる．31のピークは分子内に酸素が存在することを示唆するイオンである．

まとめ

分子式は C$_4$H$_6$O であり，炭素はメチレン炭素が二つ，メチン炭素が一つ，第四級炭素が一つ含まれ，官能基としては末端アルキンとアルコールが存在する．これよりこの化合物は 3-ブチン-1-オール HC≡CCH$_2$CH$_2$OH であると考えられる．^{1}H NMRスペクトルでは二つのメチレン基のシグナルが観測され，これらは互いにカップリングしている．これより部分構造 -CH$_2$CH$_2$- がわかる．3.7 ppmの低磁場の三重線はOHが結合したメチレン基と考えられる．このメチレン基は隣接するもう一つのメチレン基とだけカップリングしている（これらのシグナルでは分裂の幅は等しい）．2.5 ppmのシグナルは等しい幅で三重線に分裂しているが，さらにほかのもう一つの水素との小さい結合定数でのカップリングにより二重線に分裂している．二つの分裂の幅（結合定数）は異なっており，最初の分裂は基本的な脂肪族水素間の ^3J カップリングであり，次の分裂は ^4J 遠隔カップリングである．2.2 ppmのシグナルは末端アルキン水素 ≡C-H に帰属され，四つの結合を介してメチレン基と小さい結合定数でカップリングしている．以上のカップリング様式から -CH$_2$CH$_2$C≡C-H というつながりが導かれる．2.8 ppmのシグナルはOHの水素に帰属される．この水素は素早い交換が起こっているため，カップリングは観測されない．

問　題　031（045）

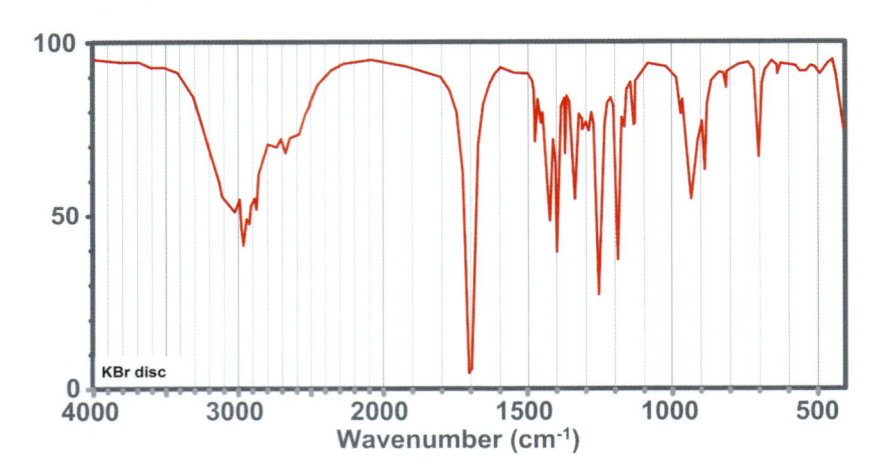

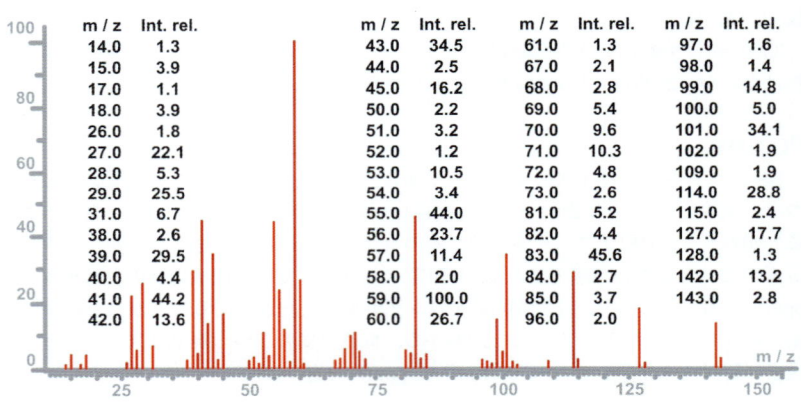

IR (KBr disc)

MS

m/z	Int. rel.	m/z	Int. rel.	m/z	Int. rel.	m/z	Int. rel.
14.0	1.3	43.0	34.5	61.0	1.3	97.0	1.6
15.0	3.9	44.0	2.5	67.0	2.1	98.0	1.4
17.0	1.1	45.0	16.2	68.0	2.8	99.0	14.8
18.0	3.9	50.0	2.2	69.0	5.4	100.0	5.0
26.0	1.8	51.0	3.2	70.0	9.6	101.0	34.1
27.0	22.1	52.0	1.2	71.0	10.3	102.0	1.9
28.0	5.3	53.0	10.5	72.0	4.8	109.0	1.9
29.0	25.5	54.0	3.4	73.0	2.6	114.0	28.8
31.0	6.7	55.0	44.0	81.0	5.2	115.0	2.4
38.0	2.6	56.0	23.7	82.0	4.4	127.0	17.7
39.0	29.5	57.0	11.4	83.0	45.6	128.0	1.3
40.0	4.4	58.0	2.0	84.0	2.7	142.0	13.2
41.0	44.2	59.0	100.0	85.0	3.7	143.0	2.8
42.0	13.6	60.0	26.7	96.0	2.0		

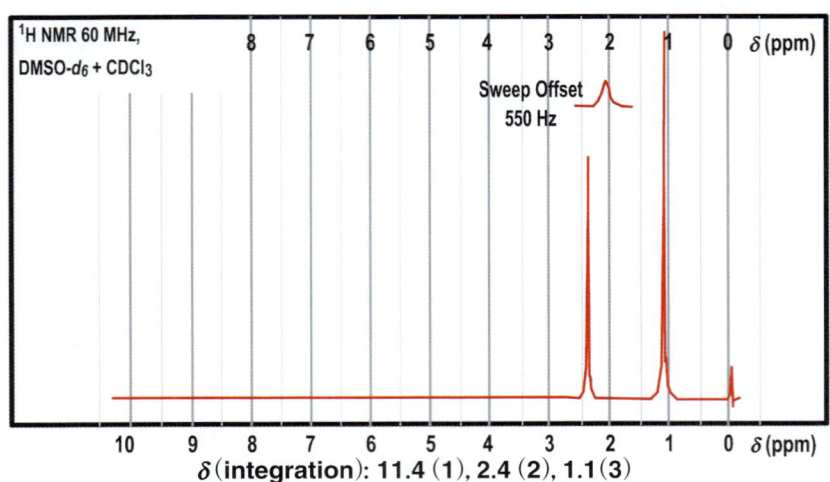

^{1}H NMR 60 MHz, DMSO-d_6 + CDCl$_3$

Sweep Offset 550 Hz

δ (integration): 11.4 (1), 2.4 (2), 1.1 (3)

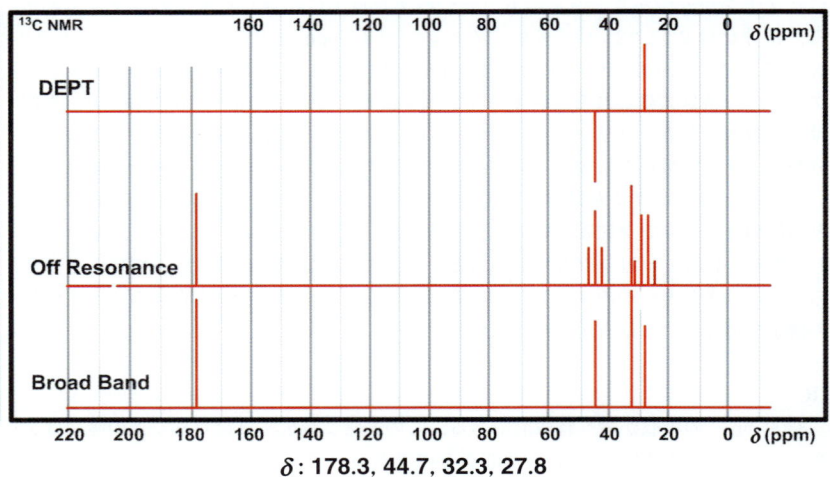

^{13}C NMR

DEPT / Off Resonance / Broad Band

δ : 178.3, 44.7, 32.3, 27.8

問題 031（045）

はじめに

　IRスペクトルには特徴的な官能基の吸収がある．MSスペクトルでは分子イオンピークに相当するピークが現れているように見えるが，分子内の官能基の性質により，中性分子が脱離して偶数質量のフラグメントイオンが生成する場合もある．その場合は分子イオンピークを見誤ってしまうかもしれない．60 MHz ^{1}H NMRスペクトルにおいて550 Hzずれているシグナルがある．このずれ（スウィープオフセット：sweep offset）は9.17 ppm（550/60）のずれに相当する．見かけ上の化学シフト（2.2 ppm）に9.17 ppmを加えたものが真の化学シフト（11.4 ppm）である．

IR

　カルボン酸に特徴的な吸収が観測されている．2300〜3500 cm^{-1}の幅広いO−H伸縮振動の吸収と1700 cm^{-1}の強い鋭い吸収はカルボン酸にきわめて典型的な吸収である．ほかにカルボン酸特有の吸収としては，1260〜1430 cm^{-1}付近のC−O伸縮振動の吸収や，940 cm^{-1}付近のO−H変角振動の吸収がある．

^{13}C NMR

　この化合物には4種の炭素原子が含まれている．178.3 ppmの第四級炭素（DEPTスペクトルで消失），32.3 ppmの第四級炭素（DEPTスペクトルで消失），44.7 ppmのメチレン炭素（DEPTスペクトルで下向き，ORスペクトルで三重線），および27.8 ppmメチル炭素（ORスペクトルで四重線）である．低磁場の第四級炭素はカルボキシル基の炭素である．一方，高磁場の第四級炭素は脂肪族炭素である．

^{1}H NMR

　11.4, 2.4, 1.1 ppmに観測されている3本のシグナルの積分比は1：2：3であり，少なくとも6個の水素が存在する．11.4 ppmのシグナルの化学シフトはカルボン酸の水素として適切な値である．どの水素のシグナルも分裂していないことから，メチル基とメチレン基は互いに隣接していないと考えられる．1.1 ppmの高磁場の一重線は第四級炭素に結合したメチル水素として適切な化学シフトをもつ．2.4 ppmの一重線はカルボン酸のα位のメチレン水素の化学シフトとして適切である．

MS

　142のピークは偶数の最高質量のピークであるため，分子イオンピークの可能性がある．しかし，カルボン酸では，反応しやすい水素が存在する場合には非常に脱水が起こりやすい．この場合もそうであり，142のピークをM−18イオンとすると，この化合物の分子量は160（142＋18）となる．127のフラグメントイオンは142のフラグメントイオンからメチル基が脱離したイオンに相当する．59の基準ピークは[CH$_2$COOH]$^+$に帰属され，60のピークは酢酸イオン[CH$_3$COOH]$^+$に相当する．

まとめ

　スペクトルデータから，−CH$_2$COOH，−CH$_3$，および第四級炭素が存在することが示唆される．分子を形成するには，−CH$_2$COOHと−CH$_3$を二つずつ第四級炭素に結合させればよい．そうしてできあがる化合物は分子量160の3,3-ジメチルグルタル酸(CH$_3$)$_2$C(CH$_2$COOH)$_2$である．この場合，IRスペクトルにおいて*gem*-ジメチル基(CH$_3$)$_2$C<に由来する二重線の吸収がほぼ同じ強度で1380 cm^{-1}付近に現れることが期待されるが，この化合物の場合はその吸収は明瞭ではない．

問題 032 (026)

元素分析: C = 60.76%, H = 8.91%

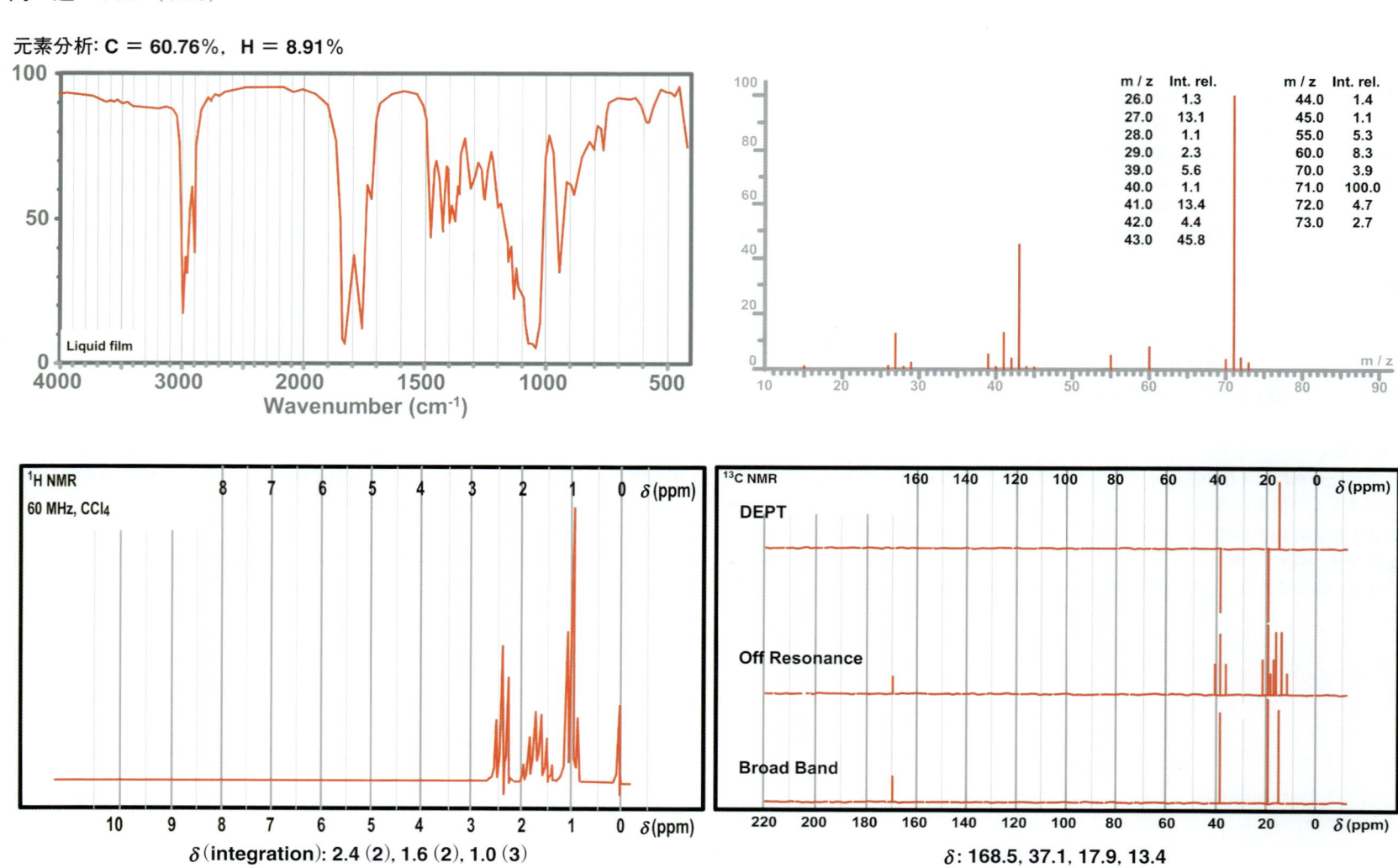

IR: Liquid film

MS:

m/z	Int. rel.	m/z	Int. rel.
26.0	1.3	44.0	1.4
27.0	13.1	45.0	1.1
28.0	1.1	55.0	5.3
29.0	2.3	60.0	8.3
39.0	5.6	70.0	3.9
40.0	1.1	71.0	100.0
41.0	13.4	72.0	4.7
42.0	4.4	73.0	2.7
43.0	45.8		

1H NMR, 60 MHz, CCl$_4$

δ (integration): 2.4 (2), 1.6 (2), 1.0 (3)

13C NMR (DEPT, Off Resonance, Broad Band)

δ: 168.5, 37.1, 17.9, 13.4

問題 032（026）

はじめに
IRスペクトルではカルボニル基の領域に非常に特徴的な二つの吸収がある．芳香環やヒドロキシ基の存在を示唆する証拠はない．

IR
1820と1760 cm^{-1}の吸収はカルボン酸無水物に特徴的なC＝O伸縮振動の吸収である．C－O伸縮振動に関する吸収が1030 cm^{-1}に観測される．二つのC＝O吸収のうちの高振動数（高波数）側の吸収（1820 cm^{-1}）の方が強いことから，この酸無水物は環状ではないと考えられる．

^{1}H NMR
脂肪族領域に三重線，六重線，三重線の3種のシグナルが観測される．メチル基（1.0 ppm）と低磁場側のメチレン基（2.4 ppm）は，いずれも中央のメチレン基（1.6 ppm）とのカップリングにより三重線として現れている．中央のメチレン基は全部で5個の水素が隣にあるために六重線となっている．2.4 ppmのメチレン基の化学シフトからこのメチレン基はカルボニル基に結合していると考えられる．以上から，部分構造 CH$_3$CH$_2$CH$_2$C＝O が導かれる．

^{13}C NMR
BBスペクトルでは脂肪族領域に3本，カルボニル領域に1本のシグナルが観測される．ORおよびDEPTスペクトルから，脂肪族領域の3本のシグナルのうち，一つはメチル基（ORスペクトルで四重線），二つはメチレン基（DEPTスペクトルで下向き）であり，またカルボニル領域のシグナルは第四級炭素であることがわかる．169 ppmのシグナルは化学シフトからケトンではない（ケトンなら200 ppm付近に現れる）．この化学シフトはエステルまたは酸無水物の領域に含まれる．メチレン炭素の一つはやや低磁場側にあり，カルボニル基に結合していると考えられる．DEPTやORスペクトルから水素原子の数を知ることができる．この化合物の場合は水素の数は全部で七つと考えられるが，これは^{1}H NMRスペクトルから示唆される数と一致している（数値と図中のピークが異なるが，数値が正しい）．

MS
71に基準ピークが観測されている．しかし，このピークは分子イオンピークではないと考えられる．なぜなら，窒素原子の存在を示唆する証拠がほかにないためである．主要なフラグメントピーク（27, 43, 55）はみな奇数であり，窒素を含んでいる証拠とはならない．72の^{13}C同位体ピークは基準ピーク（71）の4.7％の強度である．このことから，このイオンには炭素が4個含まれていると考えられる．73のピーク強度は2.7％であり，M＋2同位体ピークとしては強すぎる．したがってこのイオンはもっと大きなイオンから生成したフラグメントイオンと考えられる．元素分析の結果はC 60.76％，H 8.91％であり，これより酸素は30.33％となる．原子の組成比を計算すると，C：H：O＝（60.76/12.011）：（8.91/1.008）：（30.33/16）＝5.059：8.84：1.90となる．ここで酸素の数を1か2と考えて計算しても整数比にはならないが，酸素の数を3とすると〔おのおのに1.58（3/1.90）を掛ける〕C：H：O＝8：14：3となる．これより分子式をC$_8$H$_{14}$O$_3$とすると分子量は158となる．71の基準ピークはカルボニル基のα位での開裂によりO(C＝O)C$_3$H$_7$が脱離して生成するアシルカチオン C$_3$H$_7$C≡O$^+$ と考えられる．

まとめ
NMRスペクトルからはプロピル基がカルボニル基の隣に存在すること（たとえば，エステル基など）はわかるが，それ以上の情報はあまり得られない．メチレン基の化学シフトがそれほど低磁場ではないので，酸素には結合しておらず，カルボニル基に結合していると予想される．その結果，部分構造 CH$_3$CH$_2$CH$_2$C＝O が導かれる．この部分構造はMSスペクトルの71のピークに相当する．ほかに炭素原子は存在しないため，この部分構造二つが共通の一つの酸素を介してつながっていると考えられる．これは酸無水物であり，IRスペクトルのカルボニル領域に二つの特徴的な吸収を示すことと一致する．以上よりこの化合物はブタン酸無水物（CH$_3$CH$_2$-CH$_2$C＝O)$_2$Oであることがわかる．

問 題 033（038）

IR (Liquid film)

MS

m/z	Int. rel.	m/z	Int. rel.
39.0	2.4	71.0	4.3
50.0	1.3	74.0	1.1
51.0	1.9	75.0	1.3
57.0	2.4	89.0	2.3
57.5	1.1	115.0	16.3
62.0	1.2	116.0	1.7
63.0	3.5	139.0	5.5
65.0	1.2	140.0	1.7
69.5	1.8	141.0	51.3
70.0	2.2	142.0	100.0
70.5	2.6	143.0	11.8

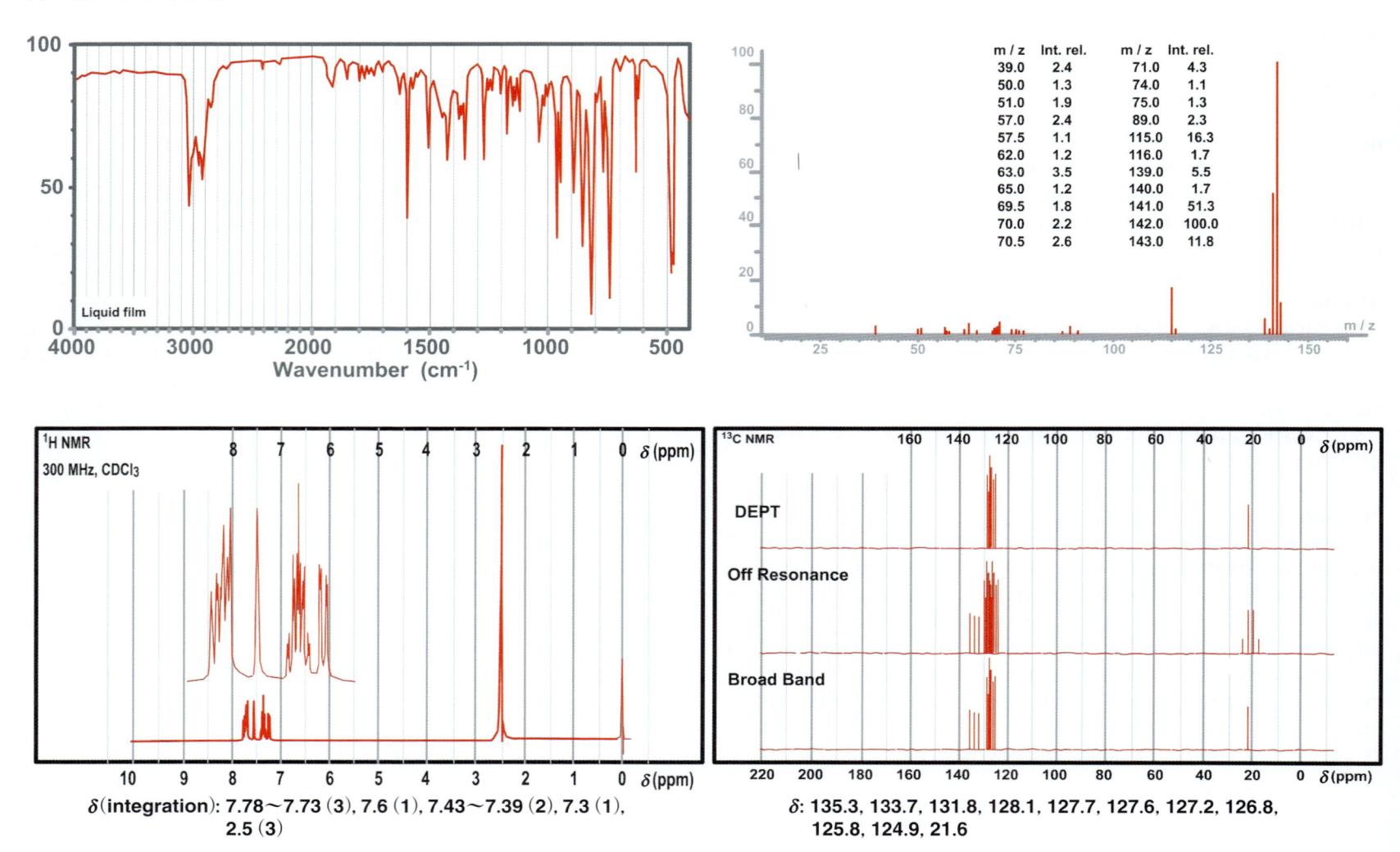

^{1}H NMR (300 MHz, CDCl$_3$)

δ (integration): 7.78〜7.73 (3), 7.6 (1), 7.43〜7.39 (2), 7.3 (1), 2.5 (3)

^{13}C NMR

δ: 135.3, 133.7, 131.8, 128.1, 127.7, 127.6, 127.2, 126.8, 125.8, 124.9, 21.6

問題 033（038）

はじめに

スペクトルデータから芳香環とメチル基の存在は明らかだが，ヘテロ原子やほかの官能基の存在に関する証拠はない．

MS

142 に分子イオンピークがある．同位体ピークの相対強度（M＋1）/M を正確に計算すると，炭素数は 10.7（11.8/1.1）となる．分子イオンピーク（M）のピーク強度には M－1 イオンに対する同位体ピークが一部含まれることに注意しよう．それを考慮すると最も適切な分子式は $C_{11}H_{10}$ と考えられ，不飽和度は 7 となる．親イオンが基準ピークでもあるので，不飽和結合を多く含む安定な環状化合物の可能性が高い．これは M－1 イオンが強く観測されていることとも矛盾しない．おそらく芳香環の α 位炭素から水素が脱離して生成するものと考えられる．ほかには，M－1 イオンからアセチレン分子（26）が脱離したと考えられる M－27 イオンが 115 に観測されているが，それ以外のピークは非常に弱い．

^{13}C NMR

BB スペクトルでは 11 本のシグナルがある．内訳は 21.6 ppm にメチル基が一つ（OR スペクトルで四重線），124〜129 ppm にメチン炭素が七つ（DEPT スペクトルで上向き，OR スペクトルで二重線），131〜136 ppm に第四級炭素が三つ（DEPT スペクトルで消失）である．低磁場側のシグナルの化学シフトはすべて芳香族炭素の領域であり，メチル基の化学シフトからこのメチル基は芳香環に結合しているものと考えられる．

^1H NMR

2.5 ppm の一重線はメチル基のシグナルである．一方，7.3〜7.8 ppm のシグナルは 7 個の芳香族水素であると考えられる．これより 7 個の水素をもつ一置換芳香族化合物の可能性が高いと考えられ，たとえばナフタレンが当てはまる．ナフタレンでは環の置換位置は α 位と β 位の 2 種類しかない．またこれら二つの位置の水素の化学シフトは異なる．α 位の水素の方がもう一つの芳香環に近いためより大きく非遮蔽化される．ナフタレンでは α 水素は 7.8 ppm 付近，β 水素は 7.4 ppm 付近にみられる．この化合物のスペクトルでは，低磁場側（7.5 ppm 以上）の α 水素領域に 4H 分あるのに対して，高磁場側の β 水素領域には 3H 分しかない．すなわち β 水素が 1 個消失し，代わりにメチル基が置換していると考えられる．メチル基のオルト位の水素は少し遮蔽化される．それに相当するシグナルとして，一つの α 水素が 7.6 ppm に一重線で（メタカップリングにより少し幅広く見える），一つの β 水素が 7.3 ppm に二重の二重線で観測されている．

IR

3000〜3100 cm^{-1} の吸収は芳香環（＝C－H 伸縮振動）の存在を示唆している．これは 1510〜1600 cm^{-1} に ＞C＝C＜ 伸縮振動の吸収があることからも確かめられる．740，820，850 cm^{-1} には芳香環水素の C－H 面外変角振動の吸収が現れているが，740 cm^{-1} は連続する四つの水素，820 cm^{-1} は連続する二つの水素，850 cm^{-1} は一つの孤立した水素に由来する吸収である．これらの結果もメチル基の位置がナフタレン環の β 位であることを支持している．

まとめ

MS スペクトルでは 142 に強い分子イオンピークがある．フラグメントイオンは少ないが，水素ラジカルが脱離したイオンやアセチレン分子が脱離したイオンのピークは観測される．フラグメントイオンが少ないことから安定な π 電子系が存在することが予想される．明らかに 2 倍の電荷をもつイオンに由来すると考えられるピーク（57.5，69.5，および 70.5）がみられる．これも π 電子系をもつことを支持する結果である．同位体イオンのピーク強度から炭素数は 11 個と考えられるが，これは ^{13}C NMR スペクトルからも確かめられる．^1H NMR スペクトルの積分値から水素原子は 10 個存在することがわかる．したがって分子式は $C_{11}H_{10}$ である．7 個の水素が結合した芳香環上にメチル基が一つだけ存在することから，ナフタレン骨格が示唆される．置換基の位置の可能性は α 位か β 位の二つだけである．^1H NMR と IR スペクトルからこの化合物は β-メチルナフタレンであると結論される．ナフタレンと同じ組成式 $C_{10}H_8$ をもつ環としてアズレン（5 員環と 7 員環構造）が思い浮かぶが，この化合物の ^1H および ^{13}C NMR スペクトルの化学シフトはアズレンの化学シフトの範囲から外れている．

問題 034 (093)

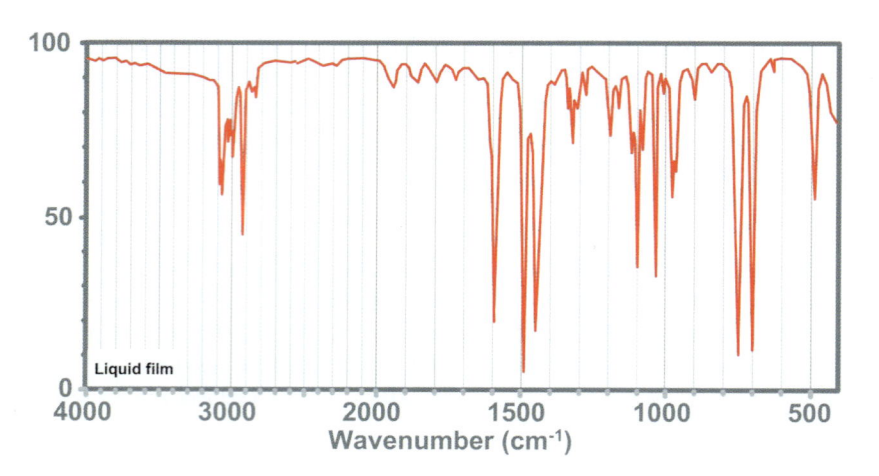

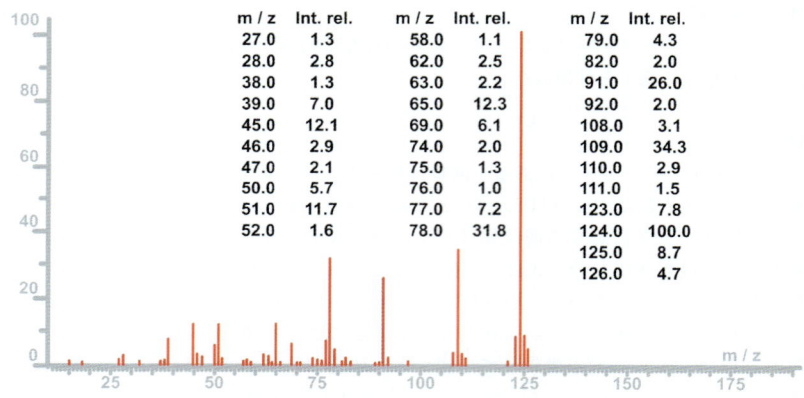

IR (Liquid film)

Mass Spectrum

m/z	Int. rel.	m/z	Int. rel.	m/z	Int. rel.
27.0	1.3	58.0	1.1	79.0	4.3
28.0	2.8	62.0	2.5	82.0	2.0
38.0	1.3	63.0	2.2	91.0	26.0
39.0	7.0	65.0	12.3	92.0	2.0
45.0	12.1	69.0	6.1	108.0	3.1
46.0	2.9	74.0	2.0	109.0	34.3
47.0	2.1	75.0	1.3	110.0	2.9
50.0	5.7	76.0	1.0	111.0	1.5
51.0	11.7	77.0	7.2	123.0	7.8
52.0	1.6	78.0	31.8	124.0	100.0
				125.0	8.7
				126.0	4.7

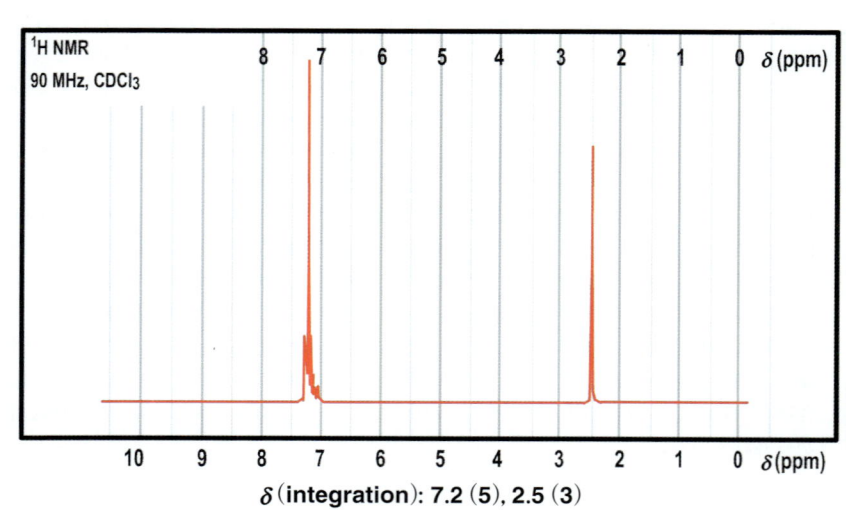

1H NMR (90 MHz, CDCl3)

δ (integration): 7.2 (5), 2.5 (3)

13C NMR

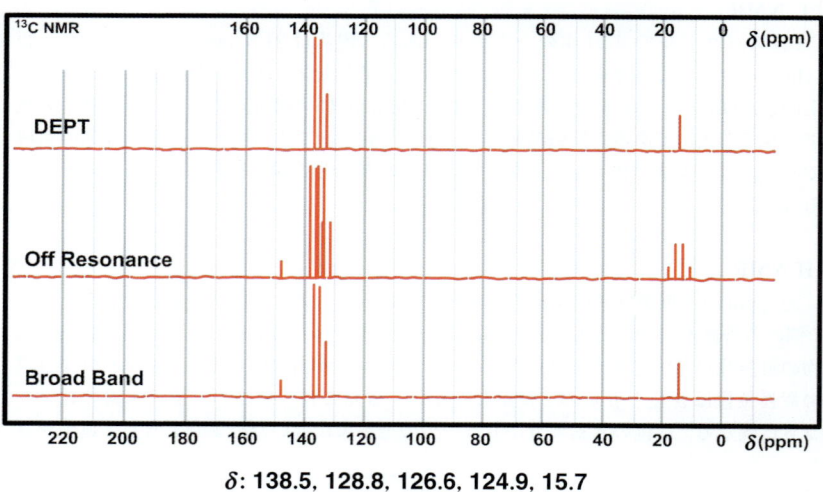

δ: 138.5, 128.8, 126.6, 124.9, 15.7

問題 034（093）

はじめに

IRスペクトルから芳香環の存在が明らかであり，^{1}Hおよび^{13}C NMRスペクトルからも支持される．MSスペクトルでは分子イオンピークが特に強く出ている．同位体ピークに注意しよう．

MS

124のピーク（100％）が分子イオンピークであるとすると，125のM＋1イオン（8.7％）と126のM＋2イオン（4.7％）は意味のある同位体ピークである．M＋2イオンの強度が大きいことから硫黄またはケイ素原子が含まれている可能性がある（塩素や臭素の場合はM＋2イオンの強度はさらにもっと大きい）．ケイ素の場合，同位体存在比はM＋1が5.07，M＋2が3.36である．一方，硫黄の同位体存在比は，M＋1が0.80，M＋2が4.44である．この化合物で観測されているM＋2イオンの強度はケイ素原子では大きすぎるが，硫黄原子であればちょうどよい値である．M＋1イオンの強度は，分子中に硫黄原子が1個，炭素原子が7個含まれるとすると計算値とよく一致する（M＋1：$0.80 + 7 \times 1.1 = 8.5\%$）．これだけで質量は116となるので，残りは水素原子8個とすると分子量124をみたす．分子式はC_7H_8Sとなる．分子イオンピークは，共鳴構造やヘテロ原子の存在もあり，非常に安定である．109のピークはM－15の脱メチルイオンであり，111の同位体ピークから硫黄がここにも含まれていることがわかる（15だけ脱離することはめずらしくない）．91のピークはSHラジカルイオンの脱離と転位によって生成するトロピリウムイオンである．45のイオンは46と47に同位体ピークを伴っており，$HC\equiv S^+$に帰属される．78，77，65，および39のピークはベンゼン環に特徴的なイオンである．

^{13}C NMR

5本のシグナルが観測される．148.5 ppmのシグナルは芳香環の第四級炭素である（DEPTスペクトルで消失）．15.7 ppmのシグナルはメチル基（ORスペクトルで四重線）であり，残りの3本のシグナルは芳香族のメチン炭素（DEPTスペクトルで上向き，ORスペクトルで二重線）である．136.6と138.8 ppmの二つの二重線はベンゼン環の等価な炭素の対二つである（数値と図中のピークが異なるが，数値が正しい）．以上よりこの化合物は硫黄原子に結合した第四級炭素を含む一置換ベンゼンであると考えられる．モデル表に基づく化学シフト計算値は次の実測値とよく一致している：138.5 ppm（SCH_3基が結合したイプソ位の炭素），126.6 ppm（オルト位の炭素），128.8 ppm（メタ位の炭素），および124.9 ppm（パラ位の炭素）．

^{1}H NMR

2本のシグナルが2.5と7.2 ppmに3：5の積分比で観測されている．2.5 ppmの一重線は硫黄原子に結合したメチル基である．五つの芳香族水素はほぼ同じ化学シフトであり，やや幅広い一重線として7.2 ppmに現れている．磁場強度がさらに大きなNMR装置で測定するとパラ位の水素はより大きく遮蔽されているため，高磁場側の7.1 ppm付近に分離して観測される．

IR

3000 cm^{-1}の吸収は芳香環C－H伸縮振動である．芳香環の存在は1500と1600 cm^{-1}付近の吸収（＞C＝C＜伸縮振動）からも確かめられる．700 cm^{-1}の吸収は連続する五つの芳香環水素の面外変角振動である．この吸収は760 cm^{-1}付近にもう1本の吸収を伴うことが多いが，これは四つの連続する水素に特徴的な吸収である．

まとめ

いくつかの証拠により，一置換ベンゼン環，硫黄原子，およびメチル基が存在することがわかる．これらをつなぐ方法は一つしかない．すなわちそれはベンゼン環とメチル基の両方が一つの硫黄原子に結合している構造である．これよりこの化合物の構造としてチオアニソール$C_6H_5SCH_3$が導かれる．

問 題 035 (082)

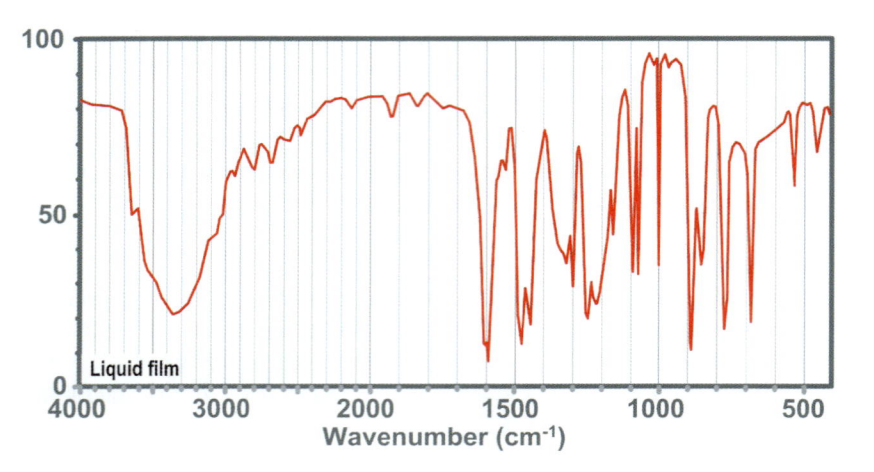

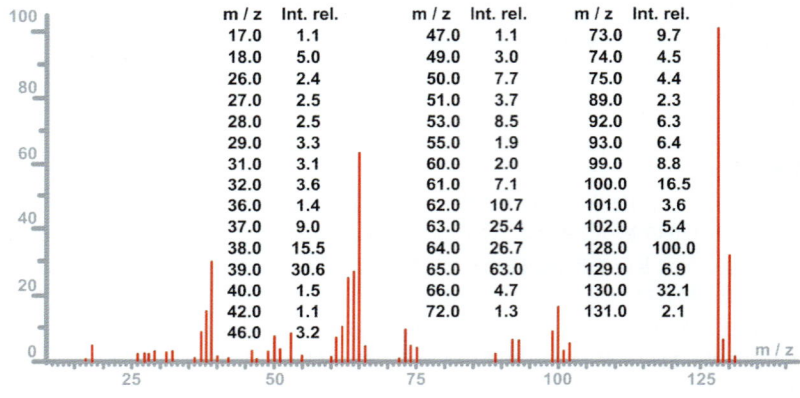

m/z	Int. rel.	m/z	Int. rel.	m/z	Int. rel.
17.0	1.1	47.0	1.1	73.0	9.7
18.0	5.0	49.0	3.0	74.0	4.5
26.0	2.4	50.0	7.7	75.0	4.4
27.0	2.5	51.0	3.7	89.0	2.3
28.0	2.5	53.0	8.5	92.0	6.3
29.0	3.3	55.0	1.9	93.0	6.4
31.0	3.1	60.0	2.0	99.0	8.8
32.0	3.6	61.0	7.1	100.0	16.5
36.0	1.4	62.0	10.7	101.0	3.6
37.0	9.0	63.0	25.4	102.0	5.4
38.0	15.5	64.0	26.7	128.0	100.0
39.0	30.6	65.0	63.0	129.0	6.9
40.0	1.5	66.0	4.7	130.0	32.1
42.0	1.1	72.0	1.3	131.0	2.1
46.0	3.2				

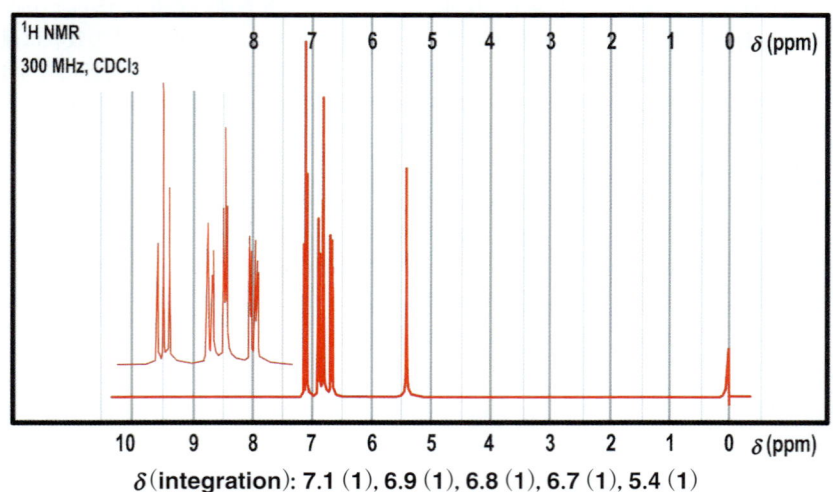

Liquid film

¹H NMR 300 MHz, CDCl₃

δ(integration): 7.1 (1), 6.9 (1), 6.8 (1), 6.7 (1), 5.4 (1)

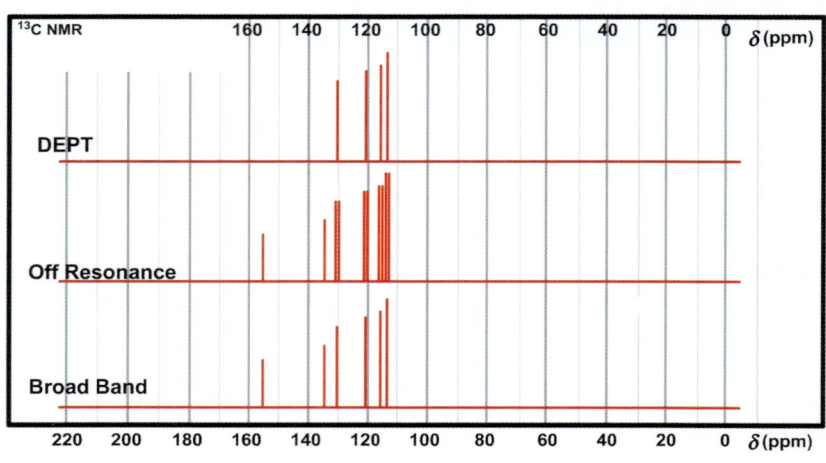

¹³C NMR

δ: 155.8, 135.0, 130.6, 121.5, 116.0, 113.9

問　題　035（082）

はじめに
2700 と 2800 cm^{-1} 付近の弱い赤外吸収に注意しよう．それらはおそらく倍音振動である．

IR
3350 cm^{-1} を中心とした幅広い吸収は強い水素結合をもつ O–H 伸縮振動である．この吸収の肩として 3650 cm^{-1} 付近に小さい吸収があるが，それは水素結合をしていない O–H 伸縮振動である．これと関連して 1220 cm^{-1} の強い吸収はエノールまたはフェノールを示唆する．フェノールの O–H 伸縮振動の強度は中程度から若干強い程度であり，通常のアルコールの吸収よりは幾分弱い．1480 および 1580 cm^{-1} 付近の吸収は芳香環の >C=C< 伸縮振動の吸収であり，1580 cm^{-1} の吸収が強いことから分極が大きいことがわかる．780 cm^{-1} 付近の吸収は芳香環の連続する三つの水素に特徴的なものであり，850 cm^{-1} の吸収は二つの置換基に挟まれた一つの芳香環水素に特徴的な吸収である．

MS
128 の強いピーク（100%）は分子イオンピークである．129 の M＋1 同位体ピーク（6.9%）からこの化合物には炭素原子が 6 個（6×1.1%）含まれていることが示唆される．また 130 の M＋2 同位体ピークの強度が 32.1% であることから塩素原子が 1 個存在すると考えられる．IR スペクトルから OH 基の存在が明らかであり，炭素 6 個，酸素 1 個，塩素原子 1 個の質量をあわせると 123（6×12＋16＋35）となる．分子量が 128 であることからこの化合物には水素が 5 個存在すると考えられ，分子式は C$_6$H$_5$ClO となる．分子イオンピークは非常に安定であり，また酸素原子と塩素原子には非共有電子対があることからπ電子共役系には電子が豊富にある．93（6.4%）は塩素原子の脱離，92（6.3%）は HCl の脱離により生じるフラグメントイオンである．100（16.5%）およびその同位体ピーク 102（5.4%）は C≡O の脱離により生成するフラグメントイオンである．65（63%）のイオン C$_5$H$_5^+$，およびこれよりアセチレンが脱離して生じる 39（31%）のイオン C$_3$H$_3^+$ は典型的なベンゼン環のフラグメントイオンである．

^{13}C NMR
ベンゼン環の 6 本のシグナルが観測される．2 本は第四級炭素（DEPT スペクトルで消失），4 本はメチン炭素（OR スペクトルで二重線）である．対称性はないためパラ置換ベンゼンではない．156 ppm の第四級炭素は最も低磁場であり，電気陰性度の高い酸素原子に結合していると考えられる．もう一つの第四級炭素は 135 ppm にあり，ここには塩素原子が結合していると考えられる．メチン炭素が四つ 114, 116, 122, 131 ppm に観測されているがこれらは置換基が結合していない炭素である．

^{1}H NMR
五つの異なるシグナルがある．このうちの四つは芳香族領域にあり，残りの一つは重クロロホルム溶液中フェノール水素に特徴的な化学シフト（5.4 ppm）をもつ．芳香族水素の化学シフトは通常のベンゼン（7.27 ppm）より明らかに高磁場であることから，酸素原子のオルト位かパラ位に存在すると考えられる．酸素は共鳴効果によりオルト位（−0.50 ppm）およびパラ位（−0.40 ppm）の水素に対して強い電子供与性を示す．酸素のメタ位の水素はあまり遮蔽されない（−0.14 ppm）．塩素原子の効果は酸素に比べるとあまり大きくない〔オルト位（+0.03 ppm），メタ位（−0.06 ppm），パラ位（−0.04 ppm）〕．高磁場側のシグナルの一つ（6.84 ppm）はオルトカップリングをしておらず，非常に狭い幅で分裂した三重線（メタカップリング）とみることができる．この水素の両側には置換基が存在すると考えられる．その結果この化合物はメタ置換ベンゼンであることがわかる．オルト位に塩素と OH 基をもつベンゼン環水素の化学シフトの計算値は 6.80 ppm（7.27−0.50+0.03）であり，実測値と非常に近い．大きい結合定数で分裂した三重線は二つのオルト位水素をもつ水素（三連続水素の真ん中）である．この水素の化学シフトの計算値は 7.07 ppm（7.27−0.14−0.06）であり，これも実測値（7.11 ppm）に非常に近い．6.70 ppm の二重線は塩素原子に対してパラ位にある水素（7.27−0.50−0.04 = 6.73）であり，6.91 ppm の二重線は OH 基のパラ位にある水素（7.27−0.40+0.03 = 6.90）である．これらの二重線にはどちらにもメタカップリングによる小さい分裂がある．

まとめ
この化合物はメタクロロフェノール ClC$_6$H$_4$OH である．

問題 036 (091)

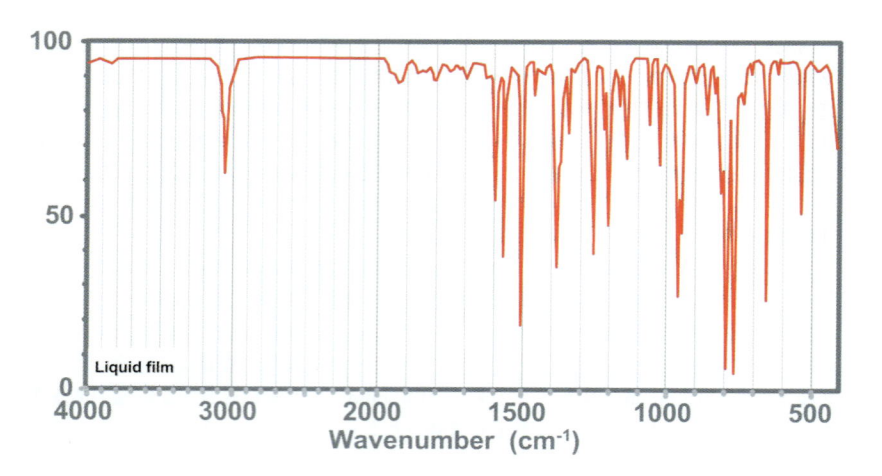

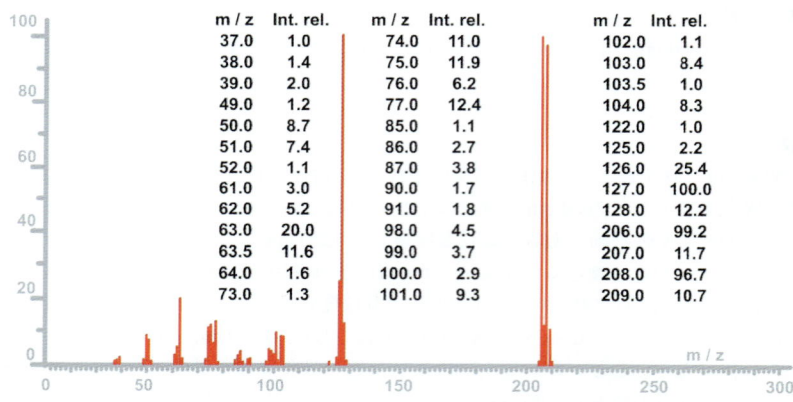

m/z	Int. rel.	m/z	Int. rel.	m/z	Int. rel.
37.0	1.0	74.0	11.0	102.0	1.1
38.0	1.4	75.0	11.9	103.0	8.4
39.0	2.0	76.0	6.2	103.5	1.0
49.0	1.2	77.0	12.4	104.0	8.3
50.0	8.7	85.0	1.1	122.0	1.0
51.0	7.4	86.0	2.7	125.0	2.2
52.0	1.1	87.0	3.8	126.0	25.4
61.0	3.0	90.0	1.7	127.0	100.0
62.0	5.2	91.0	1.8	128.0	12.2
63.0	20.0	98.0	4.5	206.0	99.2
63.5	11.6	99.0	3.7	207.0	11.7
64.0	1.6	100.0	2.9	208.0	96.7
73.0	1.3	101.0	9.3	209.0	10.7

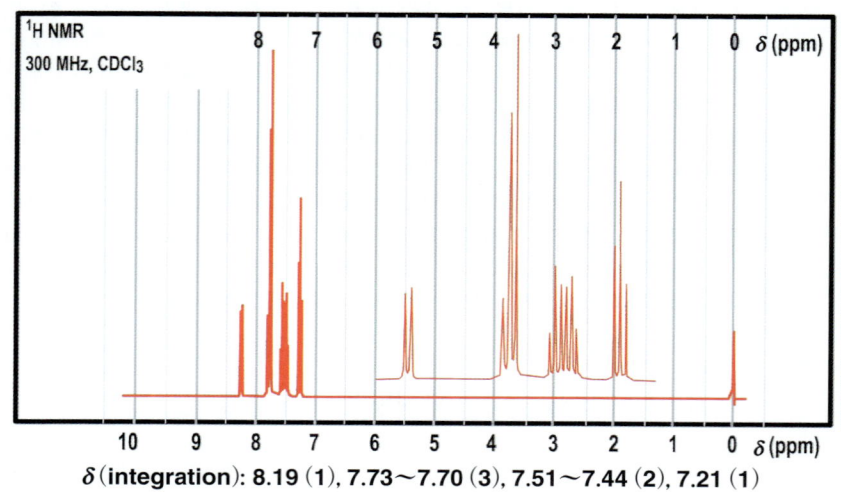

IR: Liquid film

^{1}H NMR 300 MHz, CDCl$_3$

δ (integration): 8.19 (1), 7.73〜7.70 (3), 7.51〜7.44 (2), 7.21 (1)

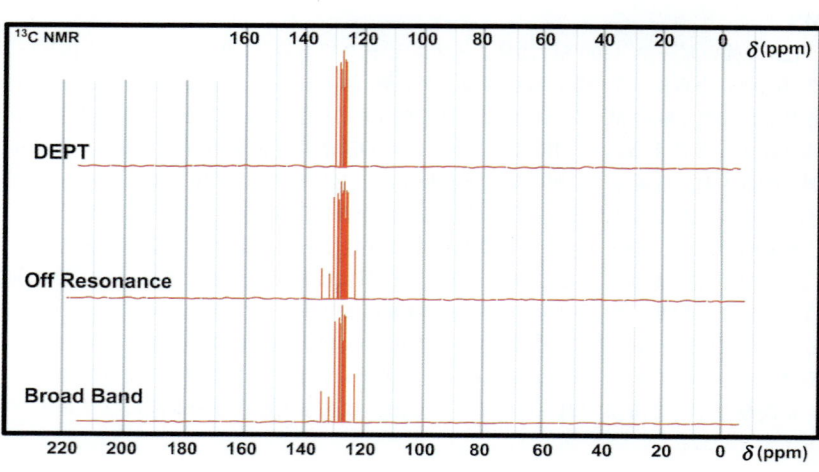

^{13}C NMR

δ: 134.5, 131.9, 129.8, 128.2, 127.8, 127.2, 127.0, 126.6, 126.0, 122.8

問題 036（091）

はじめに

3000 cm^{-1} より高振動数（高波数）の赤外吸収は芳香族水素に由来するが，一方，脂肪族水素に由来する 3000 cm^{-1} 以下の吸収がない．MS スペクトルにおける同位体ピークは興味深い．

MS

分子イオンピークが 206（99.2%）にあり，その同位体ピークが 208（96.7%）にある．^{79}Br と ^{81}Br の天然同位体存在比は 100：97.2 である．このスペクトルにおける同位体存在比の実測値は 97.5%（96.7/99.2×100）で，この化合物は臭素原子を含むと考えられる．127（100%）の基準ピークは臭素原子の脱離により生成したイオンである．207（11.7%）と 209（10.7%）の炭素の ^{13}C 同位体のピークの強度から，炭素は 10 個存在することが示唆される．炭素 10 個と臭素 1 個の質量が 199（10×12＋79）であるため，分子量 206 をみたすには水素 7 個が必要であり，分子式は C$_{10}$H$_7$Br と考えられる．残りの弱いフラグメントイオンは芳香環に由来する．たとえば，101 のピークはアセチレンが脱離したイオン（127－26）であり，芳香環に特徴的なイオンである．また，77, 51, 39 のイオンはフェニル基に特徴的なものである．

^{13}C NMR

10 本のシグナルがあり，それらはすべて芳香族炭素である．DEPT スペクトルで 3 本のシグナルが消失したことから第四級炭素が 3 個存在する．10 個の芳香族炭素からなることから，この化合物は二つのベンゼンからなるナフタレンと考えられる．ナフタレンではベンゼン環の結合位置に二つの第四級炭素が存在する．もう一つの第四級炭素には置換基が結合しているものと考えられる．ナフタレンの α 位と β 位の炭素の化学シフトはおのおの 126.6 と 127.8 ppm であり，環結合部の炭素は 134.5 ppm である．臭素はイプソ位（－5.5 ppm）とパラ位（－1.3 ppm）の炭素に対して遮蔽効果を示し，オルト位（＋3.4 ppm）とメタ位（＋1.7 ppm）の炭素には非遮蔽効果を示す．ナフタレンの環結合部の炭素への置換基効果は，置換されていない炭素への効果より小さい．このスペクトルでは，環結合部炭素は 131.9 と 134.5 ppm にあり，臭素原子が置換した第四級炭素は 122.8 ppm にみられる．その他の炭素は 126.0～129.8 ppm に七つ観測されており，これらはいずれもメチン炭素である．

^{1}H NMR

8.19 ppm に二重線一つ，7.70～7.73 ppm に重なった二重線が三つ，7.44～7.51 ppm に三重線が二つ，7.21 ppm に三重線が一つ観測されている．ナフタレン自体には α と β の 2 種類の水素があるだけである．α 水素は 7.84 ppm，β 水素は 7.47 ppm に観測される．臭素は，ベンゼン環において，オルト位に＋0.22 ppm，メタ位に－0.13 ppm，パラ位に－0.03 ppm の置換基効果を示す．ナフタレン環においては二つの環の α 位と α 位の間でみられるペリ位効果が重要であり，臭素原子の場合は約＋0.30 ppm の変化をもたらす．ナフタレン環における主要なカップリングはオルトカップリング（7～8 Hz）であり，メタカップリング（約 1 Hz）やパラカップリング（＜1 Hz）はかなり小さい．α 位と β 位の水素はシグナルの分裂パターンから比較的容易に区別可能である．α 水素は二重線，β 水素は三重線が基本であり，おのおの小さなメタカップリングを伴っている．8.19 ppm の二重線（^3J = 8 Hz）は一つの α 水素であり，隣の環の α 位に置換した臭素のペリ位効果によって低磁場にシフトしている．残りの二つの α 水素は 7.7 ppm 付近に重なって現れている三つの二重線のなかの二つである．もう一つの二重線は臭素のオルト位にある β 水素のシグナルである．7.21 ppm の三重線は臭素のメタ位の β 水素である．置換基のない環側の β 水素二つは 7.51 と 7.44 ppm にいずれも三重線として現れている．

IR

芳香環に由来する吸収が観測されている．3000～3100 cm^{-1} の sp^2 C－H 伸縮振動，1600～2000 cm^{-1} の弱い倍音振動，1505～1600 cm^{-1} の芳香族 ＞C＝C＜ 伸縮振動，760 cm^{-1} の四つの連続する芳香族水素の面外変角振動，800 cm^{-1} の三つの隣り合う水素に由来する振動などである．これらは α 位に置換基が存在することを支持する．C－Br 伸縮振動の吸収は 500 cm^{-1} 以下であるため，観測されない．

まとめ

この化合物は 1-ブロモナフタレン C$_{10}$H$_7$Br である．MS スペクトルにおいて，分子イオンピークが同位体の存在により二重線として観測されているため臭素原子の存在が明らかである．^{13}C NMR，^{1}H NMR および IR スペクトルから置換基は α 位に存在することがわかる．^{1}H NMR スペクトルにおいて三つの三重線と四つの二重線が観測されたことから α 置換ナフタレン環をもつ構造が導かれる．760 と 800 cm^{-1} には四つの連続する水素と三つの連続する水素に由来する面外変角振動の吸収がある．

問題 037 (044)

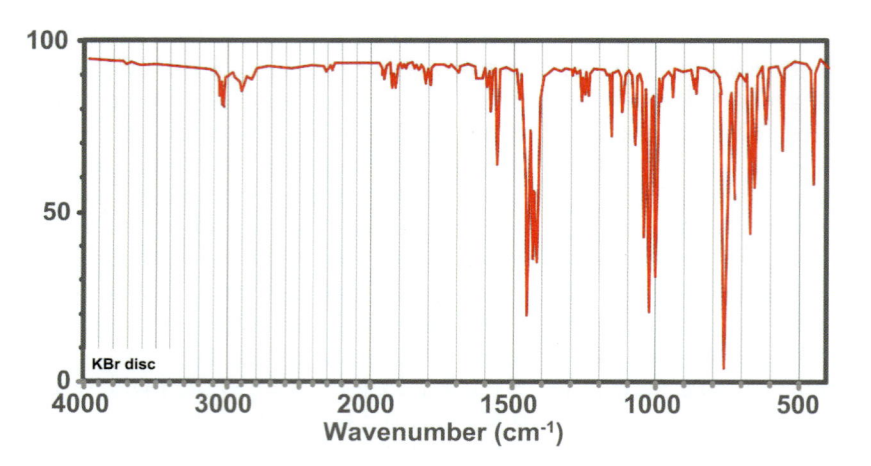

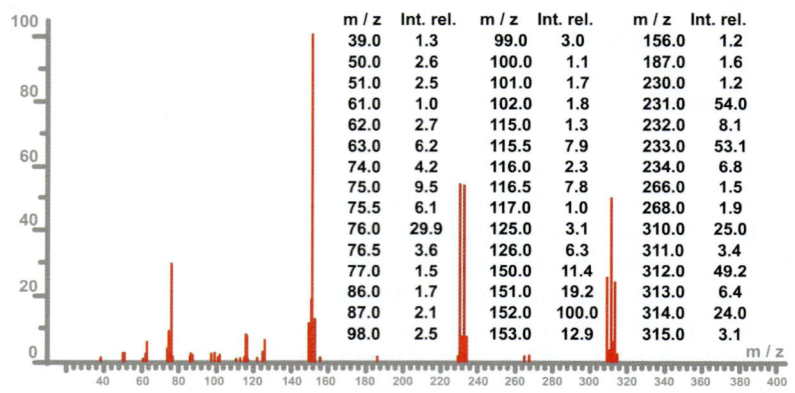

m/z	Int. rel.	m/z	Int. rel.	m/z	Int. rel.
39.0	1.3	99.0	3.0	156.0	1.2
50.0	2.6	100.0	1.1	187.0	1.6
51.0	2.5	101.0	1.7	230.0	1.2
61.0	1.0	102.0	1.8	231.0	54.0
62.0	2.7	115.0	1.3	232.0	8.1
63.0	6.2	115.5	7.9	233.0	53.1
74.0	4.2	116.0	2.3	234.0	6.8
75.0	9.5	116.5	7.8	266.0	1.5
75.5	6.1	117.0	1.0	268.0	1.9
76.0	29.9	125.0	3.1	310.0	25.0
76.5	3.6	126.0	6.3	311.0	3.4
77.0	1.5	150.0	11.4	312.0	49.2
86.0	1.7	151.0	19.2	313.0	6.4
87.0	2.1	152.0	100.0	314.0	24.0
98.0	2.5	153.0	12.9	315.0	3.1

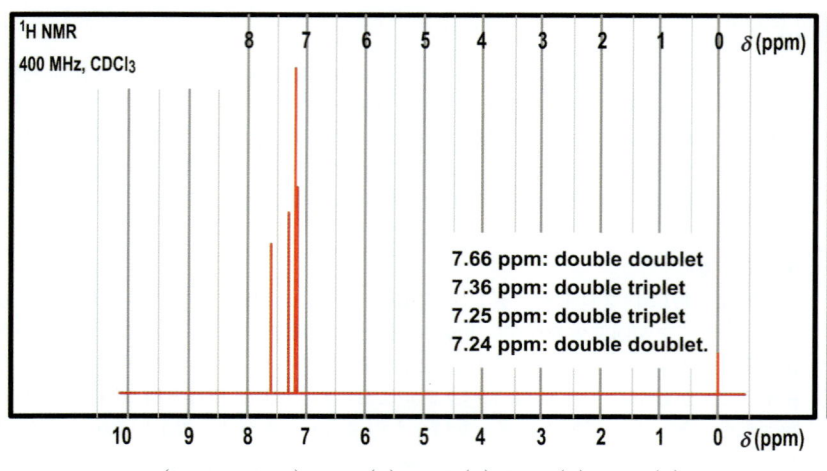

¹H NMR 400 MHz, CDCl₃

7.66 ppm: double doublet
7.36 ppm: double triplet
7.25 ppm: double triplet
7.24 ppm: double doublet.

δ(integration): 7.66 (1), 7.36 (1), 7.25 (1), 7.24 (1)

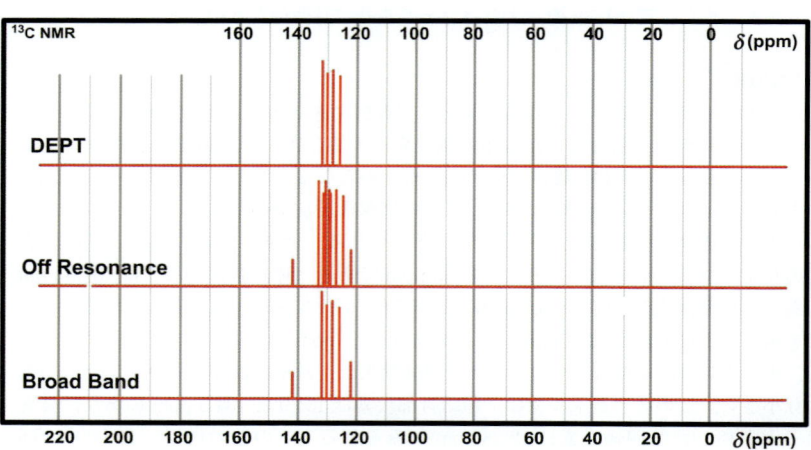

¹³C NMR — DEPT, Off Resonance, Broad Band

δ: 142.1, 132.6, 131.0, 129.4, 127.1, 123.5

問題 037（044）

はじめに

MS スペクトルにおける同位体ピークパターンが特に興味深い．

MS

310に親イオンがある．強度比 1：2：1 の M, M＋2, および M＋4 のピークは臭素原子が二つ含まれる化合物に特徴的である．231 と 233 のピークは臭素原子が脱離したイオンである．231 のイオンは ^{79}Br を含み，310 のイオンから ^{79}Br の脱離または 312 のイオンから ^{81}Br の脱離によって生成する．一方，233 のイオンは ^{81}Br を含み，312 のイオンから ^{79}Br の脱離または 314 のイオンから ^{81}Br の脱離によって生成する．152 の基準ピークは両方の臭素原子が脱離したイオンである．分子の基本骨格は1価の原子二つ（この化合物では臭素原子二つ）を水素に置き換えて考えればよい．そうすると分子量は 154（152＋2 ＝ 154）となる．154 を炭素1個の質量12で割ると12余り10となるため，炭素骨格の分子式として $C_{12}H_{10}$ が考えられる．二つの臭素原子をあらためて置き換えると分子式は $C_{12}H_8Br_2$ となる．MS スペクトルにおいて，二つの臭素原子が脱離したイオン（152）は多くの芳香族イオンにみられるように非常に安定である．76 のイオンは 152 のイオンが二重に電荷を帯びたものと考えられる．MS スペクトルにおける横軸は質量を表すのではなく，質量対電荷の比（m/z）を表す軸である．z が電子1個分と等しいとき（1価の電荷），直接質量を表すが，二重に電荷を帯びたイオン（$z ＝ 2$）では，x 軸の数値は実際には $m/2$ である．したがって，76 のピークは質量 152 の2価イオンの可能性もある（76×2 ＝ 152）．

^{13}C NMR

6本のシグナルがあり，それらはすべて芳香族領域にある．MS スペクトルから分子式中に炭素が12個含まれることが示唆されているので，^{13}C NMR の各シグナルは炭素2個ずつに相当する．DEPT スペクトルから2本の異なる第四級炭素が存在することがわかる．1本は 124 ppm の臭素原子が結合した第四級炭素で，大きな原子のイプソ効果により高磁場側にシフトしている．もう1本は 142 ppm にあり，これには炭素置換基が結合している．OR スペクトルより4本の芳香族メチン炭素があることがわかり，第四級炭素が2本あることも確認される．これらのシグナルはいずれも等価な炭素2個分である．

^1H NMR

7.24 と 7.66 ppm の間に4本のシグナルが同じ積分比で観測される．これらはいずれも等価な水素2個分のシグナルである．7.66 ppm の低磁場のシグナルはオルト位の臭素原子により非遮蔽化を受けている．臭素がベンゼン環に置換するとオルト位には非遮蔽効果（＋0.22 ppm）を示すが，メタ位（－0.03 ppm）とパラ位（－0.13 ppm）には遮蔽効果を示す．低磁場側へシフトしたベンゼン環水素は1種類だけなので，臭素原子のオルト位の水素は1種類だけである．これより，オルト二置換構造をもつことがわかる．芳香族水素の結合様式からも四つの水素が連続して存在することがわかる．オルト二置換ベンゼン環では ^3J 二重線が二つ，^3J 三重線が二つ観測されることが特徴である．置換基の隣の水素からみるとオルト位の水素は一つ，メタ位の水素は一つである．したがって，^3J（オルト）カップリングに基づく二重線に加えて小さな ^4J（メタ）カップリングによる二重線が観測される．ほかの二つの水素はオルト位に二つの水素があるため，^3J（オルト）カップリングによる三重線に加えて小さな ^4J（メタ）カップリングによる二重線が観測される．

IR

3000〜3100 cm^{-1} の吸収は芳香環（＝C－H 伸縮振動）の存在を示している．これは 1500〜1600 cm^{-1} の ＞C＝C＜ 結合の伸縮振動の吸収が観測されることからも支持される．770 cm^{-1} の吸収は四つの水素が連続して存在するベンゼン環に特徴的な変角振動の吸収であり，これからもオルト二置換ベンゼン環構造が示唆される．C－Br 結合に由来する吸収は観測されない．これは臭素原子の質量が大きいため観測される振動数が測定範囲より低いためである．

まとめ

化合物は，分子式が $C_{12}H_8Br_2$ で6種類の炭素をもつ対称分子であることから，同じ構造をもつベンゼン環が二つ結合したものと考えられる．おのおののベンゼン環に臭素が結合しており，その結合位置だけが問題である．^1H NMR スペクトルで臭素によって非遮蔽化された水素は一つだけであり，臭素は環の結合位置のオルト位に存在すると考えられる．これは ^1H NMR スペクトルのカップリング様式や IR スペクトルにおける面外変角振動の吸収から確かめられる．この化合物は 2,2′-ジブロモビフェニルである．

問題 038 (046)

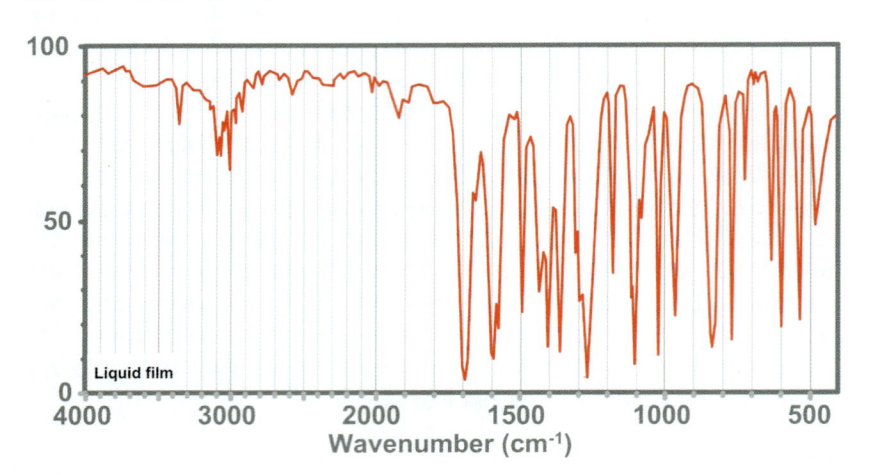

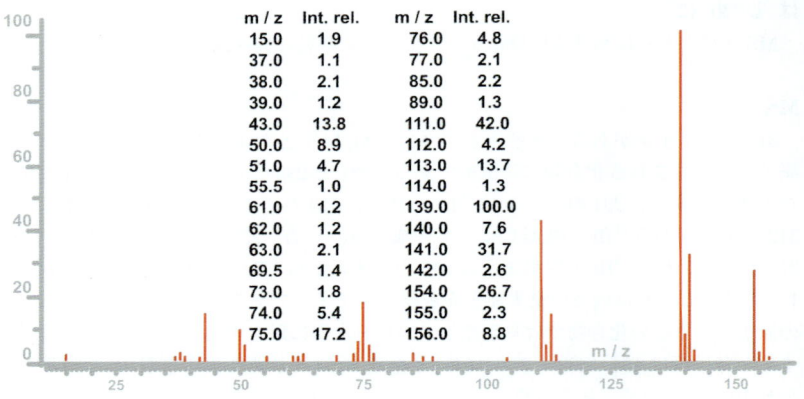

m/z	Int. rel.	m/z	Int. rel.
15.0	1.9	76.0	4.8
37.0	1.1	77.0	2.1
38.0	2.1	85.0	2.2
39.0	1.2	89.0	1.3
43.0	13.8	111.0	42.0
50.0	8.9	112.0	4.2
51.0	4.7	113.0	13.7
55.5	1.0	114.0	1.3
61.0	1.2	139.0	100.0
62.0	1.2	140.0	7.6
63.0	2.1	141.0	31.7
69.5	1.4	142.0	2.6
73.0	1.8	154.0	26.7
74.0	5.4	155.0	2.3
75.0	17.2	156.0	8.8

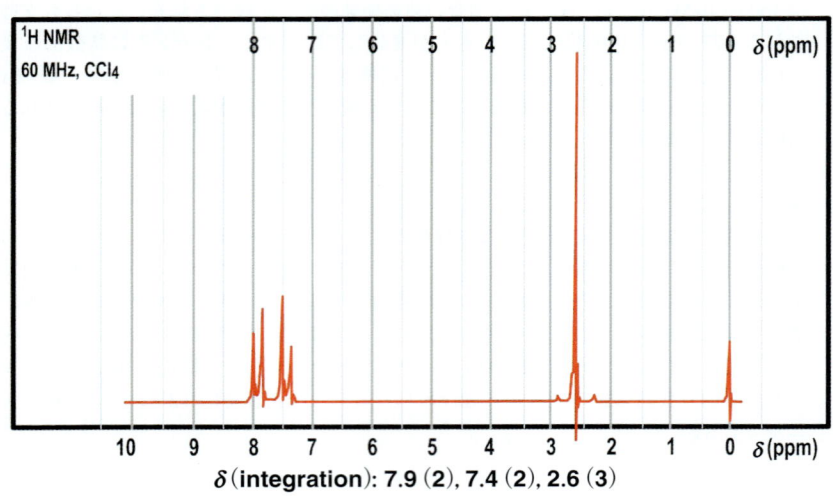

IR: Liquid film

^{1}H NMR, 60 MHz, CCl$_4$
δ (integration): 7.9 (2), 7.4 (2), 2.6 (3)

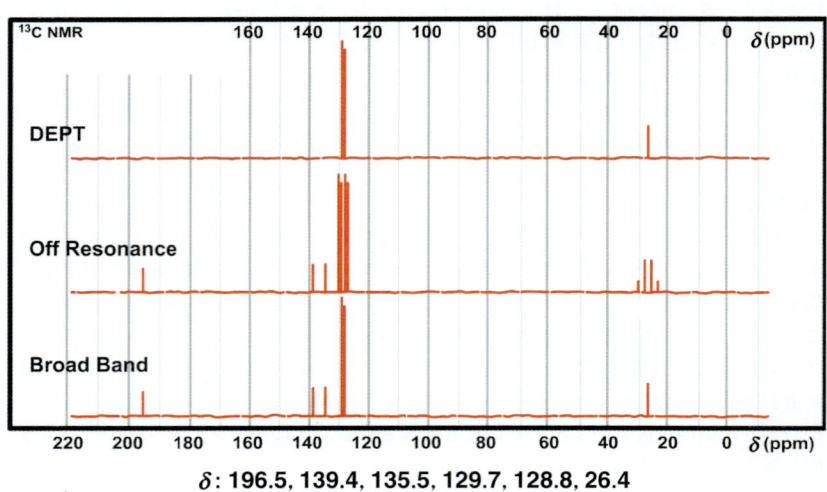

^{13}C NMR (DEPT, Off Resonance, Broad Band)
δ: 196.5, 139.4, 135.5, 129.7, 128.8, 26.4

問題 038 (046)

はじめに

この化合物は芳香環, カルボニル基, 塩素原子を含むと考えられる.

MS

この化合物ではハロゲン原子の存在に関する非常に重要な情報が, 同位体ピークの相対強度から得られる. 分子イオンピークが 154 (26.7%) に, 15 脱離したイオンが 139 (100%) に, 43 脱離したイオンが 111 (42%) に観測されており, おのおののピークには 2 大きいピークが 32% の相対強度で観測されている. この M＋2 同位体ピークの相対強度は塩素原子が存在するときに特徴的である. これらのイオンにはいずれにも ^{35}Cl とその同位体 ^{37}Cl が 100：32 の比で含まれている. 15 の脱離はメチル基の脱離に相当し, さらに 28 の脱離は一酸化炭素 CO の脱離である. この脱離イオン (111) からさらに HCl (36) が脱離すると 75 のイオンとなり, これは塩素が結合した芳香環に特徴的なフラグメントイオンである. 以上より, この化合物の構造は MS スペクトルだけでほぼ明らかとなるが, 置換基の位置だけが残された問題である.

^{13}C NMR

DEPT スペクトルから分子中に 3 個の第四級炭素があることがわかる. 197 ppm の炭素は化学シフトからケトンのカルボニル炭素に帰属される. 残りの 2 個の第四級炭素は 139 と 136 ppm にあり, 芳香族炭素である. 2 個のうち, 1 個は塩素に結合し, もう 1 個はカルボニル基に結合していると考えられる. OR スペクトルからもこれらの第四級炭素が確認されるとともに, さらに 2 種の芳香族メチン炭素が存在することがわかる. メチン炭素は 130 ppm と 129 ppm に二重線として観測されているが, これらはいずれも等価な炭素 2 個分であり, パラ置換ベンゼン環に典型的な特徴である. 最後に 26 ppm のシグナルはカルボニル基またはほかの二重結合炭素に結合したメチル基の炭素である.

^{1}H NMR

7.9, 7.4, および 2.6 ppm に 2：2：3 の積分比で三つのシグナルが観測されている. 7.9 ppm の二重線はカルボニル基のオルト位にある 2 個の等価な芳香族水素のシグナルであり, 7.4 ppm の二重線は塩素のオルト位にある 2 個の等価な芳香族水素に帰属される. これらの 4 個の水素はいわゆる AA′XX′ 系を形成している. 2.6 ppm の一重線はカルボニル基の隣のメチル基である.

IR

3000～3150 cm^{-1} の吸収は二重結合の存在を表す (＝C－H 伸縮振動). これは 1500～1600 cm^{-1} に大きく分極した芳香環の ＞C＝C＜ 伸縮振動の吸収が観測されることからも支持される. 830 cm^{-1} にはパラ二置換ベンゼン環の変角振動に特徴的な吸収が観測されている. 800～855 cm^{-1} の吸収は基本的には水素が二つ隣接して存在する芳香環に特徴的な変角振動の吸収である. 1690 cm^{-1} の強い吸収は共役カルボニル基の吸収であり, その倍音吸収が 3470 cm^{-1} に観測されている.

まとめ

この化合物は塩素とアセチル基を置換基とするベンゼン環構造をもつことがいくつかの証拠から示唆される. ^{13}C NMR スペクトルでは芳香族炭素が 4 本のみ観測され, ^{1}H NMR スペクトルでは芳香族水素として対称な AA′XX′ 系が観測されていることからパラ置換ベンゼン環であることがわかる. 以上よりこの化合物は p-クロロアセトフェノン CH$_3$(CO)C$_6$H$_4$Cl であると結論される.

問題 039 (087)

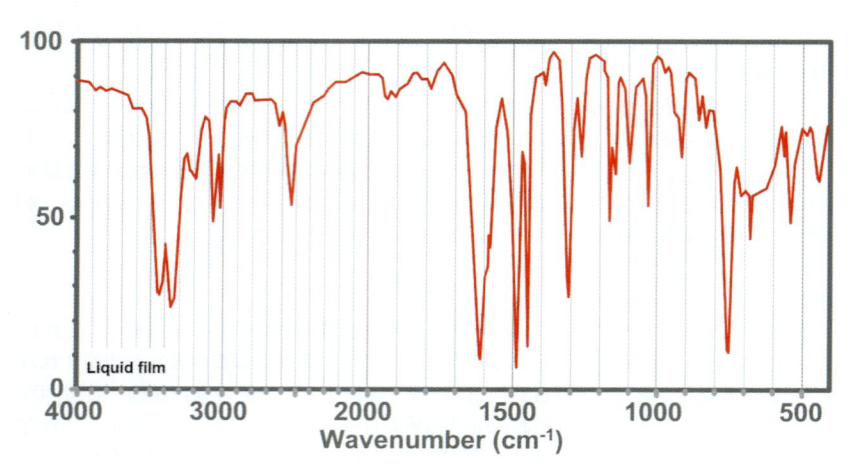

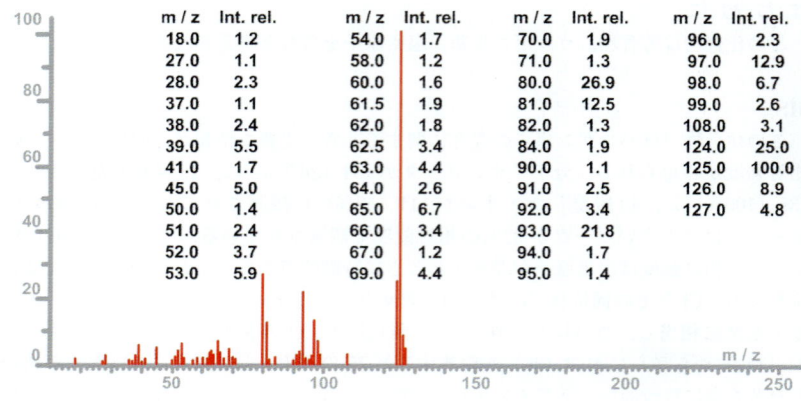

m/z	Int. rel.	m/z	Int. rel.	m/z	Int. rel.	m/z	Int. rel.
18.0	1.2	54.0	1.7	70.0	1.9	96.0	2.3
27.0	1.1	58.0	1.2	71.0	1.3	97.0	12.9
28.0	2.3	60.0	1.6	80.0	26.9	98.0	6.7
37.0	1.1	61.5	1.9	81.0	12.5	99.0	2.6
38.0	2.4	62.0	1.8	82.0	1.3	108.0	3.1
39.0	5.5	62.5	3.4	84.0	1.9	124.0	25.0
41.0	1.7	63.0	4.4	90.0	1.1	125.0	100.0
45.0	5.0	64.0	2.6	91.0	2.5	126.0	8.9
50.0	1.4	65.0	6.7	92.0	3.4	127.0	4.8
51.0	2.4	66.0	3.4	93.0	21.8		
52.0	3.7	67.0	1.2	94.0	1.7		
53.0	5.9	69.0	4.4	95.0	1.4		

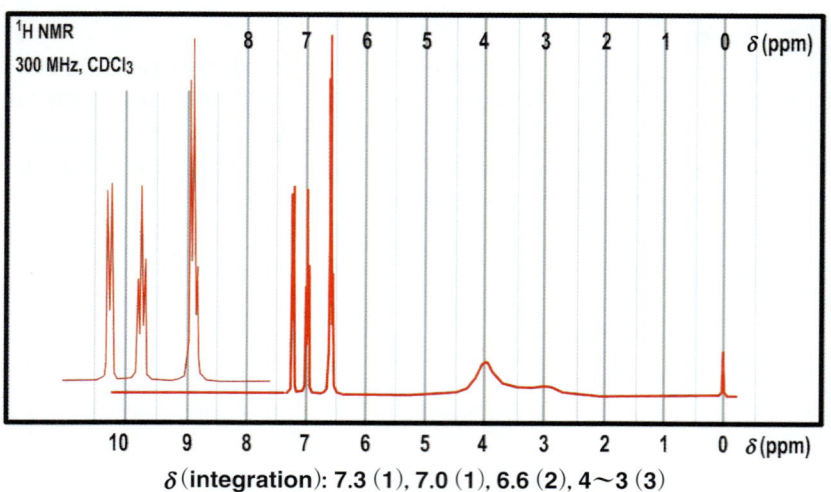

δ (integration): 7.3 (1), 7.0 (1), 6.6 (2), 4〜3 (3)

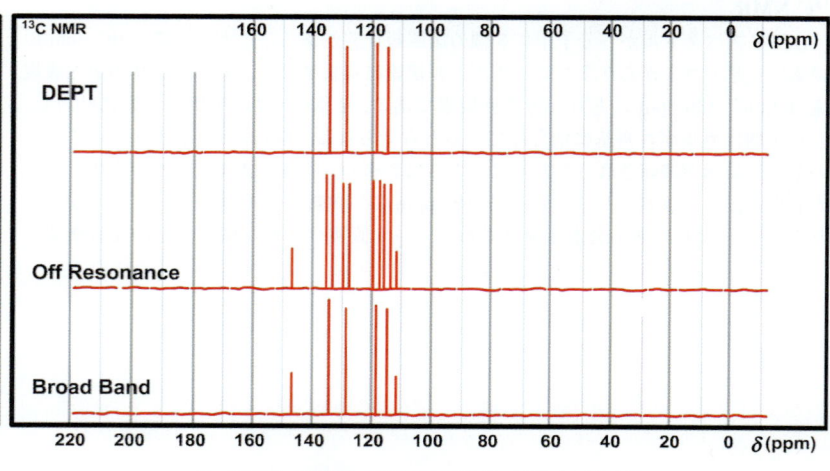

δ: 147.1, 134.7, 128.9, 118.6, 115.1, 111.8

問題 039（087）

IR

3000 cm^{-1} より高振動数側に芳香環の ＝C−H 伸縮振動の吸収がある．1600 cm^{-1} 付近の ＞C＝C＜ 伸縮振動の吸収からも芳香環の存在が確かめられる．760 cm^{-1} の吸収は四つの連続した芳香族水素の存在を示す面外変角振動の吸収である．これよりこの化合物はオルト二置換ベンゼン環をもつことがわかる．3350 と 3450 cm^{-1} の2本の吸収はアミノ基 −NH$_2$ の N−H 対称および逆対称伸縮振動に帰属される．また 2520 cm^{-1} にはチオールの S−H 伸縮振動に特徴的な吸収がある．

MS

125 のピーク（100％）は分子イオンピークである．これが奇数であることから窒素原子が奇数個存在することがわかる．分子イオンピークは同位体ピーク 126（8.9％）と 127（4.8％）を伴っている．この M＋2 イオンの相対強度を与えるのは硫黄かケイ素原子しか考えられない．たとえば塩素や臭素ならばもっと大きな M＋2 イオンを与える．ケイ素の同位体比は M＋1（5.07％），M＋2（3.36％）であり，硫黄の同位体比は M＋1（0.80％），M＋2（4.44％）である．また窒素は M＋1（0.36％）である．観測された M＋2 イオンの相対強度はケイ素としては大きすぎるが，硫黄原子1個と考えるとちょうどよい．また窒素原子1個とベンゼン環の炭素原子が6個存在することを考慮すると，ケイ素原子が含まれる場合，M＋1 同位体ピークの強度は 12.03（0.36＋5.07＋6×1.1）となり，観測された相対強度とは一致しない．硫黄原子1個当たり 4.4％の ^{34}S 同位体が存在することから，この化合物は硫黄原子を1個含むと考えられる．

^{13}C NMR

6本の炭素シグナルがすべて芳香族領域にある．そのうち4本はメチン炭素（OR スペクトルで二重線），2本は第四級炭素（DEPT スペクトルで消失）のシグナルである．147.1 ppm のシグナルは窒素原子が結合した第四級炭素，111.8 ppm のシグナルは硫黄原子が結合した第四級炭素である．

^{1}H NMR

芳香族水素4個およびヘテロ原子に結合した水素3個のシグナルが，1：1：2：3の積分比で 7.3，7.0，6.6 および 3〜4 ppm に観測されている．3〜4 ppm のシグナルは著しく幅広く，ヘテロ原子に結合した水素と考えられる．3個のうち2個は窒素原子に，1個は硫黄原子に結合した水素と考えられる．7.3 ppm の二重線は硫黄原子のオルト位の水素であり，7.04 ppm の三重線は硫黄のパラ位の水素に帰属される．6.6 ppm の高磁場側の水素は，電子供与性効果をもつアミノ基のオルト位とパラ位にある水素に帰属される．

まとめ

この化合物は二つの置換基（チオール基と第一級アミノ基）がオルト位に結合したベンゼン環構造をもつ．すなわち，o-アミノチオフェノール HSC$_6$H$_4$NH$_2$ である．

問題 040 (070)

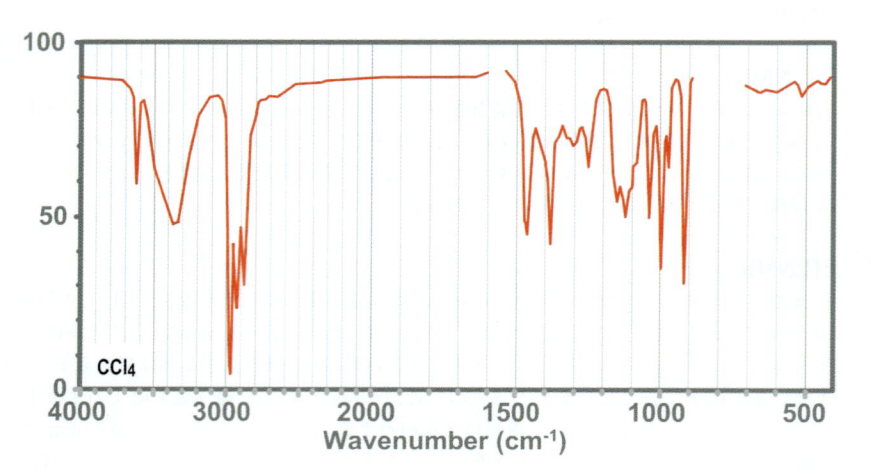

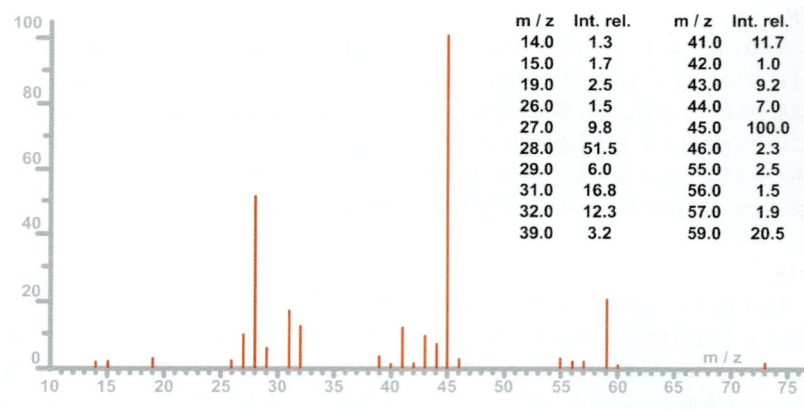

m/z	Int. rel.	m/z	Int. rel.
14.0	1.3	41.0	11.7
15.0	1.7	42.0	1.0
19.0	2.5	43.0	9.2
26.0	1.5	44.0	7.0
27.0	9.8	45.0	100.0
28.0	51.5	46.0	2.3
29.0	6.0	55.0	2.5
31.0	16.8	56.0	1.5
32.0	12.3	57.0	1.9
39.0	3.2	59.0	20.5

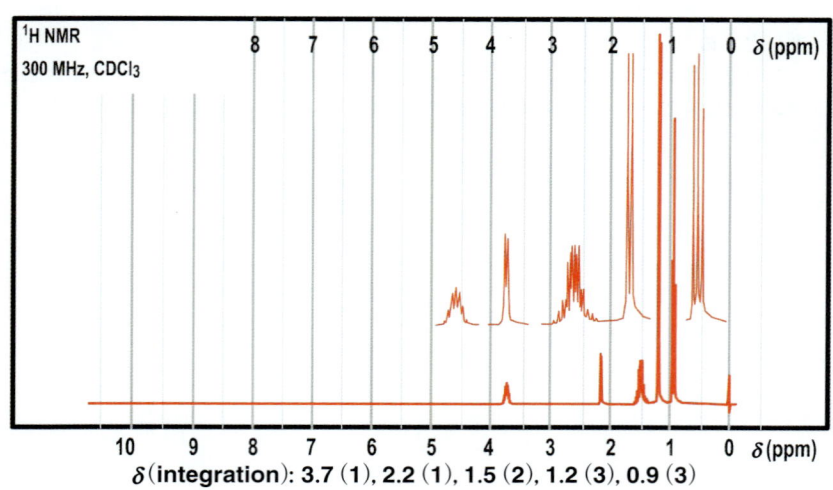

IR: CCl_4

^{1}H NMR, 300 MHz, $CDCl_3$

δ (integration): 3.7 (1), 2.2 (1), 1.5 (2), 1.2 (3), 0.9 (3)

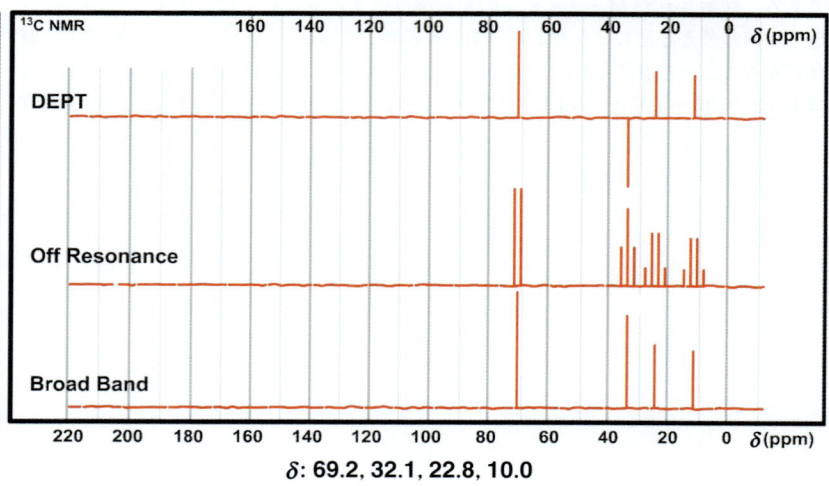

^{13}C NMR: DEPT, Off Resonance, Broad Band

δ: 69.2, 32.1, 22.8, 10.0

問題 040（070）

IR

分子内に存在する官能基に関する情報が得られる．この化合物のスペクトルでは希薄溶液においてアルコールの特徴を示す吸収がみられる．3650 cm^{-1} の鋭い吸収は水素結合していない OH 基の伸縮振動の吸収であり，3350 cm^{-1} の幅広い吸収は水素結合をもつ OH 基の伸縮振動の吸収である．1100 cm^{-1} 付近の吸収は第二級アルコールの C−O 伸縮振動に相当する．通常 640 cm^{-1} 付近にみられる O−H 面外変角振動の吸収がこのスペクトルではみられない．これはこの領域が四塩化炭素の吸収に重なっているためと考えられる．

^{13}C NMR

4 本のシグナルがある．DEPT スペクトルから 32 ppm のシグナルはメチレン炭素（下向きのシグナル）であることがわかる．OR スペクトルからシグナルの帰属は容易である．69 ppm の二重線はアルコールが結合したメチン炭素，23 ppm の四重線は OH 基が結合した炭素の α 位のメチル炭素，10 ppm の四重線はもう一つのメチル炭素と考えられる（数値と図中のピークが異なるが，数値が正しい）．

^{1}H NMR

1 (3.7 ppm)：1 (2.2 ppm)：2 (1.5 ppm)：3 (1.2 ppm)：3 (0.9 ppm) の積分比で 5 本のシグナルがみられる．3.7 ppm の積分値 1 の多重線のシグナルは OH 基が結合したメチン水素に帰属される．このメチン水素は OH 基の水素ともカップリングしている．OH 基の水素は 2.2 ppm に二重線（$J = 4$ Hz）として観測される．3.7 ppm のメチン水素は 1.2 ppm のメチル水素および 1.5 ppm のメチレン水素ともカップリングしている．1.5 ppm の積分値 2 の多重線はメチレン基の二つの水素に帰属される．このメチレン水素は四つの水素に隣接しているので五重線に分裂することが予想されるが，実際にはさらに複雑に現れている．メチレン基の二つの水素は等価ではない．これはキラルな炭素の隣にあるためである．この二つの水素は異なる化学シフトをもち，互いにカップリングしているのできわめて複雑な分裂様式を示す．最後に積分値 3 の 0.9 ppm の三重線はメチレン基の二つの水素にカップリングしたメチル基の水素に帰属される．

MS

73 のピークは分子イオンピークではなく，水素原子一つが脱離したフラグメントイオンピークである．OH 基からの水素原子の脱離はアルコールの特徴的な性質ではない．アルコールの α 炭素からの水素原子の脱離は可能であるが，それほど一般的なフラグメントではない．α 位に別の置換基が結合していれば，より大きく安定なラジカルが優先的に脱離する．この化合物の場合は，三つの α 開裂が観測されている．その三つとは，73 (1%, M−1, 水素原子の脱離)，59 (20%, M−15, CH$_3$ の脱離)，および 45 (100%, M−29, CH$_3$CH$_2$ の脱離) である．この結果は，この化合物が α 炭素にメチル基とエチル基が結合した第二級アルコールの構造をもつと考えると矛盾がない．28 のイオンは，分子から水とエチレンが脱離し転位反応が起こることによって生成したと考えられる CH$_2$=CH$_2$$^+$ に帰属される．

まとめ

集められた証拠を総合することによって，この化合物は炭素 4 個からなり，OH 基が結合した炭素にメチル基とエチル基が結合しているアルコールであると考えられる．そのようなアルコールとしては 2-ブタノール CH$_3$CH$_2$CH(OH)CH$_3$ のみが考えられる．

問題 041 (067)

元素分析: C = 84.2%, H = 15.8%

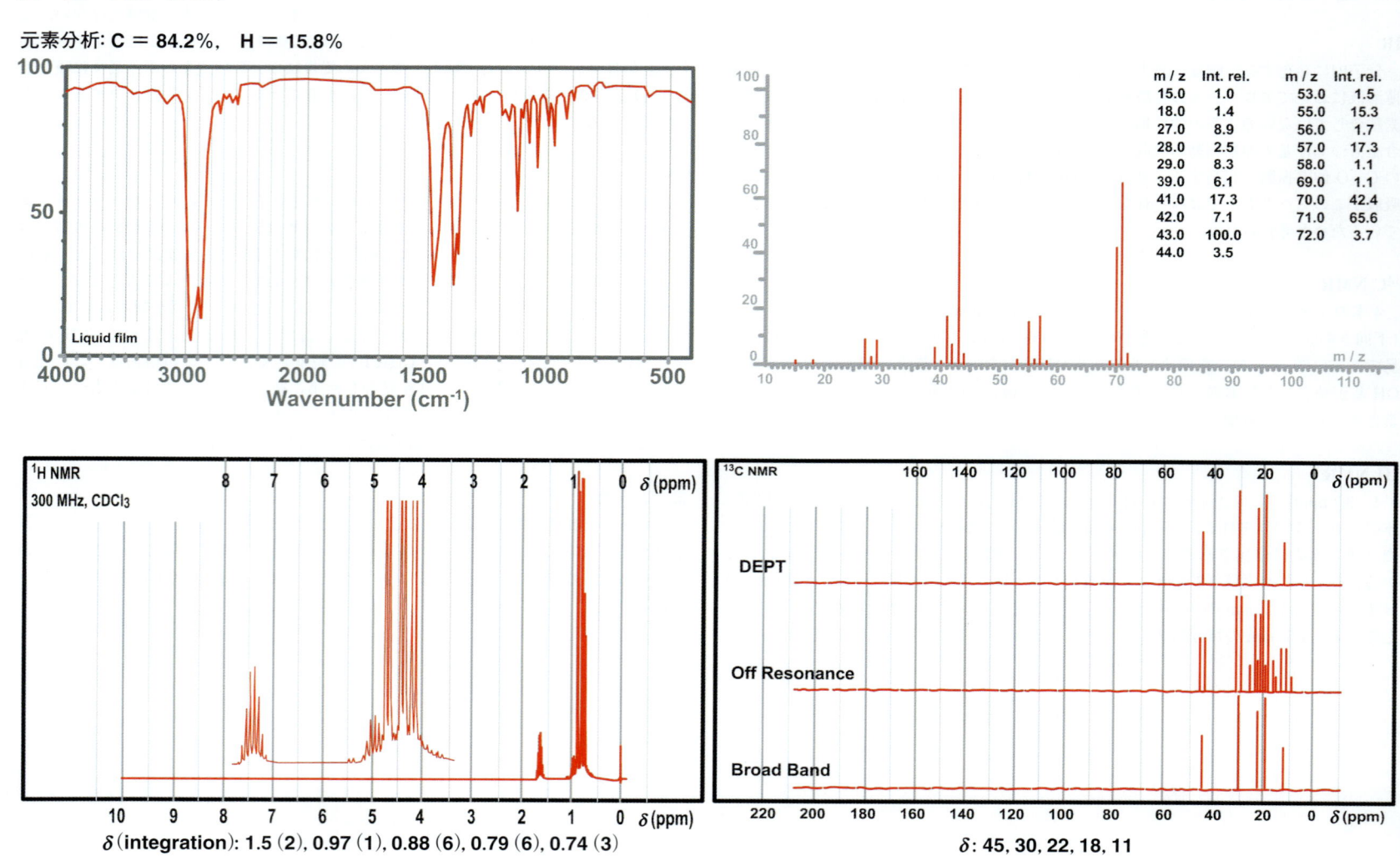

IR: Liquid film

MS:

m/z	Int. rel.	m/z	Int. rel.
15.0	1.0	53.0	1.5
18.0	1.4	55.0	15.3
27.0	8.9	56.0	1.7
28.0	2.5	57.0	17.3
29.0	8.3	58.0	1.1
39.0	6.1	69.0	1.1
41.0	17.3	70.0	42.4
42.0	7.1	71.0	65.6
43.0	100.0	72.0	3.7
44.0	3.5		

1H NMR 300 MHz, CDCl₃

δ (integration): 1.5 (2), 0.97 (1), 0.88 (6), 0.79 (6), 0.74 (3)

13C NMR: DEPT, Off Resonance, Broad Band

δ: 45, 30, 22, 18, 11

問題 041（067）

IR

特徴的な官能基の存在を示す吸収がない．2890 と 2990 cm^{-1} の吸収は sp^3 C–H 伸縮振動の吸収である．メチル基に特徴的な吸収は 1350～1450 cm^{-1} にある．1380 cm^{-1} 付近に同等の強度で 2 本の吸収が観測されたら，それはイソプロピル基などに含まれる *gem*-メチル基の対に特徴的な吸収である．

MS

71（65.6%）の奇数ピークは分子イオンピークではないと考えられる．それはほかのスペクトルデータでは窒素原子が含まれているという証拠がないからである．また元素分析からも炭素と水素のみを含むことが示唆されている（C 84.2%, H 15.8%）．72（3.7%）の同位体ピークは 71 のピークに対して 5.6%（3.7/65.6×100）の相対強度をもつ．これより 71 のイオンには炭素が 5 個含まれると考えられる．71 のイオン中に炭素が 5 個とすると水素は 11 個必要である（C$_5$H$_{11}$$^+$）．元素分析によると C：H の存在比は 7.01：15.67（= 84.2/12.01：15.8/1.008）である．これを整数比に直すために 8/7.01 を掛けると，8：17.9（おおよそ 8：18）となり，分子式 C$_8$H$_{18}$（分子量 114）が導かれる．主要なフラグメントイオンである 43 と 71 の組成は C$_3$H$_7$$^+$ および C$_5$H$_{11}$$^+$ であり，さらに多く枝分かれした部分で開裂が起こっている．70 のピークは転位反応を経てプロパン分子 C$_3$H$_8$ が脱離したイオンと考えられる．

^{13}C NMR

BB スペクトルでは脂肪族領域に 5 本のシグナルがあるのみである．DEPT スペクトルからメチレン炭素（下向きのシグナル）および第四級炭素（消失するシグナル）はないことがわかる．OR スペクトルからメチル炭素（四重線）が 3 本とメチン炭素（二重線）が 2 本あることがわかる．^{13}C NMR スペクトルではシグナル強度は必ずしも正確に炭素数を表さないが，同じ種類の炭素であれば，そのシグナルの相対強度を比較することにより 1 本のシグナルが炭素何個分に相当するかについて，ある程度予想することはできる．このスペクトルにおいて，2 本のメチンシグナルは明らかに強度が異なっている．強度が強い 30 ppm のシグナルは炭素 2 個分，45 ppm のシグナルは炭素 1 個分に相当すると考えられる．11 ppm のメチル炭素も，ほかの 2 本のメチル炭素のシグナル強度に比べると，ほぼ半分の強度である．以上をまとめると，5 本のシグナルはメチン炭素 1 個分（45 ppm），メチン炭素 2 個分（30 ppm），メチル炭素 2 個分（22 ppm），メチル炭素 2 個分（18 ppm），およびメチル炭素 1 個分（11 ppm）と考えられる．

^{1}H NMR

5 種類のシグナルがある．一つのシグナルだけがほかのシグナルから離れた位置にあり，両者の積分比は 1：8 である．1.5 ppm の低磁場側のシグナルは八重線であり（最も外側のピークはきわめて小さい），7 個の水素に隣接していることが示唆される．このシグナルは第三級炭素（メチン炭素 >CH–）に結合した水素であり，二つのメチル基ともう一つ別の水素とカップリングしている．その二つのメチル基は 0.88 と 0.79 ppm に二重線として現れている．もう一つのメチン水素は 0.97 ppm にあり，0.74 ppm のもう一つの二重線のメチル基とカップリングしている．二つのメチン水素どうしも互いにカップリングしていることが，おのおののシグナルからわかる．

まとめ

これらのスペクトルデータをみたす構造は (CH$_3$)$_2$CHCH(CH$_3$)CH(CH$_3$)$_2$, 2, 3, 4-トリメチルペンタンである．イソプロピル基に含まれる二つのメチル基は等価とも予想されるだろう．もしそうであれば，メチル基は 3 種類ではなく 2 種類現れるはずである．しかし，おのおののイソプロピル基の二つのメチル基は等価ではない．一つのイソプロピル基が結合した炭素には 3 種の異なる置換基（水素，メチル基，およびもう一つのイソプロピル基）が結合している．したがって一つのイソプロピル基に含まれる二つのメチル基は異なった環境にある．二つのメチル基が同等となる対称操作は存在しない．中央の炭素は対称面をもっており，二つのイソプロピル基はその対称面を挟んだ両側に存在する．しかし，同じイソプロピル基内では二つのメチル基が同等となる対称操作は存在しない．イソプロピル基内の二つのメチル基はジアステレオトピックであり，異なる化学シフトをもつ．

問題 042 (063)

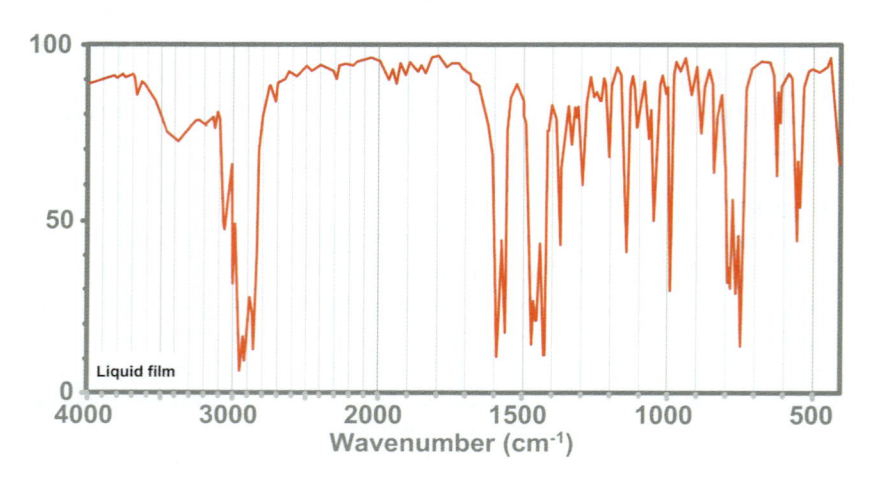

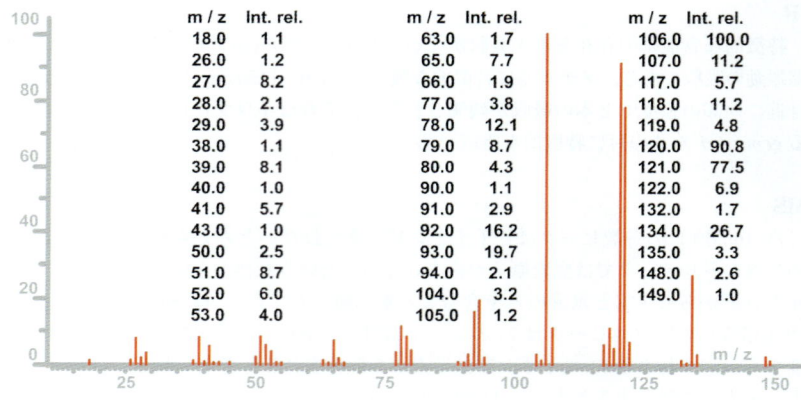

m/z	Int. rel.	m/z	Int. rel.	m/z	Int. rel.
18.0	1.1	63.0	1.7	106.0	100.0
26.0	1.2	65.0	7.7	107.0	11.2
27.0	8.2	66.0	1.9	117.0	5.7
28.0	2.1	77.0	3.8	118.0	11.2
29.0	3.9	78.0	12.1	119.0	4.8
38.0	1.1	79.0	8.7	120.0	90.8
39.0	8.1	80.0	4.3	121.0	77.5
40.0	1.0	90.0	1.1	122.0	6.9
41.0	5.7	91.0	2.9	132.0	1.7
43.0	1.0	92.0	16.2	134.0	26.7
50.0	2.5	93.0	19.7	135.0	3.3
51.0	8.7	94.0	2.1	148.0	2.6
52.0	6.0	104.0	3.2	149.0	1.0
53.0	4.0	105.0	1.2		

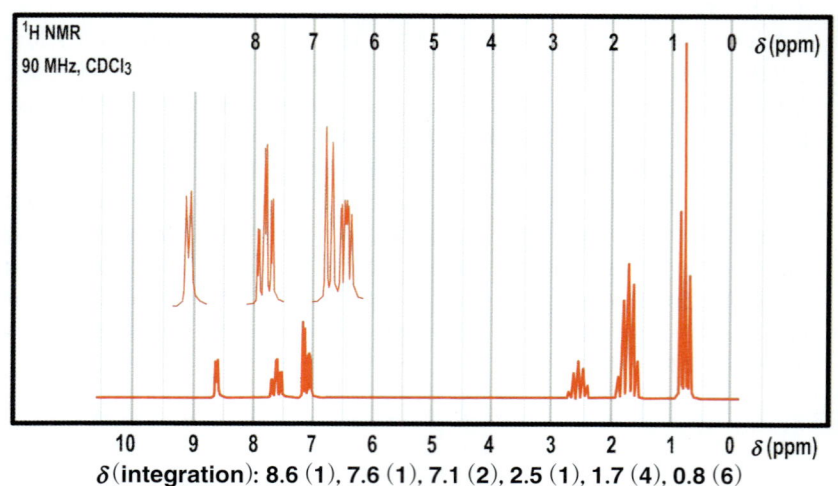

^{1}H NMR, 90 MHz, CDCl$_3$

δ(integration): 8.6 (1), 7.6 (1), 7.1 (2), 2.5 (1), 1.7 (4), 0.8 (6)

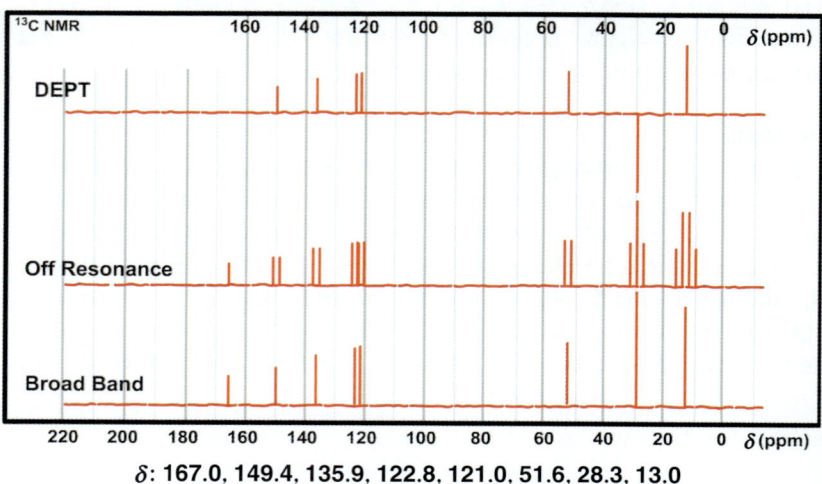

^{13}C NMR

δ: 167.0, 149.4, 135.9, 122.8, 121.0, 51.6, 28.3, 13.0

問題 042 (063)

はじめに

IRスペクトルにおける 3400 cm^{-1} 付近の幅広い吸収は試料中に水が含まれていることを示す．これはKBrが湿っていたり，セルが濡れていたりするとしばしば起こることである．この領域の弱くて幅広い吸収の解釈には注意を要する．

IR

アルキル基の吸収が多い．それ以外の官能基を示唆する吸収はほとんどない．ただ，3000～3100 cm^{-1} のC–H伸縮振動，1500～1600 cm^{-1} のC＝C伸縮振動，および 750 cm^{-1} 付近の四つの連続する水素原子の面外変角振動の吸収から，極性をもつ芳香環が存在することが示唆される．

MS

148または149の非常に弱いピークがおそらく分子イオンピークである．これらのピークは非常に弱いため，同位体ピークの強度比に関しては信頼できる値が得られない．134（149−15）のピークはメチル基の脱離により生成したイオンであり，これより分子イオンピークは149と推定される．分子イオンピークが奇数であることから，窒素原子が一つ存在することが示唆される．分子量が149であることから分子式 C$_{10}$H$_{15}$N が予想される．

^{13}C NMR

51.6の脂肪族メチン（ORスペクトルで二重線），28.3のメチレン（DEPTスペクトルで下向き，ORスペクトルで三重線），13.0のメチル（ORスペクトルで四重線），167の第四級炭素（DEPTスペクトルで消失），および149.4, 135.9, 122.8, 121.0のメチン（ORスペクトルで二重線）の全部で8種類の炭素がみられる．五つの芳香族炭素および窒素原子が存在することからピリジン環の存在が示唆される．ピリジン環では窒素原子からα, β, γ位という三つの異なる炭素の位置があり，おのおのは異なる化学シフトをもつ．すなわち，α炭素は150付近，β炭素は125付近，γ炭素は135付近に現れる．この化合物ではメチン炭素は149.4 (α), 135.9 (γ), 122.8 (β), 121.0 (β) の四つであり，もう一つのα炭素には置換基が結合しているためにその化学シフトは167 ppmとなっている．

^{1}H NMR

6種類のシグナルが積分比 1：1：2：1：4：6 で現れており，全部で水素15個分に相当する．芳香族水素はピリジンの化学シフト〔α (8.59), β (7.23), γ (7.62)〕と比較することにより容易に帰属できる．この化合物ではα水素は8.6 ppmに二重線として観測されている（$J \approx 4$ Hz，この結合定数はピリジンのα位とβ位間の結合定数として標準的な値である）．またこの二重線には小さなメタカップリングも併せて観測される．γ水素は 7.6 ppmに三重線〔^3J（オルト）〕として観測されるが，このシグナルにも小さなメタカップリングがみられる．β水素は 7.1 ppmにおのおのの三重線と二重線として現れている．積分値はあわせて 2H 分であるが，これらのシグナルの分離はあまり明瞭ではない．以上のシグナルの化学シフトと結合定数からピリジン環のα位に置換基が結合していることがわかる．脂肪族領域では，2.5 ppmに五重線が観測されているが，このシグナルは芳香族に結合したメチン基 −CH であり，二つの等価なメチレン基とカップリングしている．1.7 ppmの五重線は積分値が4であり，二つの等価なメチレン基に帰属される．この二つのメチレン基はおのおのが一つのメチル基と一つのメチン基とカップリングしている．0.8 ppmの三重線は二つの等価なメチル基のシグナルであり，この二つのメチル基はおのおのメチレン基に結合している．

まとめ

この化合物は，ピリジン環のα位にアルキル置換基が結合した構造をもつ．そのアルキル置換基は二つのエチル基が結合したメチン炭素からなる．すなわちこの化合物は 2-(1-エチルプロピル)ピリジンである．MSスペクトルではM−1イオンが 2.6％の強度で観測されるが，これはベンジル位炭素から水素原子が脱離して生成したものと考えられる．同じ炭素から水素原子の代わりにエチル基が脱離することにより 120（91％）のイオンが生成する（水素原子よりエチル基の方が脱離しやすい）．121（78％）のピークはエチレンが脱離したイオンである．エチレンの脱離は窒素原子によるγ位水素の引抜きを伴って起こる（McLafferty転位）．106の基準ピークは 121のイオンからのメチルラジカルの脱離により生成した非常に安定な 2-ビニルピリジニウムイオンと考えられる．78と92（およびその周辺）のイオンはピリジン環に関連する一連のフラグメントイオンである．ちょうどベンゼン環に関連するイオンが77や91に観測されることと類似している．

問題 043 (092)

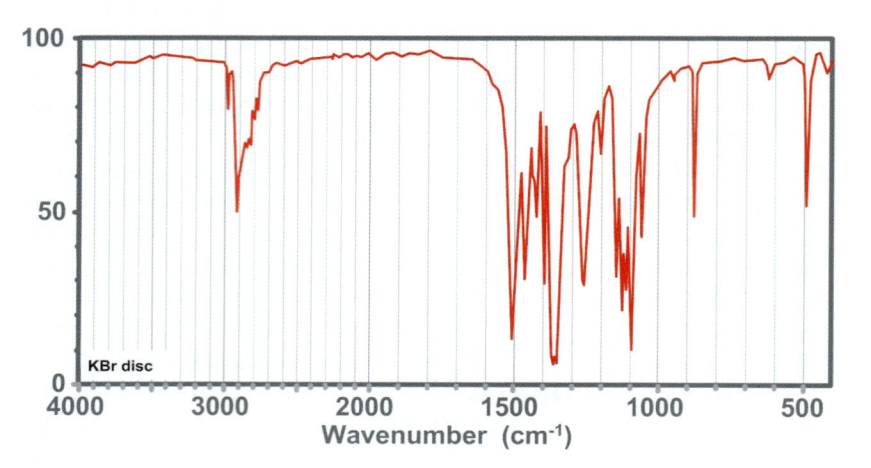

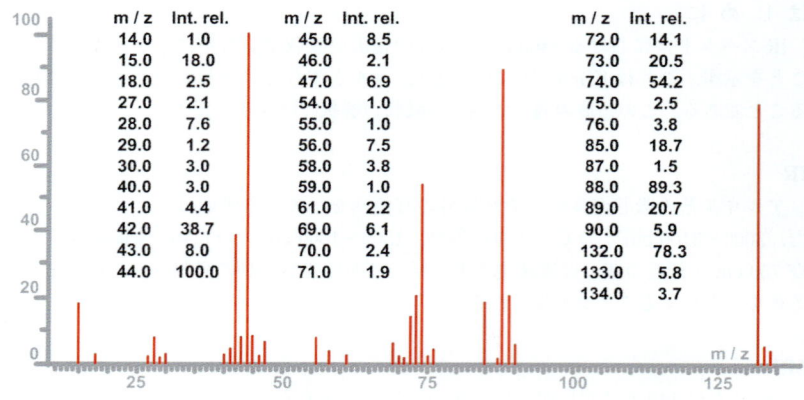

m/z	Int. rel.	m/z	Int. rel.	m/z	Int. rel.
14.0	1.0	45.0	8.5	72.0	14.1
15.0	18.0	46.0	2.1	73.0	20.5
18.0	2.5	47.0	6.9	74.0	54.2
27.0	2.1	54.0	1.0	75.0	2.5
28.0	7.6	55.0	1.0	76.0	3.8
29.0	1.2	56.0	7.5	85.0	18.7
30.0	3.0	58.0	3.8	87.0	1.5
40.0	3.0	59.0	1.0	88.0	89.3
41.0	4.4	61.0	2.2	89.0	20.7
42.0	38.7	69.0	6.1	90.0	5.9
43.0	8.0	70.0	2.4	132.0	78.3
44.0	100.0	71.0	1.9	133.0	5.8
				134.0	3.7

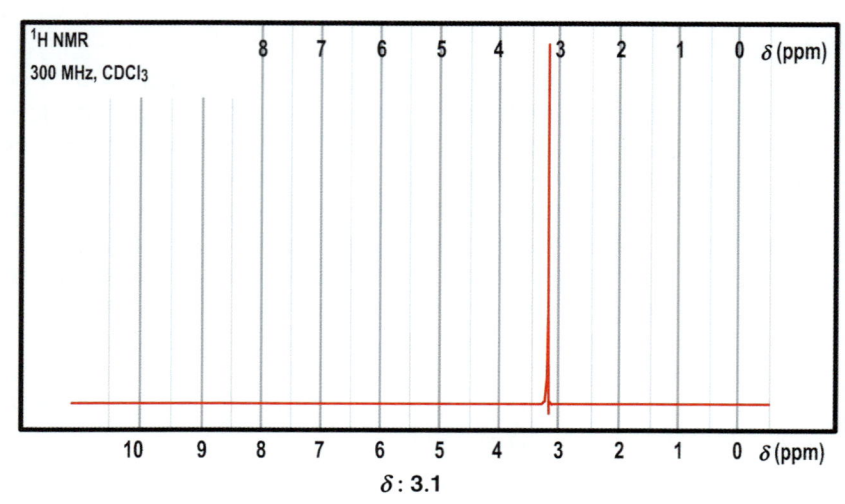

^{1}H NMR 300 MHz, CDCl$_3$

δ : 3.1

^{13}C NMR

DEPT

Off Resonance

Broad Band

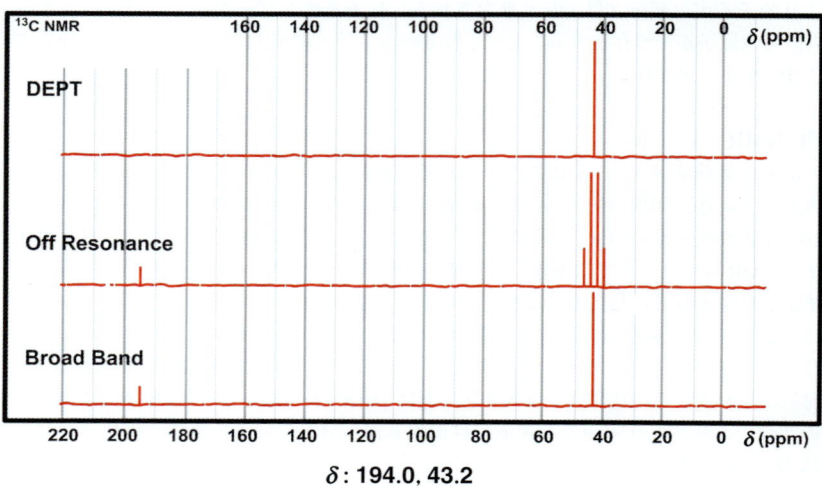

δ : 194.0, 43.2

問題 043（092）

はじめに

　NMR スペクトルは非常に単純である．化合物中に存在する水素は 1 種類のメチル基の水素のみであり，炭素についてもメチル基以外の炭素は 1 種類のみである．MS スペクトルからきわめて重要な情報が得られる．

MS

　分子イオンピークは 132（78.3%）であり，133（5.8%）と 134（3.7%）に同位体ピークがある．分子イオンピークに対する相対強度は M＋1 が 7.4%，M＋2 が 4.7% である．硫黄またはケイ素がこのような M＋2 の同位体強度を与える（塩素や臭素では M＋2 の強度がもっと大きい）．ケイ素の同位体比は M＋1 が 5.07%，M＋2 が 3.36% であり，硫黄では M＋1 が 0.80%，M＋2 が 4.44% である．また窒素原子の M＋1 の同位体比は 0.36% である．観測された M＋2 イオンの強度はケイ素原子を含む場合に期待される値よりも大きいが，硫黄原子を含む場合の計算値とは一致する．主要なピークが偶数であることから，これらのフラグメントイオンには窒素原子が含まれることが予想される．分子イオンピークが偶数ならば，分子中に偶数個の窒素原子が含まれていることを意味する．M＋1 および M＋2 同位体イオンの相対強度は分子中に硫黄原子を一つ，窒素原子を二つ，炭素原子を五つ含むと考えると計算値と実測値が一致する（M＋1 ＝ 0.80＋2×0.36＋5×1.1 ＝ 7.02，M＋2 ＝ 4.44）．水素原子を 12 個加えると分子量は 132，分子式は $C_5H_{12}N_2S$ となる．

^{13}C NMR

　2 種類の炭素しか観測されていない．一つは 43.2 ppm のメチル炭素（OR スペクトルで四重線），もう一つは 194.0 ppm の第四級炭素（DEPT スペクトルで消失）である．194.0 ppm という第四級炭素の化学シフトはチオアミドやチオ尿素の C＝S 二重結合炭素の領域にある．類似した構造をもつ尿素の場合，相当する炭素の化学シフトは，チオ尿素の場合よりもう少し高磁場（150 ppm 付近）である．この関係はケトン（平均 210 ppm）と比較するとチオケトンの炭素（260 ppm 付近）がかなり低磁場に観測されることと似ている．メチル基の炭素の化学シフトは窒素原子に結合したメチル基の化学シフトとして適切な値である．

^1H NMR

　唯一のシグナルが 3.1 ppm の一重線であり，二つの窒素原子に結合した 4 個の等価なメチル基に帰属される．このメチル基の化学シフトは尿素の窒素原子上のメチル基の化学シフト（2.75 ppm）より少し低磁場である．以上より，＞C＝S 結合の sp^2 炭素に二つの第三級窒素原子 $N(CH_3)_2$ が結合した構造，テトラメチルチオ尿素 $(CH_3)_2N(C=S)N(CH_3)_2$ が導かれる．

IR

　C＝S 結合はそれほど極性をもたず，相当する C＝O 結合とは異なり，IR スペクトルであまり明瞭な強い吸収を示さない．C＝S 伸縮振動は弱く，振動数も低いため，この吸収を官能基の同定に用いることはむずかしい．チオベンゾフェノンなどのチオケトンは 1207～1224 cm^{-1} に C＝S 伸縮振動に由来する弱い吸収を示す．チオアミドやチオ尿素では 1400～1500 cm^{-1} および 1000 cm^{-1} 付近に C＝S および C－N 伸縮振動の相互作用に由来すると考えられる吸収が現れる．1370 cm^{-1} の吸収はメチル基の変角振動に帰属される．

まとめ

　分子内に特徴的な官能基が存在するにもかかわらず，IR スペクトルからその官能基を同定することはむずかしい．MS スペクトルにおける M＋2 同位体ピークの相対強度が強いことから硫黄原子の存在が示唆され，また 44 の基準ピークから窒素原子が含まれることが予想される（$CH_2=NHCH_3^+$）．88 の強いピーク（89.3%）は ＞C＝S 基の α 位での開裂に帰属される．

問題 044 (086)

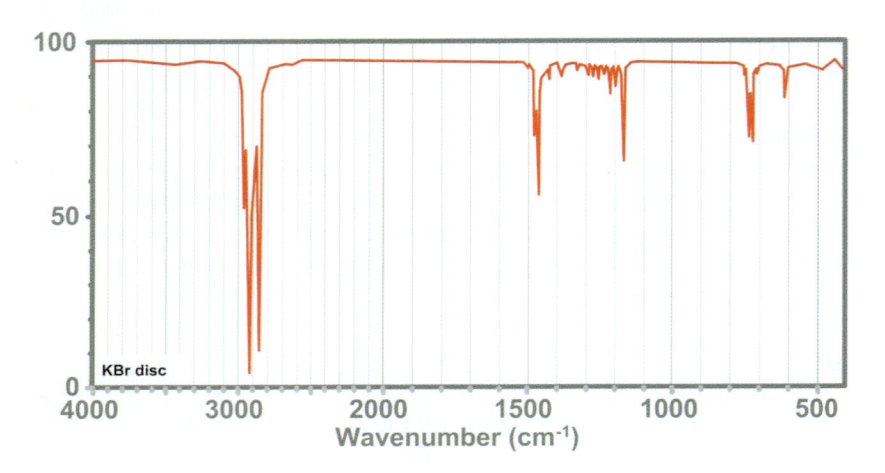

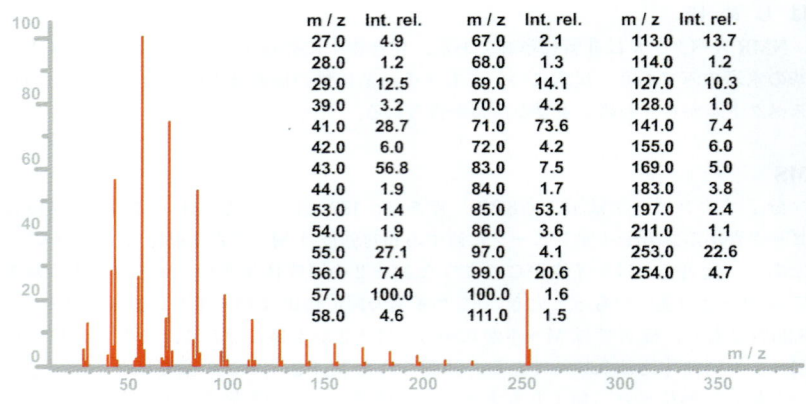

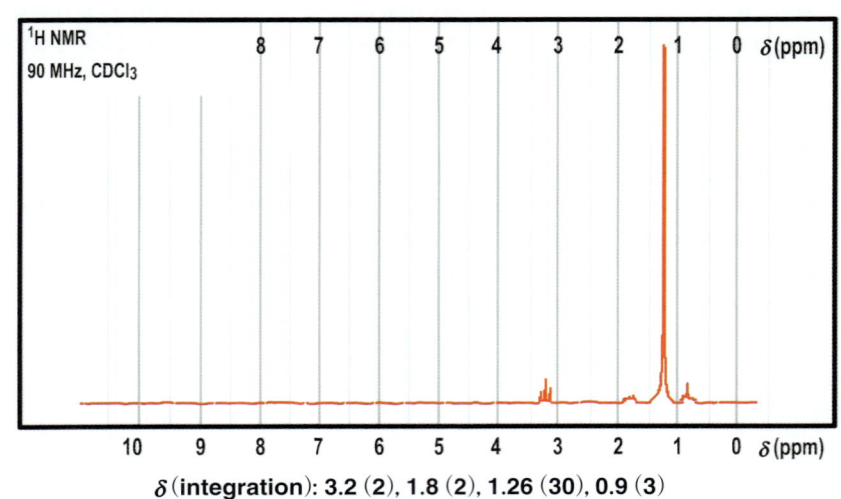

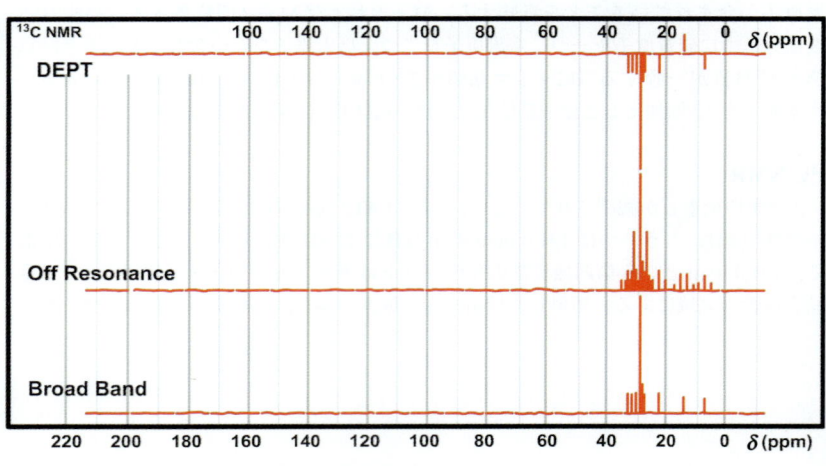

m/z	Int. rel.	m/z	Int. rel.	m/z	Int. rel.
27.0	4.9	67.0	2.1	113.0	13.7
28.0	1.2	68.0	1.3	114.0	1.2
29.0	12.5	69.0	14.1	127.0	10.3
39.0	3.2	70.0	4.2	128.0	1.0
41.0	28.7	71.0	73.6	141.0	7.4
42.0	6.0	72.0	4.2	155.0	6.0
43.0	56.8	83.0	7.5	169.0	5.0
44.0	1.9	84.0	1.7	183.0	3.8
53.0	1.4	85.0	53.1	197.0	2.4
54.0	1.9	86.0	3.6	211.0	1.1
55.0	27.1	97.0	4.1	253.0	22.6
56.0	7.4	99.0	20.6	254.0	4.7
57.0	100.0	100.0	1.6		
58.0	4.6	111.0	1.5		

δ (integration): 3.2 (2), 1.8 (2), 1.26 (30), 0.9 (3)

δ : 33.6, 32.0, 30.6, 29.7, 29.6, 29.5, 29.4, 28.6, 22.7, 14.1, 7.0

問 題 044（086）

はじめに
MSスペクトルでは長鎖アルキル基に典型的なフラグメントパターンがみられる．

IR
長鎖アルキル基以外の官能基を示唆する吸収は観測されない．C－H 伸縮振動の吸収が 2800～3000 cm^{-1} にある．2860 と 2910 cm^{-1} の強い吸収はおのおの CH$_2$ 対称および逆対称伸縮振動に帰属される．2960 cm^{-1} の比較的弱い吸収はメチル基の対称 C－H 伸縮振動と考えられる．720 cm^{-1} 付近には CH$_2$ 変角横ゆれ振動の吸収がある．

MS
直鎖アルカンのきわめて特徴的なパターンがみられる．基準ピークが 57（100%）にあり，さらに 43（56.8%）のフラグメントイオンおよび 57 より大きな質量をもつイオンが 14（CH$_2$）間隔でしだいに強度を弱めながら観測されている．これは直鎖アルキル基の典型的なフラグメントパターンである．高質量に向かって規則的に強度が弱まっていることからアルキル鎖には枝分かれがないことが示唆される．253 という質量はメチレン基 18 個（18×14 = 252）に 1 を加えたものであり，C$_{18}$H$_{37}^+$ というイオンに相当する．254 のピークは同位体ピークであり，相対強度は 20.8%（4.7/22.6×100）である．同位体ピークにおける水素原子の寄与は 0.56%（37×0.015）であり，残りの 20.2%（20.8－0.56）は炭素 ^{13}C 同位体に由来する．この値は計算値 19.8（18×1.1）と一致している．最も高質量側のイオンが比較的大きな相対強度をもつことから，脱離した置換基は安定なラジカルであることが予想される．フッ素以外のハロゲンは安定なラジカルを与える．この化合物がハロゲンを含むとすると，それはヨウ素しか考えられない．なぜなら，塩素または臭素が置換した直鎖アルキル化合物であれば，環状イオン C$_4$H$_8$X$^+$ が比較的強く現れるからである．またそのピークは 91/93 または 135/137 に観測されると考えられ，容易に判別可能である．

^{13}C NMR
11 本のシグナルが観測される．そのうち，DEPT スペクトルにおいて 1 本だけが下向きではない．そのシグナルは 14.1 ppm のメチル炭素であり，それ以外はすべて長鎖脂肪鎖中のメチレン炭素である．長鎖アルキル基の中央付近の炭素の多くはおおよそ等価であり，29.7 ppm 付近の化学シフトをもつため，この位置に一つ背の高いシグナルが観測される．このスペクトルにおいて重要なことは，大きく遮蔽されたメチレン炭素のシグナルが一つ高磁場側に観測されることである．その化学シフトは通常よりかなり高磁場（7.0 ppm）であり，このメチレン炭素にヨウ素原子が結合していると考えられる（これを重原子効果という）．メチル炭素の化学シフトは 14.1 ppm であり $\alpha,\beta,\gamma,\delta$ および ε 効果を考慮した計算値（14.11 ppm）と一致する．アルキル鎖の置換基がある側の末端では，ヨウ素が直接結合したメチレン炭素は上記のように強い遮蔽効果を受けるが，その隣の β 炭素は逆にヨウ素により非遮蔽効果を受ける．そのためこの炭素はこの化合物に含まれる炭素のなかで最も低磁場（33.6 ppm）に現れている．ヨウ素による非遮蔽効果はヨウ素から離れるにしたがって小さくなる．

^{1}H NMR
四つのシグナルが積分比 2：2：30：3 で現れている．0.9 ppm のシグナルは脂肪族メチル基を表している．1.26 ppm の積分値 30 のシグナルは 15 個のメチレン基であり，ほぼ等価な多数の水素をもつ長鎖アルキル基に特徴的なシグナルである．1.8 ppm のシグナルはヨウ素の β 位のメチレン基を表し，3.2 ppm のシグナルはヨウ素が直接結合したメチレン基に帰属される．これらの化学シフト値はヨウ素が置換したメチレン基の α および β 効果を考慮した計算値に一致している．

まとめ
MSスペクトルでは長鎖アルキル基に典型的な 14 間隔の一連のピークが観測されている．これらのピークは質量が小さくなるにつれて背が高くなり，4 炭素分のピークが最大の強度である．ピーク間隔は 14 ずつであるが，これらのピークが CH$_2$ が一つずつ脱離して生成したイオンとは限らない．これらのフラグメントは CH$_2$=CH$_2$ のようなアルケンが脱離することによってもできる．末端炭素がハロゲンによって大きく遮蔽されている（7.0 ppm）ことは重要である．この遮蔽は重原子効果によるもので，これにより置換基がヨウ素であることがわかる．この化合物はヨードオクタデカンである．

問題 045 (008)

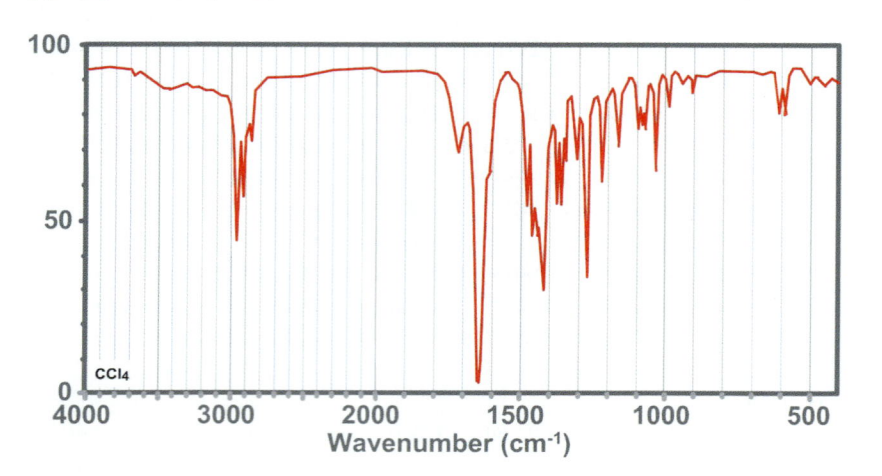

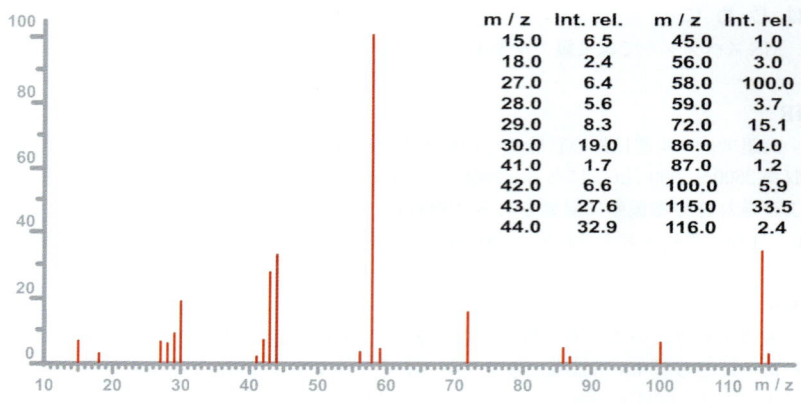

m/z	Int. rel.	m/z	Int. rel.
15.0	6.5	45.0	1.0
18.0	2.4	56.0	3.0
27.0	6.4	58.0	100.0
28.0	5.6	59.0	3.7
29.0	8.3	72.0	15.1
30.0	19.0	86.0	4.0
41.0	1.7	87.0	1.2
42.0	6.6	100.0	5.9
43.0	27.6	115.0	33.5
44.0	32.9	116.0	2.4

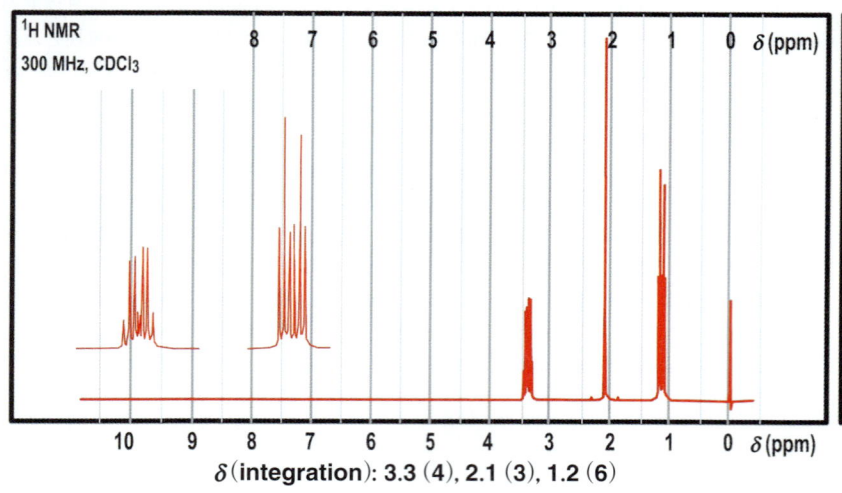

IR: CCl$_4$

^{1}H NMR, 300 MHz, CDCl$_3$

δ (integration): 3.3 (4), 2.1 (3), 1.2 (6)

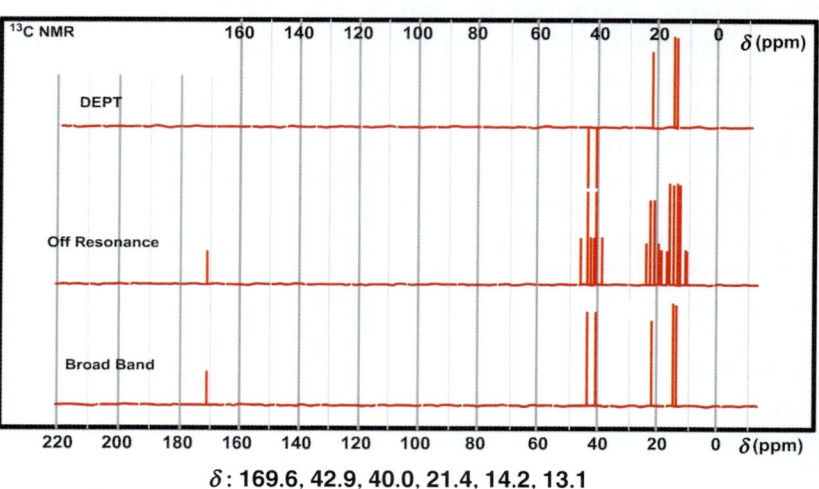

^{13}C NMR

δ: 169.6, 42.9, 40.0, 21.4, 14.2, 13.1

問題 045 (008)

はじめに

MSスペクトルにおけるクラスターの数から分子内に第2周期の元素（C, O, N）が8個存在すると考えられる．IRスペクトルでは1700 cm^{-1}より低振動数（低波数）側にある強くて鋭い吸収が特徴的である．

IR

1640 cm^{-1}の吸収はカルボニル基の存在を示唆する．これはカルボニル基にしては比較的低い振動数であることから，アミドのカルボニルと考えられる．特にこの化合物の場合は，3000 cm^{-1}より高い振動数領域にNH基の吸収がないことから第三級アミドであると考えられる．このほかに注目すべき吸収は特に観測されていない．

MS

115（33.5%）の奇数イオンおよび58（100%）の偶数イオンの基準ピークからこの化合物には奇数個の窒素が含まれていることが示唆される．116（2.4%）の同位体ピークの相対強度が115のピークに対して7.2%（2.4/33.5×100）であることから，6個または7個の炭素が存在する．

^{13}C NMR

化合物中には少なくとも6種類の炭素が含まれている．DEPTスペクトルからメチレン炭素が2個（下向きのシグナル），第四級炭素が1個（170 ppm, DEPTスペクトルで消失）存在することがわかる．化学シフトからこの第四級炭素はヘテロ原子に結合したカルボニル炭素と考えられる．ORスペクトルから二つのメチレン炭素の存在が確認できる．さらに3種類のメチル炭素があることもわかる．カルボニル基に結合したメチル炭素はほかの二つのメチル炭素よりも非遮蔽化されている．

^{1}H NMR

五つのシグナルが観測されている．1.2 ppm付近には二つの三重線が重なったシグナルがあり，3.3 ppm付近には二つの四重線が重なっている．2.1 ppmの一重線とあわせると大きく三つのシグナルのかたまりがあり，その積分比は4:3:6である．全部で水素の数は13個である．3.3 ppmの二つの四重線および1.2 ppmの二つの三重線から，エチル基 $-CH_2CH_3$ が二つ存在することが示唆される．その二つのエチル基はわずかに化学シフトがずれている．2.1 ppmの一重線は$CH_3C=O$のメチル基に帰属される．

まとめ

^{13}C NMRスペクトルから炭素が6個含まれていることがわかる．IRスペクトルからカルボニル基の存在がわかり，^{1}H NMRスペクトルの積分値から水素が13個含まれていることがわかる．以上により部分的な組成式 $C_6H_{13}O$ が得られるが，その質量は101（6×12+13+16）に相当する．MSスペクトルでは分子量115が示唆されており，14（窒素原子1個分）足りない．これより分子式は$C_6H_{13}NO$と予想される．^{1}H NMRスペクトルから二つのエチル基 $-CH_2CH_3$ とアセチル基 $-COCH_3$ 一つが存在することが示唆される．窒素が含まれているもののIRスペクトルではN-H伸縮振動の吸収は観測されていない．したがって，>N-Hや$-NH_2$は存在しないと考えられる．以上から，二つのエチル基が結合した窒素原子およびアセチル基が存在すると考えられる．この化合物はN,N-ジエチルアセトアミドである．二つのエチル基の化学シフトがわずかにずれて観測されるのはN-(CO)結合間に回転障壁があることを意味しており，これはアミド結合をもつ化合物にしばしばみられる．これは窒素原子のもつ電子供与性（共鳴効果）によりC-N結合が二重結合の性質を帯びるために回転が束縛されることに由来する．一方でアミドのC=O結合は二重結合の性質が弱まりIRスペクトルにおけるC=O伸縮振動の吸収振動数が低くなる．

問 題 046 (015)

元素分析: C = 50.85%, H = 8.47%, O = 40.67%

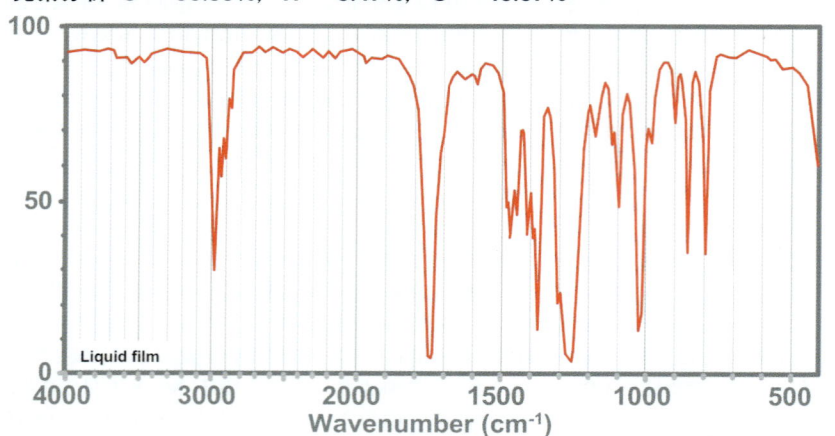

高分解能質量スペクトル: 91.0395

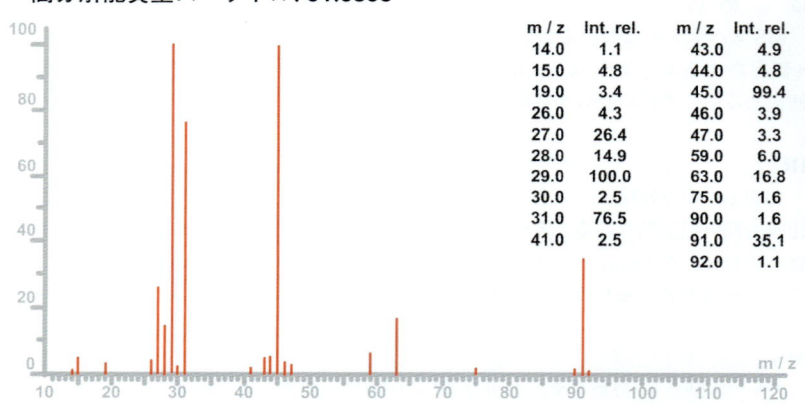

m/z	Int. rel.	m/z	Int. rel.
14.0	1.1	43.0	4.9
15.0	4.8	44.0	4.8
19.0	3.4	45.0	99.4
26.0	4.3	46.0	3.9
27.0	26.4	47.0	3.3
28.0	14.9	59.0	6.0
29.0	100.0	63.0	16.8
30.0	2.5	75.0	1.6
31.0	76.5	90.0	1.6
41.0	2.5	91.0	35.1
		92.0	1.1

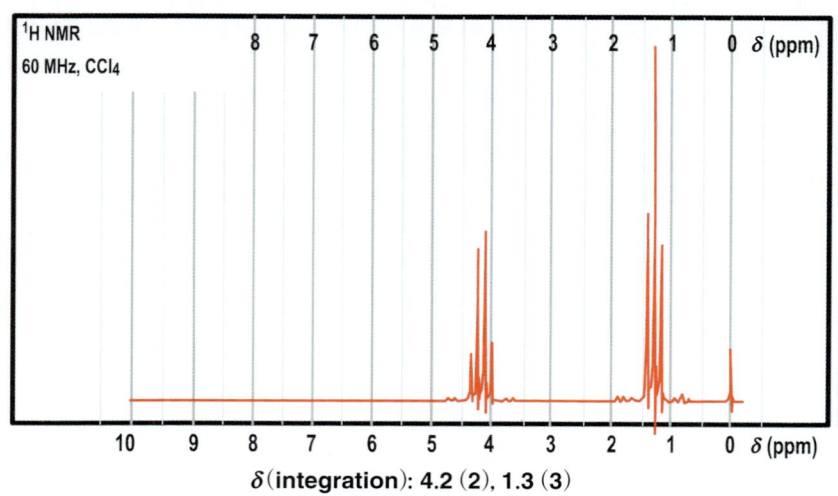

^{1}H NMR 60 MHz, CCl$_4$

δ(integration): 4.2 (2), 1.3 (3)

^{13}C NMR

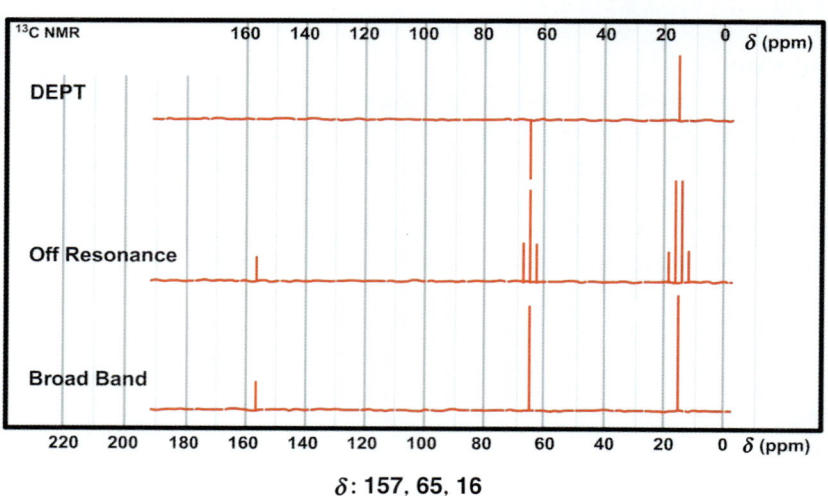

δ: 157, 65, 16

96　問 題 046

問題 046（015）

はじめに
^{1}H NMR スペクトルではエチル基のシグナルのみが観測される．IR スペクトルではカルボニル基の吸収がある．

MS
91 のイオンに対する高分解能質量スペクトルの測定結果（91.0395）が与えられている．この値を高分解能質量スペクトルの数値表と比較することで組成式 $C_3H_7O_3$ が導かれる．これには水素が奇数個含まれるが窒素は含まれないため分子イオンピークではない．主要なピーク（29, 31, および 45）は奇数であることから 91 もフラグメントイオンと考えられる．元素分析の結果は C = 50.85%，H = 8.47%，および O = 40.67% であり，元素の比は C：H：O = 4.23：8.40：2.54 である．これを整数比に直すと C：H：O = 5：10：3 となる．実験式は $C_5H_{10}O_3$ であり，その質量は 118 である．したがって，91 のピークは分子イオンピークから 27 脱離したものに相当する．この脱離はエステルの特徴的な開裂様式であり，転位反応によってプロトン化された酸が生成する．プロトン化された酸とは，ここでは $CH_3CH_2OC(OH)_2^+$ である．

^{13}C NMR
観測されるシグナルは 3 種類のみである．その 3 種類とは，16 ppm のメチル炭素（OR スペクトルで四重線），65 ppm のメチレン炭素（OR スペクトルで三重線，DEPT で下向き），および 157 ppm の第四級炭素（DEPT で消失）である．第四級炭素の化学シフト（157 ppm）はエステルのカルボニル基の値に近いが，より正確には炭酸エステルのカルボニル基の値である．メチレン炭素の化学シフト（65 ppm）はエステル酸素に結合したメチレン炭素の領域の値である．

^{1}H NMR
二つの互いにカップリングした水素のシグナルが 4.2 ppm（2H 分）と 1.3 ppm（3H 分）に観測されている．これらは四重線と三重線であることからエチル基 $-CH_2CH_3$ と考えられる．四重線のシグナルの化学シフトから，この水素はエステル $CH_3CH_2O-C=O$ の一部であると考えられる．

IR
1745 cm^{-1} の吸収はエステルの存在を示す．さらに 1000〜1250 cm^{-1} の =C-O および C-O 伸縮振動の吸収からもエステルの存在が示唆される．

まとめ
分子イオンピークは観測されていないが，元素分析の結果から分子式 $C_5H_{10}O_3$ が導かれる．^{13}C NMR および ^{1}H NMR スペクトルからエトキシ基 $-OCH_2CH_3$ の存在が明らかである．^{13}C NMR および IR スペクトルからエステルのカルボニル基が含まれることがわかる．もし分子内に二つのエトキシ基があるとすれば，分子式に含まれる残りの原子の数をみたすには C=O を一つ加えるだけでよい．この化合物は炭酸ジエチル $(CH_3CH_2O)_2C=O$ である．

問題 047 (019)

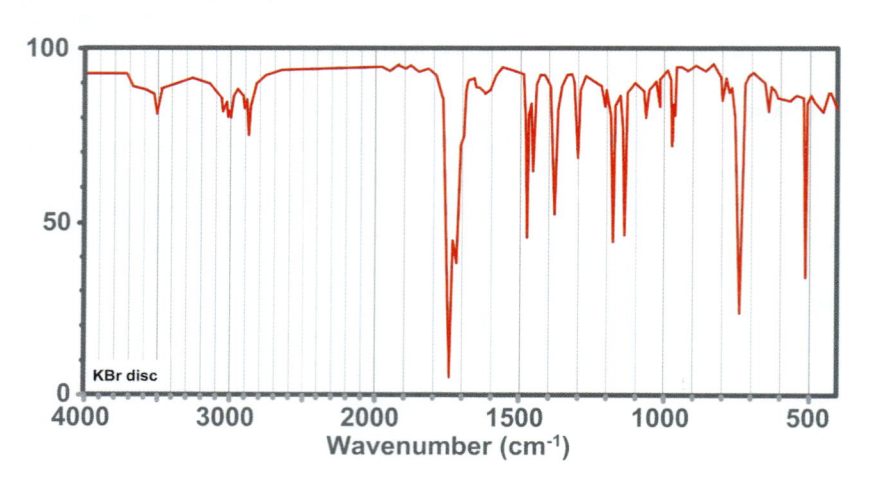

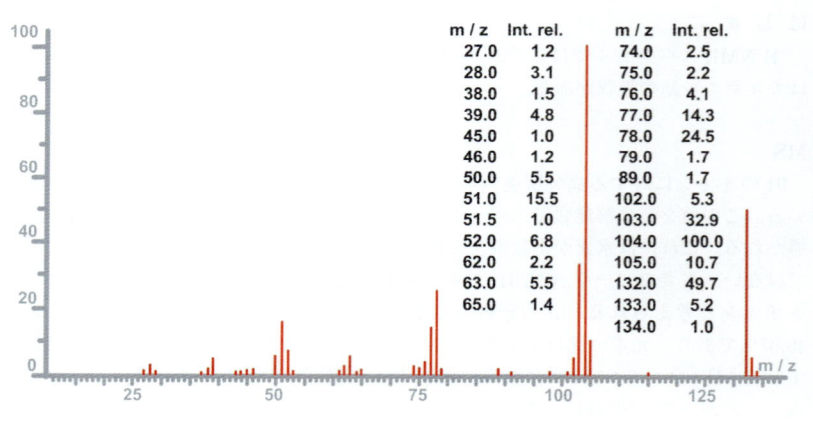

IR (KBr disc)

MS

m/z	Int. rel.	m/z	Int. rel.
27.0	1.2	74.0	2.5
28.0	3.1	75.0	2.2
38.0	1.5	76.0	4.1
39.0	4.8	77.0	14.3
45.0	1.0	78.0	24.5
46.0	1.2	79.0	1.7
50.0	5.5	89.0	1.7
51.0	15.5	102.0	5.3
51.5	1.0	103.0	32.9
52.0	6.8	104.0	100.0
62.0	2.2	105.0	10.7
63.0	5.5	132.0	49.7
65.0	1.4	133.0	5.2
		134.0	1.0

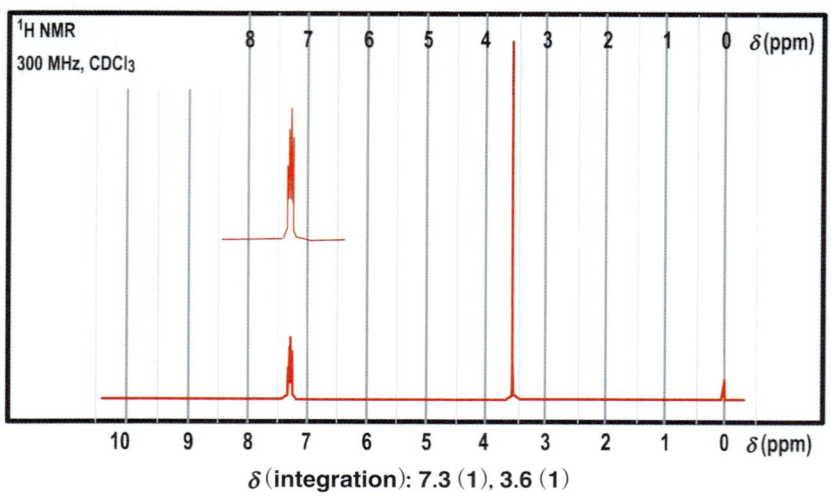

1H NMR 300 MHz, CDCl3

δ (integration): 7.3 (1), 3.6 (1)

13C NMR — DEPT, Off Resonance, Broad Band

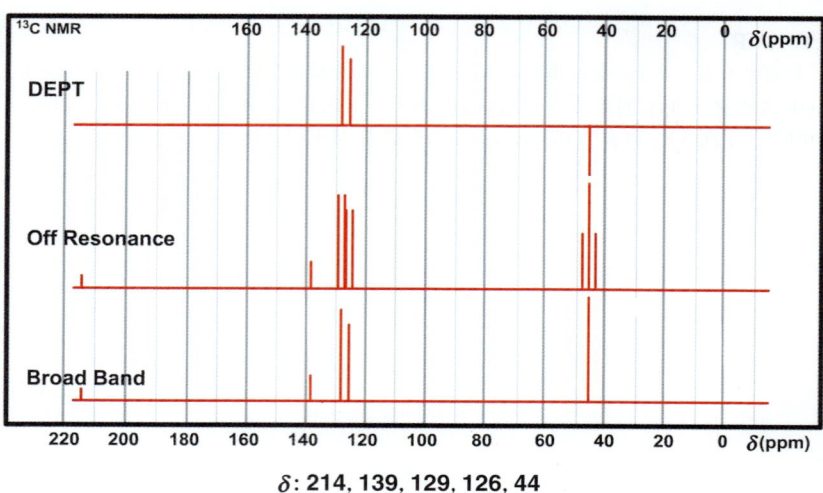

δ: 214, 139, 129, 126, 44

問題 047（019）

はじめに

IR スペクトルにおいて 3500 cm^{-1} の小さく鋭い吸収は 1750 cm^{-1} のカルボニル基の倍音振動である．

MS

132（49.7%）に分子イオンピークが，133（5.2%）に M＋1 同位体ピークがみられる．同位体ピークの相対強度は 10.5%（5.2/49.7×100）であり，炭素が 9 個または 10 個含まれていることが示唆される．104（100%）の基準ピークは 28（C＝O）脱離したイオンである．炭素 9 個と酸素 1 個をあわせると 124 となり，これに水素 8 個を加えると分子式 C$_9$H$_8$O となり，分子量 132 をみたす．

IR

カルボニル基の吸収が 1750 cm^{-1} に非常に強く観測されている．MS スペクトルから分子中には酸素が 1 個だけしか存在しないことがわかっているので，このカルボニル基はエステルの一部ではない．ただ，カルボニル基の吸収は通常のケトンとしては高振動数（高波数）である．カルボニル基の吸収振動数は，エステルならば 1740 cm^{-1} 付近，通常の非環状ケトンやひずみのない環状ケトンであれば 1715 cm^{-1} 付近である．ケトンの吸収振動数に影響を及ぼす要因として，環のひずみと共役の二つがあげられる．共役したケトンは吸収振動数が約 30 cm^{-1} 低くなるが，一方で，環のひずみがあると吸収振動数は高くなる．単純なケトンの典型的な吸収振動数は環の大きさによって異なり，6 員環（シクロヘキサノン）は 1715 cm^{-1}，5 員環（シクロペンタノン）は 1745 cm^{-1}，4 員環（シクロブタノン）は 1780 cm^{-1} である．この化合物は 1750 cm^{-1} に吸収をもつので 5 員環ケトンの可能性が高いと思われる．IR スペクトルは典型的な芳香環の吸収も示している．すなわち 740 cm^{-1} の強い吸収はオルト二置換ベンゼン環に特徴的な吸収である．3000 cm^{-1} の両側にある吸収は芳香族および脂肪族の C－H 伸縮振動の吸収である．

^{13}C NMR

三つの領域に 5 本のシグナルが観測されている．三つの領域とはカルボニル領域，芳香族領域，および脂肪族領域である．214 ppm のシグナル（DEPT スペクトルで消失）はケトンの炭素である．ベンゼン環のシグナルは 3 本だけであることから対称性をもつことが明らかである．3 本のうち 2 本は 126 と 129 ppm のほぼ 2 倍のシグナルの高さをもつメチン炭素（OR スペクトルで二重線）であり，残りの 1 本は 139 ppm の第四級炭素（DEPT スペクトルで消失）である．脂肪族領域にある 1 本のシグナルはメチレン炭素（DEPT スペクトルで下向き，OR スペクトルで三重線）である．

^{1}H NMR

芳香族水素の化学シフトは通常のベンゼン環水素の値（7.3 ppm）なので，芳香環に極性官能基は置換していないと考えられる．3.6 ppm の一重線は脂肪族水素のシグナルである．この化学シフトは，カルボニル基とベンゼン環の両方から非遮蔽効果を受けていると考えると適切な値である．Shoolery 則（p. 226）から計算値を求めると 3.78 ppm（0.23 ＋ 1.70 ＋ 1.85）となる．

まとめ

スペクトルデータからベンゼン環と環状ケトンおよびメチレン基が存在することが示唆される．ケトンは 5 員環のなかにあり，5 員環の 5 個の炭素のうち 2 個はベンゼン環炭素である．これより 2-インダノンの構造が導かれる．ベンゼン環には二つのメチレン基がオルト位に置換しているが，そのことはベンゼン環水素の化学シフトにあまり影響を与えない．一方，IR スペクトルでは面外変角振動の吸収が予想される位置（740 cm^{-1}）に観測されている．カルボニル基の吸収に関しては非共役 5 員環ケトンとして適切な位置に吸収を示している．

問題 048 (032)

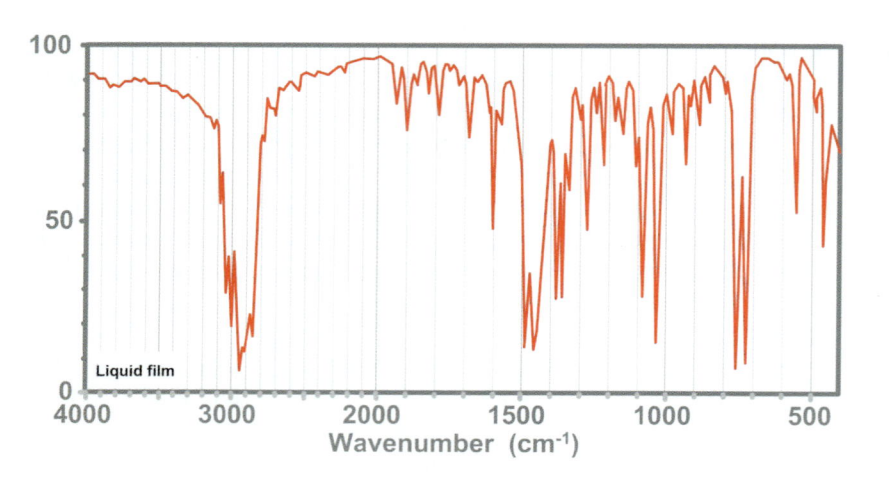

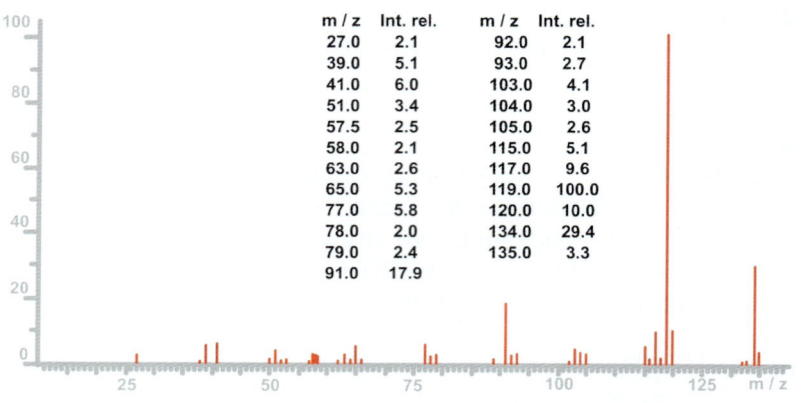

IR (Liquid film)

Mass Spectrum

m/z	Int. rel.	m/z	Int. rel.
27.0	2.1	92.0	2.1
39.0	5.1	93.0	2.7
41.0	6.0	103.0	4.1
51.0	3.4	104.0	3.0
57.5	2.5	105.0	2.6
58.0	2.1	115.0	5.1
63.0	2.6	117.0	9.6
65.0	5.3	119.0	100.0
77.0	5.8	120.0	10.0
78.0	2.0	134.0	29.4
79.0	2.4	135.0	3.3
91.0	17.9		

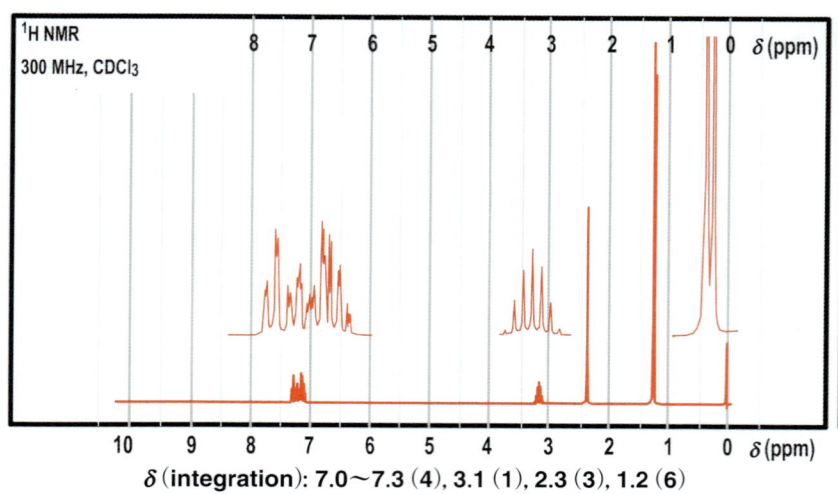

^{1}H NMR (300 MHz, CDCl$_3$)

δ (integration): 7.0〜7.3 (4), 3.1 (1), 2.3 (3), 1.2 (6)

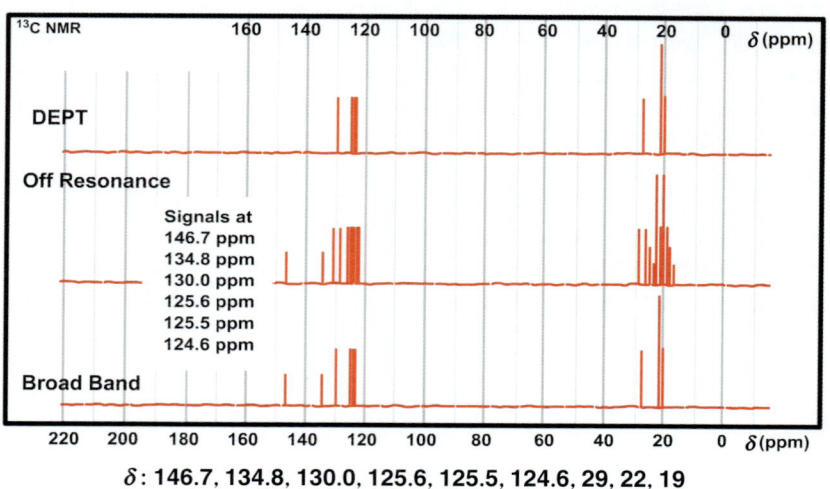

^{13}C NMR

Signals at
146.7 ppm
134.8 ppm
130.0 ppm
125.6 ppm
125.5 ppm
124.6 ppm

δ: 146.7, 134.8, 130.0, 125.6, 125.5, 124.6, 29, 22, 19

問題 048（032）

はじめに

3000 cm^{-1} 付近の吸収から脂肪族および芳香族水素の存在が明らかである．そのほかには特徴的な官能基の吸収は観測されていない．

MS

分子イオンピークが 134（29.4%）に現れている．M＋1 同位体ピーク 135（3.3%）の相対強度が 11% であることから，炭素 10 個の存在が示唆される．基準ピークは 119（100%）であり，これは分子イオンピークからメチル基が脱離したイオンである．57.5 のピークが観測されているが，これは明らかに二重に電荷を帯びたイオン（115）に帰属される．二重電荷イオンは非共有電子や π 電子が広がった系が存在する分子で観測されることがある．

^{13}C NMR

芳香族領域の炭素を数える際に，125 ppm 付近の 3 本のシグナルが OR スペクトルにおいてすべて二重線であることに注意しよう．芳香族領域には 6 個の炭素があり，そのうち 2 個は第四級炭素である．これにより非対称二置換ベンゼン環を含むと予想される．脂肪族領域には 3 種類のシグナルがあり，そのうち一つはメチン炭素，残りの二つはメチル炭素のシグナルである．

^{1}H NMR

7.0〜7.3, 3.1, 2.3，および 1.2 ppm にシグナルがあり，これらの積分比は 4：1：3：6 である．1.2 ppm の二重線はメチル基二つ分であり，いずれも一つのメチン炭素に結合している．2.3 ppm のメチル基は芳香環上にある．3.1 ppm の多重線（七重線）はベンゼン環に結合したメチン基であり，ここに二つのメチル基が結合していると考えられる．7.0〜7.3 ppm のシグナルはベンゼン環水素である．これらのシグナルは，オルト〔^3J（オルト）〕カップリングにより三重線（7.06 ppm），二重線（7.11 ppm），三重線（7.16 ppm），および二重線（7.23 ppm）に分裂しており，さらにメタカップリングによりおのおののシグナルが幅広くなっている．

IR

芳香環の存在が 3000〜3100 cm^{-1}，1500〜1600 cm^{-1}，および 720 と 760 cm^{-1} の吸収により示唆される．特に 720 と 760 cm^{-1} の吸収は連続する四つの水素の面外変角振動の吸収である．1380 cm^{-1} 付近に同じ強度で二重線が現れているが，これは *gem*-ジメチル基 －HC(CH$_3$)$_2$ に由来する．

まとめ

各スペクトルデータから，メチル基とイソプロピル基を二つの置換基としてもつベンゼン環の構造が示唆される．置換基の位置は ^{13}C NMR スペクトルで六つの異なる芳香族炭素が観測されることからパラ置換ではない．^{1}H NMR スペクトルも対称な置換様式をもつシグナルパターンを示しておらず，カップリング様式からオルト置換であることがわかる．すなわち，^3J（オルト）カップリングにより三重線が二つ，二重線が二つ観測されることからオルト二置換ベンゼン環であり，メタ置換ではない．メタ置換であれば一つの水素はオルトカップリングをもたないため，ほぼ一重線で現れるはずである．このことは，IR スペクトルにおいて 740〜770 cm^{-1} に四連続水素に特徴的な面外変角振動の吸収が存在することとも一致する．以上より，この化合物は *o*-シメン CH$_3$C$_6$H$_4$CH(CH$_3$)$_2$ である．

問題 049 (034)

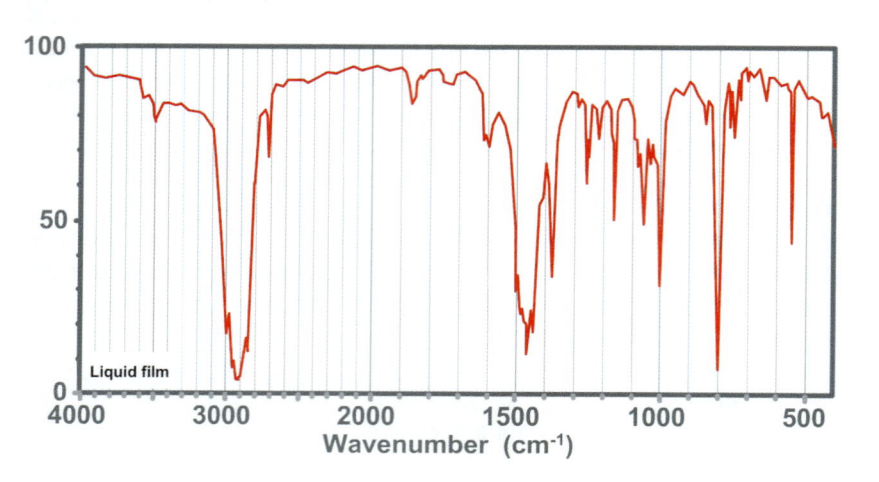

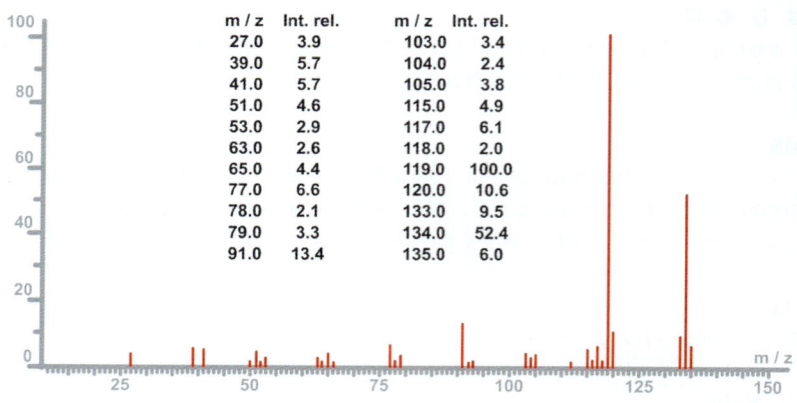

m/z	Int. rel.	m/z	Int. rel.
27.0	3.9	103.0	3.4
39.0	5.7	104.0	2.4
41.0	5.7	105.0	3.8
51.0	4.6	115.0	4.9
53.0	2.9	117.0	6.1
63.0	2.6	118.0	2.0
65.0	4.4	119.0	100.0
77.0	6.6	120.0	10.6
78.0	2.1	133.0	9.5
79.0	3.3	134.0	52.4
91.0	13.4	135.0	6.0

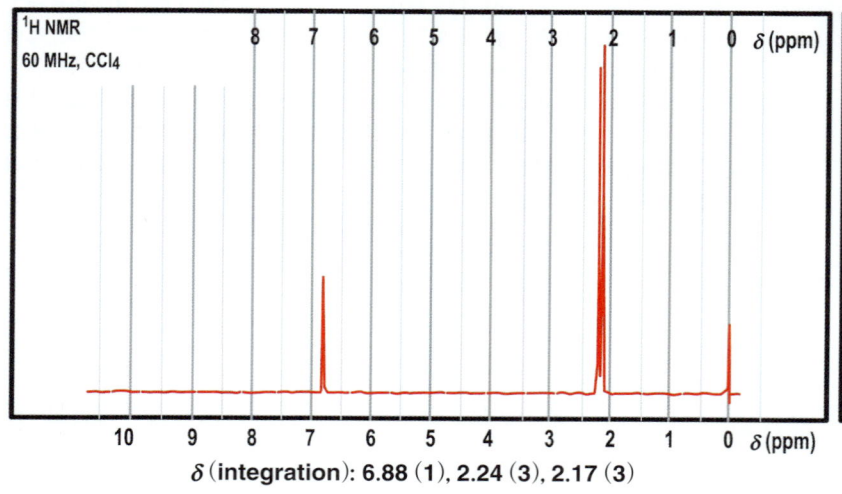

^{1}H NMR, 60 MHz, CCl$_4$

δ (integration): 6.88 (1), 2.24 (3), 2.17 (3)

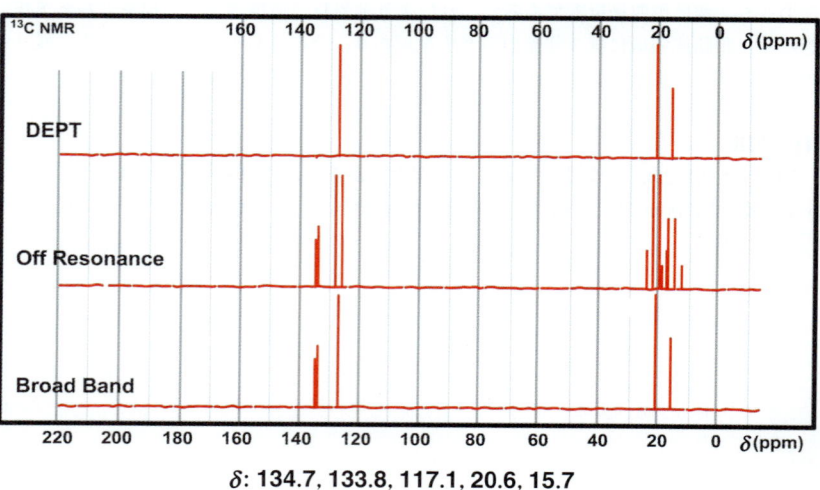

^{13}C NMR

δ: 134.7, 133.8, 117.1, 20.6, 15.7

問題 049 (034)

はじめに

芳香環に特徴的な領域の赤外吸収はすべて観測されている．しかし，それ以外の官能基に関する情報はない．

MS

134（52.4％）のピークは分子イオンピークの候補である．このピークは偶数であり，119（100％）の基準ピークはメチル基が脱離したフラグメントイオン（M－15）である．135（6％）の同位体ピークの相対強度は11.5％であることから，炭素は10個存在することが示唆される．イオンクラスターの数からも炭素10個という同じ結論に達する．77，91（77＋14），および105（91＋14）のピークはベンゼン環上のアルキル置換基の存在を示唆している．

^{13}C NMR

BBスペクトルでは5本のシグナルが観測される．そのうち2本は脂肪族領域，3本は芳香族領域にある．脂肪族領域のシグナルは2本ともメチル炭素（DEPTスペクトルでは変化がなく，ORスペクトルで四重線）である．芳香族領域には第四級炭素のシグナルが2本とメチン炭素のシグナルが1本ある．2種類のメチル炭素が観測されることは2種類の芳香族第四級炭素が観測されることに対応する（これらの第四級炭素にメチル基が結合している）．20.6と15.7 ppmの四重線は芳香環に結合した二つの異なる種類のメチル炭素である．これらの四重線はおのおの実際には等価なメチル炭素2個分を表している．117.1 ppmのORスペクトルで二重線のシグナルは芳香族メチン炭素2個分である．残りの134.7と133.8 ppmの第四級炭素もメチル基が結合した芳香族炭素2個ずつである．

^{1}H NMR

^{13}C NMRに対応する領域にシグナルが観測されている．すなわち，芳香族領域にシグナルが1本（6.88 ppm），脂肪族領域に2本である（2.24と2.17 ppm）．芳香族水素と脂肪族水素のシグナルの積分比は1：6である．この化合物は対称性を含む分子であり，水素数が偶数となるためには^{1}H NMRスペクトルの各シグナルの水素数を2倍して考えなければならない．したがって芳香族水素は2個あり，等価なメチル基の対が二つ（全部で芳香環上にメチル基が4個）存在する．

IR

3000～3100 cm^{-1}の芳香環の＝C－H伸縮振動の吸収は脂肪族C－H伸縮振動の吸収と大きく重なって判別はむずかしい．このほかの芳香環に特徴的な吸収としては，芳香環の＞C＝C＜伸縮振動の吸収が指紋領域の1500～1600 cm^{-1}に小さくみられる．800 cm^{-1}の強い吸収は四置換ベンゼン環の二つの隣接する芳香族水素の面外変角振動の吸収である．

まとめ

MSスペクトルでは134に分子イオンピークがあり，その分子式はC$_{10}$H$_{14}$である．芳香環の存在に関する証拠は，IR，^{13}C NMR，および^{1}H NMRスペクトルから得られる．4個のメチル基に対して^{13}C NMRでも^{1}H NMRスペクトルでも2本のシグナルしか観測されないが，4個の第四級炭素に対してメチル基のシグナルが2本しかないことから対称性をもつ分子であることがわかる．ベンゼン環上に4個のメチル基がありながら，観測されるメチル基は二つだけとなる置換様式は1種類，すなわち1,2,3,4-テトラメチルベンゼンだけである．異性体としてはほかに2種類あるが，その一つの1,2,3,5-テトラメチル体ならば3個のメチル基が観測されるし，もう一つの1,2,4,5-テトラメチル体ならば観測されるメチル基は1個だけとなる．

問 題 050 (033)

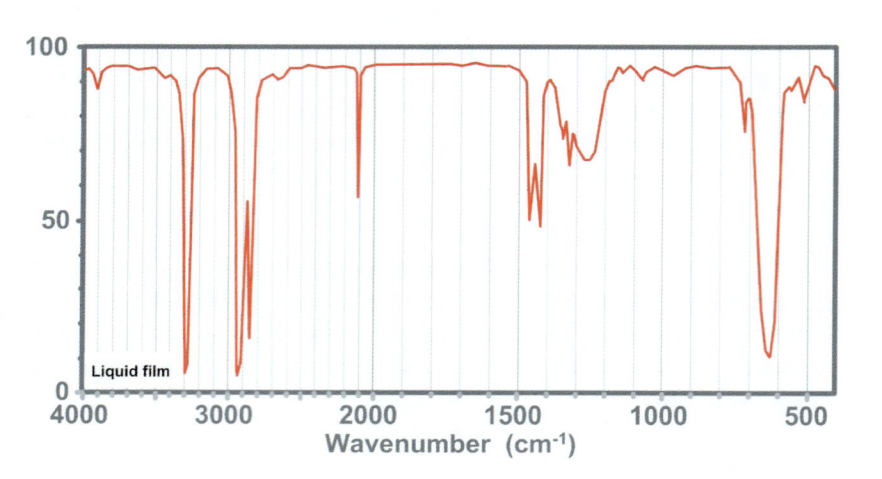

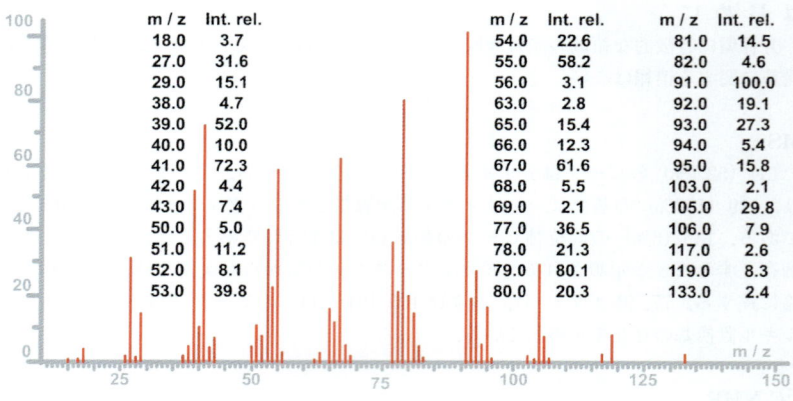

m/z	Int. rel.	m/z	Int. rel.	m/z	Int. rel.
18.0	3.7	54.0	22.6	81.0	14.5
27.0	31.6	55.0	58.2	82.0	4.6
29.0	15.1	56.0	3.1	91.0	100.0
38.0	4.7	63.0	2.8	92.0	19.1
39.0	52.0	65.0	15.4	93.0	27.3
40.0	10.0	66.0	12.3	94.0	5.4
41.0	72.3	67.0	61.6	95.0	15.8
42.0	4.4	68.0	5.5	103.0	2.1
43.0	7.4	69.0	2.1	105.0	29.8
50.0	5.0	77.0	36.5	106.0	7.9
51.0	11.2	78.0	21.3	117.0	2.6
52.0	8.1	79.0	80.1	119.0	8.3
53.0	39.8	80.0	20.3	133.0	2.4

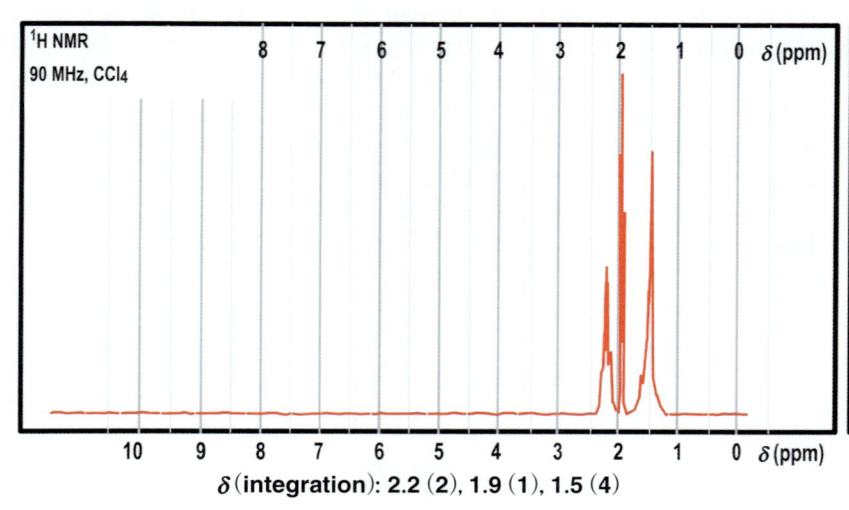

^{1}H NMR 90 MHz, CCl$_4$

δ (integration): 2.2 (2), 1.9 (1), 1.5 (4)

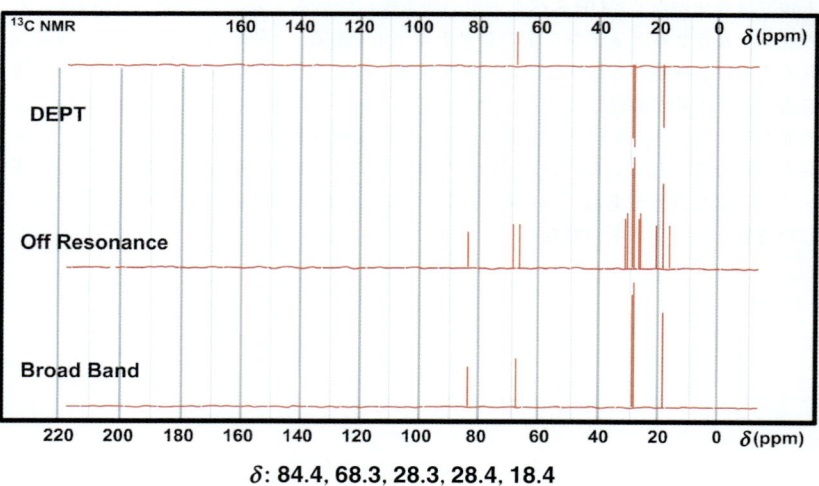

^{13}C NMR

δ: 84.4, 68.3, 28.3, 28.4, 18.4

問題 050（033）

はじめに
^{13}C NMR スペクトルにおいて 30 ppm 付近に 2 本のシグナルがあることに注意しよう．MS スペクトルにおいて，不飽和アルキル鎖化合物では水素移動が起こりやすいことも覚えておこう．官能基については赤外吸収から明らかである．

IR
3300 cm^{-1} の吸収は末端アルキン $-$C≡C$-$H の H$-$C 伸縮振動の吸収である．また 620 cm^{-1} の吸収は H$-$C≡ 変角振動である．三重結合の存在は 2100 cm^{-1} の C≡C 伸縮振動の鋭い吸収からも確認できる．1380 cm^{-1} 付近のメチル基の吸収がないことに注意しよう．

MS
133 のイオンが分子イオンピークの候補ではあるが，おもなフラグメントイオン（27, 39, 41, 53, 55, 67, 79, および 91）がいずれも奇数であることから，133 のイオン自体もフラグメントイオンであると考えられる．133 のピークは，末端アルキン化合物に特徴的な水素原子の脱離によって生成する M$-$1 イオンの可能性がある．

^{13}C NMR
5 本の異なるシグナルが観測されている．その 5 本とは，84.4 ppm の第四級炭素（DEPT スペクトルで消失），68.3 ppm のメチン炭素（OR スペクトルで二重線），および 28.3, 28.4, 18.4 ppm の 3 個のメチレン炭素（OR スペクトルで三重線，DEPT スペクトルで下向き）である．68.3 と 84.4 ppm のシグナルは化学シフトから末端アルキン $-$C≡CH の炭素と考えられる．18.4 ppm の三重線はアルキンの α 位のメチレン基に相当する．シグナルが 5 本しか観測されないにもかかわらず，MS スペクトルから分子量は 133 より大きいことが示唆されていることから，この化合物は対称性をもち，実際には炭素 10 個が存在することが予想される．観測された炭素の種類の情報（メチレンが 3 個とメチンが 1 個）では 5 個の炭素に対して 7 個の水素の存在が示唆されるため，実際には 14 個の水素があり，分子式は C$_{10}$H$_{14}$ と考えられる．

^{1}H NMR
3 本のシグナルが積分比 2：1：4 で，2.2, 1.9, および 1.5 ppm に観測されている．1.9 ppm のシグナルは末端アルキン水素に帰属される（α 位のメチレン基との ^4J カップリングにより細かく三重線に分裂している）．このアルキン水素とカップリングしている α メチレン基は 2.2 ppm の二重の三重線のシグナルである（二重線の分裂幅は細かい）．1.5 ppm の幅広いシグナルはほかのアルキルメチレン基のシグナルである．このメチレン基のシグナルは幅広くカップリング定数は明らかでない．

まとめ
MS スペクトルで観測される最大の質量は 133 であるが，これは分子イオンピークではない．窒素原子が存在する証拠はないが，IR スペクトルから末端アルキンの存在は明らかである．末端アルキンは MS スペクトルにおいてしばしば水素原子が脱離したイオンを与えるので，133 の奇数イオンの説明ができる．したがってこの化合物の分子量は 134 と考えられる．^{13}C NMR スペクトルでは 3 本のメチレン炭素，1 本のメチン炭素，1 本の第四級炭素のシグナルが観測され，これにより C$_5$H$_7$，質量 67 が説明される．これ以外の炭素シグナルに観測されないことから，この化合物は対称性をもち，分子量は 67 の 2 倍の 134 であることが示唆される．

^{1}H NMR スペクトルでは，アルキン水素は三重結合に隣接するメチレン基との小さなカップリングにより三重線として観測される．このほかに二つのメチレン基があり，これらをつなげると部分構造 $-$CH$_2$CH$_2$CH$_2$C≡CH が得られる．これにより，この化合物の構造式として 1,9-デカジイン HC≡CCH$_2$CH$_2$CH$_2$CH$_2$CH$_2$CH$_2$C≡CH が導かれる．

MS スペクトルは少しまぎらわしいところがある．119, 105, 91（基準ピーク）は，おのおの CH$_3$, CH$_3$CH$_2$, および CH$_3$CH$_2$CH$_2$ ラジカルの脱離によって生成したものと見かけ上は考えられるため，これらのアルキル基が分子内に存在するかのように思われる．しかしながら，不飽和アルキル鎖ではしばしば水素原子の移動が起こることがよく知られている．39（C$_3$H$_3{}^+$）と 53（C$_4$H$_5{}^+$）の顕著なピークは三炭素または四炭素の不飽和鎖状化合物に相当する．これらは飽和アルキル化合物から生成するイオンとは 4 ずつずれているが，それは三重結合が存在するためである．

問題 051 (039)

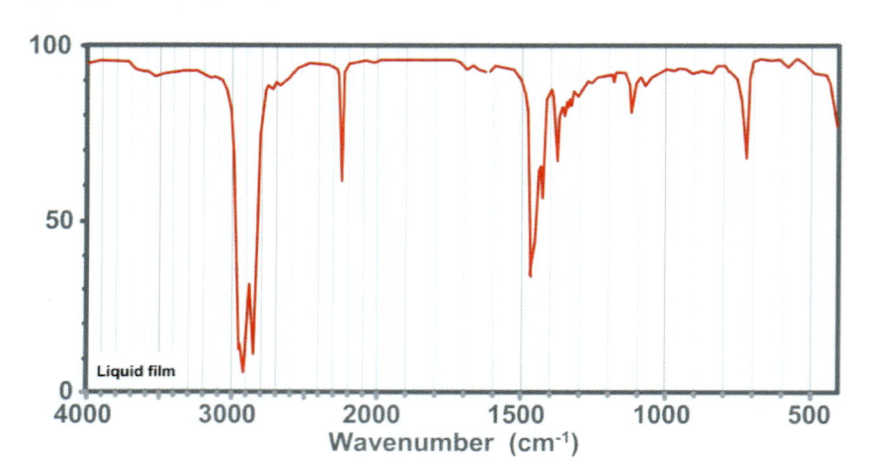

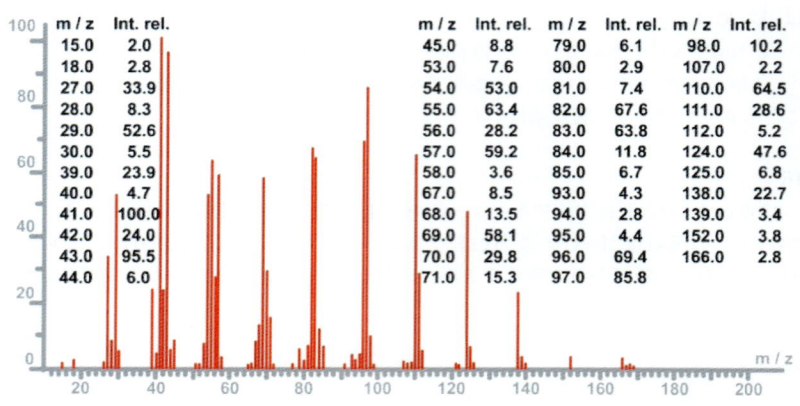

IR Spectrum (Liquid film)

Mass Spectrum

m/z	Int. rel.	m/z	Int. rel.	m/z	Int. rel.	m/z	Int. rel.
15.0	2.0	45.0	8.8	79.0	6.1	98.0	10.2
18.0	2.8	53.0	7.6	80.0	2.9	107.0	2.2
27.0	33.9	54.0	53.0	81.0	7.4	110.0	64.5
28.0	8.3	55.0	63.4	82.0	67.6	111.0	28.6
29.0	52.6	56.0	28.2	83.0	63.8	112.0	5.2
30.0	5.5	57.0	59.2	84.0	11.8	124.0	47.6
39.0	23.9	58.0	3.6	85.0	6.7	125.0	6.8
40.0	4.7	67.0	8.5	93.0	4.3	138.0	22.7
41.0	100.0	68.0	13.5	94.0	2.8	139.0	3.4
42.0	24.0	69.0	58.1	95.0	4.4	152.0	3.8
43.0	95.5	70.0	29.8	96.0	69.4	166.0	2.8
44.0	6.0	71.0	15.3	97.0	85.8		

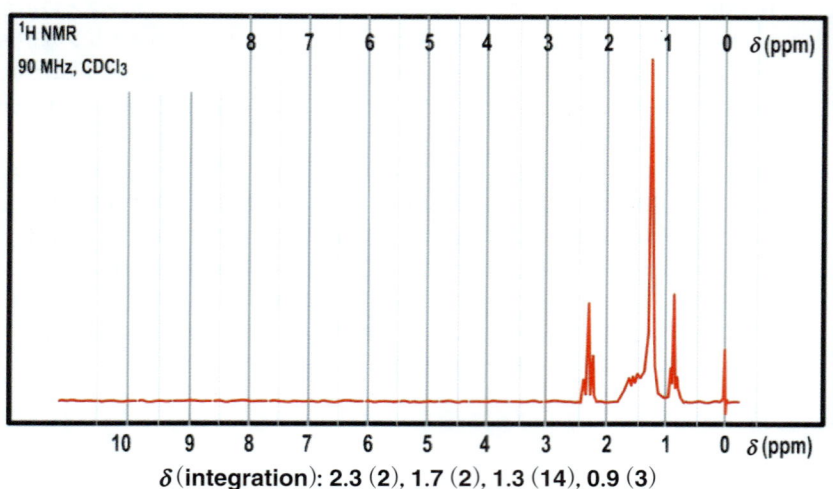

^{1}H NMR (90 MHz, CDCl$_3$)

δ (integration): 2.3 (2), 1.7 (2), 1.3 (14), 0.9 (3)

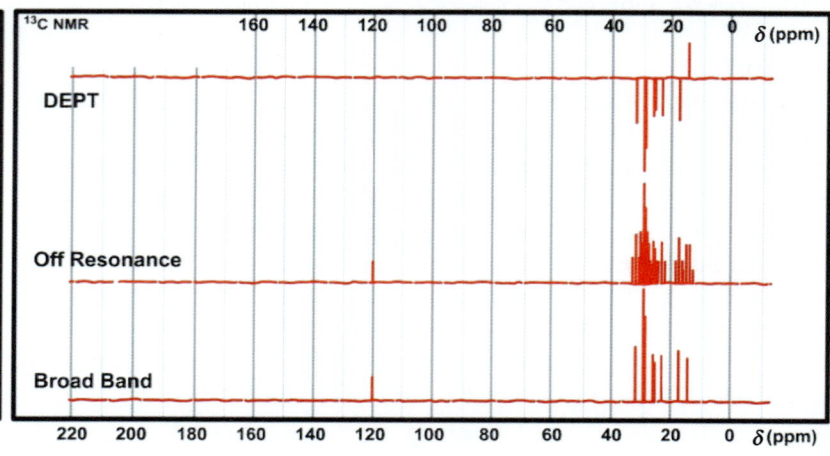

^{13}C NMR (DEPT, Off Resonance, Broad Band)

δ: 119.8, 32.0, (29.4〜28.8), 25.5, 22.8, 17.2, 14.1

問 題 051 (039)

はじめに

MSスペクトルでは鎖状アルキル化合物に特徴的な14間隔の一連のピークが観測される．IRスペクトルでは2260 cm^{-1}の吸収が特徴的である．

IR

2260 cm^{-1}の鋭い吸収は三重結合の伸縮振動領域にあり，シアノ基またはアルキンに由来すると考えられる．もしアルキンとすると強い吸収が現れるのは末端アルキン（2100 cm^{-1}付近）の場合のみであるが，3300 cm^{-1}付近の≡C−H伸縮振動の吸収は観測されていない．したがって，これよりシアノ基の存在が示唆される．スペクトルのほかの部分には長鎖アルキル基に特徴的な吸収がある．720 cm^{-1}にCH$_2$変角横ゆれ振動がみられることから，少なくとも四つのメチレン炭素からなるメチレン鎖が存在する．

MS

166のピークが分子イオンピークであるとすると，次の152のピークの説明がむずかしい．分子イオンピークから14だけ脱離するフラグメントイオンは非常にまれである．したがって166のイオンもフラグメントイオンと考えられる．偶数質量のフラグメントイオンがいくつもあり，これより窒素原子が含まれている可能性がある．奇数のフラグメントイオンも観測されているが，そのようなフラグメントイオンは窒素が脱離したイオンと考えられる．窒素原子の存在はIRスペクトルのシアノ基の吸収からも確かめられる．以上のことから分子量は167と考えられ，166のピークは水素原子が脱離したイオン（M−1）に帰属される．152のピークはメチル基の脱離したイオン（M−15），138のピークはエチル基の脱離したイオン（M−29）に由来する．分子式はC$_{11}$H$_{21}$Nである．

^{13}C NMR

少なくとも8個の炭素の存在がわかる．しかし29.4〜28.8 ppmのシグナルは明らかにほかのシグナルより強度が大きいので，化学シフトが近い同等な炭素が2個以上重なっていると考えられる．DEPTスペクトルからメチル炭素が一つ14.1 ppmに，第四級炭素が一つ119.8 ppmにあることがわかる．119.8 ppmのシグナルの化学シフトからC≡N結合の存在が示唆される．^{13}C NMRスペクトルではC≡N基はsp^{2}炭素としばしば混同され見落とされることも多いが，この化合物の場合は幸いにもIRスペクトルでシアノ基の特徴的な吸収がみえているのでシアノ基と判別することができる．また70〜90 ppmにシグナルがないことからC≡C結合は存在しないことがわかる．それ以外の炭素はすべてメチレン炭素である．

^{1}H NMR

四つのシグナルがあり，積分比2：2：14：3で2.3，1.7，1.3，および0.9 ppmに観測される．0.9 ppmの変形した三重線は4炭素以上の直鎖状脂肪族化合物に特徴的なメチル基のシグナルである．2.3 ppmのシグナルはシアノ基（−C≡N）のα位のメチレン基に帰属される．1.7 ppmのシグナルはシアノ基のβ位のメチレン基である．それ以外のメチレン基のシグナルは1.7〜1.3 ppmに現れている．

まとめ

唯一の特徴的な官能基はシアノ基である．MSスペクトルでは最高質量のピークが166に現れている．しかし，窒素原子が含まれていることから分子量は奇数である．アルキルニトリル化合物ではα炭素からの脱プロトン化が起こりやすいことから，実際の分子量は167（C$_{11}$H$_{21}$N）と考えられる．アルキル鎖の構造はNMRスペクトルから容易に推定できる．メチル基は一つだけ存在し第四級炭素も一つだけ（C≡N）なので枝分かれのない鎖状化合物である．すなわちこの化合物はウンデカンニトリルC$_{11}$H$_{21}$Nである．

長鎖炭化水素では一般に分子イオンピークの強度が弱いことに加えて，アルキルニトリル化合物ではα開裂（M−1ピーク）やMcLafferty転位を経たβ開裂が起こりやすい（基準ピーク，41）．見かけ上偽りの偶数の分子イオンピークがあり，フラグメント強度が規則的に減少していることから，一見しただけでは直鎖炭化水素と誤まって予想してしまうかもしれない．しかし，110，124，138に偶数のフラグメントイオンが連続して現れていることから，窒素が含まれていることが示唆される．MSスペクトルだけだと大変まぎらわしいが，IRスペクトルのシアノ基の吸収や，^{1}H NMRスペクトルの21個の水素数，^{13}C NMRスペクトルのC≡Nのシグナルなどをあわせて考えると窒素原子が存在することが明らかである．

問題 052 (028)

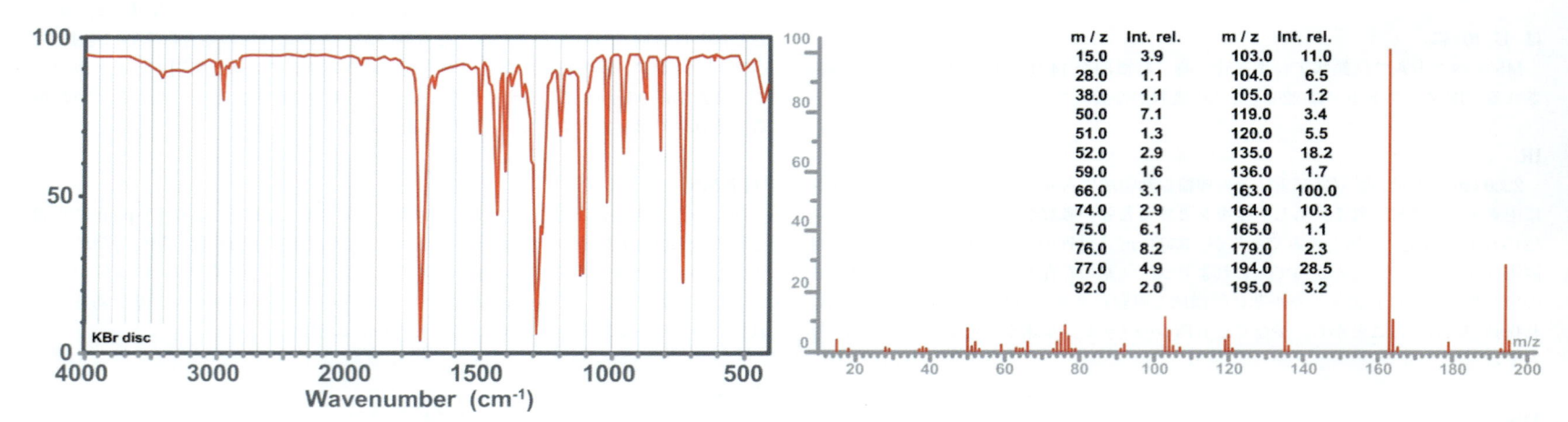

m/z	Int. rel.	m/z	Int. rel.
15.0	3.9	103.0	11.0
28.0	1.1	104.0	6.5
38.0	1.1	105.0	1.2
50.0	7.1	119.0	3.4
51.0	1.3	120.0	5.5
52.0	2.9	135.0	18.2
59.0	1.6	136.0	1.7
66.0	3.1	163.0	100.0
74.0	2.9	164.0	10.3
75.0	6.1	165.0	1.1
76.0	8.2	179.0	2.3
77.0	4.9	194.0	28.5
92.0	2.0	195.0	3.2

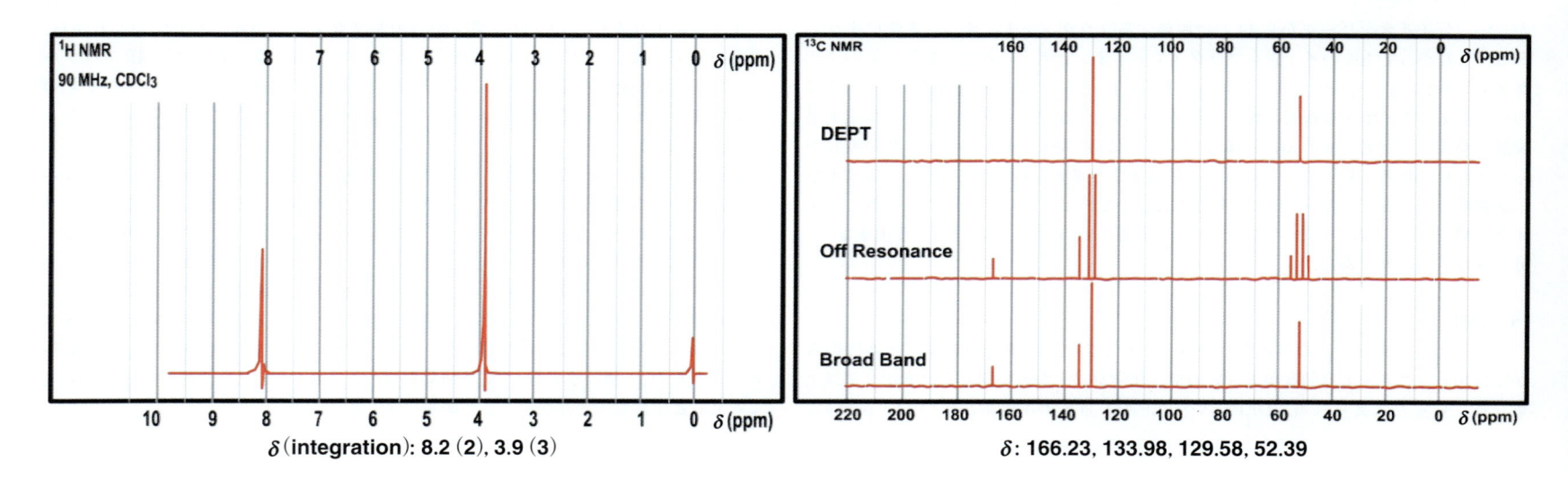

δ(integration): 8.2 (2), 3.9 (3)

δ: 166.23, 133.98, 129.58, 52.39

問題 052（028）

IR

1725 cm^{-1} の鋭い吸収はカルボニル基を表す．このカルボニル基の吸収の位置および 1280 cm^{-1} の強い吸収（C−O 伸縮振動）からエステル（正確には共役エステル）の存在が示唆される．単純な脂肪族エステルでは 1740 cm^{-1} に吸収が現れるが，カルボニル基が共役すると低振動数（低波数）側に約 20 cm^{-1} シフトする．1500 cm^{-1} 付近の吸収は芳香環（>C=C< 伸縮振動）を表す．この場合は，芳香環の存在に関する証拠は IR スペクトルからはあまりはっきりとは得られない．なぜなら 1600 cm^{-1} の特徴的な吸収が観測されていないためである．これは同じ置換基が結合しているパラ置換ベンゼン環の IR スペクトルに特徴的である．810 cm^{-1} に比較的弱い吸収があるが，これはパラ置換ベンゼン環の面外変角振動の吸収である．

^{13}C NMR

4 本のシグナルが BB スペクトルでみられる．一つはエステルカルボニル領域（166 ppm），二つは芳香族領域（134, 130 ppm），そしてもう一つは脂肪族領域（52 ppm）にある．52 ppm のメチル炭素（OR スペクトルで四重線）の化学シフトから，この炭素はエステルのメトキシ炭素であることが示唆される．芳香族炭素には 2 種類ある．一つは 134 ppm の第四級炭素（DEPT スペクトルで消失）であり，もう一つは 130 ppm のメチン炭素（OR スペクトルで二重線）である．メチル炭素の化学シフトが，通常のメチル炭素よりはかなり低磁場であることが特徴である．

MS

分子イオンピークは 194（28.5%）に観測される．M+1 同位体ピーク 195（3.2%）の相対強度は 11.2%（3.2/28.5×100）であり，炭素 10 個の存在が示唆される．163（100%）の基準ピークはメトキシ基 −OCH$_3$ に相当する 31 脱離したフラグメントイオンである．これは明らかにエステルのカルボニル基の α 位での開裂に基づくイオンである．135 のピークは COOCH$_3$ が脱離したイオンである．

^{1}H NMR

8.2 ppm に観測される芳香族水素は通常のベンゼン環水素よりかなり低磁場にある．このことから環上の置換基は電子求引基に限られる．ここではカルボニル基である．もし酸素原子が直接結合していたら電子供与性効果を示すため，芳香族水素を高磁場側へシフトさせる．3.9 ppm の一重線はメチル基のシグナルである．その化学シフトは通常よりもかなり低磁場であり，このメチル基はエステル酸素に直接結合していると考えられる．芳香族水素とメチル水素との積分比は 2:3 であることから，二置換ベンゼン環上の水素四つに対してメチル基が二つ存在することが示唆される．

まとめ

スペクトルデータから対称な置換基をもつベンゼン環と二つのメチルエステル基からなることがわかる．ベンゼン環上で置換基が結合していない位置はすべて等価であることから，パラ二置換体であることがわかる．この化合物はテレフタル酸ジメチル CH$_3$OCOC$_6$H$_4$COOCH$_3$ である．

問 題 053（042）

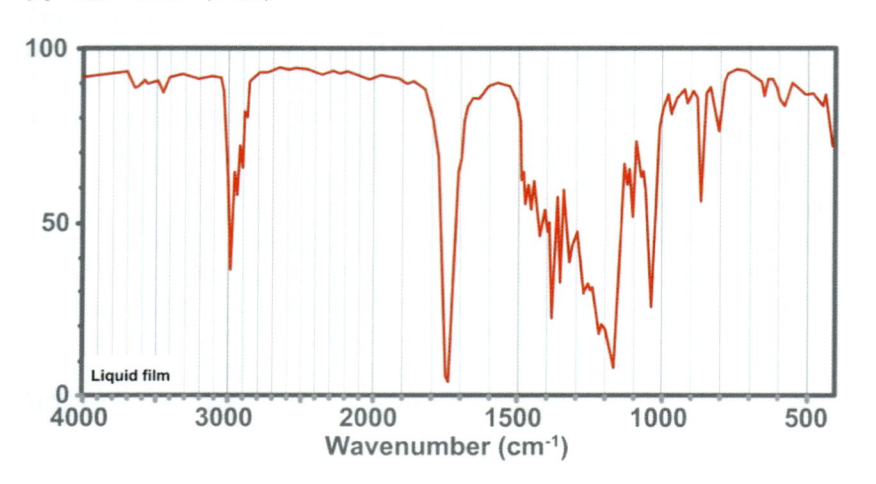

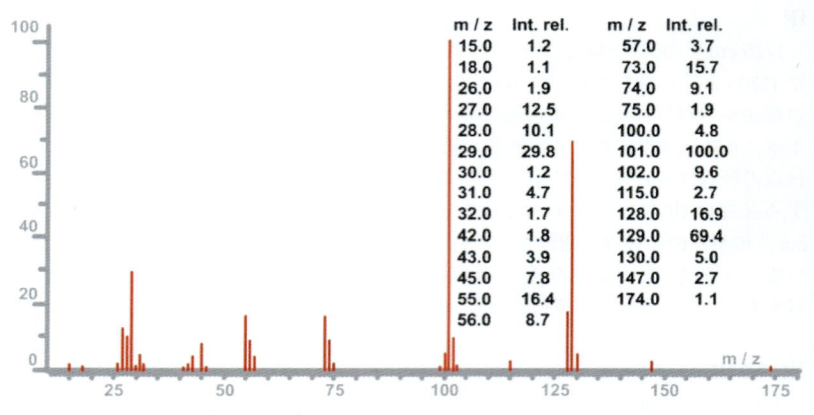

m/z	Int. rel.	m/z	Int. rel.
15.0	1.2	57.0	3.7
18.0	1.1	73.0	15.7
26.0	1.9	74.0	9.1
27.0	12.5	75.0	1.9
28.0	10.1	100.0	4.8
29.0	29.8	101.0	100.0
30.0	1.2	102.0	9.6
31.0	4.7	115.0	2.7
32.0	1.7	128.0	16.9
42.0	1.8	129.0	69.4
43.0	3.9	130.0	5.0
45.0	7.8	147.0	2.7
55.0	16.4	174.0	1.1
56.0	8.7		

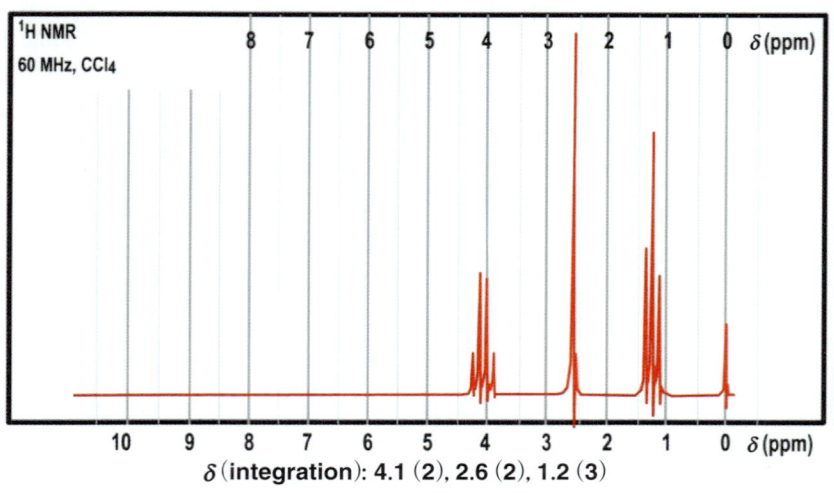

1H NMR, 60 MHz, CCl4

δ (integration): 4.1 (2), 2.6 (2), 1.2 (3)

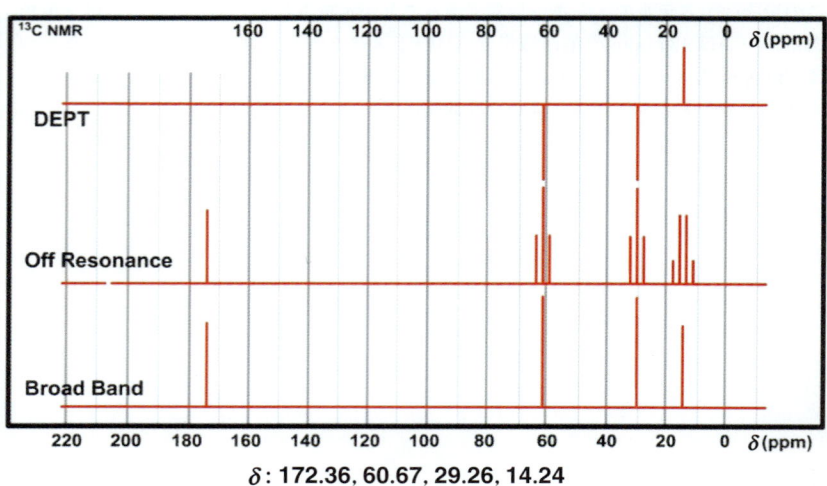

13C NMR

δ: 172.36, 60.67, 29.26, 14.24

問題 053（042）

IR

1736 cm^{-1} にカルボン酸エステルに特徴的な非常に強い吸収がある．これは非共役エステルと考えられる．カルボニル基が共役すると吸収振動数（波数）が低くなるのに対して，アルキル酸素と結合すると吸収振動数が高くなる．エステル基ではC－O単結合の伸縮振動の吸収も 1000～1250 cm^{-1} に観測される．

^{13}C NMR

4種の異なるシグナルがある．172 ppm の第四級炭素（エステルのC=O基），61 ppm のメチレン炭素（－CH$_2$－O），29 ppm のメチレン炭素（－CH$_2$－C=O），および 14 ppm のメチル炭素（CH$_3$－C）の4種である．

^{1}H NMR

三つのシグナルのみである．一つは 1.2 ppm の三重線であり，これは 4.1 ppm の四重線とカップリングしている．もう一つは 2.6 ppm の一重線である．積分比は 2:2:3 であり，全部で水素7個となる．これが奇数であることから対称性をもち2倍の水素が存在すると予想される．四重線と三重線は互いにカップリングしていることから，エステル酸素に結合したエチル基 CH$_3$CH$_2$O(C=O)－R と考えられる．2.6 ppm の一重線はエステルのカルボニル基に結合したメチレン基に帰属される．その結果，部分構造 －CH$_2$(C=O)OCH$_2$CH$_3$ が導かれる．分子全体の構造はこの部分構造を二つつなぎ合わせることでできあがる．メチレン基が互いにつながって対称分子の中央に位置するため，二つのメチレン基は等価となり，カップリングは観測されない．

MS

分子イオンピーク（C$_8$H$_{14}$O$_4$）が 174 に観測されている．エステルの分子イオンピークは通常非常に弱い．147 のフラグメントイオンは転位を伴って 27 脱離したもので，CH$_3$CH$_2$O(CO)CH$_2$CH$_2$C(OH)$_2$$^+$ イオンに帰属される．この種のイオンはプロトン化された酸であり，エステルのフラグメントイオンとして典型的なものである．129 の強いピークは M－45 であり，カルボニル基の α 位での古典的な開裂により $\cdot$OCH$_2$CH$_3$ ラジカルが脱離して生成したイオンである．さらに 28 の脱離により基準ピーク 101 が生じる．73 のピークは α 開裂によって生成した CH$_3$CH$_2$O(C=O)$^+$ イオンに帰属される．

まとめ

IR スペクトルの 1736 cm^{-1} の非常に強い吸収と ^{1}H NMR および ^{13}C NMR スペクトルにおける強く非遮蔽化されたエチル基のシグナルからエチルエステルの存在が明らかである．NMR スペクトルにおける残されたもう一つのシグナルはメチレン基のシグナルであり，その化学シフトと分子量を考慮すると，エステル基とエステル基の間に2個のメチレン基が存在していると考えられる．メチレン基が1個だけならば2個のカルボニル基に挟まれることによって強く非遮蔽化され約 3.4 ppm の化学シフトをもつが，2炭素によってつながっていれば，そのメチレン基の隣にあるカルボニル基は1個だけなので約 2.6 ppm となる．^{1}H NMR の積分値と MS スペクトルから，エステル基の間に2個のメチレン基が存在することについての直接的な証拠が得られる．以上より，この化合物はコハク酸ジエチル CH$_3$CH$_2$O(CO)CH$_2$CH$_2$(CO)OCH$_2$CH$_3$ である．

問　題　054（036）

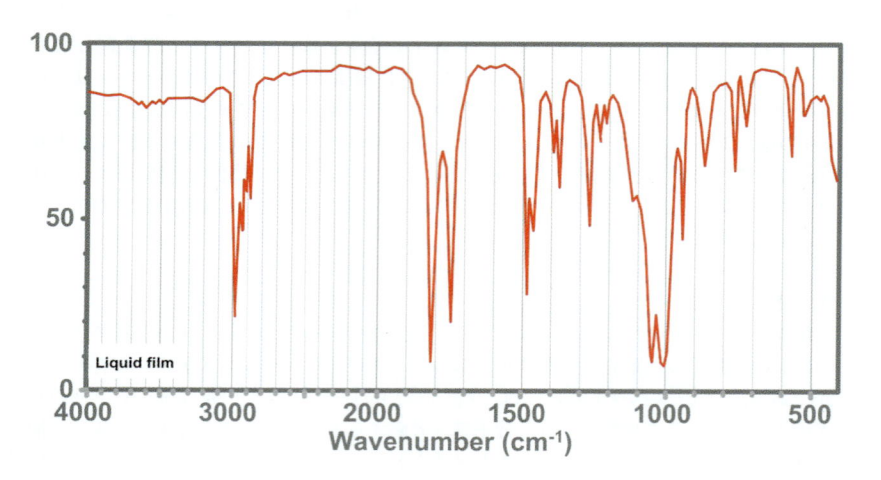

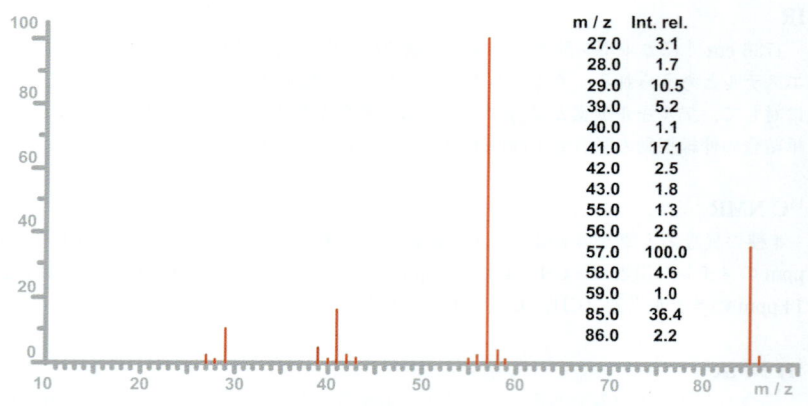

m/z	Int. rel.
27.0	3.1
28.0	1.7
29.0	10.5
39.0	5.2
40.0	1.1
41.0	17.1
42.0	2.5
43.0	1.8
55.0	1.3
56.0	2.6
57.0	100.0
58.0	4.6
59.0	1.0
85.0	36.4
86.0	2.2

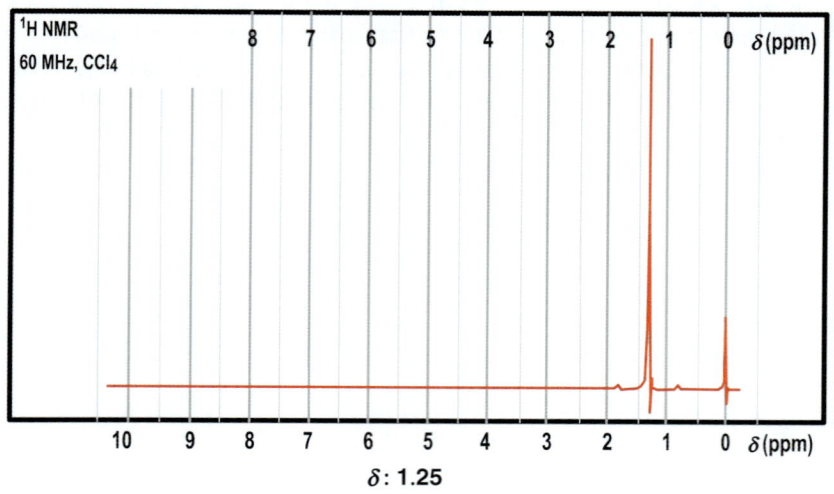

^{1}H NMR 60 MHz, CCl$_4$

δ: 1.25

^{13}C NMR

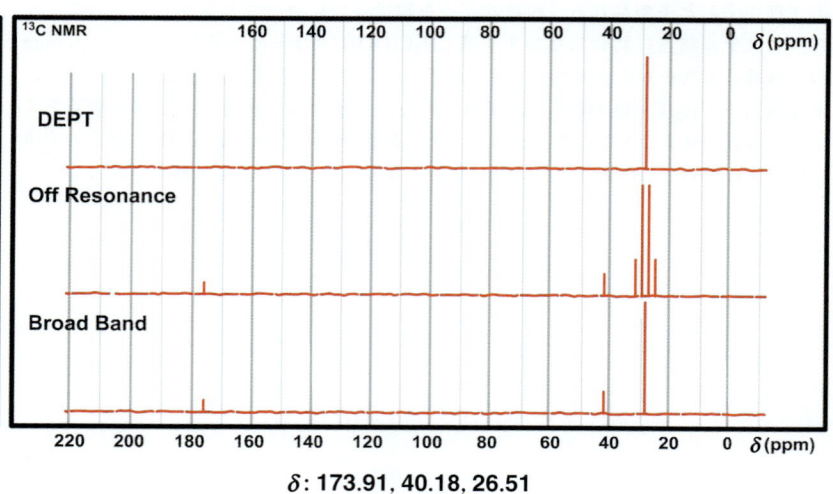

δ: 173.91, 40.18, 26.51

112　問　題　054

問 題 054（036）

はじめに
非常に単純な化合物と予想される．^{1}H NMR スペクトルのシグナルは 1 本だけであり，^{13}C NMR スペクトルでも 3 本のシグナルがあるだけである．IR スペクトルからは官能基に関する有用な情報が得られる．

IR
1745 と 1810 cm^{-1} の吸収は酸無水物 RCO－O－CO－R′ に特徴的なカルボニル基 ＞C＝O の吸収である．高振動数（高波数）側の ＞C＝O 吸収が低振動数の吸収より強度が大きい．これは非環状の酸無水物であることを表す．1000～1200 cm^{-1} の吸収は C－O－C 伸縮振動の吸収であり，酸無水物であることがさらに確かめられる．1380 cm^{-1} に異なる強度で二重線（低振動数側の吸収がより強い）として観測されている吸収は tert-ブチル基 －C(CH$_3$)$_3$ に特徴的なものである．

MS
85 の奇数イオンはおそらく分子イオンピークではない．86 の同位体イオンピークの相対強度は 6% であり，このイオンは炭素を 5 個含むと考えられる．これより小さいフラグメントイオンとして 28 小さい 57 のイオンがある．28 としては一酸化炭素 CO またはエチレン CH$_2$＝CH$_2$ が考えられる．57 のイオンはおそらくアルキルカチオン C$_4$H$_9^+$ である．この場合は ^{1}H NMR スペクトルで唯一メチル基のシグナルが観測されることから tert-ブチルイオンと考えられる．

^{13}C NMR
3 種類のシグナルがある．174 ppm の第四級炭素（DEPT スペクトルで消失），40 ppm の第四級炭素（DEPT スペクトルで消失），および 27 ppm のメチル炭素（OR で四重線，DEPT スペクトルで不変）のシグナルの 3 種である．174 ppm の第四級炭素はエステルまたは酸無水物のカルボニル基の領域にある．40 ppm の第四級炭素はカルボニル基の α 炭素の化学シフト領域にある（数値と図中のピークが異なるが，数値が正しい）．

^{1}H NMR
唯一のシグナルが 1.25 ppm に一重線として観測されている．このシグナルにカップリングがないことから，このメチル基に第四級炭素上にあると考えられ，tert-ブチル基 －C(CH$_3$)$_3$ であることがわかる．

まとめ
IR スペクトルから特徴的な官能基として酸無水物の存在が明らかである．これは ^{13}C NMR スペクトルにおいて 174 ppm にカルボニル炭素のシグナルがあることからも確認できる．^{13}C NMR スペクトルにはこのほかに 2 本のシグナルがある．すなわち，もう一つの第四級炭素（カルボニル基の α 位，40 ppm）とメチル炭素である（27 ppm）．3 種類の炭素により分子の一部の構造 (CH$_3$)$_3$C－C＝O が予想できる．これは MS スペクトルにおける 85 のイオンに相当する．酸無水物の存在と分子の対称性を考慮すると，この化合物はピバル酸無水物 [(CH$_3$)$_3$CC＝O]$_2$O であることがわかる．

問　題　055（048）

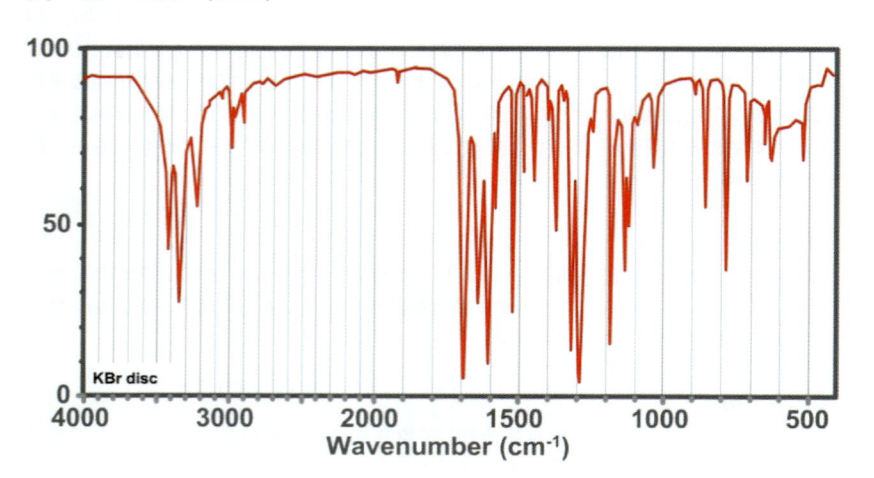

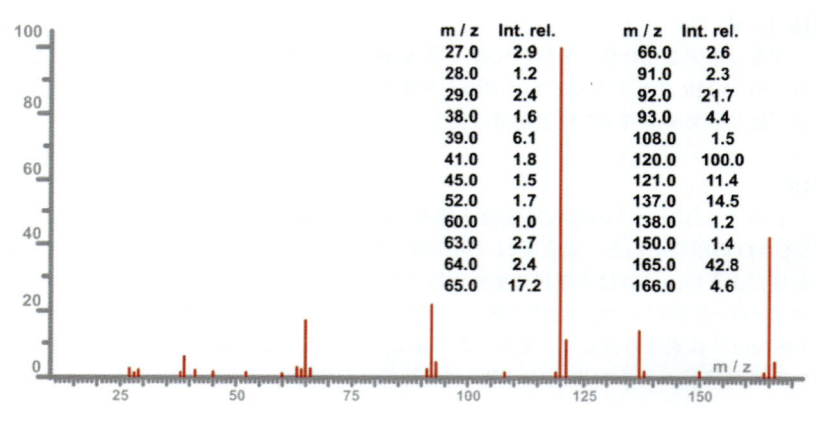

m/z	Int. rel.	m/z	Int. rel.
27.0	2.9	66.0	2.6
28.0	1.2	91.0	2.3
29.0	2.4	92.0	21.7
38.0	1.6	93.0	4.4
39.0	6.1	108.0	1.5
41.0	1.8	120.0	100.0
45.0	1.5	121.0	11.4
52.0	1.7	137.0	14.5
60.0	1.0	138.0	1.2
63.0	2.7	150.0	1.4
64.0	2.4	165.0	42.8
65.0	17.2	166.0	4.6

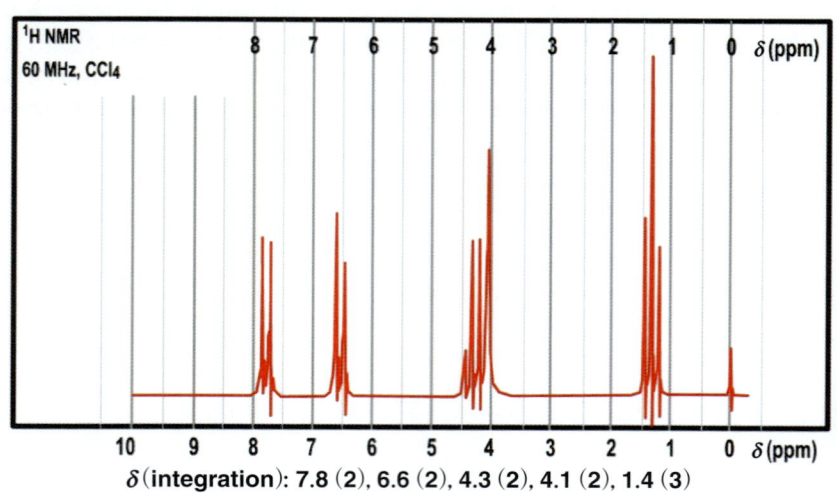

^{1}H NMR, 60 MHz, CCl$_4$

δ(integration): 7.8 (2), 6.6 (2), 4.3 (2), 4.1 (2), 1.4 (3)

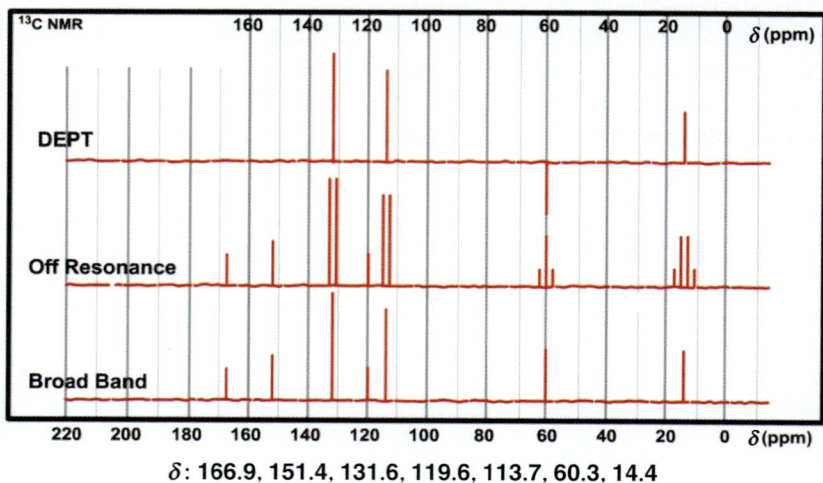

^{13}C NMR

δ: 166.9, 151.4, 131.6, 119.6, 113.7, 60.3, 14.4

114　問　題　055

問題 055（048）

はじめに

IRスペクトルにおける 1690 cm^{-1} の強い吸収はカルボニル基の存在を示す。3300 と 3400 cm^{-1} の 2 本の吸収は NH$_2$ 基を示唆する。窒素原子の存在は MS スペクトルにおいて分子イオンピークが奇数であることからもわかる。IR と NMR スペクトルから芳香環の存在が示唆される。

MS

分子量は 165 である。奇数であることから窒素原子が含まれていると考えられる。150（M − 15），137（M − 28，おそらく McLafferty 転位による CH$_2$＝CH$_2$ の脱離），および 120（基準ピーク，M − 45，α 開裂による OCH$_2$CH$_3$ の脱離）などのピークからエチルエステルの存在が示唆される。基準ピークから一酸化炭素 C≡O$^+$ が脱離（120 − 28）することにより 92 のフラグメントイオン C$_6$H$_6$N$^+$ が生じる。このイオンはトロピリウムイオン（C$_7$H$_7^+$, 91）に類似している。C$_6$H$_6$N$^+$ イオンから HC≡N（27）が脱離することにより 65 のピークが生じ，HC≡CH（26）が脱離することにより弱い 66 のピークが生じる。

^{1}H NMR

五つのシグナルが積分比 2：2：2：2：3 で，7.8, 6.6, 4.3, 4.1, 1.4 ppm に現れており，水素の数は全部で 11 個である。7.8 と 6.6 ppm の二重線はパラ置換芳香環の四つの水素を表している（AA′XX′ 系）。7.8 ppm の二つの水素は非遮蔽効果をもつ置換基（カルボニル基）のオルト位であり，6.6 ppm の二つの水素は遮蔽効果をもつ置換基（NH$_2$ 基）のオルト位である。1.4 ppm の三重線と 4.3 ppm の四重線は互いにカップリングしており，これらはエチル基の水素である。その化学シフトはエステルのエトキシ基 −(O=C)−OCH$_2$CH$_3$ と考えると適切な値である。残された 4.1 ppm の一重線は NH$_2$ 基の水素に帰属される。

^{13}C NMR

DEPT スペクトルで 3 本のシグナルが消失している。1 本はカルボニル炭素（167 ppm），2 本は芳香族第四級炭素である（120, 151 ppm）。151 ppm の炭素は芳香環上の二つの置換基の効果により低磁場にシフトしている。すなわち，NH$_2$ 基の電子求引性誘起効果（イプソ位，Δδ ＝ ＋18.2 ppm）とエステルカルボニル基の電子求引性共鳴効果に由来する（パラ位，Δδ ＝ ＋3.9 ppm）。もう一つの芳香族第四級炭素（120 ppm）はエステルカルボニル基により弱く非遮蔽効果（イプソ位，Δδ ＝ ＋2.1 ppm）を受け，アミノ基により電子供与性共鳴効果（パラ位，Δδ ＝ −10.0 ppm）を受けている。NH$_2$ 基のオルト位の炭素（114 ppm）は NH$_2$ 基の遮蔽効果（オルト位，Δδ ＝ −13.4 ppm）を受けるだけでなく，エステル基からもわずかに遮蔽されている（メタ位，Δδ ＝ −0.5 ppm）。エステルのオルト位の炭素（131 ppm）はカルボニル基（オルト位，Δδ ＝ ＋1.0 ppm）および NH$_2$ 基（メタ位，Δδ ＝ ＋0.8 ppm）から少し非遮蔽化を受ける。60 ppm の一重線はエチル基のメチレン炭素，14 ppm の一重線はメチル炭素である。

IR

1690 cm^{-1} の吸収は共役エステルのカルボニル基の吸収である。ほかのエステルに関する吸収としては 1000〜1300 cm^{-1} の吸収が観測される。芳香環の吸収は 3000〜3100 cm^{-1}，1500〜1650 cm^{-1}，および 780 cm^{-1} にある。3350 と 3430 cm^{-1} の強い吸収は NH$_2$ 基に特徴的な N−H 対称および逆対称伸縮振動の吸収である。3230 cm^{-1} の三つ目の吸収はおそらく N−H 変角振動の倍音振動と考えられる。さらに NH$_2$ 基の存在は 750 cm^{-1} 以下に幅広く現れている ＞N−H 縦ゆれ振動の吸収からも示唆される。

まとめ

この化合物は p-アミノ安息香酸エチル CH$_3$CH$_2$O(CO)C$_6$H$_4$NH$_2$ である。この構造式はエチルエステル，第一級アミン，パラ置換ベンゼン環という構成要素をつなぐことで容易に導かれる。エステルカルボニル基の赤外吸収は低い振動数を示す（1690 cm^{-1}）。これは芳香環と共役しているためであり，さらにパラ位の NH$_2$ 基から電子供与性の共鳴効果がカルボニル基に加わっている。また ^{1}H NMR スペクトルにおける NH$_2$ 基の水素の位置は試料の状態によって変わりやすいことに注意しよう。溶媒や測定温度によってさまざまな化学シフトを示し，またシグナル幅も一定でない。

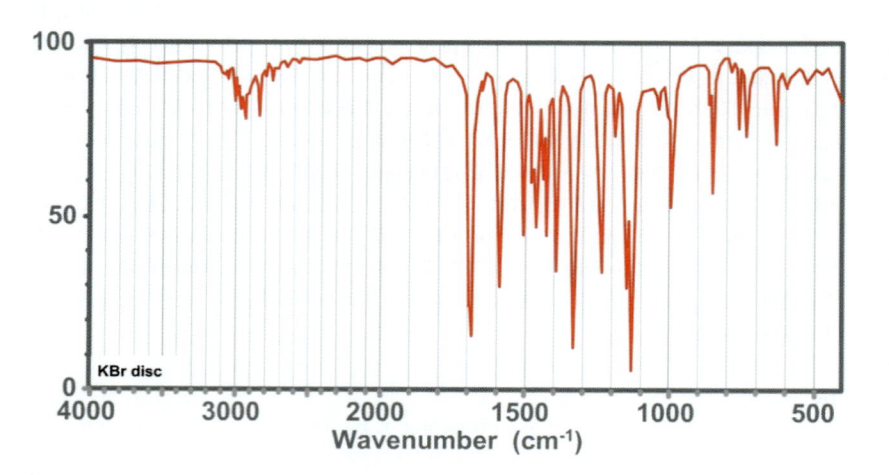

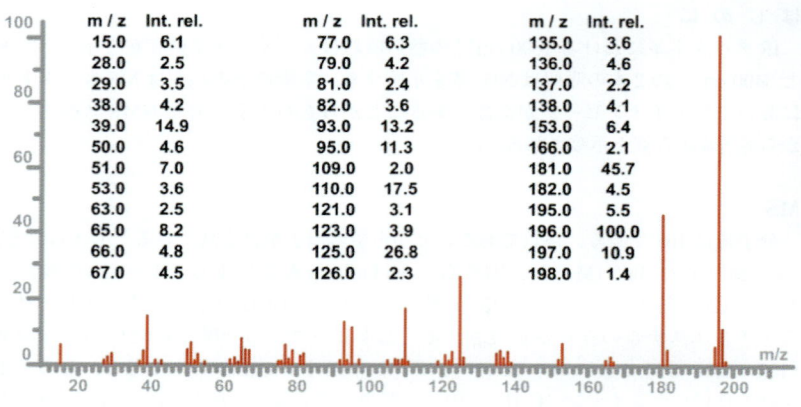

問題 056 (030)

Mass Spectrum

m/z	Int. rel.	m/z	Int. rel.	m/z	Int. rel.
15.0	6.1	77.0	6.3	135.0	3.6
28.0	2.5	79.0	4.2	136.0	4.6
29.0	3.5	81.0	2.4	137.0	2.2
38.0	4.2	82.0	3.6	138.0	4.1
39.0	14.9	93.0	13.2	153.0	6.4
50.0	4.6	95.0	11.3	166.0	2.1
51.0	7.0	109.0	2.0	181.0	45.7
53.0	3.6	110.0	17.5	182.0	4.5
63.0	2.5	121.0	3.1	195.0	5.5
65.0	8.2	123.0	3.9	196.0	100.0
66.0	4.8	125.0	26.8	197.0	10.9
67.0	4.5	126.0	2.3	198.0	1.4

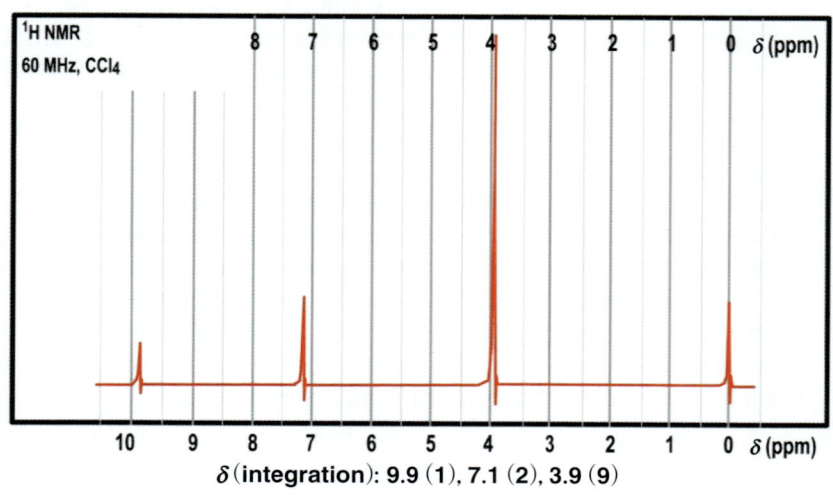

IR: KBr disc

^{1}H NMR, 60 MHz, CCl$_4$
δ (integration): 9.9 (1), 7.1 (2), 3.9 (9)

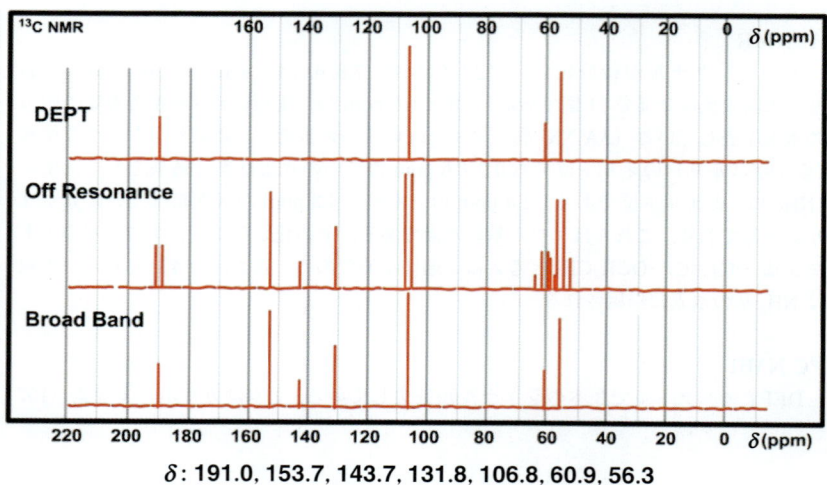

^{13}C NMR (DEPT, Off Resonance, Broad Band)
δ: 191.0, 153.7, 143.7, 131.8, 106.8, 60.9, 56.3

問題 056（030）

はじめに

アルデヒドが存在することがいくつかのデータにより示唆される．IRスペクトルではカルボニル基の吸収があり，^{1}H NMRスペクトルでは9.9 ppmにアルデヒド水素のシグナルがある．^{13}C NMRスペクトルではカルボニル領域にメチン炭素のシグナル（ORスペクトルで二重線）がある．

MS

196（100％）の分子イオンピークに対するM＋1同位体ピークの強度は10.9％であることから，炭素が10個存在することが示唆される（10.9/1.1 ＝ 9.9）．M＋2同位体ピーク（1.4％）には^{13}C原子2個または^{18}O原子1個が含まれると考えられる．^{13}C原子を2個含むイオンが0.5％，^{18}O原子を1個含むイオンが0.9％寄与している．酸素原子1個当たりのP＋2イオンへの寄与は0.2％であるため，酸素は約4個存在すると考えられる．しかし，P＋2イオンはピーク強度が低く誤差が大きいと考えられるため，その相対強度のみで酸素原子の数を確実に決めることはできない．181（45.7％）のピークはメチル基が脱離したイオン（M－15）に相当する．195（5.5％）のM－1イオンも顕著に現れている．これはアルデヒドに特徴的な水素原子の脱離イオンである．77（6.3％）と65（8.2％）のピークはベンゼン環に特徴的なイオンである．

^{13}C NMR

7本のシグナルが観測されている．その内訳は，四つの芳香族炭素，アルデヒドカルボニル炭素（191.0 ppm，ORスペクトルで二重線），および二つのメチル炭素（60.9, 56.3 ppm，ORスペクトルで四重線）である．四つの芳香族炭素のうち，三つ（153.7, 143.7, 131.8 ppm）は第四級炭素（DEPTスペクトルで消失），一つ（106.8 ppm）はメチン炭素（ORスペクトルで二重線）である．二つの低磁場側の第四級炭素（153.7と143.7 ppm）は酸素と結合しているため大きく非遮蔽化されている．この二つのうち強度が大きい153.7 ppmのシグナルは等価な炭素2個分と考えられる．メトキシ炭素のシグナル2本（56.3, 60.9 ppm）についても強度の大きい56.3 ppmのシグナルは等価なメトキシ炭素2個分と考えられる．以上より，6個の芳香族炭素があり，そのうち，メトキシ基 －OCH$_3$ が結合した炭素が3個，アルデヒドが結合した炭素が1個あることがわかる．

^{1}H NMR

3本のシグナルがあり，いずれも一重線である．積分比1：2：9で9.9, 7.1, および3.9 ppmに観測され，水素の数は全部で12個である．7.1 ppmのシグナルは芳香環水素2個分であり，オルト位にあるメトキシ基 －OCH$_3$ から遮蔽効果，もう一方のオルト位にあるアルデヒドから非遮蔽効果を受けている．9.9 ppmのシグナルはアルデヒド水素に特徴的な化学シフトである．3.9 ppmのシグナルは実際には2本のシグナル（3.943と3.934）が重なっており，このスペクトルの分解能では分かれてみえない．これは芳香環上のメトキシ基として適切な化学シフトである．

IR

芳香環に特徴的な吸収が3000～3100 cm^{-1} および1500～1600 cm^{-1} に現れている．1250と2850 cm^{-1} の吸収は芳香環上のメトキシ基に由来する．1690 cm^{-1} の吸収は芳香環に共役したカルボニル基の吸収である．2700～2900 cm^{-1} にはアルデヒドに特徴的な O＝C－H 伸縮振動とメトキシ基に由来する吸収（2820～2850 cm^{-1}）があると思われるが，重なって区別できない．

まとめ

アルデヒドの存在については明らかな証拠がある．IRスペクトルにおけるカルボニル基の吸収，^{1}H NMRスペクトルのアルデヒド水素，^{13}C NMRスペクトルのアルデヒド炭素（ORスペクトルで二重線）などである．芳香環の存在に関する証拠は赤外吸収，^{1}Hおよび^{13}C NMRスペクトルの化学シフト，およびMSスペクトルから得られる．メトキシ基については^{1}Hおよび^{13}C NMRスペクトルの化学シフトから明らかである．アルデヒドが一つ，メトキシ基が三つベンゼン環に結合した対称な化合物としては二つしか可能性がない．それは二つの芳香環水素がアルデヒドのオルト位にあるかメタ位にあるかである．もし芳香環水素がアルデヒドのオルト位にあれば，その水素はアルデヒドからの電子求引性効果とメトキシ基からの電子供与性効果の両方を受け，通常のベンゼン環（7.3 ppm）に近い化学シフトをもつと予想される．一方，芳香環水素がアルデヒドのメタ位にあるとすると，その水素は三つのメトキシ基（オルト位に二つ，パラ位に一つ）からの電子供与性共鳴効果を受けて少なくとも1 ppmは高磁場にシフトすると考えられる．実際の化学シフトは7.13 ppmであることから，これらの水素はアルデヒドのオルト位にあると考えられる．したがってこの化合物は3,4,5-トリメトキシベンズアルデヒドである．

問 題 057 (099)

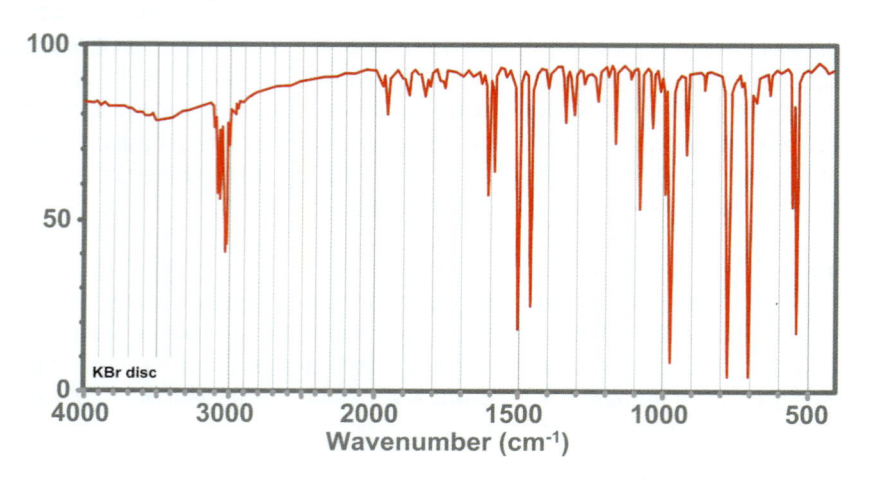

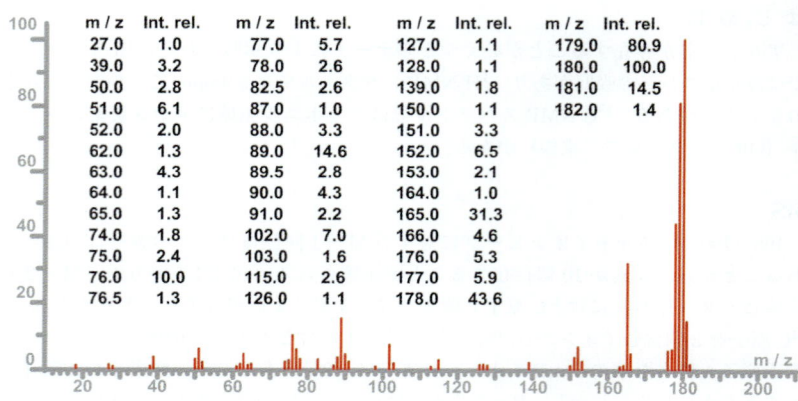

IR: KBr disc

MS:
m/z	Int. rel.	m/z	Int. rel.	m/z	Int. rel.	m/z	Int. rel.
27.0	1.0	77.0	5.7	127.0	1.1	179.0	80.9
39.0	3.2	78.0	2.6	128.0	1.1	180.0	100.0
50.0	2.8	82.5	2.6	139.0	1.8	181.0	14.5
51.0	6.1	87.0	1.0	150.0	1.1	182.0	1.4
52.0	2.0	88.0	3.3	151.0	3.3		
62.0	1.3	89.0	14.6	152.0	6.5		
63.0	4.3	89.5	2.8	153.0	2.1		
64.0	1.1	90.0	4.3	164.0	1.0		
65.0	1.3	91.0	2.2	165.0	31.3		
74.0	1.8	102.0	7.0	166.0	4.6		
75.0	2.4	103.0	1.6	176.0	5.3		
76.0	10.0	115.0	2.6	177.0	5.9		
76.5	1.3	126.0	1.1	178.0	43.6		

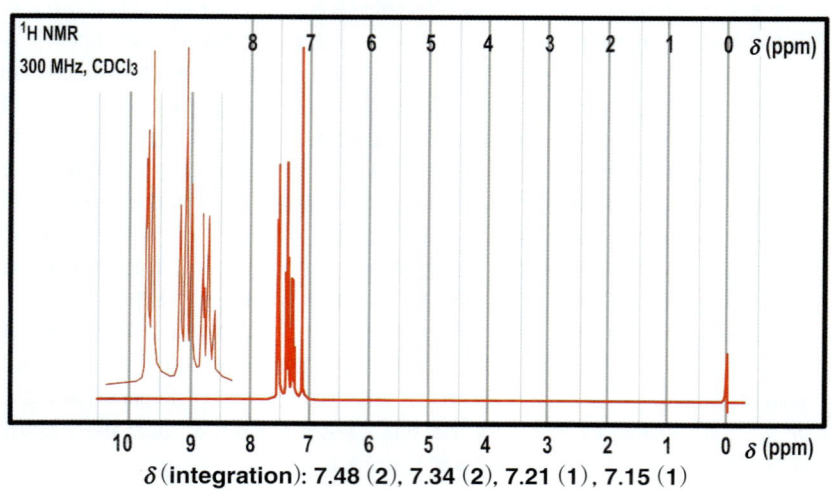

^{1}H NMR 300 MHz, CDCl$_3$

δ (integration): 7.48 (2), 7.34 (2), 7.21 (1), 7.15 (1)

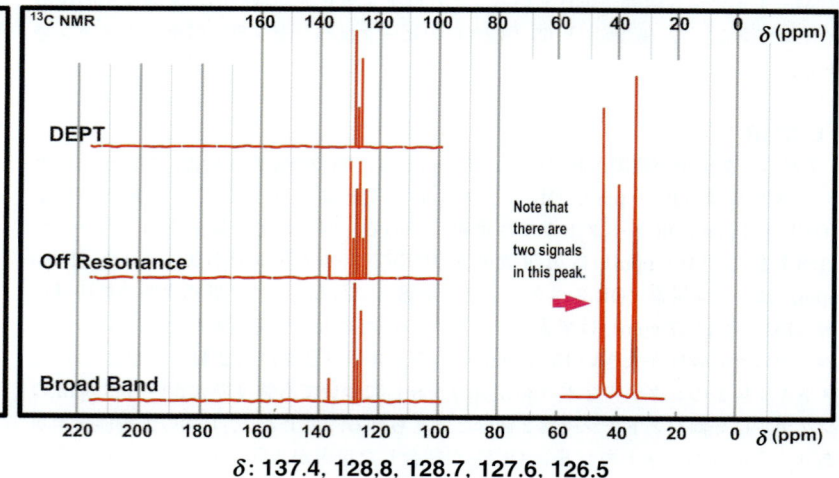

^{13}C NMR

Note that there are two signals in this peak.

δ: 137.4, 128.8, 128.7, 127.6, 126.5

問題 057 (099)

はじめに

IR および NMR スペクトルでは芳香環を表すシグナルがあるが，脂肪族炭素やほかの官能基を表すシグナルはみられない．

MS

180 (100%) の分子イオンピークが強く観測されていることからπ電子共役系が広がっていることが示唆される．M＋1 同位体ピーク (14.5%) から炭素が 13 個存在すると考えられるが，次のようにもっと精密に分析すると炭素数は 14 であることがわかる．180 のピークには分子イオンピークとともに，M－1 イオン (179, 80.9%) に対する同位体ピークも含まれる．M－1 の同位体ピークとしての寄与を差引くと分子イオンピークとしてのピーク強度は 87.5% ($100 - 14 \times 80.9 \times 1.1/100$) となる．181 の M＋1 イオンピークには M－1 イオンに対する M＋2 同位体ピーク (^{13}C が 2 個) の寄与が 0.96% ($1.19 \times 80.9/100$) 含まれている．これを用いて (M＋1)/M の相対強度比を再計算すると 15.5% となる〔$100 \times (14.5 - 0.96)/87.5$〕．この値は炭素数 14 のときに期待される値 (15.4%, 14×1.1) に近い．炭素数はイオンクラスターの数からも 14 個と予想される．以上より，分子式は $C_{14}H_{12}$ と考えられる．

^{13}C NMR

5 本のシグナルが観測される．14 個の炭素が存在するため，対称性が含まれることは明らかである．137.4 ppm のシグナルは第四級炭素 (DEPT スペクトルで消失) であるが，ほかの 4 本のシグナル (128.8, 128.7, 127.6, 126.5 ppm) はすべてメチン炭素 (OR スペクトルで二重線) である．

^{1}H NMR

sp^2 炭素に結合した水素のシグナルだけが観測される．7.2～7.5 ppm のシグナルは一置換ベンゼン環の分裂様式を示している．この領域にある三つのシグナルはあわせて水素 5 個分である (対称性により実際は水素 10 個分である)．7.48 ppm の二重線はオルト位，7.34 ppm の三重線はメタ位，そして 7.21 ppm の三重線はパラ位の水素である．これら二重線と三重線の分裂様式は ^3J(オルト) カップリングに由来している．どのシグナルもさらに ^4J(メタ) の小さいカップリングをもっている．7.15 ppm の一重線は水素 2 個分であり，ベンゼン環シグナルからは孤立したシグナルである．

IR

3000 cm^{-1} 以上の吸収，1600～2000 cm^{-1} にある倍音吸収，1500～1600 cm^{-1} のベンゼン環の伸縮振動吸収，および 695～770 cm^{-1} にある一置換ベンゼンに特有の面外変角振動の吸収から芳香環の存在が明らかである．

まとめ

IR と NMR スペクトルから一置換ベンゼンの存在が明らかである．分子式は $C_{14}H_{12}$ であり，二つのベンゼン環と C_2H_2 の構成単位からなると考えられる．^{1}H NMR において，7.1 ppm にベンゼン環以外の水素 2 個分のシグナルが観測されている．このシグナルは二つのフェニル基が結合した二重結合上の水素の化学シフトとして適切な領域にある．この化合物にはメチレン基がないので，二重結合炭素のそれぞれにフェニル基が一つずつ結合していると考えられる．したがってこの化合物はスチルベン $C_6H_5CH=CHC_6H_5$ である．スチルベンにはシス (Z) およびトランス (E) 異性体が存在する．多くの場合二重結合の幾何異性は二つの水素間の結合定数の大きさによって決定できる ($^3J_{trans} \approx 17$ Hz および $^3J_{cis} \approx 11$ Hz)．本化合物では二つの水素が完全に等価であるためカップリングは観測されない．アルケン水素の化学シフトに対する置換基の効果に関するデータ表からトランス異性体は 6.99 ppm，シス異性体は 6.56 ppm と予想される．アルケン水素の化学シフトの計算式は，$\delta = 5.25 + \Delta\delta_{gem} + \Delta\delta_{cis} + \Delta\delta_{trans}$ であり，フェニル基の効果は $\Delta\delta_{gem} = +1.38$, $\Delta\delta_{cis} = +0.36$, $\Delta\delta_{trans} = -0.07$ である．化学シフトの実測値は 7.1 ppm であることから，この化合物はトランス異性体と考えられる．一方，IR スペクトルにおける面外変角振動の吸収位置からもアルケンの幾何異性を決定できる．トランス二置換アルケンは 970 cm^{-1} 付近，シス二置換アルケンは 700 cm^{-1} 付近に吸収を示す．この化合物では 970 cm^{-1} に強い吸収がみられるため，トランス異性体であることが示唆される．本化合物は *trans*-スチルベンである．

MS スペクトルでは，165 に M－15 に帰属される顕著なピークがある．このピークは意外なことにメチル基の脱離に由来するが，MS スペクトルにおけるメチル基の脱離を説明する際は注意を要する．分子イオンピークが非常に安定なときにはある種の転位反応が起こり，メチル基をもたない化合物でもメチル基の脱離が起こることがある．メチル基が存在するかどうかは ^{13}C NMR から容易に判別できる．M－15 の脱離は置換基のあるなしにかかわらずスチルベン化合物に特徴的なものであり，オルト位の水素が転位して安定なイオン (水素が一つ少ないフルオレン環) を生じる．

問題 058 (096)

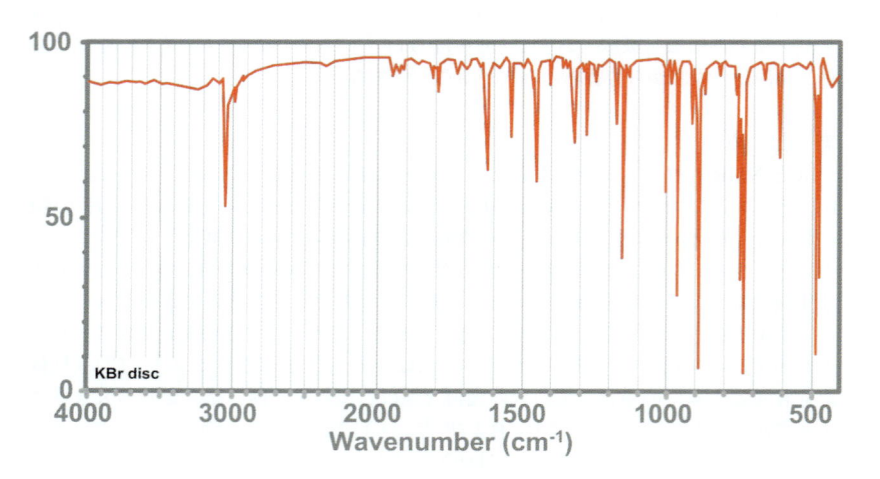

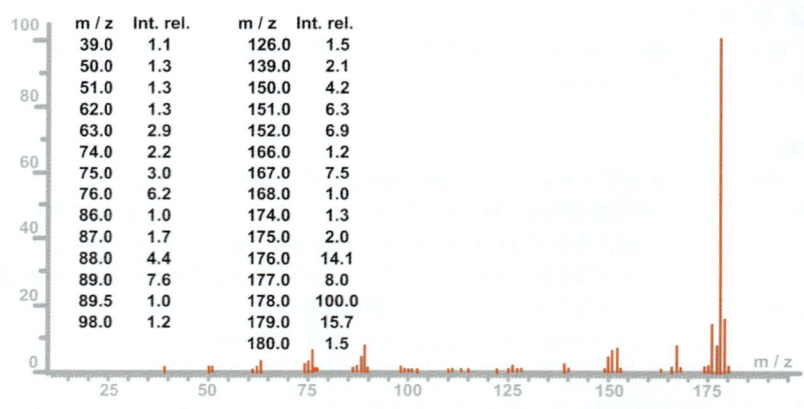

IR Spectrum (KBr disc)

Mass Spectrum

m/z	Int. rel.	m/z	Int. rel.
39.0	1.1	126.0	1.5
50.0	1.3	139.0	2.1
51.0	1.3	150.0	4.2
62.0	1.3	151.0	6.3
63.0	2.9	152.0	6.9
74.0	2.2	166.0	1.2
75.0	3.0	167.0	7.5
76.0	6.2	168.0	1.0
86.0	1.0	174.0	1.3
87.0	1.7	175.0	2.0
88.0	4.4	176.0	14.1
89.0	7.6	177.0	8.0
89.5	1.0	178.0	100.0
98.0	1.2	179.0	15.7
		180.0	1.5

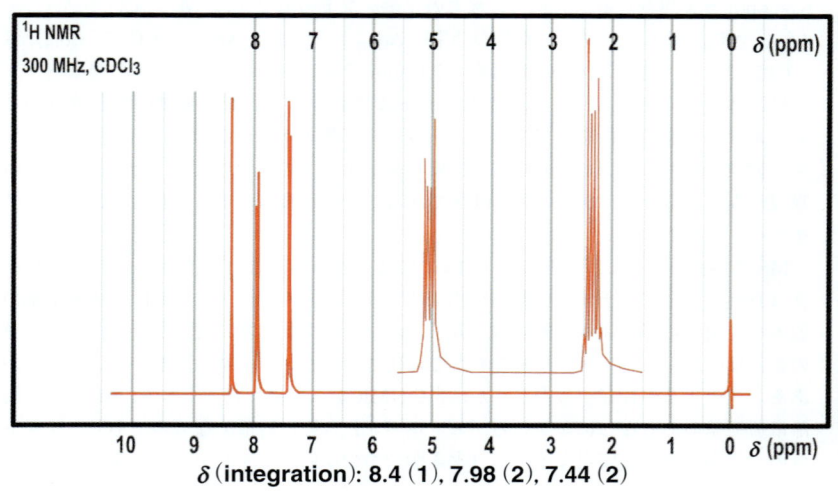

^{1}H NMR (300 MHz, CDCl$_3$)

δ (integration): 8.4 (1), 7.98 (2), 7.44 (2)

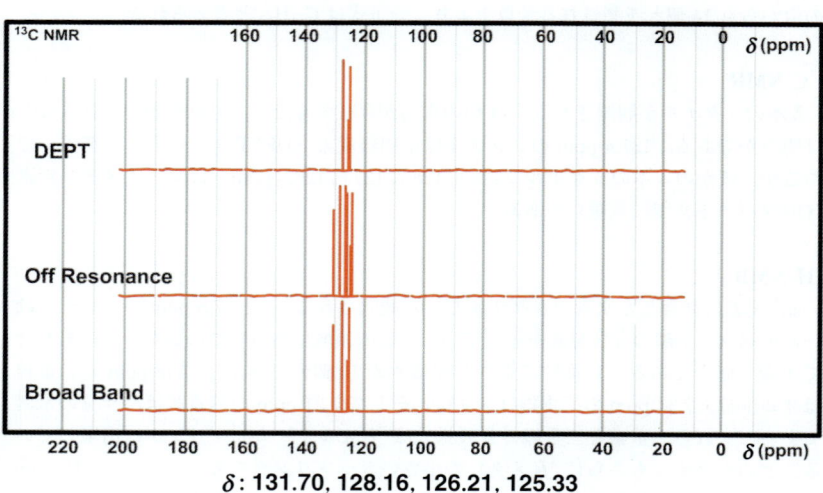

^{13}C NMR

δ: 131.70, 128.16, 126.21, 125.33

問題 058（096）

はじめに

IR スペクトルから芳香環の存在が明らかであるが，ほかの官能基やアルキル基の存在に関する証拠は得られない．

MS

基準ピークは 178（100％）の分子イオンピークである．179 の M＋1 イオンの相対強度は 15.7％であり，炭素数は 14 個と考えられる（14×1.1 ＝ 15.4％）．芳香環は共鳴によって非常に安定化しており，二重電荷イオンも生成可能である．89 と 89.5 のピークは，分子イオンピークとその同位体ピークの二重電荷イオンである．この分子イオンピークからはあまりフラグメントイオンが生じない．176 と 177 の小さいピークはおのおの水素ラジカルと水素分子の脱離によって生じたものである．分子式は $C_{14}H_{10}$（14×12＋10）である．

^{13}C NMR

4 本のシグナルがあるだけである．すべて芳香族炭素であり，1 本は第四級炭素（131.7 ppm），ほかの 3 本はメチン炭素（128.2, 126.2, 125.3 ppm）である．炭素が 14 個含まれるため，対称性をもつ分子であることがわかる．

^1H NMR

8.4 ppm に一重線が 1 本と 7.4～8.0 ppm に対称な多重線シグナルが 2 本（典型的な AA′XX′ 系シグナル）ある．一重線のシグナルはオルト位やメタ位に水素がない芳香環上の水素に帰属される．AA′XX′ 系シグナルは二つの等価な水素（AA′）が別の二つの等価な水素（XX′）にカップリングしていることを表す．しかし，その結合定数は対の水素間で同じではない（$J_{AX}=J_{A'X'}$, $J_{AX}=J_{A'X}$ であるが $J_{AX}≠J_{AX'}$）．この結合様式は対称なオルト置換ベンゼン環化合物（例，o-ジクロロベンゼン）にみられるものである．AA′XX′ 系の 2 本のシグナルは同じ積分値をもつが，低磁場側シグナルの方が低く現れている．この低磁場側シグナルは 8.4 ppm のシグナルとの間に非常に小さな遠隔カップリングをもつため，わずかに幅が広くなったものと考えられる．

IR

芳香環化合物に期待される吸収はすべて観測されている．C－H 伸縮振動が 3080 cm^{-1} にあり，倍音振動が弱く 1600～2000 cm^{-1} にある．芳香環炭素の伸縮振動の吸収が 1540～1620 cm^{-1} にあり，面外変角振動の吸収が 740～890 cm^{-1} に観測される．890 cm^{-1} の吸収は二つの置換基に挟まれた孤立した芳香族水素の存在を表し，740 cm^{-1} の吸収は四連続芳香族水素が存在することを示唆している．ほかの官能基を示唆する吸収はみられない．

まとめ

この化合物は対称性をもつ芳香族化合物であり，四連続芳香族水素を含む（オルトカップリングをもつ AA′XX′ 系シグナルや，IR スペクトルの面外変角振動から示唆される）．芳香環の二つのオルト位の置換基は別の芳香環炭素にほかならず，互いに等価である．炭素数が 14 であり，二つのベンゼン環とその間をつなぐ二つの炭素が存在すると考えられる．そのような化合物としてはアントラセンやフェナントレンのようなベンゼン環が結合した構造をもつものが考えられる．アントラセンは二つのベンゼン環と四連続芳香族水素を含み，中央の環のパラ位には孤立した水素が存在するため，上記のスペクトルデータをみたす構造をもつ．フェナントレンも二つのベンゼン環と四連続芳香族水素を含むが，その四つの水素は等価な二つの対ではないため AA′XX′ 系シグナルは与えない．またフェナントレン環は中央の環を通る対称面が一つだけであり，対称面によって二分すると 7 種類の炭素が存在する．一方，アントラセンは対称面を二つもち，炭素は 4 種類しかない．以上より，この化合物はアントラセンである．131.7 ppm のシグナルは 4 個の等価な第四級炭素に帰属される．125.3 および 128.2 ppm のシグナルはおのおの 4 個分の等価なメチン炭素であり，残された 126.2 ppm のシグナルは 2 個分の等価なメチン炭素である．

この化合物には芳香環平面に関して二つの回転軸がある．一つは中央の環の二つのメチン炭素を通る軸（垂直軸）であり，もう一つは三つの環の中央を通過する軸である（水平軸）．2 組の 4 個ずつの等価なメチン炭素はこの二つの回転軸によって重ねることができる．第四級炭素 4 個も同様に両方の回転軸によって重なる．これらの炭素は，芳香環平面に垂直な鏡面によっても同様に重ねることができる．

問題 059 (097)

MS データ:

m/z	Int. rel.	m/z	Int. rel.
39.0	1.1	102.0	1.3
50.0	1.2	126.0	3.6
51.0	1.5	139.0	2.3
63.0	1.9	150.0	3.0
74.0	1.6	151.0	6.1
75.0	1.7	152.0	6.9
76.0	4.6	175.0	1.3
77.0	1.2	176.0	13.8
87.0	1.3	177.0	9.1
88.0	1.8	178.0	100.0
89.0	4.3	179.0	15.2
98.0	1.1	180.0	1.0

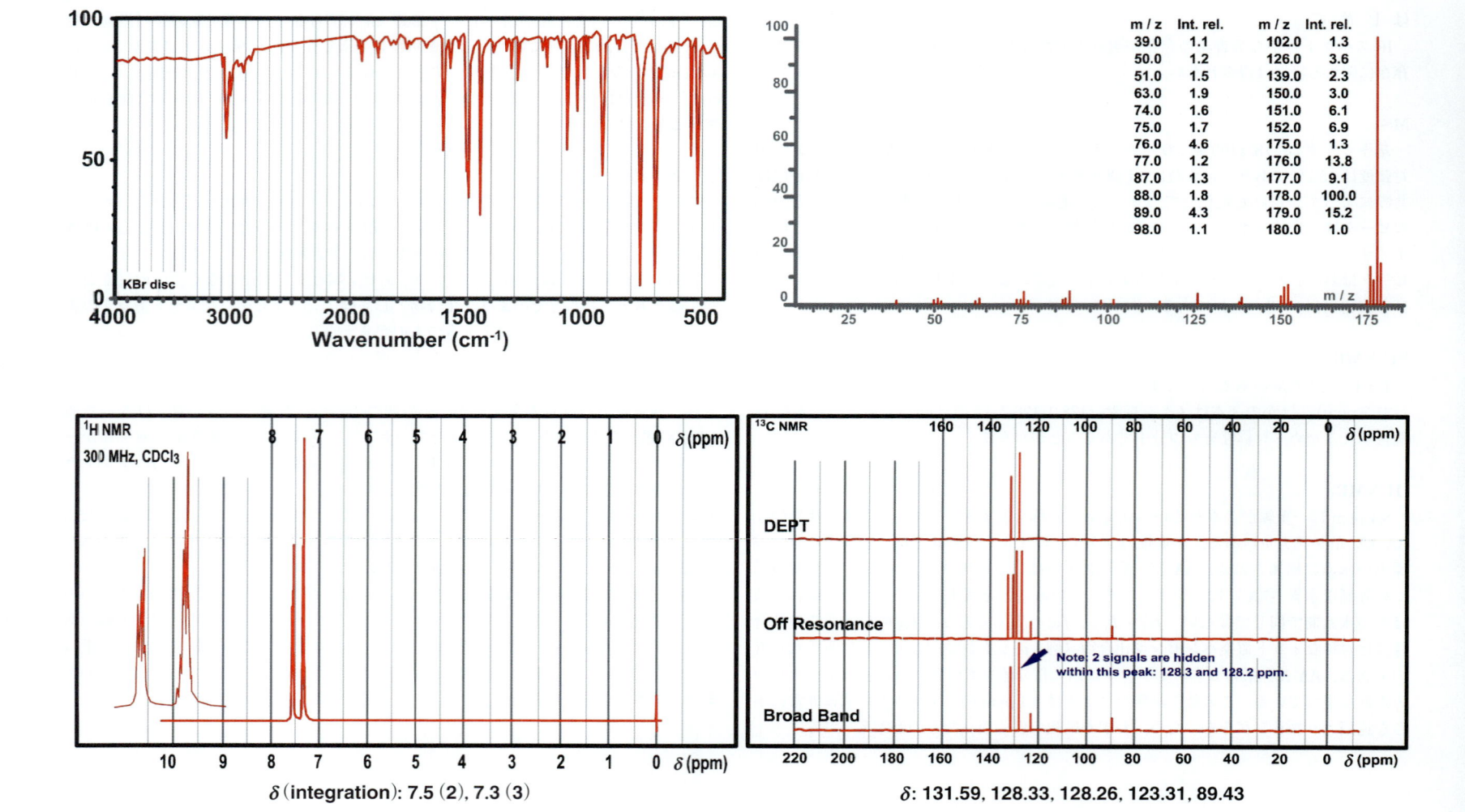

IR: KBr disc

^{1}H NMR (300 MHz, CDCl$_3$)
δ (integration): 7.5 (2), 7.3 (3)

^{13}C NMR
Note: 2 signals are hidden within this peak: 128.3 and 128.2 ppm.
δ: 131.59, 128.33, 128.26, 123.31, 89.43

122 問題 059

問題 059（097）

はじめに

IR スペクトルにおいて芳香環の存在を表す特徴的な吸収がすべて現れている．^{1}H NMR スペクトルでも芳香環水素のシグナルが観測されるが，ほかの水素はみられない．

MS

非常に安定な分子イオンピークが 178（100％）にみられる．M＋1 同位体ピークの相対強度は 15.2％であり，これより炭素は 14 個含まれると予想される．178 の分子量をみたすには水素が 10 個必要であり（178－14×12＝10H），分子式は $C_{14}H_{10}$ である．不飽和度は 10 である．

IR

芳香環に関する特徴的な吸収がすべて現れている．特に面外変角振動に由来する強い吸収があるが，その位置に注意しよう．それ以外には官能基を表す吸収は特に観測されていない．2900～3000 cm^{-1} に通常観測される脂肪族 C–H 結合に由来する吸収もない．

^{1}H NMR

芳香族領域（7.3 ppm と 7.5 ppm）に 2 本のシグナルが 2：3 の積分比で観測されている．このシグナルは一置換ベンゼン環に特徴的なパターンであり，オルト位水素二つがほかの水素より若干大きく非遮蔽効果を受けている．

^{13}C NMR

123～132 ppm の芳香族領域に 4 本のシグナルがある．123.3 ppm のシグナルはベンゼン環炭素のうち置換基が結合した位置の炭素である（第四級炭素，DEPT スペクトルで消失）．芳香族領域のほかの 3 本のシグナル（128.26, 128.33, および 131.59）はメタ位の二つの炭素，パラ位の炭素，およびオルト位の二つの炭素である（いずれも OR スペクトルで二重線）．89.4 ppm のシグナルはアルキン炭素の領域である．三重結合炭素はイプソ位に対して遮蔽効果を及ぼすため，イプソ位の炭素はほかの芳香族炭素より若干高磁場（123.3 ppm）に観測される．

まとめ

スペクトルデータからフェニル基とアルキン炭素の存在は明らかである．両端にフェニル基が結合したアルキン化合物の分子式は $C_{14}H_{10}$ である．したがってこの化合物はジフェニルアセチレン $C_6H_5C{\equiv}CC_6H_5$ である．MS スペクトルでは高度に共鳴安定化した分子イオンピークがみられるが，小さな M－1 イオン（9％）および M－2 イオン（14％）も観測される．76 と 77 のイオンはフェニル基をもつ化合物に特徴的であるが，かなり小さく現れている．152（M－26）のピークはベンゼン環から逆 Diels-Alder 反応を経てアセチレンが脱離することにより生じるイオンである．

IR スペクトルの 695 と 760 cm^{-1} の吸収は五連続芳香族水素の面外変角振動に由来する．2100 cm^{-1} 付近にアルキン C≡C 伸縮振動の吸収が観測されていないが，これはこの化合物が対称な構造をもつためである．アルキン結合の伸縮振動が起こっても双極子モーメントに変化がない場合は吸収は観測されない．

問題 060 (098)

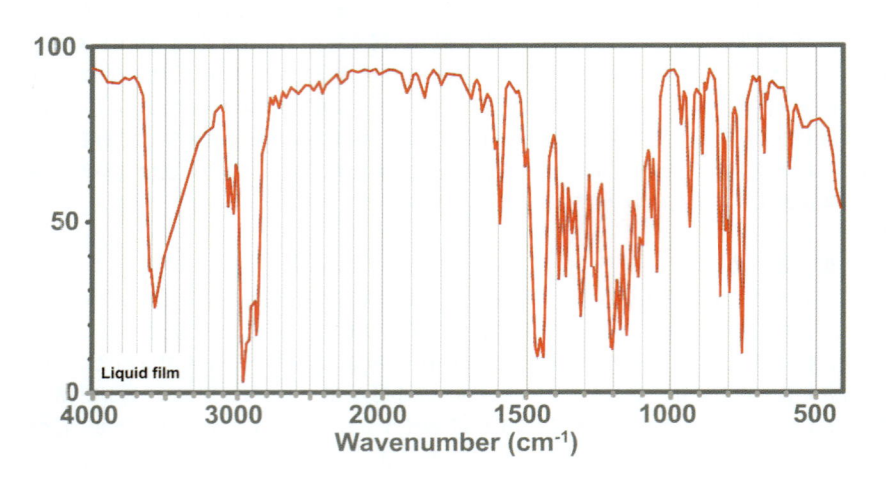

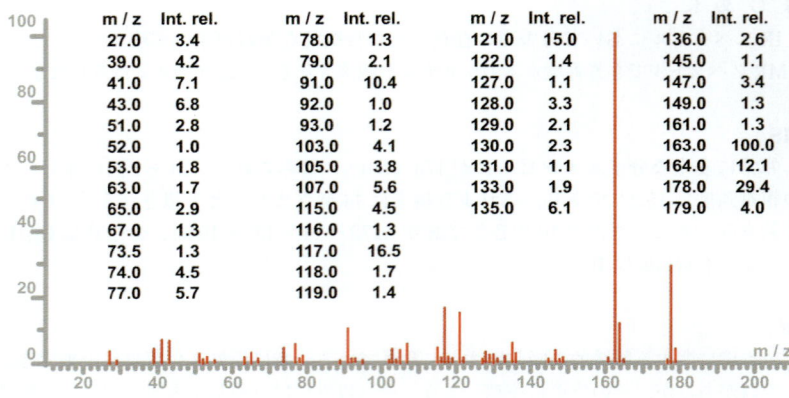

Liquid film

m/z	Int. rel.	m/z	Int. rel.	m/z	Int. rel.	m/z	Int. rel.
27.0	3.4	78.0	1.3	121.0	15.0	136.0	2.6
39.0	4.2	79.0	2.1	122.0	1.4	145.0	1.1
41.0	7.1	91.0	10.4	127.0	1.1	147.0	3.4
43.0	6.8	92.0	1.0	128.0	3.3	149.0	1.3
51.0	2.8	93.0	1.2	129.0	2.1	161.0	1.3
52.0	1.0	103.0	4.1	130.0	2.3	163.0	100.0
53.0	1.8	105.0	3.8	131.0	1.1	164.0	12.1
63.0	1.7	107.0	5.6	133.0	1.9	178.0	29.4
65.0	2.9	115.0	4.5	135.0	6.1	179.0	4.0
67.0	1.3	116.0	1.3				
73.5	1.3	117.0	16.5				
74.0	4.5	118.0	1.7				
77.0	5.7	119.0	1.4				

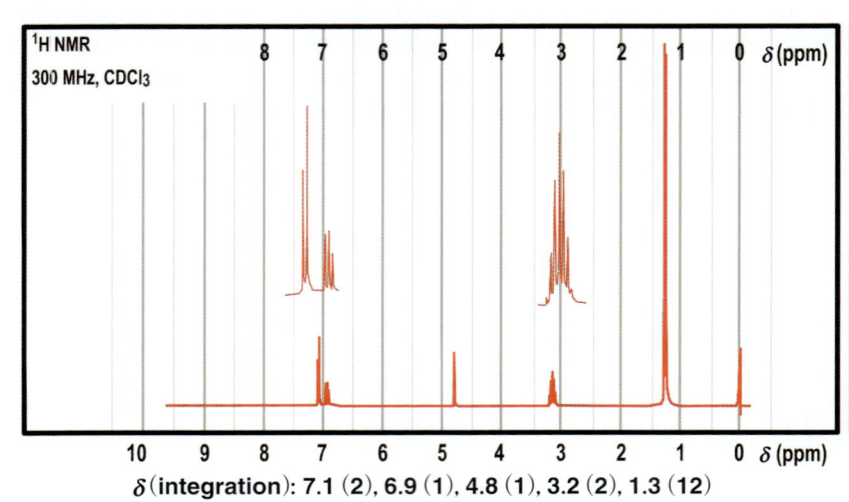

^{1}H NMR 300 MHz, CDCl$_3$

δ(integration): 7.1 (2), 6.9 (1), 4.8 (1), 3.2 (2), 1.3 (12)

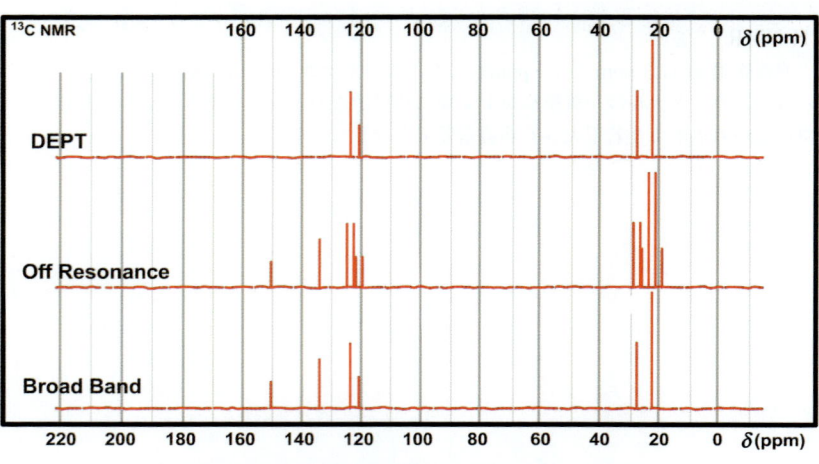

^{13}C NMR

δ: 149.98, 133.73, 123.46, 120.70, 27.17, 22.76

問題 060 (098)

はじめに

IRスペクトルから，アルキル基，芳香環，およびヒドロキシ基の存在がわかる．

^{13}C NMR

6本のシグナルがあり，そのうち2本は脂肪族，4本は芳香族炭素である．芳香族炭素のうち2本は第四級炭素（DEPTスペクトルで消失）であり，これらは置換基が結合した位置である．化学シフトから，一方（150 ppm）には酸素が，もう一方（134 ppm）には炭素が置換していると考えられる．芳香族領域のほかのシグナル（123, 121 ppm）は置換基がない炭素である（ORスペクトルで二重線）．27 ppmのシグナルは脂肪族のメチン炭素（ORスペクトルで二重線）であり，23 ppmのシグナルはメチル基である（ORスペクトルで四重線）．^{13}C NMRでは積分値は使われないが，同じ種類の炭素であればシグナルの大きさを比較すれば，重なっている炭素の数をある程度予想できる．

MS

比較的安定な分子イオンピークが178（29.4%）に現れている．基準ピークは163（100%）のメチル基が脱離したイオンである．164（12.1%）の同位体ピークから炭素数11個が示唆される．これより分子全体の炭素数はメチル基1個加えて12個と考えられる．フラグメントイオンのピーク強度を用いて炭素数を考える場合は，そのフラグメントイオンより1大きいイオン（P+1イオン）は別のフラグメンテーションによって生成したイオンの可能性もあることに注意しなければならない．このスペクトルの場合は，M：M+1の比は同じ結果を与える．すなわち，179（4.0%）の相対強度は13.6%であり，炭素数12個を示唆する．炭素を12個，酸素を1個含み，飽和化合物とすると，水素の数は26である（分子量は186，12 C + 26 H + 1 O）．ここでは分子イオンピークは178であり，水素8個分少ない．したがってこの化合物の不飽和度は4と考えられ，ベンゼン環一つ分に相当する．以上より，分子式は$C_{12}H_{18}O$である．

^{1}H NMR

7.1 ppmの二重線は2H分であり，オルト位の水素1個とカップリングしている．6.9 ppmの三重線はオルトカップリングする水素が隣に2個存在することを表す．4.8 ppmのシグナルはフェノールのヒドロキシ基の水素である．3.2 ppmの七重線は1.3 ppmの二重線と組合わせてイソプロピル基に帰属される．

IR

3300〜3700 cm^{-1}にある幅広い吸収はフェノールのO−H伸縮振動に帰属される．芳香族C−H伸縮振動の吸収が3050 cm^{-1}に観測され，3000 cm^{-1}よりやや低い振動数（波数）にある幅広い吸収は脂肪族C−H伸縮振動である．環伸縮振動の吸収は1480および1600 cm^{-1}にみられる．1380 cm^{-1}の同強度の二重線は*gem*-ジメチル基 >C(CH$_3$)$_2$に由来するが，ここではイソプロピル基 −CH(CH$_3$)$_2$に相当する．

まとめ

分子式は$C_{12}H_{18}O$であり，ベンゼン環とそれに結合した二つのイソプロピル基とヒドロキシ基から構成される．二つのイソプロピル基のシグナルが等価であることから対称性をもつと考えられる．そのため，置換基としてヒドロキシ基が一つ結合しても対称性が保たれた構造をもつと考えられる．したがって，ヒドロキシ基のオルト位またはメタ位に置換基が二つ結合していると考えられる（2,6-二置換または3,5-二置換）．^{1}H NMRスペクトルでは，ヒドロキシ基のパラ位の水素のシグナルは残されたもう1本の芳香環水素のシグナルより積分値が半分である．すなわち6.9 ppmの三重線（積分値1）がパラ位の水素であり，7.1 ppmの二重線（積分値2）がもう一つの芳香環水素のシグナルである．パラ位水素のカップリング様式から，この水素はオルトカップリングした二つの水素をもつことが示唆されるため，この化合物は2,6-ジイソプロピルフェノールであることが導かれる．ヒドロキシ基からみてパラ位の水素（6.9 ppm）はメタ位の水素（7.1 ppm）より高磁場側に現れている．これはパラ位の方がヒドロキシ基の効果をより大きく受けるためである．^{13}C NMRスペクトルでもパラ位のメチン炭素のシグナルは，もう1本の芳香族メチン炭素のシグナルより，シグナル強度が低く，より高磁場に現れている．これはヒドロキシ基のメタ位の炭素の化学シフトは低磁場へ移動（$\Delta\delta + 1.4$）することからも支持される．もしメチン炭素がヒドロキシ基のオルト位であれば高磁場シフト（$\Delta\delta - 12.8$）によりパラ位炭素（$\Delta\delta - 7.4$）よりも高磁場側に観測されると予想される．この置換様式はIRスペクトルにおいて750と780 cm^{-1}にみられる面外変角振動の吸収からも示唆され，1,2,3-三置換ベンゼンであることがわかる．

問　題　061（077）

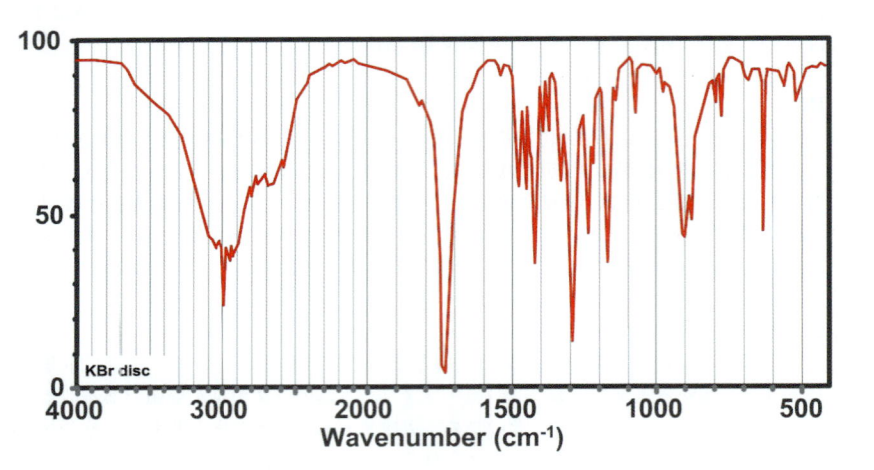

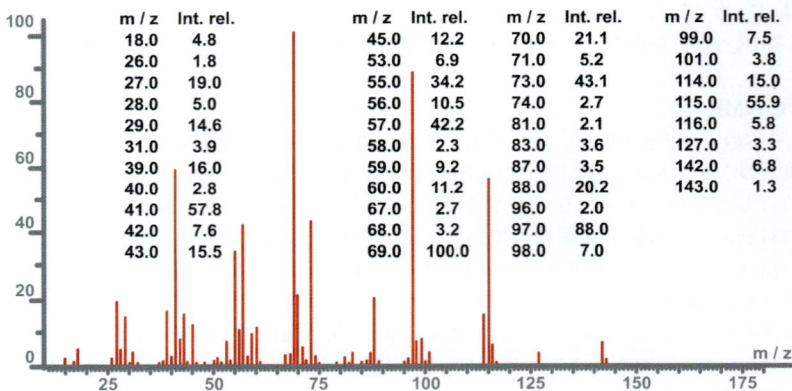

m/z	Int. rel.	m/z	Int. rel.	m/z	Int. rel.	m/z	Int. rel.
18.0	4.8	45.0	12.2	70.0	21.1	99.0	7.5
26.0	1.8	53.0	6.9	71.0	5.2	101.0	3.8
27.0	19.0	55.0	34.2	73.0	43.1	114.0	15.0
28.0	5.0	56.0	10.5	74.0	2.7	115.0	55.9
29.0	14.6	57.0	42.2	81.0	2.1	116.0	5.8
31.0	3.9	58.0	2.3	83.0	3.6	127.0	3.3
39.0	16.0	59.0	9.2	87.0	3.5	142.0	6.8
40.0	2.8	60.0	11.2	88.0	20.2	143.0	1.3
41.0	57.8	67.0	2.7	96.0	2.0		
42.0	7.6	68.0	3.2	97.0	88.0		
43.0	15.5	69.0	100.0	98.0	7.0		

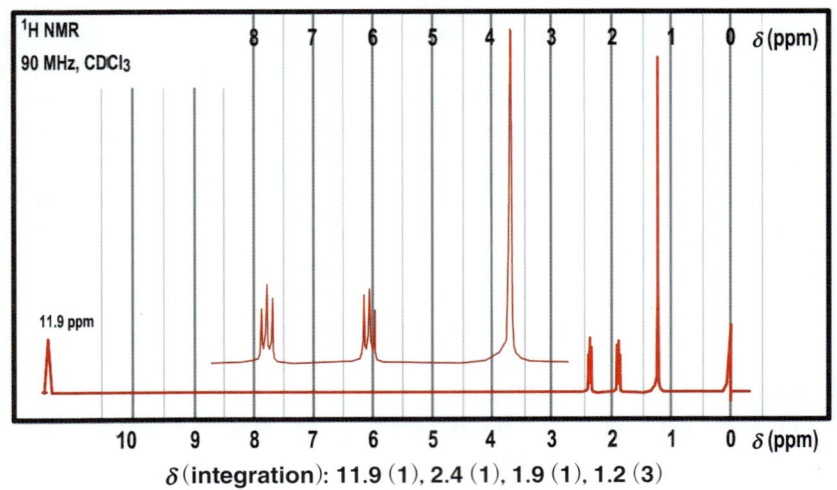

^{1}H NMR 90 MHz, CDCl$_3$

δ(integration): 11.9 (1), 2.4 (1), 1.9 (1), 1.2 (3)

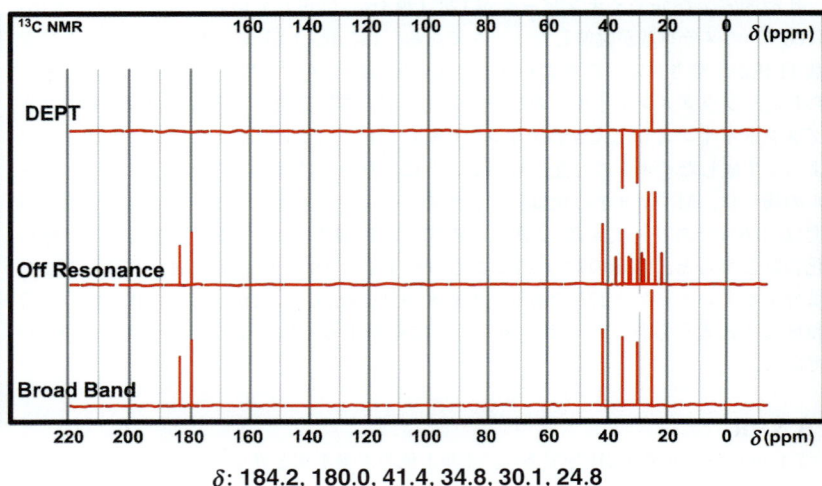

^{13}C NMR

δ: 184.2, 180.0, 41.4, 34.8, 30.1, 24.8

問 題 061 (077)

IR
2300～3500 cm^{-1}の非常に幅広い吸収はある官能基を強く示唆する．同じ官能基を示唆する吸収が900, 1290, 1420，および1730 cm^{-1}にもみられる．1369と1388 cm^{-1}にある同じ強度の2本の吸収も特徴的である．

^{13}C NMR
6本のシグナルがある．そのうち2本は特徴的な官能基を表すシグナルである．ORおよびDEPTスペクトルから，その官能基を表す炭素は第四級炭素であることがわかる．脂肪族領域にも第四級炭素が一つある．メチル炭素のシグナルが1本，メチレン炭素のシグナルが2本ある．

^{1}H NMR
カルボン酸水素（11.9 ppm），二つのメチレン基，およびメチル基のシグナルが観測される．メチレン基のシグナル1本を2H分とすると，積分比からカルボン酸水素は2個，メチル基も2個存在することが示唆される．メチレン基間のカップリングから，これらのメチレン基は互いに隣り合っていることがわかる．

MS
142のピークは分子イオンピークかもしれないが，IRスペクトルでは容易に中性分子を脱離させる性質をもつ官能基が示唆されている．ほかのスペクトルからの証拠もあわせて，カルボン酸が2個存在することが明らかであり，そのほかに脂肪族の第四級炭素が1個，メチル基が2個，メチレン基が2個存在する．その結果，分子式はC$_7$H$_{12}$O$_4$，分子量は160であることがわかる．142のイオンは分子イオンピークではなく，カルボン酸によくみられる水が脱離したピークである．

まとめ
部分構造をつなぎ合わせていくと分子ができあがる．すなわち，二つのメチレン炭素に二つのメチル基が結合した第四級炭素をつなぎ，その両端にカルボン酸を一つずつ加えると一つの鎖状化合物となる．この化合物は2,2-ジメチルグルタル酸HOOCCH$_2$CH$_2$C(CH$_3$)$_2$COOHである．

注 意 点
2300～3500 cm^{-1}の非常に幅広い吸収（3000 cm^{-1}を中心にした非対称形）とそれに関連したカルボニル基やC－O伸縮振動の吸収はカルボン酸に特徴的である．1369と1388 cm^{-1}の同じ強度の2本の吸収は一つの炭素に二つのメチル基が結合した構造を示唆する．

等価ではない二つのメチレン基の水素はAA′XX′系を形成し，対称な2つの4本線のシグナルを与える．ここでは，J_{AX}と$J_{AX'}$がほぼ等しいために，4本線の中央の2本が重なって現れている．

MSスペクトルでは115（M－45）のイオンが観測されるが，これは第四級炭素での開裂により生成したイオンである．97のイオン（88%）は115からさらに水（18）が脱離したイオンである．69の基準ピークは安定なアリルイオン（CH$_3$）$_2$C=CHCH$_2$$^+$に相当し，97のイオンから一酸化炭素が脱離して生成したものと考えられる．McLafferty転位反応によって88のイオン（CH$_3$）$_2$CHCOOHが生じる．このイオンからさらに脱水が起こると70のイオンとなる．

問 題 062 (037)

元素分析: C = 50.21%, N = 5.86%, H = 3.79%, O = 40.14%

IR: KBr disc

MS:
m/z	Int. rel.	m/z	Int. rel.	m/z	Int. rel.
14.0	3.0	75.0	2.1	122.0	2.7
18.0	4.6	76.0	3.4	124.0	3.3
28.0	5.9	77.0	20.7	135.0	4.2
30.0	5.5	78.0	13.4	136.0	21.8
39.0	3.8	79.0	5.1	137.0	3.5
41.0	4.2	87.0	4.7	150.0	2.8
42.0	25.1	89.0	33.6	151.0	2.5
43.0	41.3	90.0	6.3	152.0	19.7
44.0	53.1	94.0	2.8	153.0	100.0
50.0	4.7	105.0	5.5	154.0	8.4
51.0	9.1	106.0	18.1	193.0	2.3
52.0	2.7	107.0	10.2	195.0	19.1
60.0	4.3	108.0	6.0	196.0	2.2
63.0	5.8	121.0	2.2		

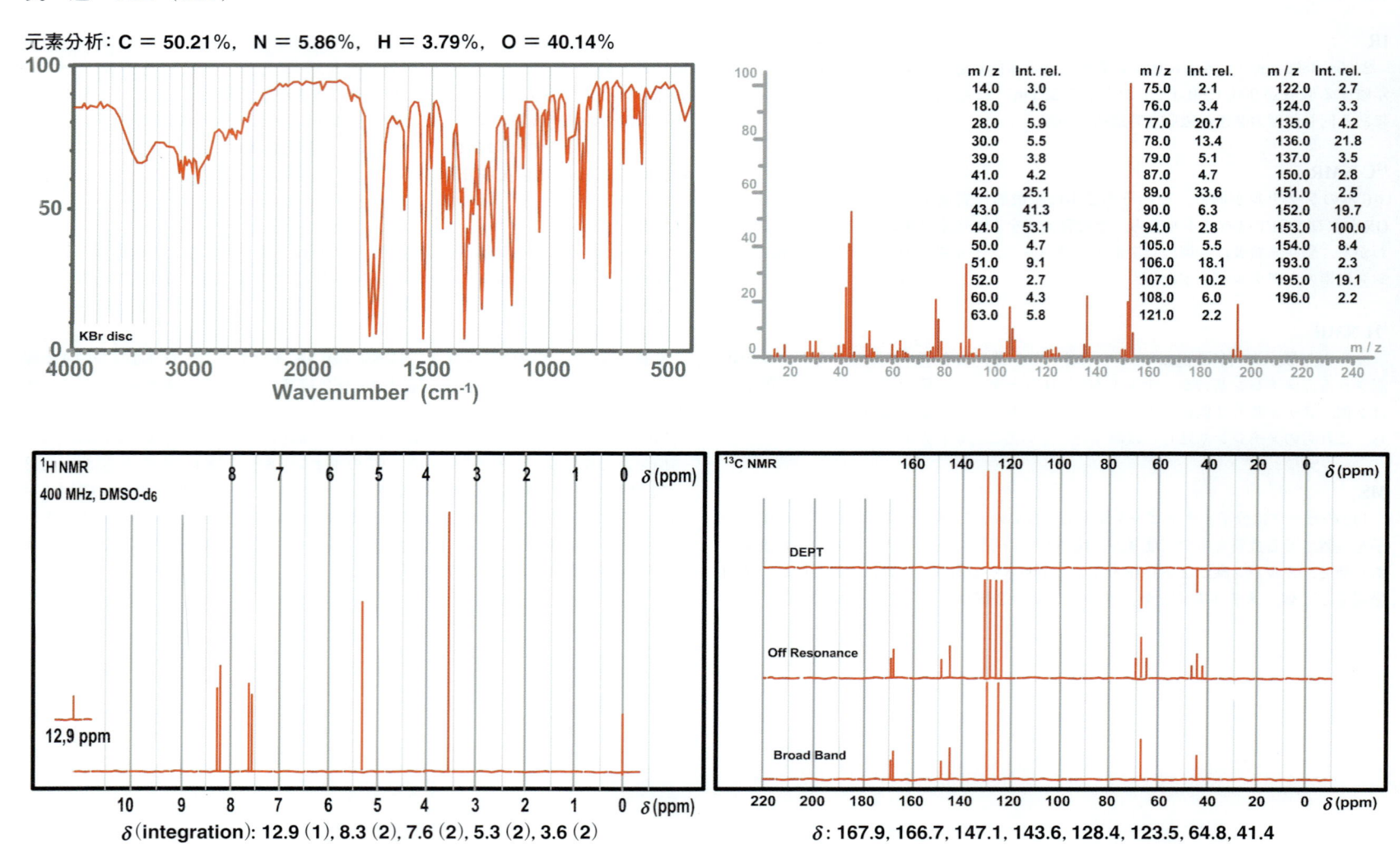

^{1}H NMR 400 MHz, DMSO-d_6

12.9 ppm

δ(integration): 12.9 (1), 8.3 (2), 7.6 (2), 5.3 (2), 3.6 (2)

^{13}C NMR — DEPT, Off Resonance, Broad Band

δ: 167.9, 166.7, 147.1, 143.6, 128.4, 123.5, 64.8, 41.4

128   問 題 062

問題 062 (037)

はじめに

IR スペクトルでは 2 本のカルボニル基の特徴的な吸収がある．MS スペクトルでは主要な最高質量イオンが奇数であることに注意しよう．^{1}H NMR スペクトルでは芳香族水素の分裂様式が特徴的であり，また非常に低磁場（12.9 ppm）に現れている 1H 分のシグナルにも注意しよう．

IR

2400～3700 cm^{-1} にある非常に幅広い O-H 伸縮振動の吸収や 1720 cm^{-1} のカルボニル基の吸収は一つの官能基の存在を示す決め手となる．1750 cm^{-1} のカルボニル基の吸収は別の官能基の存在を表している．1350 と 1530 cm^{-1} の吸収からニトロ基の存在が示唆される．

^{1}H NMR

12.9 ppm のシグナルは非常に酸性が強い水素の存在を表す．7.6 と 8.3 ppm のシグナルはパラ置換ベンゼン環水素に典型的な分裂様式を示している．化学シフトから置換基の一つは非常に電子求引性が強いと考えられる．3.6 と 5.3 ppm には 2 本のおのおの孤立したメチレン基のシグナルがある．特に 5.3 ppm のメチレン基は非常に強く非遮蔽効果を受けていることに注意しよう．

^{13}C NMR

124 と 128 ppm の強いシグナルは，おのおのパラ二置換ベンゼン環の等価なメチン炭素 2 個分である．DEPT と OR スペクトルからほかのシグナルは 4 本の第四級炭素，2 本のメチレン炭素と帰属される．4 本の第四級炭素のうち，2 本は芳香環炭素，残りの 2 本はカルボニル炭素である．65 ppm のメチレン炭素は酸素に結合していると考えられ，41 ppm のメチレン炭素は二つのカルボニル基に挟まれることにより非遮蔽効果を受けている．

MS

195 のイオンは分子イオンピークの可能性がある．しかし，二つのカルボニル基が存在することからフラグメントイオンの可能性も高い．これについては元素分析の結果（C%：50.21%, N%：5.86%, H%：3.79%, O%：40.14%）から解決のヒントが得られる．元素比を計算すると C：H：N：O = 4.18：3.76：0.418：2.51 となる．これを整数の比に直すと C：H：N：O = 10：9：1：6 となり，分子式 C$_{10}$H$_9$NO$_6$，分子量 239 であることがわかる．

まとめ

スペクトルデータから得られる部分構造は，パラ二置換ベンゼン環 X-C$_6$H$_4$-Y，カルボキシル基 -COOH，エステル基 -COOR，二つのメチレン基 -CH$_2$，およびニトロ基 -NO$_2$ である．これらを足し合わせると分子式 C$_{10}$H$_9$NO$_6$ となり，元素分析の結果と一致する．分子式に相当する分子量 (239) は MS スペクトルにおいて観測された主要な最高質量ピーク 195 に 44 (CO$_2$) を加えたものである．二酸化炭素の脱離は β 位にカルボニル基をもつカルボン酸では容易に起こる．この化合物の場合は β 位にカルボニル基としてエステル基 HO(O=C)CH$_2$(C=O)OR をもつと考えられる．^{1}H NMR スペクトルの 3.5 ppm のシグナルは，二つのカルボニル基に挟まれたメチレン基に帰属される．二つのカルボニル基とは一つはエステル基 -COOR，もう一つはカルボキシル基 -COOH である．パラ二置換ベンゼン環の一つの置換基はニトロ基であり，もう一つの置換基はメチレン基と考えられる（-CH$_2$-C$_6$H$_4$-NO$_2$）．5.3 ppm のメチレン基はエステル酸素に結合しており，それに加えて，ベンゼン環のパラ位に存在するニトロ基の強い電子求引性により強く非遮蔽効果を受けている．以上より，この化合物はマロン酸水素 4-ニトロベンジル（マロン酸に 4-ニトロベンジル基が一つエステル結合した化合物）O$_2$NC$_6$H$_4$CH$_2$O(CO)CH$_2$COOH であることがわかる．

芳香族水素は AA'XX' 系結合様式をもっている．ここで J_{AX} は約 8 Hz（オルトカップリング）である．7.6 ppm の水素はベンゼンの化学シフト 7.3 ppm より少しだけ低磁場にシフトしている．一方 8.2 ppm の水素は 0.9 ppm も低磁場シフトしている．置換基効果の表からわかるようにニトロ基はオルト位水素を 0.95 ppm 非遮蔽化する．

MS スペクトルにおける 195 のイオンは CO$_2$ (44) が脱離したイオンである．これは β 位にカルボニル基をもつカルボン酸ではよくみられる反応である．153 の基準ピークは 195 のイオンからさらにケテン CH$_2$=C=O が脱離したイオンである．

問題 063 (080)

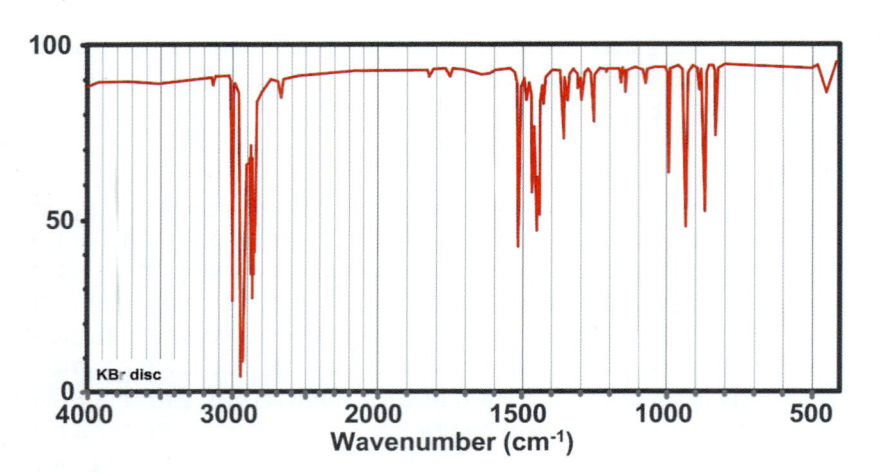

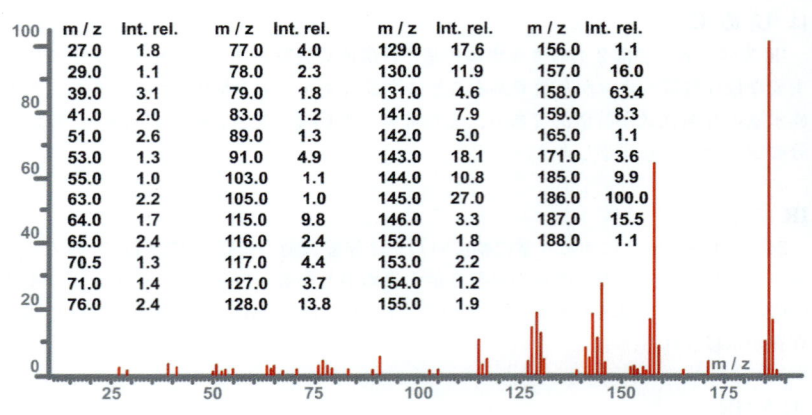

IR spectrum (KBr disc)

Mass spectrum

m/z	Int. rel.	m/z	Int. rel.	m/z	Int. rel.	m/z	Int. rel.
27.0	1.8	77.0	4.0	129.0	17.6	156.0	1.1
29.0	1.1	78.0	2.3	130.0	11.9	157.0	16.0
39.0	3.1	79.0	1.8	131.0	4.6	158.0	63.4
41.0	2.0	83.0	1.2	141.0	7.9	159.0	8.3
51.0	2.6	89.0	1.3	142.0	5.0	165.0	1.1
53.0	1.3	91.0	4.9	143.0	18.1	171.0	3.6
55.0	1.0	103.0	1.1	144.0	10.8	185.0	9.9
63.0	2.2	105.0	1.0	145.0	27.0	186.0	100.0
64.0	1.7	115.0	9.8	146.0	3.3	187.0	15.5
65.0	2.4	116.0	2.4	152.0	1.8	188.0	1.1
70.5	1.3	117.0	4.4	153.0	2.2		
71.0	1.4	127.0	3.7	154.0	1.2		
76.0	2.4	128.0	13.8	155.0	1.9		

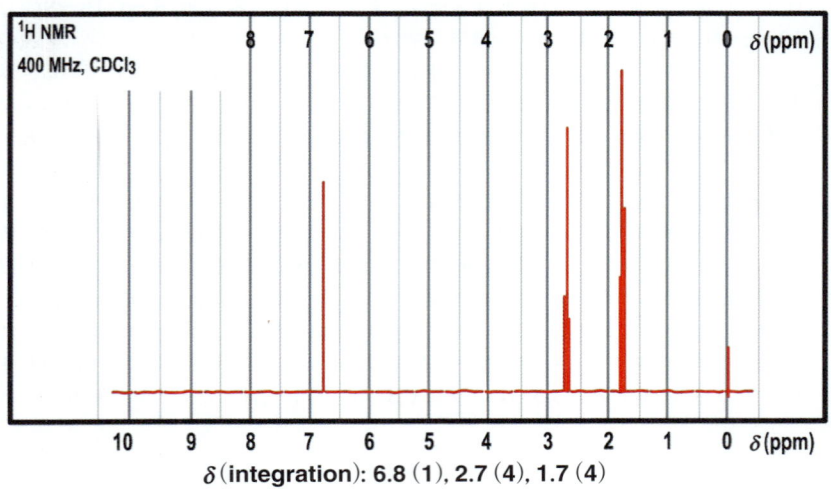

^{1}H NMR (400 MHz, CDCl$_3$)

δ (integration): 6.8 (1), 2.7 (4), 1.7 (4)

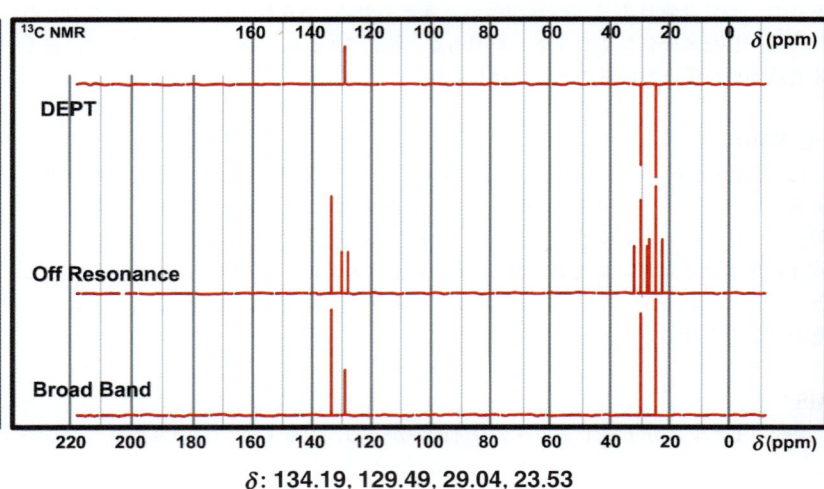

^{13}C NMR

δ: 134.19, 129.49, 29.04, 23.53

問題 063 (080)

はじめに

IRとNMRスペクトルはそれほど複雑ではないが，MSスペクトルでは分子量が比較的大きい．これより対称性の高い分子であることが予想される．

MS

分子イオンピーク186（100%）は非常に強い．M＋1同位体ピークの相対強度は15.5であり，これより炭素数は14個と考えられる．炭素14個の質量は168（14×12）であり，分子量186をみたすには水素原子が18個必要である．これより，分子式$C_{14}H_{18}$となり，不飽和度は6である．分子イオンピークが非常に安定であり，電子豊富なπ電子系が存在すると考えられる．基準ピークの次に強度が大きいピークは158（63.4%）のM－28のイオンであり，これは転位反応を経てエチレン分子が脱離したイオンに相当する．

IR

芳香環の存在が1500〜3000 cm^{-1}の吸収により示唆される．1600 cm^{-1}に吸収がないが，これは分子の対称性のためと考えられる．この伸縮振動の吸収は極性の官能基が存在しないときは非常に弱い．861 cm^{-1}の吸収は孤立した芳香族水素の面外変角振動に由来する．2850と2930 cm^{-1}の吸収はメチレン基に特有の吸収であり，1350〜1400 cm^{-1}にメチル基の吸収はない．

^{1}H NMR

3本のシグナルがある．その積分比は1（6.8 ppm）：4（2.7 ppm）：4（1.7 ppm）であり，全部で水素9個分に相当する．これを2倍すると水素18個分となり，MSスペクトルから予想された分子式（$C_{14}H_{18}$）をみたす水素数となる．1.7 ppmの三重線は4個の等価なメチレン水素，2.7 ppmのシグナルはそれとは異なる4個の等価なメチレン水素に由来する．これらのメチレン基の対は互いにカップリングし，三重線として現れている．より非遮蔽効果を受けた2.7 ppmのシグナルは芳香環のα位のメチレン基と考えられる．6.8 ppmのシグナルは等価な二つの芳香族水素に帰属される．このシグナルはベンゼン（7.3 ppm）より少し高磁場にあるが，それはメチレン基の遮蔽効果〔オルト（－0.17），メタ（－0.09）〕のためである．

^{13}C NMR

4本のシグナルがある．このうち2本はsp^{3}炭素（2種類のメチレン炭素），2本はsp^{2}炭素（第四級炭素とメチン炭素）である．二つの異なるメチレン炭素はおのおの炭素4個分に相当し，メチン炭素は炭素2個分である．したがって，水素が結合した炭素は全部で10個存在する．残った1本のsp^{2}第四級炭素のシグナルは炭素4個分に相当する．すなわち，23.5 ppmのORスペクトルで三重線のシグナルはメチレン炭素4個分，29.0 ppmの三重線も別のメチレン炭素4個分，129.5 ppmの二重線は芳香族メチン炭素2個分，そして，134.2 ppmの一重線が芳香族第四級炭素4個分である．

まとめ

IRスペクトルではsp^{2}とsp^{3}の両方のC－H伸縮振動の吸収が観測される．また芳香環の吸収も観測される．分子式は$C_{14}H_{18}$であり，不飽和度6のうち4はベンゼン環一つに相当する．ベンゼン環以外の炭素3個（8個のメチレン炭素）によって残りの不飽和度2をみたすために，環が2個存在すると考えられる．一つのベンゼン環にメチレン炭素4個からなる環を二つ加えて分子を構築すると1,2,3,4,5,6,7,8-オクタヒドロアントラセンが導かれる．この分子には4個の等価なαメチレン基と4個の等価なβメチレン基があり，さらに二つの等価な芳香族メチン炭素も含まれる．

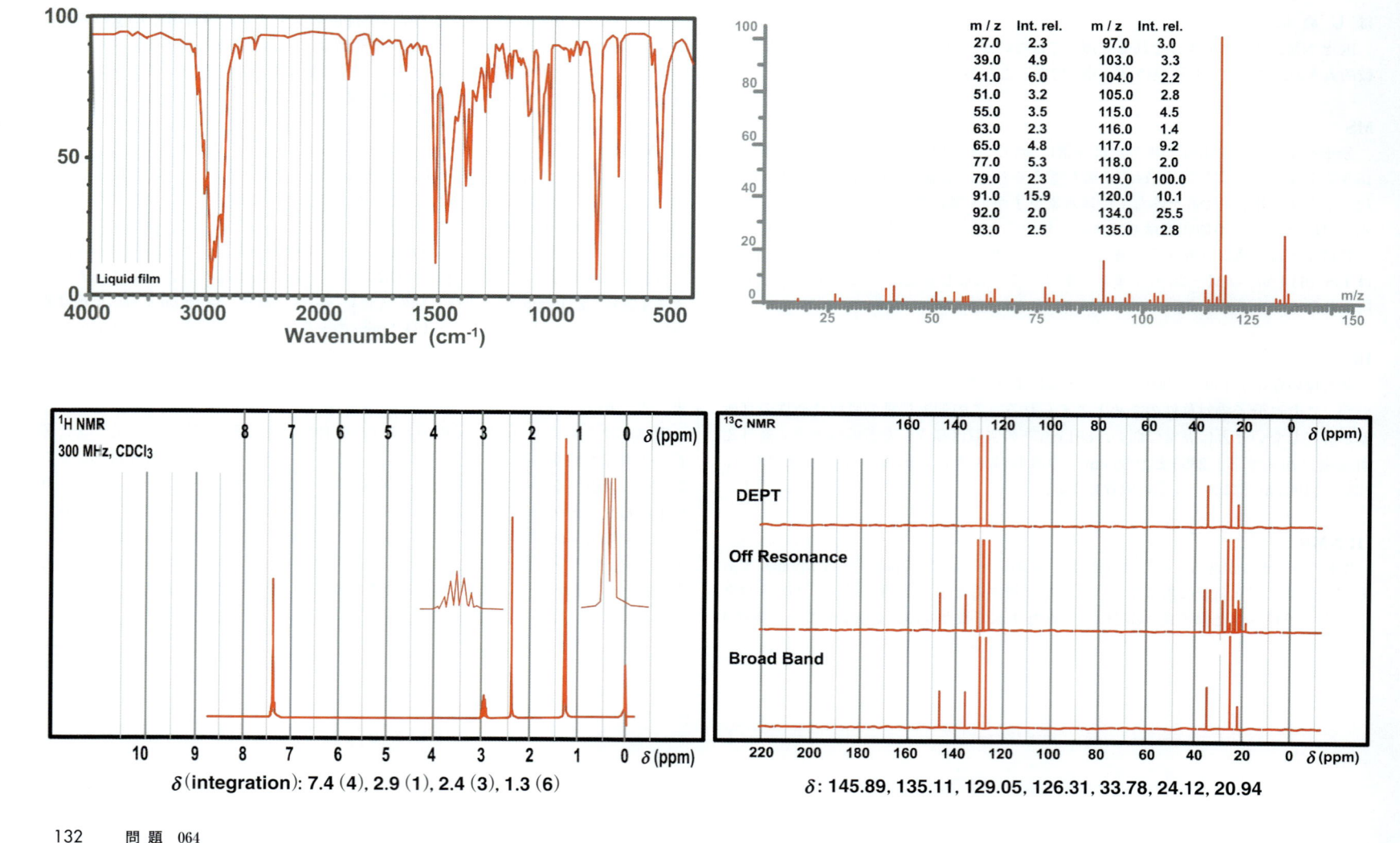

問題 064 (031)

IR (Liquid film)

MS

m/z	Int. rel.	m/z	Int. rel.
27.0	2.3	97.0	3.0
39.0	4.9	103.0	3.3
41.0	6.0	104.0	2.2
51.0	3.2	105.0	2.8
55.0	3.5	115.0	4.5
63.0	2.3	116.0	1.4
65.0	4.8	117.0	9.2
77.0	5.3	118.0	2.0
79.0	2.3	119.0	100.0
91.0	15.9	120.0	10.1
92.0	2.0	134.0	25.5
93.0	2.5	135.0	2.8

^{1}H NMR (300 MHz, CDCl$_3$)

δ (integration): 7.4 (4), 2.9 (1), 2.4 (3), 1.3 (6)

^{13}C NMR

δ: 145.89, 135.11, 129.05, 126.31, 33.78, 24.12, 20.94

問　題　064（031）

はじめに

　各スペクトルから芳香環の存在が明らかである．一方，カルボニル基，NH 基，OH 基，その他の官能基を示す証拠はみられない．

MS

　分子イオンピークが 134（25.5%）にあり，M＋1 同位体ピークが 135（2.8%）にみられる．M＋1/M の相対強度は 11%（2.8/25.5×100）であり，炭素数は 10 個と予想される．これにより分子式は $C_{10}H_{14}$ と考えられる．77, 91（77＋14），105（91＋14）のピークはベンゼン環にアルキル基が結合したフラグメントイオンに帰属される．また，基準ピーク 119（100%, M－15）から脱離しやすいメチル基が芳香環の α 位に結合していることが示唆される．

^{13}C NMR

　4 本の芳香族 sp^2 炭素と 3 本の sp^3 炭素のシグナルが観測される．芳香族炭素のうちの二つはメチン炭素であり（OR スペクトルで二重線），残りの二つは第四級炭素である（DEPT スペクトルで消失）．第四級炭素の二つの化学シフトが違うことから，芳香環に異なる置換基が結合している．芳香族のメチン炭素は 2 種類しかないことからパラ置換ベンゼン環である．sp^3 炭素領域のシグナルはメチン炭素（OR スペクトルで二重線）が 1 本，メチル基は 2 種類（OR スペクトルで異なる強度の四重線が 2 本）ある．強度が小さい方はメチル基 1 個分，強度が大きい方は等価なメチル基 2 個分である．

^{1}H NMR

　4 本のシグナル，すなわち，一重線（7.4 ppm），七重線（2.9 ppm），一重線（2.4 ppm），および二重線（1.3 ppm）が積分比 4：1：3：6 で観測されている．7.4 ppm の一重線は芳香族水素に帰属されるが，化学シフトが偶然同じになっている．アルキル基だけが置換したベンゼン環では水素の環境が近いために等価に観測されることはめずらしくない．1.3 ppm の二重線はイソプロピル基 $-CH(CH_3)_2$ の二つの等価なメチル基である．このメチル基はメチン基とのカップリングにより二重線に分裂し，一方，そのメチン基は 6 個のメチル水素とのカップリングにより七重線（2.9 ppm）となっている（七重線の一番外側の線は非常に弱いために判別は困難である）．最後に残された一重線のメチル基は，化学シフト（2.1 ppm）から芳香環に直接結合したメチル基であると考えられる．

IR

　3000～3100 cm^{-1} の芳香族 C－H 伸縮振動の吸収は，強いアルキル基の C－H 伸縮振動の吸収に埋もれて判別しにくい．芳香環の ＞C＝C＜ 伸縮振動は 1500 cm^{-1} にみられる．また 816 cm^{-1} の面外変角振動の吸収はパラ置換ベンゼン環を示唆する．パラ置換ベンゼン環の置換基が極性をもたない場合は 1600 cm^{-1} の吸収は弱いかほとんどみえない程度である．1380 cm^{-1} 付近の同じ強度の 2 本の吸収は *gem*-ジメチル基 $-CH(CH_3)_2$ が存在することを示唆している．

まとめ

　分子式が $C_{10}H_{14}$ であることから不飽和度が 4 であり，ちょうどベンゼン環 1 個分である．ベンゼン環以外の四つの炭素はベンゼン環に置換したアルキル基である．そのアルキル基とはメチル基が一つとイソプロピル基が一つである．^{13}C NMR スペクトルでは，芳香族メチン炭素が 2 本しか観測されないことから，パラ置換体であることが示唆される．816 cm^{-1} の面外変角振動からもパラ置換体であることが支持される．この化合物は *p*-シメンである．

問題 065 (074)

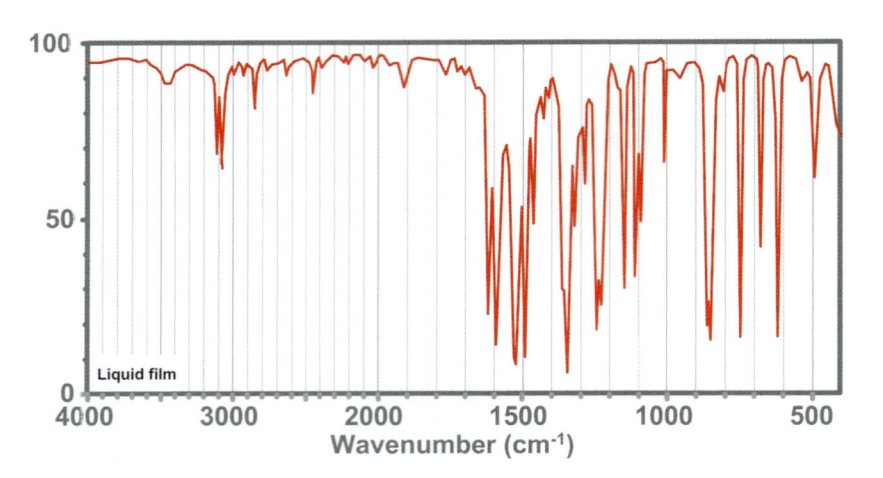

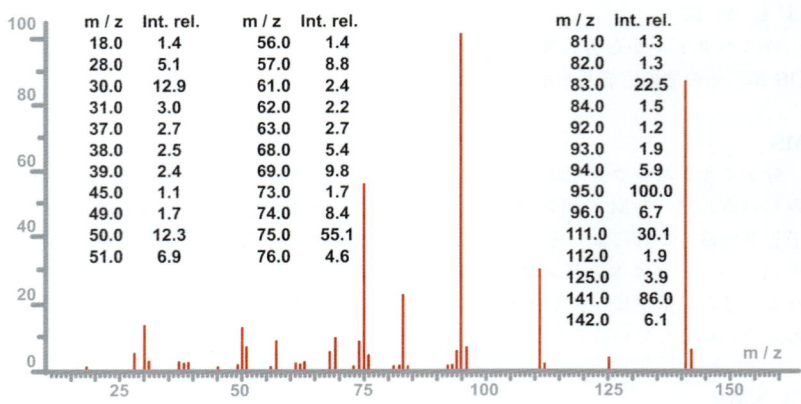

IR Spectrum (Liquid film)

Mass Spectrum

m/z	Int. rel.	m/z	Int. rel.	m/z	Int. rel.
18.0	1.4	56.0	1.4	81.0	1.3
28.0	5.1	57.0	8.8	82.0	1.3
30.0	12.9	61.0	2.4	83.0	22.5
31.0	3.0	62.0	2.2	84.0	1.5
37.0	2.7	63.0	2.7	92.0	1.2
38.0	2.5	68.0	5.4	93.0	1.9
39.0	2.4	69.0	9.8	94.0	5.9
45.0	1.1	73.0	1.7	95.0	100.0
49.0	1.7	74.0	8.4	96.0	6.7
50.0	12.3	75.0	55.1	111.0	30.1
51.0	6.9	76.0	4.6	112.0	1.9
				125.0	3.9
				141.0	86.0
				142.0	6.1

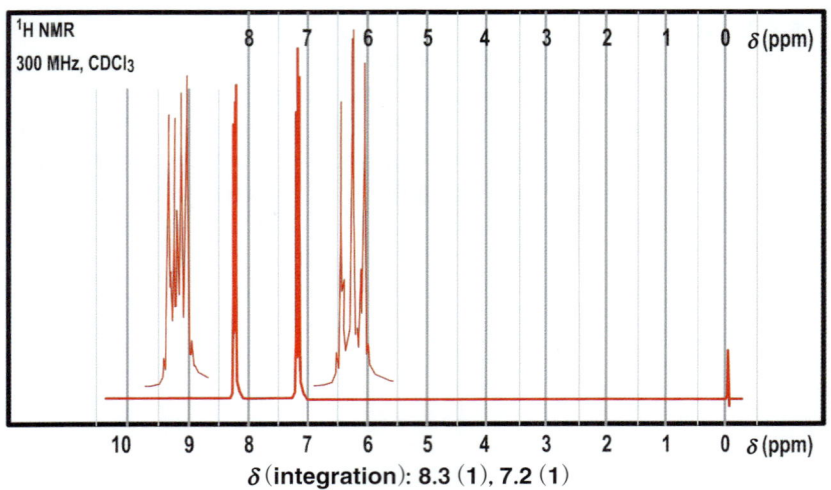

^{1}H NMR
300 MHz, CDCl$_3$

δ (integration): 8.3 (1), 7.2 (1)

^{13}C NMR
Spectrometer 25.16 MHz

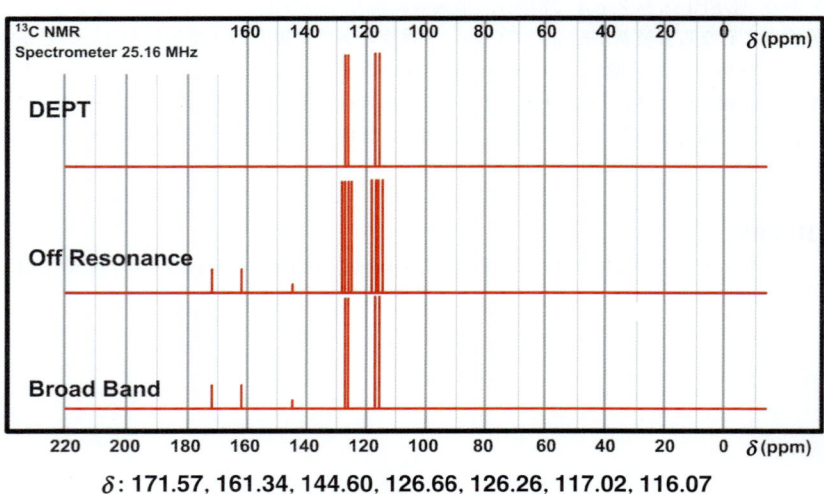

δ: 171.57, 161.34, 144.60, 126.66, 126.26, 117.02, 116.07

問題 065 (074)

はじめに

IRとNMRスペクトルを一見すると芳香環の存在が示唆される．IRスペクトルでは3000 cm^{-1}以下にsp^{3}炭素のC-H伸縮振動の吸収がないことに注意しよう．カルボニル基やNH基，OH基などの官能基を示す吸収はみられない．

MS

141 (86%) に強い奇数イオンが観測されることから窒素の存在が示唆される．142 (6.1%) M＋1同位体ピークの相対強度は7.1%であり，炭素6個含まれると考えられる (炭素原子6個で6.6, 窒素原子1個で0.4の寄与がある)．M－16，M－30，およびM－46の三つのピークはニトロ基に特徴的なイオンである．125 (3.9%) の小さいピークは酸素原子の脱離，111 (30.1%) のピークは一酸化窒素の脱離，そして95 (100%) のピークは二酸化窒素の脱離に由来する．83 (22.5%) のピークは111のイオンから一酸化炭素が脱離したイオンである．ベンゼンの質量は78であり，水素原子1個をニトロ基に置き換えると123に質量が増える．この値は分子イオンピーク141より18小さい．もしさらに水素原子1個が何らかの置換基に置き換わったとするとその置換基の質量は19でなければならない．これはフッ素原子1個に相当する．75 (55.1%) のピークは基準ピークからHFが脱離したイオンと考えられる．

^{1}H NMR

芳香環水素の対が観測される．そのうちの一つは通常のベンゼン環水素の化学シフトをもつが，もう一方のシグナルは非常に強く非遮蔽効果を受けている．これはニトロ基からの影響と考えられる．これらの分裂様式は興味深い．高磁場のシグナルは9.2 Hzと8.2 Hzの結合定数で4本に分裂しており，低磁場のシグナルも9.2 Hzと4.9 Hzの結合定数でやはり4本に分裂している．これらの水素どうしの結合定数は9.2 Hzであり，オルトカップリング〔^3J(オルト)〕に相当する．おのおののシグナルのもう一つのJ値は，フッ素原子との間のカップリングである ($^3J_{HF}$ = 8.2 Hzおよび $^4J_{HF}$ = 4.9 Hz)．

^{13}C NMR

ベンゼン環には炭素が6個ある．二つの異なる置換基をもつとき期待されるシグナルの数は，パラ置換では4本，メタ置換では6本，オルト置換でも6本である．この化合物ではBBスペクトルにおいて7本のシグナルがある．しかし，シグナルの本数から炭素数を数えるとき，フッ素原子とのカップリングを考慮しなければならない．171.57と161.34 ppmの2本のシグナルは166.5 ppmを中心としたJ = 257 Hzの二重線とみることができる．また，126.66と126.26 ppmのシグナルは126.5 ppmを中心としたJ = 10 Hzの二重線であり，117.02と116.07 ppmのシグナルは116.5 ppmを中心としたJ = 24 Hzの二重線である．166.5 ppmを中心とした二重線および144.6 ppmの一重線はいずれも第四級炭素である (DEPTスペクトルで消失)．166.5 ppmのシグナルは明らかにフッ素原子が結合した位置の炭素であり，非常に大きな結合定数 (^1J = 257 Hz) で分裂している．もう一つの第四級炭素はニトロ基が結合した炭素であり，フッ素とのカップリングはほとんど観測できない．117 ppmの二重線はフッ素のオルト位 (^3J = 24 Hz)，127 ppmの二重線はフッ素のメタ位 (^4J = 10 Hz) である．

IR

2900～3000 cm^{-1}に吸収が観測されないため，アルキル基は存在しないと考えられる．芳香環に特徴的な吸収として，3000～3100 cm^{-1}のC-H伸縮振動の吸収，1600～2000 cm^{-1}の弱い倍音振動の吸収，1500～1600 cm^{-1}の＞C=C＜伸縮振動の吸収，そして面外変角振動領域の吸収がある．芳香族ニトロ化合物に特徴的な吸収が1350と1520 cm^{-1}に現れている．C-F伸縮振動の吸収は1230 cm^{-1}にみられる．

まとめ

この化合物はp-フルオロニトロベンゼンである．

問題 066 (051)

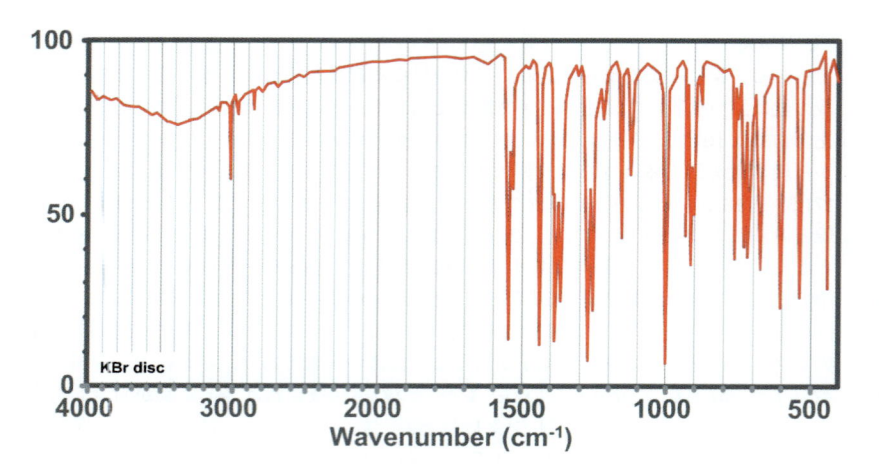

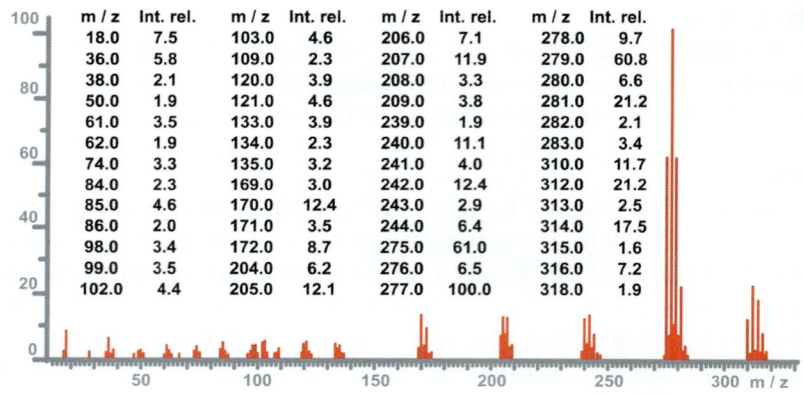

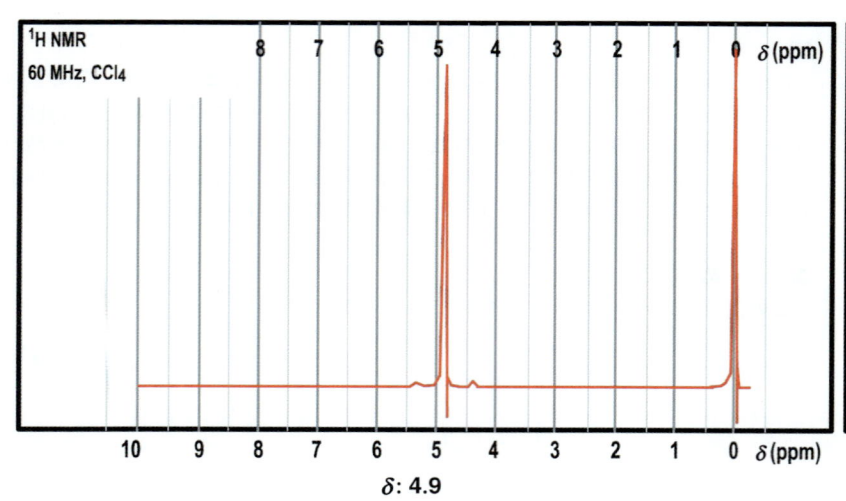

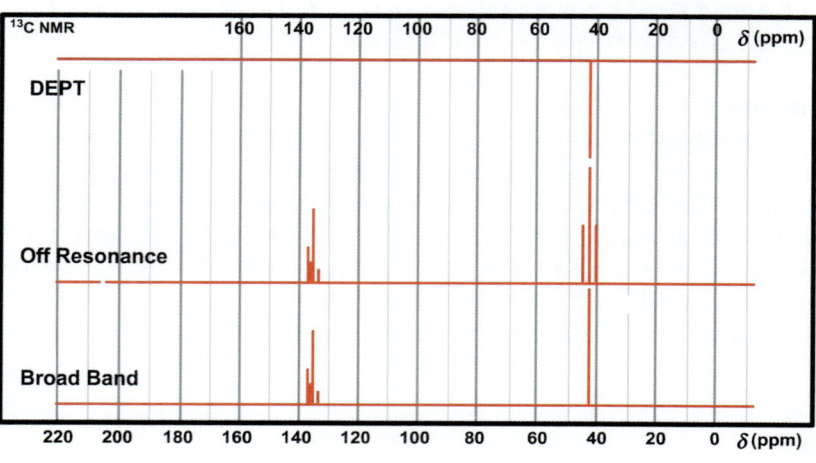

m/z	Int. rel.	m/z	Int. rel.	m/z	Int. rel.	m/z	Int. rel.
18.0	7.5	103.0	4.6	206.0	7.1	278.0	9.7
36.0	5.8	109.0	2.3	207.0	11.9	279.0	60.8
38.0	2.1	120.0	3.9	208.0	3.3	280.0	6.6
50.0	1.9	121.0	4.6	209.0	3.8	281.0	21.2
61.0	3.5	133.0	3.9	239.0	1.9	282.0	2.1
62.0	1.9	134.0	2.3	240.0	11.1	283.0	3.4
74.0	3.3	135.0	3.2	241.0	4.0	310.0	11.7
84.0	2.3	169.0	3.0	242.0	12.4	312.0	21.2
85.0	4.6	170.0	12.4	243.0	2.9	313.0	2.5
86.0	2.0	171.0	3.5	244.0	6.4	314.0	17.5
98.0	3.4	172.0	8.7	275.0	61.0	315.0	1.6
99.0	3.5	204.0	6.2	276.0	6.5	316.0	7.2
102.0	4.4	205.0	12.1	277.0	100.0	318.0	1.9

^{1}H NMR 60 MHz, CCl$_4$

δ: 4.9

^{13}C NMR

δ: 135.95, 135.11, 134.37, 132.40, 41.83

問 題 066（051）

はじめに

IR スペクトルにおいて 3400 cm^{-1} を中心になだらかな幅広い吸収がみられるが，これは試料調製に伴う偽の吸収（不純物）である．1500〜1600 cm^{-1} の吸収は芳香環の存在を示唆するが，酸素や窒素を含む官能基の存在を示す吸収はない．

MS

分子イオンピークは 310 に M＋2, M＋4, M＋6, M＋8 同位体ピークとともに現れており，塩素または臭素原子の存在が示唆される．同位体ピークパターンの表を参考にして，同位体ピークの数を単純に数えることにより臭素または塩素原子の数を決めることができる．しかし，同位体ピークのうちで最も質量が大きいピークは，塩素原子がたくさん含まれる場合のように，強度が非常に弱くほとんど観測できない．基準ピーク（277）はフラグメントイオン M−Cl の同位体ピークのうちの一つであるが，この同位体ピークのなかで最も質量が小さいピーク（すべて ^{35}Cl）は 275 である．240 と 205 のピーク（M−2Cl および M−3Cl）にもハロゲンが含まれる．塩素原子の脱離により生じる一連のピークが 275（61%），240（11%），205（12%），170（12%），および 135（3%）に現れている．多くの塩素原子を含むピークの同位体組成表から分子イオンピーク（310）は塩素を 6 個含むことが示唆される．フラグメントイオンも相当する同位体ピークパターンを示している．すなわち，275 は塩素 5 個，240 は塩素 4 個，205 は塩素 3 個，170 は塩素 2 個含むと考えられる．塩素を 4 個以下含むイオンは 1 小さいピークを伴っているが，これは HCl が脱離したフラグメントイオンに相当する．分子イオンピークから塩素 6 個分を差し引く（310−210）と残りの部分の質量は 100 である．これより残りの部分は炭素 8 個（C_8H_4 = 100）からなり，分子式は $C_8H_4Cl_6$ と予想される．この分子式から不飽和度は 4 であり，ベンゼン環 1 個分と同等であることがわかる．

^{1}H NMR

4.9 ppm に 1 本だけシグナルがある．これは二つのメチレン基の等価な水素 4 個分に相当する．この化学シフトは芳香環と塩素原子の両方に結合したメチレン基に対する計算値（0.23＋1.85＋2.53 ＝ 4.61）に近い値である．

^{13}C NMR

5 種類のシグナルがある．4 本は芳香族領域の第四級炭素（DEPT スペクトルで消失），1 本はメチレン炭素（41.83 ppm，DEPT スペクトルで下向き，OR スペクトルで三重線）である．芳香族領域の最も強いシグナル（134.37 ppm）はクロロメチル基が結合した第四級炭素 2 個分である（水素原子による核オーバーハウザー効果と縦緩和時間の減少によりシグナル強度が増す）．もう一つの等価な 2 個分の炭素は 135.95 ppm のシグナルである．残りの炭素二つ（135.11 および 132.40 ppm）のうち，強度が大きい方（135.11 ppm）は二つの置換基に挟まれた位置にある炭素である．

IR

3400 cm^{-1} 付近の非常に幅広い吸収は試料調製時 KBr ディスクに混入した水に由来するものである．このスペクトルには強く分極した結合に由来する吸収が数多く観測されるが，その多くはどの結合に由来するのかを単純に説明できない．3020 cm^{-1} の吸収は sp^2 炭素とそれに結合する水素原子の間の C−H 伸縮振動と間違えやすいが，この化合物には ^{13}C NMR スペクトルから水素が結合した sp^2 炭素は存在しない．実際にはこの吸収は，芳香環に結合したクロロメチル基の非対称 C−H 伸縮振動である．芳香環炭素上には水素が存在しないため，芳香環に帰属することができる吸収は 1450 と 1550 cm^{-1} の芳香環炭素間の伸縮に由来する吸収だけである．C−Cl 間の伸縮振動の吸収は 1000〜1200 cm^{-1} にみられる．これは sp^2 炭素とそれに直接結合した塩素原子との間の伸縮である．一方，Cl−CH$_2$ 間の振動に由来する吸収は 700 cm^{-1} 付近の低振動数（低波数）側に現れる．

まとめ

この化合物は二つのクロロメチル基 −CH$_2$Cl と四つの塩素原子が置換基として結合したベンゼン環をもつ．^{13}C NMR スペクトルから芳香族炭素は 4 種類であるため，ベンゼン環上のクロロメチル基は互いにメタの関係にある位置に結合していると考えられる．パラ置換であれば芳香族炭素は 2 種類のみであり，オルト置換であれば 3 種類となる．この化合物は α,α′,2,4,5,6-ヘキサクロロ-m-キシレンである．

問題 067 (049)

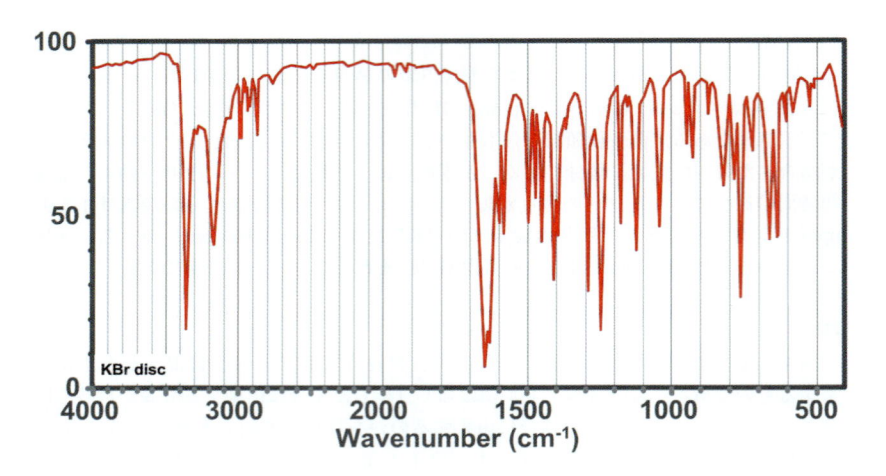

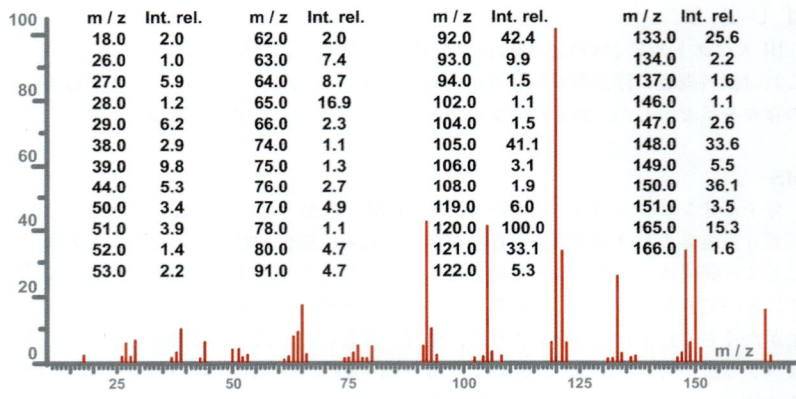

IR spectrum (KBr disc)

Mass spectrum

m/z	Int. rel.	m/z	Int. rel.	m/z	Int. rel.	m/z	Int. rel.
18.0	2.0	62.0	2.0	92.0	42.4	133.0	25.6
26.0	1.0	63.0	7.4	93.0	9.9	134.0	2.2
27.0	5.9	64.0	8.7	94.0	1.5	137.0	1.6
28.0	1.2	65.0	16.9	102.0	1.1	146.0	1.1
29.0	6.2	66.0	2.3	104.0	1.5	147.0	2.6
38.0	2.9	74.0	1.1	105.0	41.1	148.0	33.6
39.0	9.8	75.0	1.3	106.0	3.1	149.0	5.5
44.0	5.3	76.0	2.7	108.0	1.9	150.0	36.1
50.0	3.4	77.0	4.9	119.0	6.0	151.0	3.5
51.0	3.9	78.0	1.1	120.0	100.0	165.0	15.3
52.0	1.4	80.0	4.7	121.0	33.1	166.0	1.6
53.0	2.2	91.0	4.7	122.0	5.3		

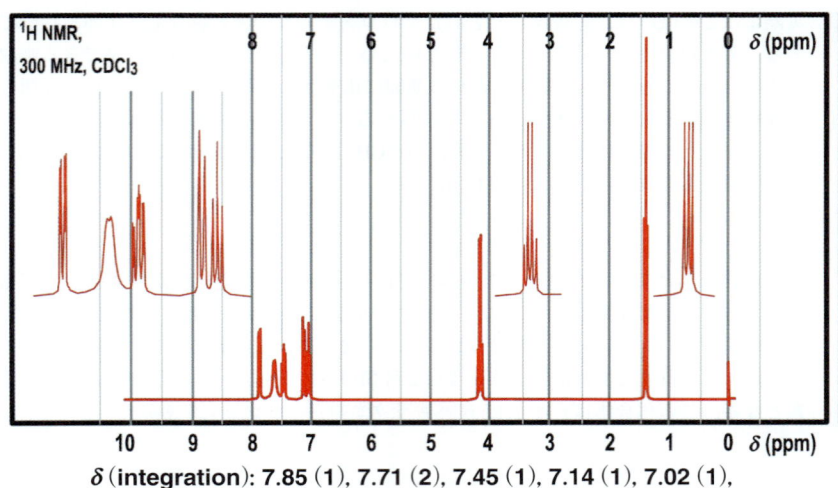

^{1}H NMR, 300 MHz, CDCl$_3$

δ (integration): 7.85 (1), 7.71 (2), 7.45 (1), 7.14 (1), 7.02 (1), 4.2 (2), 1.45 (3)

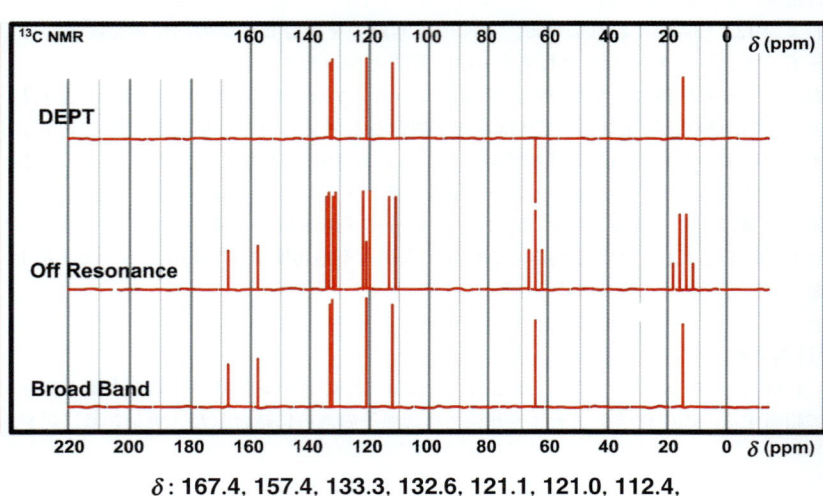

^{13}C NMR (DEPT, Off Resonance, Broad Band)

δ: 167.4, 157.4, 133.3, 132.6, 121.1, 121.0, 112.4, 64.7, 14.9

問題 067（049）

はじめに
　IRスペクトルでは1700 cm^{-1}にカルボニル基の吸収がある．これはアミド領域のカルボニル基である．3200と3400 cm^{-1}の2本の吸収は第一級アミドであることを示唆する．

^{1}H NMR
　7.71 ppmの幅広いピークは窒素に結合した水素2個分のシグナルである．第一級アミド水素の化学シフトは試料の状態によって変わりやすい．互いにカップリングした三重線と四重線のシグナルはエトキシ基 $-OCH_2CH_3$ を表す．メチレン基（四重線）の化学シフト（4.2 ppm）は，エトキシ基がベンゼン環に結合している場合に適切な値である．四つの芳香族水素の結合様式から二つの置換基がベンゼン環のオルト位に結合していることが示唆される．二重線二つはオルトカップリングに由来する約9 Hzの結合定数をもつが，さらに弱いメタカップリングも存在する．これらの二重線（7.85と7.14 ppm）はオルト位に置換基を一つだけもつ芳香族水素のシグナルである．このうち7.85 ppmの水素はオルト位に電子求引性のアミドカルボニル基をもち，もう一つの7.14 ppmの水素のオルト位には電子供与性の共鳴効果をもつ酸素原子が隣接していると考えられる．それ以外に二つの三重線（いずれも弱いメタカップリングを伴う）があるが，これらは両隣のオルト位に水素をもつ．7.45 ppmの三重線はアミド基のパラ位にあり，7.02 ppmの三重線は酸素原子のパラ位にある．

MS
　分子イオンピークが165に観測される．奇数イオンであることからこの化合物は窒素原子を含むと考えられる．芳香環にエトキシ基が結合しその隣に置換基がない場合，主要なフラグメントイオンはエチレン $CH_2=CH_2$ が脱離したイオンである．また芳香環に第一級アミド基が結合し隣接する置換基がない場合は，主要なフラグメントイオンはNH_2が脱離したイオンとさらに一酸化炭素 CO が脱離したイオン〔M－44（NH_2+CO）〕である．しかし，二つの置換基がオルト位に隣接する場合，両者間でしばしば反応が起こり異なるフラグメントイオンを生じる．この場合には，酸素原子の α 位での開裂によりエトキシ基からメチル基が脱離したイオン（M－15, 150）が生じる．またアミド基からはアンモニアが脱離したイオン（M－17, 148），およびさらに CO が脱離したイオンが生じ，このイオン（120）が基準ピークとなっている．ほかの主要なピークは次のように帰属される〔133（150－NH_3），121（149－CO），105（133－CO），92（120－CH_2CH_2）〕．77, 65, および51の一連のイオンはベンゼン環を示唆する．

^{13}C NMR
　DEPTスペクトルでは3本のシグナルが消失している．それは二つの芳香族第四級炭素（121.0と157.4 ppm）およびアミドのカルボニル炭素（167.4 ppm）である．112.4, 121.1, 132.6, および133.3 ppmのシグナルはいずれも芳香族メチン炭素である．157.4 ppmのシグナルは電子求引性の酸素原子が結合している炭素に帰属され，一方，121.1 ppmのシグナルはアミド基が結合した芳香族炭素である．133.3と132.6 ppmのメチン炭素はアミド基に対してパラまたはオルト位（電子求引性共鳴効果により非遮蔽化される）に，121.1と112.4 ppmの炭素は $-OCH_2CH_3$ に対してパラまたはオルト位（電子供与性共鳴効果により遮蔽される）にある．64.7 ppmのシグナルは酸素に結合したメチレン炭素であり，14.9 ppmのシグナルはメチル炭素である．

IR
　3200と3400 cm^{-1}の強い吸収はNH_2に特徴的な対称および逆対称伸縮振動の吸収である．1650 cm^{-1}の吸収はアミド結合のC=O伸縮振動であり，1630 cm^{-1}の吸収はアミドⅡ吸収帯とよばれるNH_2の変角振動の吸収である．第二級アミドではこのアミドⅡ吸収帯は1550 cm^{-1}付近に現れる．1250 cm^{-1}には芳香族エーテルのC－O－C結合の吸収がみられる．芳香環の吸収は1600と1500 cm^{-1}に現れており，760 cm^{-1}には面外変角振動の吸収がある（この位置は四連続芳香族水素，オルト置換体に特徴的である）．

まとめ
　この化合物は，第一級アミドとエトキシ基がオルト位で結合したベンゼン環をもつ．すなわち，o-エトキシベンズアミド $CH_3CH_2OC_6H_4(CO)NH_2$ である．

問題 068 (047)

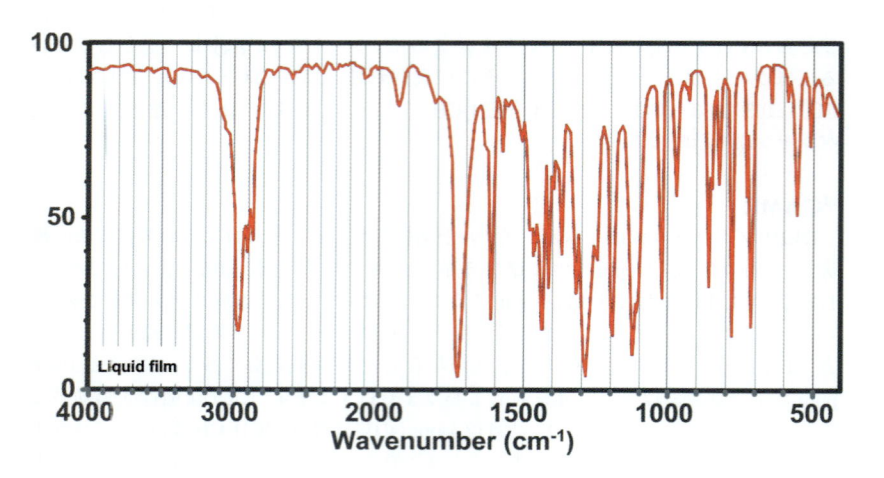

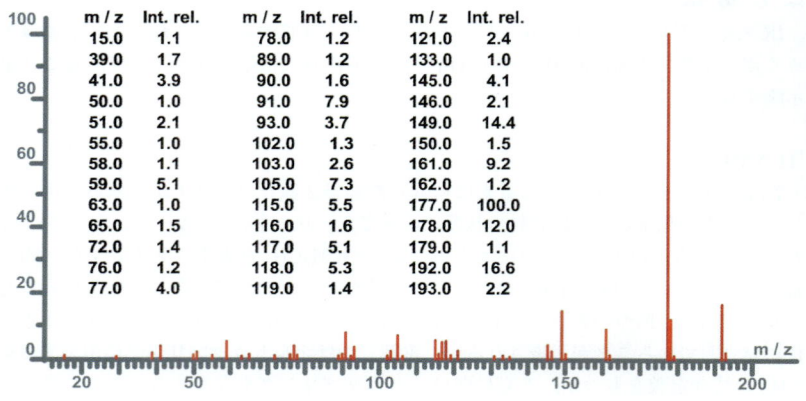

m/z	Int. rel.	m/z	Int. rel.	m/z	Int. rel.
15.0	1.1	78.0	1.2	121.0	2.4
39.0	1.7	89.0	1.2	133.0	1.0
41.0	3.9	90.0	1.6	145.0	4.1
50.0	1.0	91.0	7.9	146.0	2.1
51.0	2.1	93.0	3.7	149.0	14.4
55.0	1.0	102.0	1.3	150.0	1.5
58.0	1.1	103.0	2.6	161.0	9.2
59.0	5.1	105.0	7.3	162.0	1.2
63.0	1.0	115.0	5.5	177.0	100.0
65.0	1.5	116.0	1.6	178.0	12.0
72.0	1.4	117.0	5.1	179.0	1.1
76.0	1.2	118.0	5.3	192.0	16.6
77.0	4.0	119.0	1.4	193.0	2.2

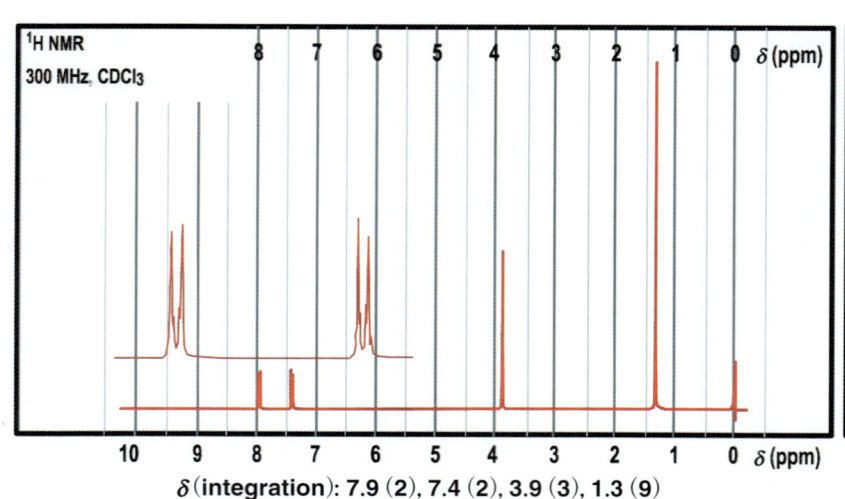

^{1}H NMR 300 MHz, CDCl$_3$

δ(integration): 7.9 (2), 7.4 (2), 3.9 (3), 1.3 (9)

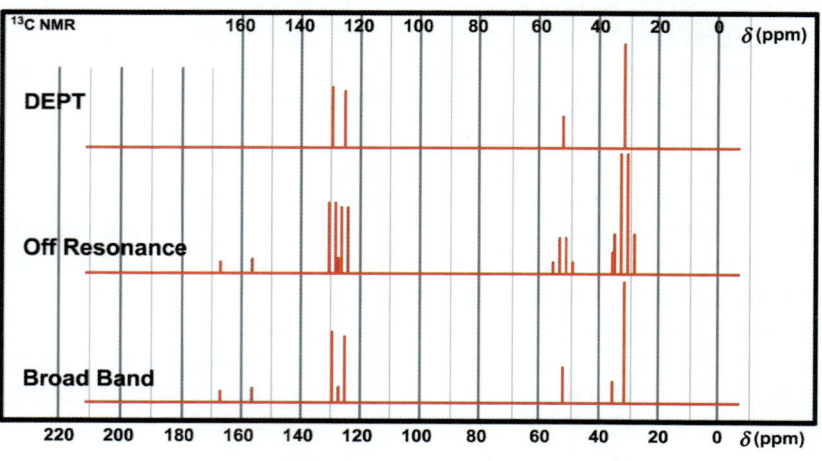

^{13}C NMR

δ: 167.14, 156.54, 129.45, 127.42, 125.32, 51.92, 35.08, 31.13

問題 068 (047)

はじめに

NMR と IR スペクトルから芳香環の存在が明らかである．1725 cm^{-1} 付近の強い赤外吸収によりカルボニル基の存在が示唆される．

^{13}C NMR

四つの第四級炭素がある．そのうち二つは芳香環炭素 (157, 127 ppm)，一つはエステルカルボニル領域の炭素 (167 ppm)，もう一つはアルキル基領域の炭素 (35 ppm) である．156 ppm のシグナルは tert-ブチル基が結合した芳香環炭素に相当する．二つのメチン炭素が芳香族領域 (125, 129 ppm) にあり，また 2 本のメチル基のシグナル (52, 31 ppm) が異なる強度で観測されている．

MS

分子イオンピークが 192 (16.6%) にある．177 (100%) の基準ピークはメチル基が脱離したイオン (M − 15) に相当する．161 のイオンはメトキシ基 (−OCH$_3$, 31) の脱離に由来し，177 のイオンから一酸化炭素 C≡O が脱離したイオンが 149 に現れている．

^{1}H NMR

7.9 と 7.4 ppm のシグナルはパラ置換芳香環上の四つの水素である．7.9 ppm の水素 2 個分はオルト位のカルボニル基により非遮蔽効果を受けている．もう一方の 2 個分の水素 (7.4 ppm) も若干ながら非遮蔽効果を受けている．これらの四つの水素は AA′XX′ 系の結合様式を形成し，主要な結合定数は約 9 Hz である．3.9 ppm の一重線は芳香族エステル Ar−COOCH$_3$ のメトキシ基として適切な化学シフトをもつ．最後に 1.3 ppm の積分値 9 の一重線は tert-ブチル基 −C(CH$_3$)$_3$ の三つのメチル基に帰属される．

IR

3000 cm^{-1} より高振動数（高波数）側のなだらかな肩状の吸収は芳香族 C−H 伸縮振動を表す．このほかにも芳香環に特徴的な吸収として，1500 と 1600 cm^{-1} に >C=C< 伸縮振動の吸収があり，また面外変角振動に特有の吸収も現れている．1100 と 1280 cm^{-1} にはエステルの C−O 伸縮振動の吸収がみられる．最後に 1725 cm^{-1} の吸収は共役エステルの C=O 伸縮振動に帰属される．この吸収振動数は通常のエステルカルボニル基の値 (1740 cm^{-1}) より少し低いが，これは芳香環と共役しているためである．

まとめ

この化合物はパラ置換ベンゼン環をもち，置換基としては tert-ブチル基とカルボニル基が結合している．それ以外の構成要素はメトキシ基一つだけである．この化合物は p-tert-ブチル安息香酸メチルである．

問題 069 (050)

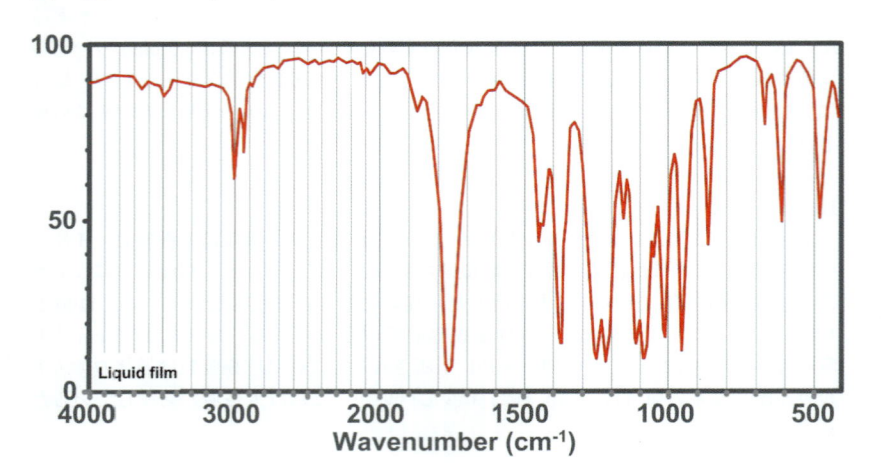

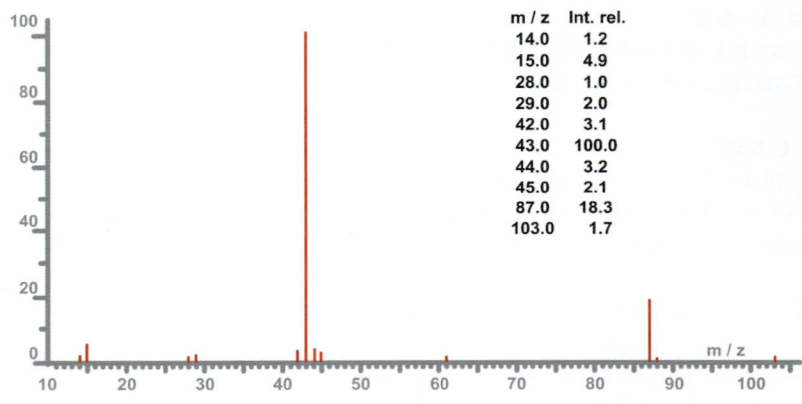

m/z	Int. rel.
14.0	1.2
15.0	4.9
28.0	1.0
29.0	2.0
42.0	3.1
43.0	100.0
44.0	3.2
45.0	2.1
87.0	18.3
103.0	1.7

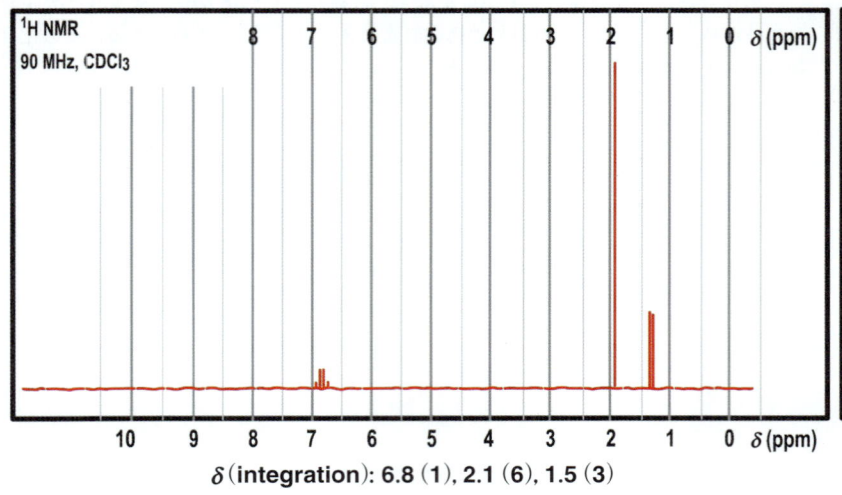

¹H NMR, 90 MHz, CDCl₃

δ (integration): 6.8 (1), 2.1 (6), 1.5 (3)

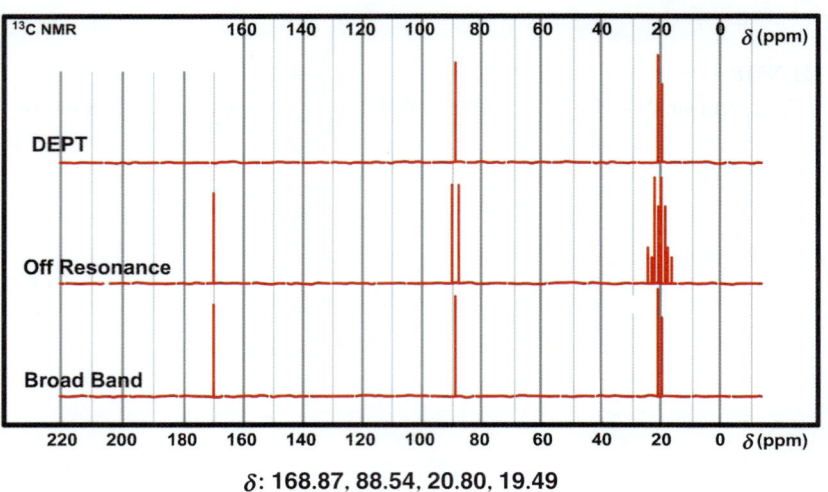

¹³C NMR

δ: 168.87, 88.54, 20.80, 19.49

問題 069（050）

はじめに

1760 cm^{-1} の強い赤外吸収はおそらくエステルを表している．また MS スペクトルにおける 43 の基準ピークはアシルカチオン CH$_3$C≡O$^+$ である．

^{13}C NMR

4 本のシグナルがある．このうち 1 本はエステルカルボニルの領域（169 ppm）の第四級炭素（DEPT スペクトルで消失）である．89 ppm のメチン炭素（OR スペクトルで二重線）は通常のエステル基の酸素に結合したメチン炭素（通常 65 ppm 付近）より大きく非遮蔽効果を受けている．残りの 2 本のシグナル（21 および 19 ppm）はいずれも OR スペクトルで四重線であることからメチル炭素であることがわかる．シグナル強度が異なっていることから，2 本のうちの 1 本（21 ppm）は等価なメチル炭素二つ分と考えられる．

^{1}H NMR

6.8 ppm の四重線と 1.5 ppm の二重線は互いにカップリングしている．したがってこの化合物は ＞CHCH$_3$ という部分構造をもつ．メチン基の水素の化学シフト（6.8 ppm）はきわめて低磁場である．積分値 6 の一重線はアセチル基 −OCOCH$_3$ のメチル基として適切な化学シフト（2.1 ppm）をもつ．

IR

1760 cm^{-1} の吸収はエステルカルボニル基として適切な吸収振動数（波数）である．このほかにエステルに由来する吸収として 1000 と 1250 cm^{-1} に ＝C−O および O−C 伸縮振動の吸収がおのおの観測される．

MS

基準ピークは 43（CH$_3$C≡O$^+$）に現れており，カルボニル基の α 位での開裂に由来する．分子イオンピークは観測されていないが，これは開裂しやすいエステルをもつ化合物ではめずらしくない．103 のイオンはフラグメントイオンである．

まとめ

^{1}H NMR スペクトルではメチル基にカップリングしたメチン基のシグナルが観測されている．これより ＞CHCH$_3$ という部分構造があることがわかる．ほかに観測されるシグナルは二つのアセチル基に帰属されるメチル基の水素 6 個分だけである．二つのアセチル基を部分構造 ＞CHCH$_3$ に結合させると全体構造，エチリデンジアセタート（CH$_3$COO）$_2$CHCH$_3$ が導かれる．

この化合物の分子量は 146 であるが，MS スペクトルにおける最高質量のイオンは非常に弱い 103（1.7%）のピークである．このイオンは M−43 に相当する．87 のイオンはメチン炭素の α 開裂によってアセチルラジカルが脱離し生成したイオン [CH$_3$COOCH(CH$_3$)]$^+$ に相当する．

問題 070 (029)

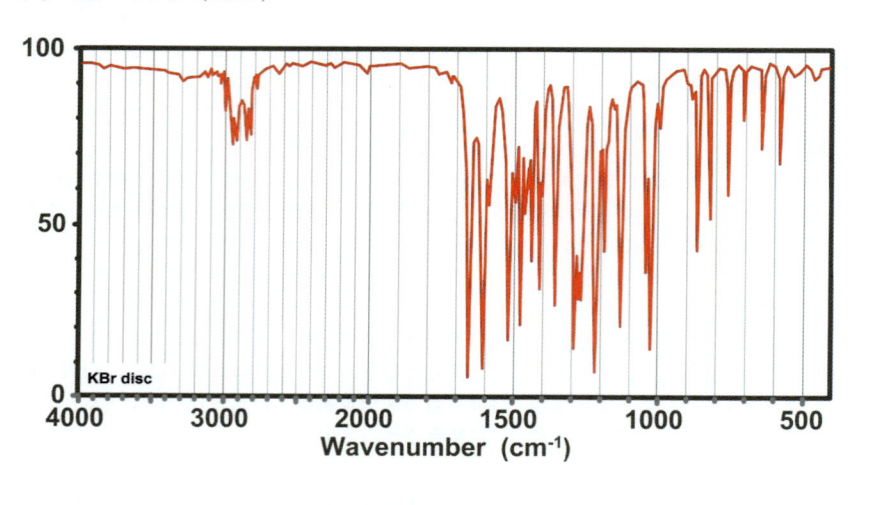

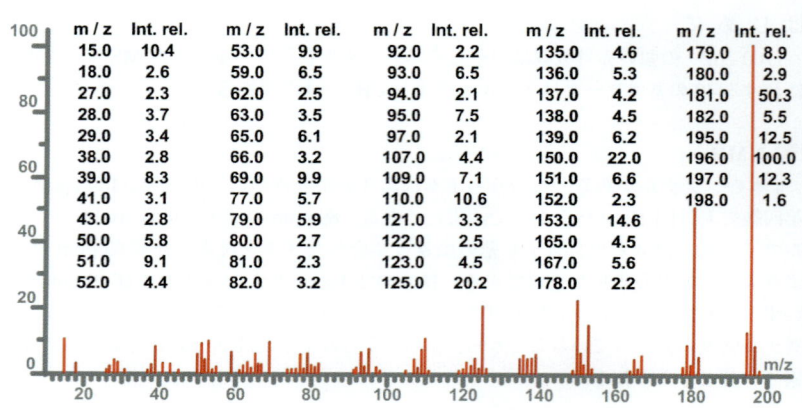

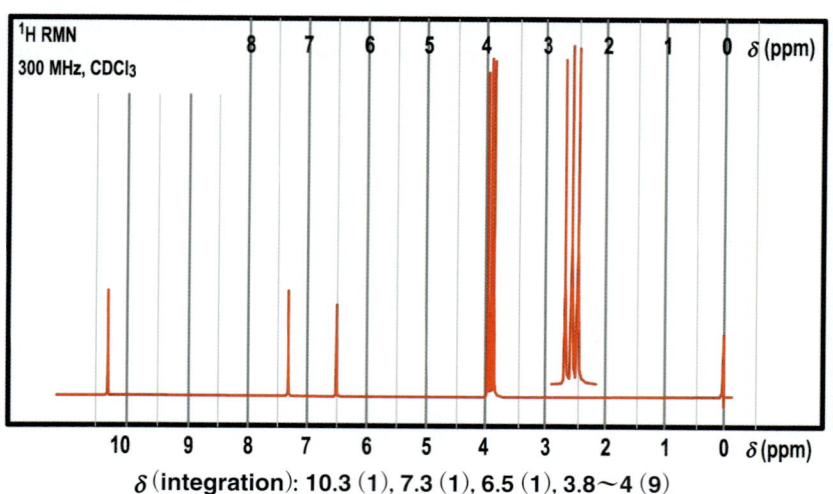

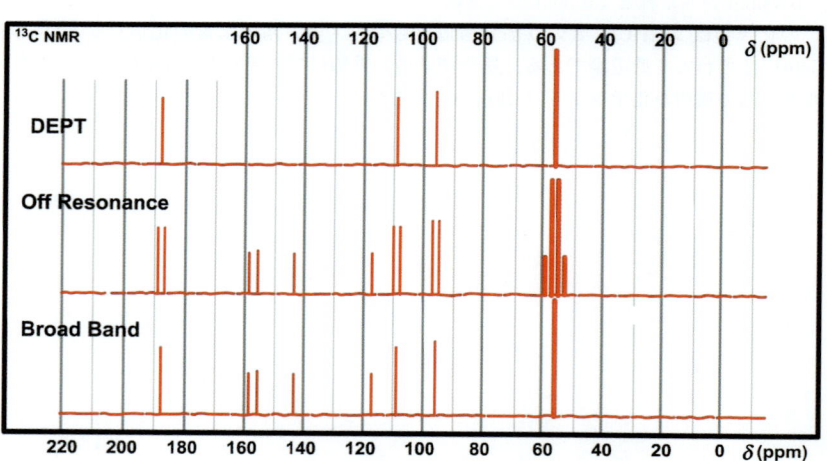

m/z	Int. rel.	m/z	Int. rel.	m/z	Int. rel.	m/z	Int. rel.	m/z	Int. rel.
15.0	10.4	53.0	9.9	92.0	2.2	135.0	4.6	179.0	8.9
18.0	2.6	59.0	6.5	93.0	6.5	136.0	5.3	180.0	2.9
27.0	2.3	62.0	2.5	94.0	2.1	137.0	4.2	181.0	50.3
28.0	3.7	63.0	3.5	95.0	7.5	138.0	4.5	182.0	5.5
29.0	3.4	65.0	6.1	97.0	2.1	139.0	6.2	195.0	12.5
38.0	2.8	66.0	3.2	107.0	4.4	150.0	22.0	196.0	100.0
39.0	8.3	69.0	9.9	109.0	7.1	151.0	6.6	197.0	12.3
41.0	3.1	77.0	5.7	110.0	10.6	152.0	2.3	198.0	1.6
43.0	2.8	79.0	5.9	121.0	3.3	153.0	14.6		
50.0	5.8	80.0	2.7	122.0	2.5	165.0	4.5		
51.0	9.1	81.0	2.3	123.0	4.5	167.0	5.6		
52.0	4.4	82.0	3.2	125.0	20.2	178.0	2.2		

¹H RMN 300 MHz, CDCl₃

δ (integration): 10.3 (1), 7.3 (1), 6.5 (1), 3.8〜4 (9)

¹³C NMR

δ: 187.9, 158.7, 155.9, 143.7, 117.5, 109.2, 96.2, 56.34, 56.26, 56.21

問題 070（029）

はじめに
^{13}C NMR スペクトルの 56 ppm のシグナルには 3 本のシグナル（56.21, 56.26, および 56.34 ppm）が含まれている．IR スペクトルにはカルボニル基と芳香環の吸収がある．

^{13}C NMR
10 本のシグナルがある．3 本は脂肪族領域（56.21, 56.26, および 56.34 ppm），6 本は芳香族領域（158.7, 155.9, 143.7, 117.5, 109.2, および 96.2 ppm），そして 1 本がカルボニル基の領域（187.9 ppm）にある．56 ppm 付近の 3 本のシグナルはすべてメチル基（OR スペクトルで四重線）であり，メトキシ基 $-OCH_3$ の化学シフトをもつ．DEPT スペクトルより芳香族炭素 6 本のうち 4 本は第四級炭素である．その 4 本のうちの 3 本は非常に強く非遮蔽効果を受けており，酸素が置換基（$-OCH_3$）として結合している．4 本目の第四級炭素（117.5 ppm）はカルボニル基が結合した芳香族炭素と考えられる．カルボニル基の炭素（187.9 ppm）は OR スペクトルで二重線であり，アルデヒドと考えられる．OR スペクトルでは二つの芳香族炭素（96.2 と 109.2 ppm）も二重線であり，これらはメチン炭素である．以上より，芳香族炭素が 6 個あり，そのうちの 3 個にはメトキシ基が結合し，もう一つの炭素にはアルデヒドが結合していることがわかる．

^{1}H NMR
10.3 ppm の低磁場のシグナルはアルデヒドの水素である．このシグナルが一重線であることからアルデヒドは第四級炭素（芳香環）に結合していることがわかる．芳香族水素 2 本のシグナル（7.3, 6.5 ppm）にまったくカップリングがみられないことから，これらの二つの水素はパラ位にあると考えられる．水素 2 個がパラ位にあるとき四つの置換基をベンゼン環上に配置する方法は一つしか考えられないため，この化合物は 2,4,5-トリメトキシベンズアルデヒドであることがわかる．7.3 ppm のシグナルは通常のベンゼンに近い化学シフトをもつ．オルト位に遮蔽効果を示すメトキシ基と非遮蔽効果を示すアルデヒドの二つがあるため，これらの置換基の影響が相殺している結果と考えられる（計算値 7.24 ppm）．6.5 ppm のシグナルは二つのオルト位のメトキシ基によって遮蔽されている（計算値 6.53 ppm）．

IR
芳香環を示唆する吸収として，3000 cm^{-1} より高振動数（高波数）側に弱い C−H 伸縮振動，1600 と 1500 cm^{-1} 付近に環結合伸縮振動，および 850〜870 cm^{-1} に面外変角振動の吸収が観測される．これらの吸収振動数は期待どおりの値である．2840 cm^{-1} の吸収は芳香環上のメトキシ基に特徴的な吸収である．メトキシ基に由来するものとして 1200〜1250 cm^{-1} に =C−O−C 伸縮振動の吸収がみられる．1680 cm^{-1} の吸収は芳香環に共役したカルボニル基の吸収であり，アルデヒドの C−H 伸縮振動に関する吸収が 2730 と 2820 cm^{-1} 付近に現れている．

MS
196 の基準ピークが分子イオンピークである．その M＋1 同位体ピークの相対強度（12.3%）からは炭素数は 11 個と考えられるが，ほかのスペクトルデータによる証拠を総合すると炭素数は 10 個であることがわかる．MS スペクトルにおけるピーク強度の正確性は測定時の装置条件に影響を受けやすいため，結論を導くにはほかのスペクトルデータと矛盾がないか十分検討する必要がある．分子イオンピークが非常に強く観測されることは，大きく共鳴安定化した芳香環構造をもつことと一致する．181 のピークは M−15（M−CH$_3$）のメチル基が脱離したイオンである．195（12.5%）には M−1 のイオンが明瞭に観測されているが，これは水素原子の脱離に由来する芳香族アルデヒドに特徴的なイオンである．

まとめ
以上のスペクトルデータから，この化合物はベンゼン環に三つのメトキシ基とアルデヒドが結合した構造をもつことがわかる．そのような化合物としては五つの異性体が考えられるが，芳香環に対称性がないためにそのうちの二つにしぼられる．すなわち 2,3,5- および 2,4,5-トリメトキシ体の二つである．2,3,5-トリメトキシ体であれば水素間にメタカップリングが観測されるはずであり，また化学シフトは 6.59 と 6.96 ppm 前後となることが予想される．一方，2,4,5-トリメトキシ体ではメタカップリングは観測されず，化学シフトの計算値は 7.24 と 6.53 ppm となり実測値とよく一致する．この化合物は 2,4,5-トリメトキシベンズアルデヒドである．

問題 071 (035)

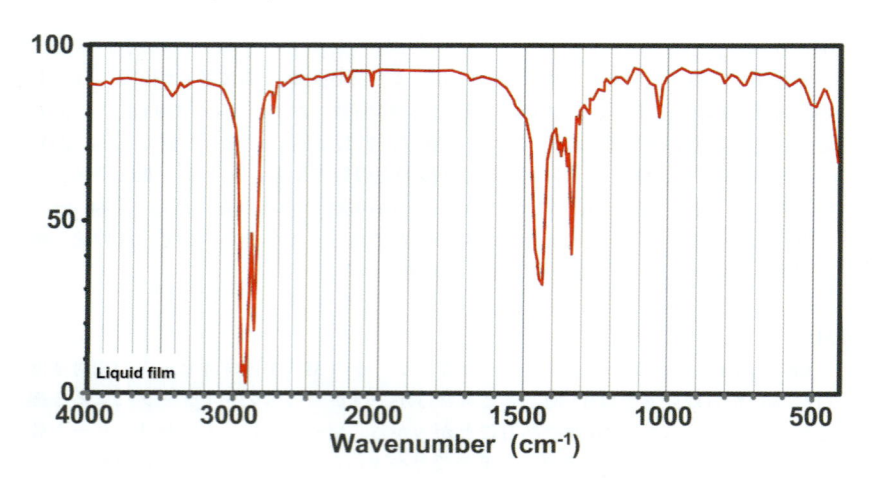

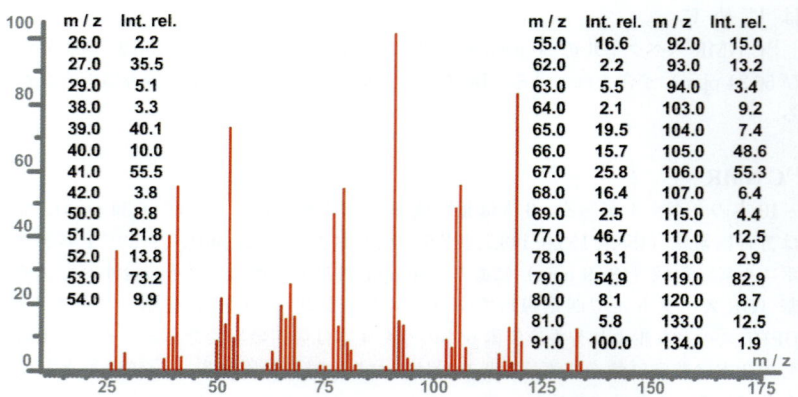

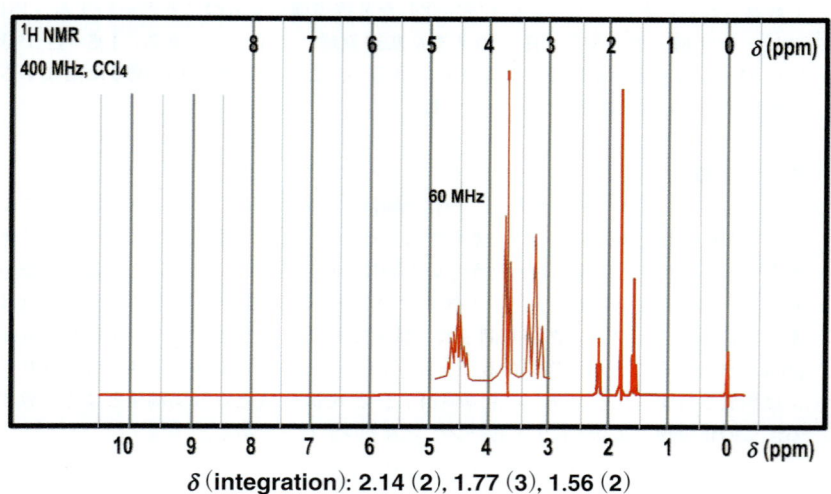

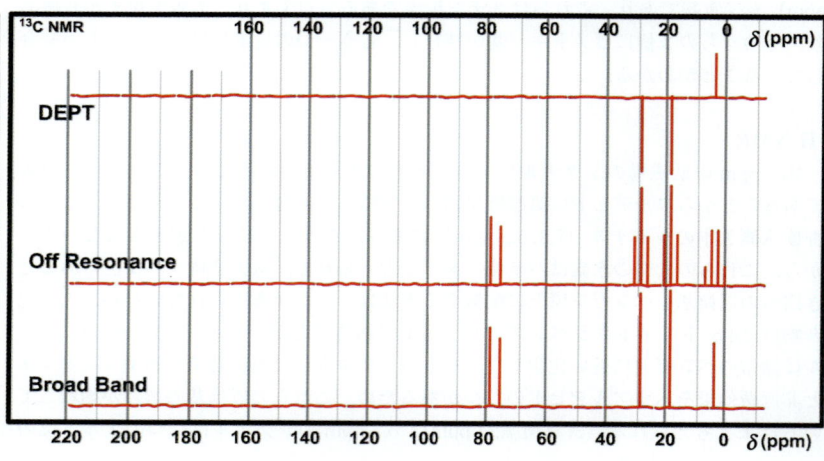

IR (Liquid film)

Mass Spectrum

m/z	Int. rel.	m/z	Int. rel.	m/z	Int. rel.
26.0	2.2	55.0	16.6	92.0	15.0
27.0	35.5	62.0	2.2	93.0	13.2
29.0	5.1	63.0	5.5	94.0	3.4
38.0	3.3	64.0	2.1	103.0	9.2
39.0	40.1	65.0	19.5	104.0	7.4
40.0	10.0	66.0	15.7	105.0	48.6
41.0	55.5	67.0	25.8	106.0	55.3
42.0	3.8	68.0	16.4	107.0	6.4
50.0	8.8	69.0	2.5	115.0	4.4
51.0	21.8	77.0	46.7	117.0	12.5
52.0	13.8	78.0	13.1	118.0	2.9
53.0	73.2	79.0	54.9	119.0	82.9
54.0	9.9	80.0	8.1	120.0	8.7
		81.0	5.8	133.0	12.5
		91.0	100.0	134.0	1.9

^{1}H NMR (400 MHz, CCl$_4$)
60 MHz

δ (integration): 2.14 (2), 1.77 (3), 1.56 (2)

^{13}C NMR
DEPT, Off Resonance, Broad Band

δ: 78.95, 75.63, 28.31, 18.38, 3.42

問題 071（035）

はじめに
IR スペクトルでは特に官能基を示唆する吸収は観測されない．

MS
133 のピークは分子イオンピークではない．119 のピークが 14 少ないイオンに相当するが，分子イオンから 14 の脱離を無理なく説明できる開裂反応はない．分子イオンピークとしてはむしろ 134 が妥当であり，その場合 119 のピークは M－15 のイオンである．観測されている主要なフラグメントイオンはいずれも奇数（27, 39, 41, 53, 55, 67, 79, および 91）であり，これは偶数の分子量をもつ化合物では通常のことである．119, 105, および 91（基準ピーク）はおのおの CH_3，CH_3CH_2，$CH_3CH_2CH_2$ が脱離したイオンであるが，これらの脱離基がそのままもとの化合物の構造に含まれているとは限らない．なぜなら不飽和鎖状化合物では水素原子の移動は容易に起こりうるためである．39 $(C_3H_3)^+$ と 53 $(C_4H_5)^+$ のピークはおのおの炭素 3 個と 4 個のアルキル鎖に由来するイオンに類似している（飽和アルキル鎖由来のイオンとは 4 違うため，三重結合が示唆される）．

^{13}C NMR
5 本のシグナルのうち，第四級炭素が二つ（DEPT スペクトルで消失），メチレン炭素が二つ（DEPT スペクトルで下向き，OR スペクトルで三重線），そしてメチル炭素が一つ（OR スペクトルで四重線）である．第四級炭素の化学シフトから，これらはアルキンの sp 炭素と考えられる．またメチル基の化学シフトが非常に高磁場（3.4 ppm）であることに注意しよう．これは三重結合の異方性効果によってメチル基が遮蔽されていることを表す．

^{1}H NMR
^{13}C NMR スペクトルから示唆されるように，メチル基 1 本，メチレン基 2 本のシグナルが観測される．1.77 ppm のメチル基のシグナルは小さな結合定数で三重線に分裂している．これはこのメチル基が三重結合を挟んでメチレン基と結合五つ（$^5J_{HH} \approx 3$ Hz）隔てて遠隔カップリングしていることに由来する（H－C－C≡C－C－H）．2.14 ppm のシグナルはメチル基とカップリングしているメチレン基であり，これはさらにもう一つのメチレン基ともカップリングしている（$^3J \approx 6$ Hz）．その二つ目のメチレン基は 1.56 ppm のシグナルであり，一つ目のメチレン基（2.14 ppm）と 6 Hz でカップリングしている．

IR
この IR スペクトルは直鎖アルカン化合物の IR スペクトルとよく似ている．アルキンの C≡C 伸縮振動領域の吸収（2055 と 2230 cm^{-1}）は非常に小さい．2055 cm^{-1} の吸収はメチル基と，もう一つのアルキル基と結合した三重結合（$CH_3C≡CR$）の吸収振動数（波数）として適切な値である．三重結合の両側の置換基が類似していると，伸縮振動に伴う双極子モーメントの変化は非常に小さい．そのため赤外吸収はきわめて弱く，官能基の判別には用いられない．この化合物がそれに当てはまる．3300 cm^{-1} 付近も吸収がない．これは ≡C－H 結合がないことを表す．

まとめ
^{1}H NMR スペクトルの分裂様式からこの分子には －$CH_2CH_2C≡CCH_3$ という部分構造が含まれることが示唆される．その他の官能基の存在を示す証拠がないため，この部分構造を二つつなげて一つの分子を完成させる必要がある．これより全体構造 $CH_3C≡CCH_2CH_2－CH_2CH_2C≡CCH_3$ が導かれる．この構造は MS スペクトルから推定した分子量 134（$C_{10}H_{14}$）と一致する．この化合物は 2,8-デカジインである．

問題 072 (014)

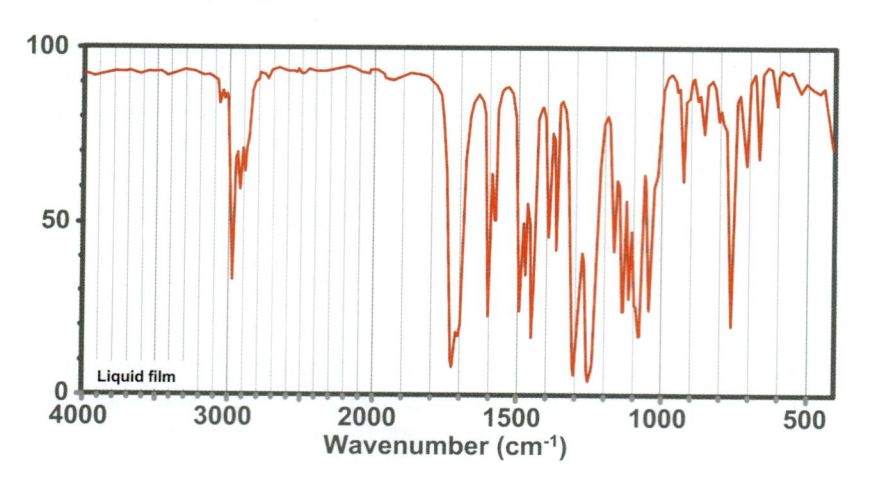

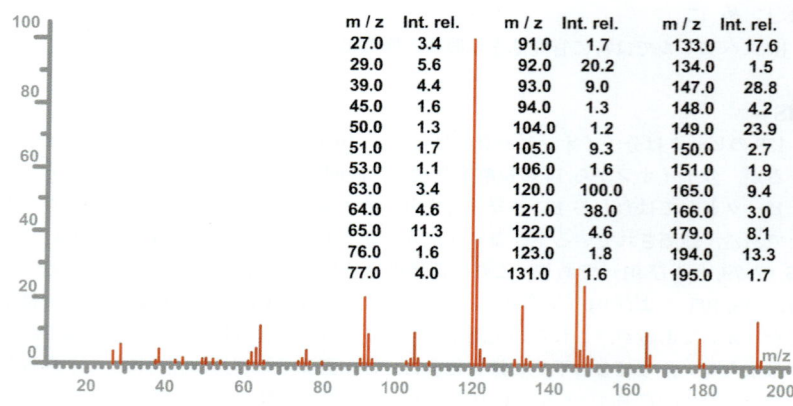

IR (Liquid film)

MS

m/z	Int. rel.	m/z	Int. rel.	m/z	Int. rel.
27.0	3.4	91.0	1.7	133.0	17.6
29.0	5.6	92.0	20.2	134.0	1.5
39.0	4.4	93.0	9.0	147.0	28.8
45.0	1.6	94.0	1.3	148.0	4.2
50.0	1.3	104.0	1.2	149.0	23.9
51.0	1.7	105.0	9.3	150.0	2.7
53.0	1.1	106.0	1.6	151.0	1.9
63.0	3.4	120.0	100.0	165.0	9.4
64.0	4.6	121.0	38.0	166.0	3.0
65.0	11.3	122.0	4.6	179.0	8.1
76.0	1.6	123.0	1.8	194.0	13.3
77.0	4.0	131.0	1.6	195.0	1.7

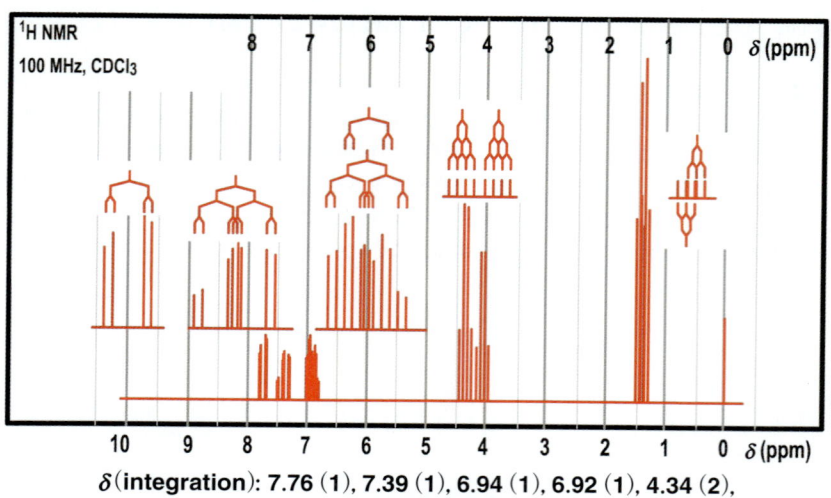

^{1}H NMR (100 MHz, CDCl$_3$)

δ (integration): 7.76 (1), 7.39 (1), 6.94 (1), 6.92 (1), 4.34 (2), 4.06 (2), 1.43 (3), 1.36 (3)

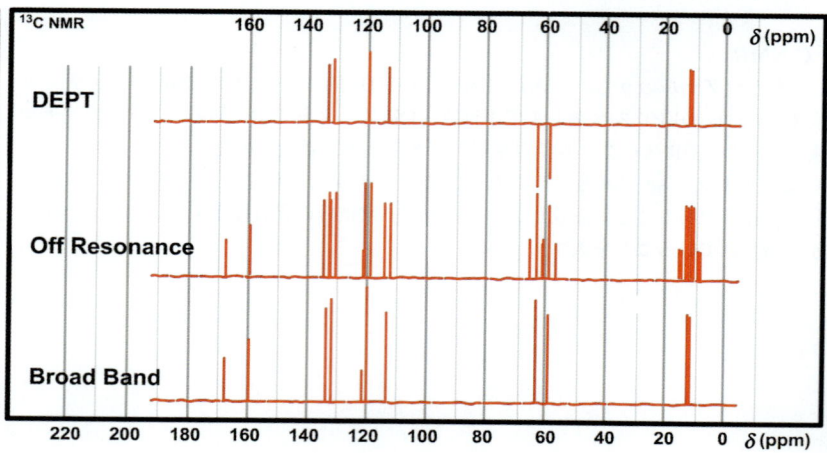

^{13}C NMR

δ: 166.6, 158.5, 133.1, 131.4, 121.4, 120.2, 113.6, 64.7, 60.7, 14.8, 14.3

問題 072 (014)

はじめに
IRスペクトルから芳香環とエステル結合の存在がわかる．

^{13}C NMR
BBスペクトルでは11本のシグナルがある．ORスペクトルからメチル炭素が二つ，メチレン炭素が二つ，メチン炭素が四つ，第四級炭素が三つあることがわかる．四つのメチン炭素と二つの第四級炭素は芳香環炭素である．強く非遮蔽効果を受けた第四級炭素（159 ppm）には酸素を含む置換基が結合していると考えられる．167 ppmの第四級炭素はエステルのカルボニル炭素である．

^{1}H NMR
積分値から水素14個分のシグナルがある．そのうちの4個は芳香環水素である．芳香環水素のシグナルは重なっているが，拡大して描かれた棒状スペクトルをみれば結合様式がわかる．すなわち，大きなオルトカップリング（約8 Hz）と小さなメタカップリング（約2 Hz）の両方が現れている．7.76 ppmの二重線（約8 Hz）は，より小さなメタカップリングによりさらに二重線に分裂している．7.39 ppmのシグナルは二つの大きなカップリングと一つの小さなカップリングをもっており，このことからこの水素のオルト位に水素が二つ，メタ位に水素が一つ存在することがわかる．これよりこの化合物はオルト二置換の芳香環をもつことが導かれる．四重の三重線のシグナルが二つあることから，酸素に結合したエチル基が二つ存在すると考えられる．

IR
1725 cm^{-1}の吸収は芳香族エステルの吸収として適切な位置である（脂肪族エステル 約1740 cm^{-1}，安息香酸エステル 約1725 cm^{-1}）．エステルの存在は＝C－OおよびO－C伸縮振動の吸収が1000～1250 cm^{-1}に観測されることからも確認される．1250 cm^{-1}の吸収は共役したエーテルに特徴的な吸収である．1500と1600 cm^{-1}の吸収はベンゼン環に特徴的な吸収であり，760 cm^{-1}の吸収は芳香環水素が隣接して存在する場合に特徴的な面外変角振動である．

MS
分子イオンピークが194（13.3%）に観測され，M＋1同位体ピークは12.8%の相対強度で現れている．これは^{13}C NMRスペクトルから示唆された炭素数（11個）と一致する．179のピークはメチル基の脱離したイオンであり，165のピークはエチル基の脱離イオンに相当する．149（M－45）のフラグメントイオンはカルボニル基からのα開裂によるエトキシルラジカル $^{\bullet}$OCH$_2$CH$_3$の脱離を表す．さらに28（一酸化炭素またはエチレン）の脱離により121のイオンが生成する．芳香族エチルエーテルからはMcLafferty転位反応によりエチレン（28）が脱離しやすい．分子イオンからエチレンが脱離し，続いてエタノール（46）が脱離することにより基準ピークの120が生成する．120のイオンはo-ヒドロキシ安息香酸エステルに特徴的な基準ピークであり，メタやパラ異性体ではあまり観測されない．

まとめ
芳香環はオルト置換ベンゼン環をもち，二つの異なるエトキシ基とエステルカルボニル炭素を含んでいる．これらの構成単位を組合わせるとo-エトキシ安息香酸エチル CH$_3$CH$_2$OC$_6$H$_4$COOCH$_2$CH$_3$が導かれる．芳香環がオルト置換体であることは化学シフトと芳香環水素シグナルの分裂様式から決定することができる．IRスペクトルからもオルト置換体であることが760 cm^{-1}の変角振動の吸収から示唆される．

問題 073 (043)

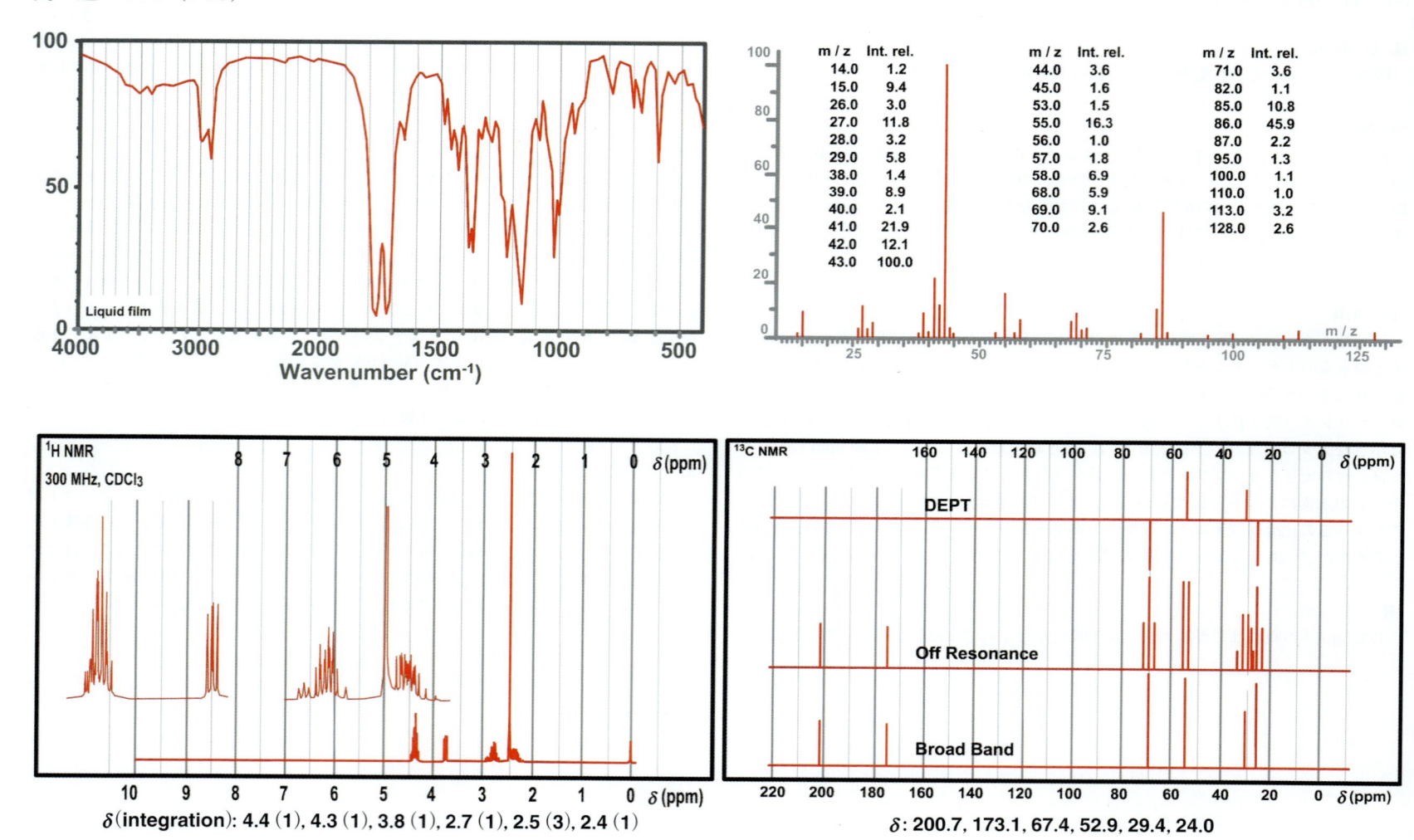

IR (Liquid film)

MS

m/z	Int. rel.	m/z	Int. rel.	m/z	Int. rel.
14.0	1.2	44.0	3.6	71.0	3.6
15.0	9.4	45.0	1.6	82.0	1.1
26.0	3.0	53.0	1.5	85.0	10.8
27.0	11.8	55.0	16.3	86.0	45.9
28.0	3.2	56.0	1.0	87.0	2.2
29.0	5.8	57.0	1.8	95.0	1.3
38.0	1.4	58.0	6.9	100.0	1.1
39.0	8.9	68.0	5.9	110.0	1.0
40.0	2.1	69.0	9.1	113.0	3.2
41.0	21.9	70.0	2.6	128.0	2.6
42.0	12.1				
43.0	100.0				

^{1}H NMR 300 MHz, CDCl$_3$

δ (integration): 4.4 (1), 4.3 (1), 3.8 (1), 2.7 (1), 2.5 (3), 2.4 (1)

^{13}C NMR (DEPT, Off Resonance, Broad Band)

δ: 200.7, 173.1, 67.4, 52.9, 29.4, 24.0

問 題 073（043）

IR

1720 と 1770 cm^{-1} の非常に強い吸収から二つのカルボニル基の存在が示唆される．1770 cm^{-1} の吸収は通常のエステルの吸収（1740 cm^{-1}）より高振動数（高波数）である．カルボニル基の吸収振動数は，環が小さくなるにつれて大きくなる．また，カルボニル基の α 位にフッ素や塩素のような電気陰性度の大きい置換基が結合する場合も吸収振動数が大きくなる．環状エステル（ラクトン）のカルボニル基の典型的な吸収振動数は，6 員環が 1740，5 員環が 1775，4 員環が 1820 cm^{-1} である．α 位にハロゲンが置換しても振動数が大きくなるが，ただそれは約 10～20 cm^{-1} 程度である．1770 cm^{-1} の吸収は γ-ラクトンの可能性が高いと考えられる．=C−O および O−C 伸縮振動に由来する吸収が 1000～1160 cm^{-1} に観測されている．カルボニル基の領域の二つ目の吸収（1720 cm^{-1}）は通常のケトンの吸収である．これらのカルボニル基の帰属は ^{13}C NMR スペクトルから確かめられる．

^{13}C NMR

6 本の異なるシグナルがある．201 と 173 ppm に第四級炭素が二つ（DEPT スペクトルで消失），67 と 24 ppm にメチレン炭素が二つ（DEPT スペクトルで下向き，OR スペクトルで三重線），メチン炭素が一つ（OR スペクトルで二重線），そしてメチル炭素一つ（OR スペクトルで四重線）である．第四級炭素の化学シフトから 173 ppm のシグナルはエステルカルボニル基，201 ppm のシグナルはケトンと予想される．67 ppm のメチレン炭素はラクトンのアルコキシ炭素 −OCH$_2$ と考えられ，酸素により強く非遮蔽効果を受けている（数値と図中のピークが異なるが，数値が正しい）．

MS

エステルやケトンは一般に開裂を起こしやすい．したがって 128 の分子イオンピークが非常に小さいことは不思議ではない．86（45.9%）のフラグメントイオンはケテンの脱離に由来する．これはラクトンカルボニル基が γ 位の水素（メチル基上）を受け入れる反応（McLafferty 転位）を介して生成する．

43 の基準ピークはケトンの α 位での開裂に由来する．このフラグメントイオンからメチルケトンが存在することが示唆される．^{13}C NMR スペクトルから示唆された 6 個の炭素と，ケトンとラクトンに由来する 3 個の酸素を足すと 120 となり，これに水素 8 個加えれば分子イオンピーク（128）をみたし，分子式 C$_6$H$_8$O$_3$ が導かれる．

^{1}H NMR

積分値から全部で 8 個の水素が存在すると予想される．これは ^{13}C NMR スペクトルから導かれた分子式と一致する．2.5 ppm の一重線（3H 分）はメチルケトンのメチル基に帰属される．低磁場（4.4 ppm）に現れている多重線（2H 分）は酸素に結合したメチレン基である（−CH$_2$−O−C=O）．3.8 ppm の 1H 分のシグナルは J = 9.3 および 7.2 Hz の二重の二重線であるが，これと上記の一重線のメチル基以外のシグナルは分裂様式が非常に複雑である．3.8 ppm の水素に隣接する水素は 2 個だけで，そのおのおのの水素との結合定数はわずかに異なっているだけである．それ以外のシグナルは多くのカップリングにより非常に複雑に分裂している．

まとめ

いくつかのスペクトルデータにより，この化合物はメチルケトンを置換基にもつ γ-ラクトン構造をもつことがわかる．γ-ラクトンには置換基が結合できる位置が 3 箇所ある．それはカルボニル基の α 位，β 位，および γ 位の 3 箇所である．γ 位のメチレン基の化学シフトは 67 ppm（^{13}C NMR）と 4.3 ppm（^{1}H NMR）であり，このメチレン基には酸素が結合していることが明らかである（−CH$_2$−O−C=O）．したがってこの γ 位には置換基はないことがわかる．また，^{13}C NMR スペクトルで高磁場（24 ppm）のメチレン炭素は β 位の炭素であり，この位置にも置換基が存在しない．したがって，置換基は α 位に結合していると考えられる．以上よりこの化合物は α-アセチル-γ-ブチロラクトンである．置換基をもつ α 炭素上の水素は隣のメチレン基のシスおよびトランス水素とのカップリングにより分裂し二重の二重線として現れている．またその化学シフト（3.8 ppm）も二つのカルボニル基に挟まれた水素の化学シフトとして適切な値である．

問題 074 (055)

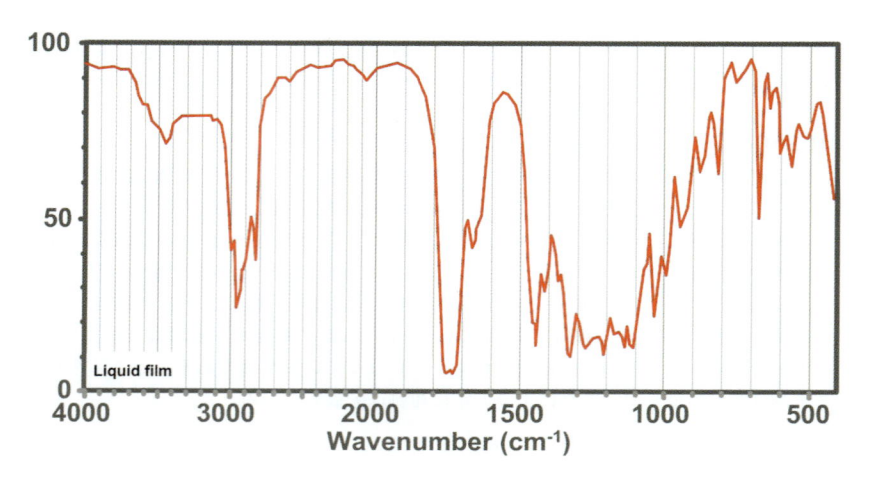

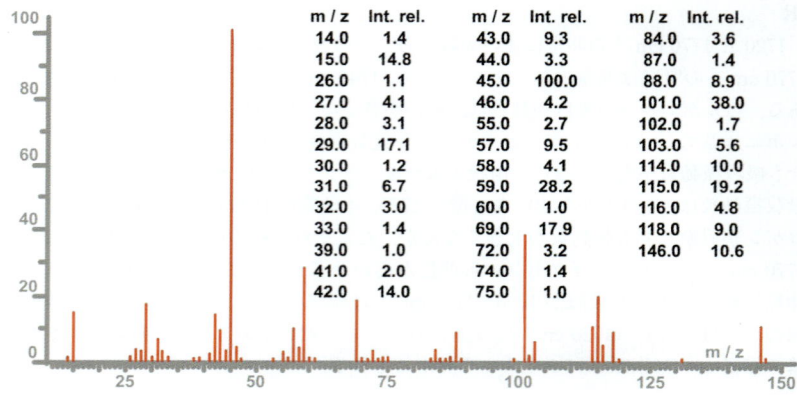

IR (Liquid film)

MS

m/z	Int. rel.	m/z	Int. rel.	m/z	Int. rel.
14.0	1.4	43.0	9.3	84.0	3.6
15.0	14.8	44.0	3.3	87.0	1.4
26.0	1.1	45.0	100.0	88.0	8.9
27.0	4.1	46.0	4.2	101.0	38.0
28.0	3.1	55.0	2.7	102.0	1.7
29.0	17.1	57.0	9.5	103.0	5.6
30.0	1.2	58.0	4.1	114.0	10.0
31.0	6.7	59.0	28.2	115.0	19.2
32.0	3.0	60.0	1.0	116.0	4.8
33.0	1.4	69.0	17.9	118.0	9.0
39.0	1.0	72.0	3.2	146.0	10.6
41.0	2.0	74.0	1.4		
42.0	14.0	75.0	1.0		

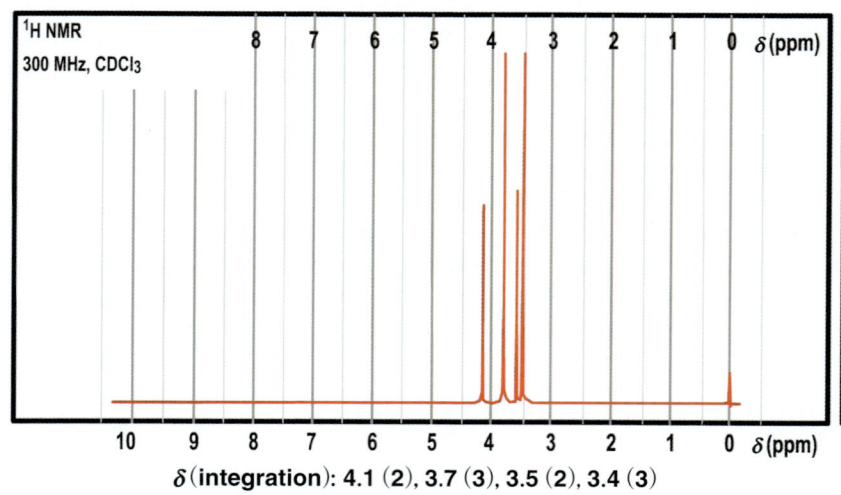

^{1}H NMR (300 MHz, CDCl$_3$)

δ (integration): 4.1 (2), 3.7 (3), 3.5 (2), 3.4 (3)

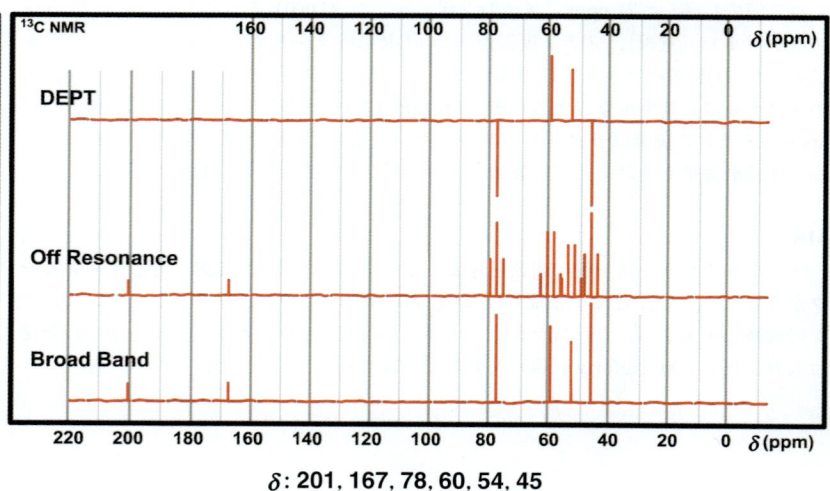

^{13}C NMR

δ: 201, 167, 78, 60, 54, 45

問　題　074（055）

¹³C NMR
6本のシグナルがある．メチル炭素が二つ，メチレン炭素が二つ，それから強く非遮蔽効果を受けた第四級炭素が二つある．この第四級炭素はケトン（201 ppm）とエステル（167 ppm）として適切な化学シフトをもつ．

IR
1720～1760 cm^{-1}の幅広い吸収は二つのカルボニル基（エステルとケトン）の存在を表す．1020～1100 cm^{-1}の重なった吸収はC–O伸縮振動の吸収である．

¹H NMR
4本の一重線が観測される．積分値が2：3：2：3であり，これよりメチル基が二つ，メチレン基が二つと考えられる．カップリングが観測されないことから，これらはいずれも隣り合うことなく孤立している．化学シフトから，これらのシグナルが酸素またはカルボニル基によって強く非遮蔽効果を受けていることが示唆される．

MS
分子イオンピークが146に弱く現れている．これはこの化合物が容易に開裂しやすい官能基を含むことを示唆している．131のさらに弱いピークはメチル基が脱離したイオンであり，115のピークはエステルからのα開裂によりOCH$_3$基が脱離したイオンである．101のピークは45脱離したものであり，ケトンからのα開裂によりCH$_2$-OCH$_3$基が脱離したイオンに相当する．また45の基準ピークはフラグメントイオン[CH$_2$=OCH$_3$]$^+$に帰属される．この化合物の分子式はC$_6$H$_{10}$O$_4$である．

まとめ
この化合物は –CH$_2$OCH$_3$, >C=O, –CH$_2$, および –COOCH$_3$ という部分構造を含む．これらを水素間のカップリングがないようにつなぎ合わせると，4-メトキシアセト酢酸メチル CH$_3$OCH$_2$(C=O)CH$_2$COOCH$_3$ という構造が導かれる．

注意点
ケトンとエステルのカルボニル基はIRスペクトルにおいて明瞭には分離していないが，その吸収が幅広く観測されることからカルボニル基は二つ以上あると考えられる．さらにこれらのカルボニル基は¹³C NMRスペクトルによって明確に帰属される．¹³C NMRスペクトルで78 ppmのシグナルは酸素とケトンの間のメチレン炭素であり，60 ppmのシグナルはエーテル酸素に結合したメチル炭素である．また54 ppmのシグナルはエステル酸素に結合したメチル炭素であり，45 ppmのシグナルは二つのカルボニル基に挟まれたメチレン炭素である．

問題 075 (059)

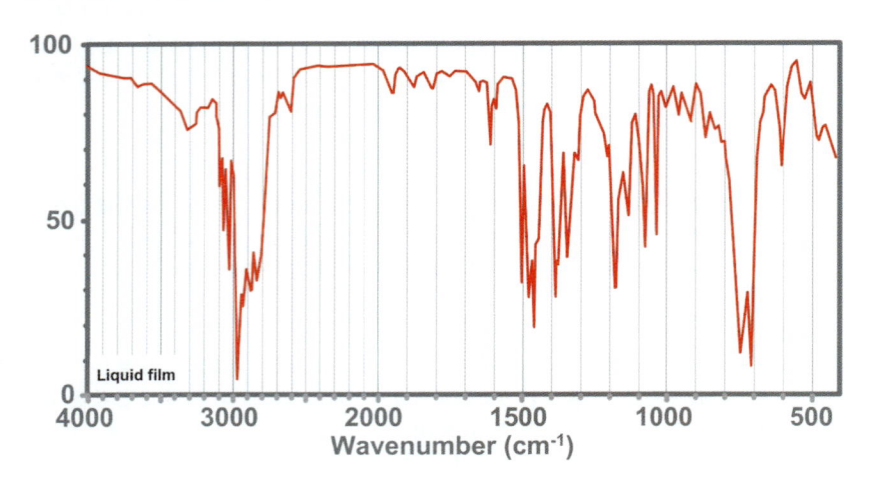

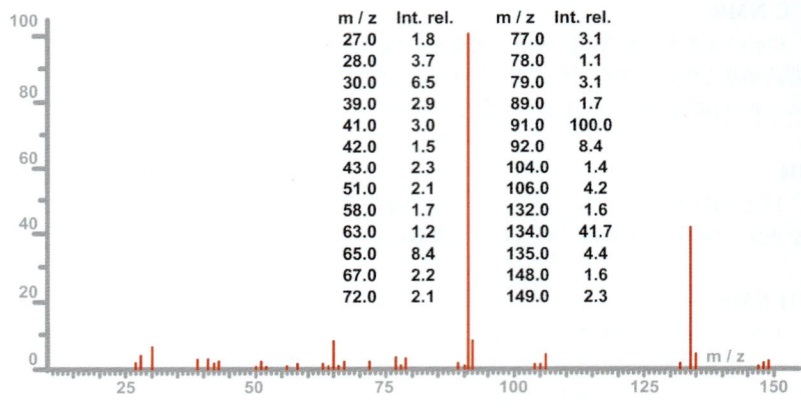

IR spectrum (Liquid film)

Mass spectrum

m/z	Int. rel.	m/z	Int. rel.
27.0	1.8	77.0	3.1
28.0	3.7	78.0	1.1
30.0	6.5	79.0	3.1
39.0	2.9	89.0	1.7
41.0	3.0	91.0	100.0
42.0	1.5	92.0	8.4
43.0	2.3	104.0	1.4
51.0	2.1	106.0	4.2
58.0	1.7	132.0	1.6
63.0	1.2	134.0	41.7
65.0	8.4	135.0	4.4
67.0	2.2	148.0	1.6
72.0	2.1	149.0	2.3

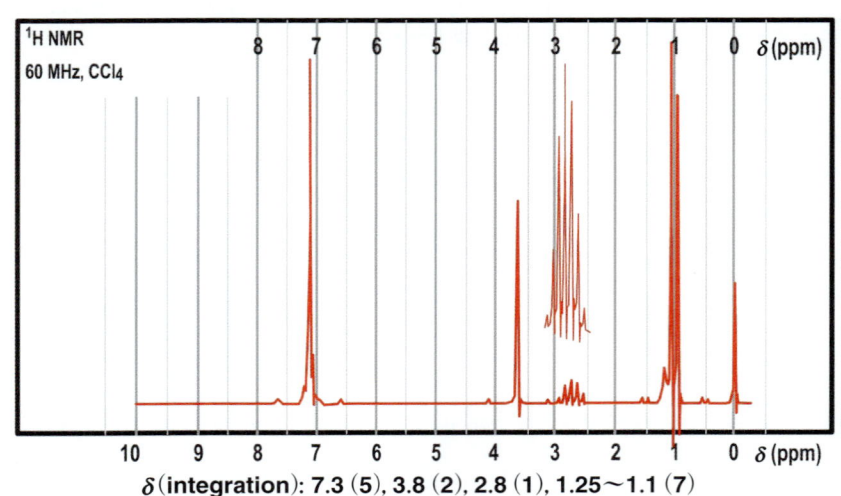

^{1}H NMR (60 MHz, CCl$_4$)

δ (integration): 7.3 (5), 3.8 (2), 2.8 (1), 1.25〜1.1 (7)

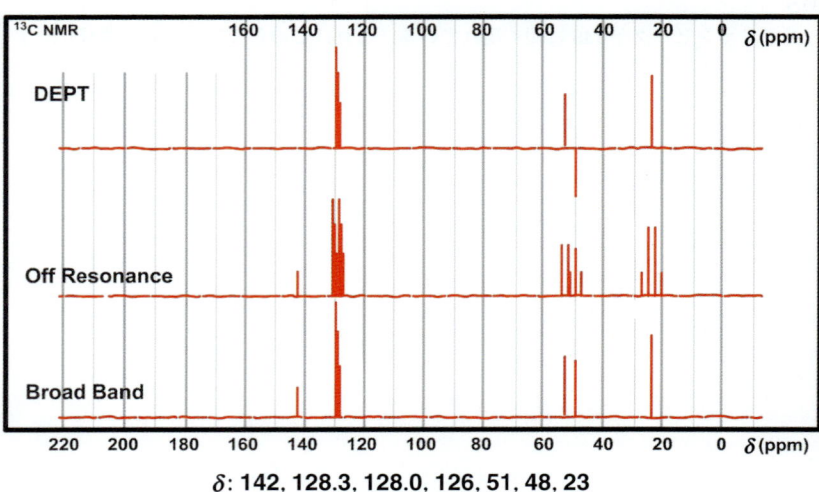

^{13}C NMR

δ: 142, 128.3, 128.0, 126, 51, 48, 23

問題 075（059）

はじめに

IR スペクトルでは 1600〜2000 cm^{-1} の倍音および結合音振動領域に芳香環の特徴的な吸収がある．ほかの領域にも芳香環に特徴的な吸収が観測されている．3300 cm^{-1} の吸収は N-H 伸縮振動の吸収と考えられる．^{1}H NMR スペクトルでは高磁場側の大きな二重線シグナルの下にシグナルが重なって隠れている．そのシグナルは D$_2$O 添加によって消失する．

^{13}C NMR

7 本のシグナルがある．一つは第四級炭素，三つは芳香族領域のメチン炭素であり，それ以外は脂肪族領域のメチル，メチレン，およびメチン炭素のシグナルが 1 本ずつである．芳香族領域には一置換ベンゼン環に典型的なシグナルが観測されている．すなわち芳香族第四級炭素のシグナルが 1 本弱く観測され，それより強い強度でパラ位のメチン炭素のシグナルが 1 本，さらにはるかに強い強度でオルト位とメタ位のメチン炭素（各 2 個分）が現れている．51 と 48 ppm のシグナルはおのおの窒素原子に結合したメチンおよびメチレン炭素である．最後に残された OR スペクトルで四重線のシグナルは等価なメチル炭素 2 個分である．

IR

ベンゼン環化合物に期待される領域の吸収がすべて観測されている．3300 cm^{-1} の幅広い吸収は第二級アミンの弱い N-H 伸縮振動の吸収である．第二級アミンの N-H 変角振動の吸収が 660〜900 cm^{-1} にあるが，これは変わりやすい吸収であるため，NH 基の信頼できる証拠とはならない．

MS

134（41.7%）のピークは分子イオンピークの候補と考えられる．ただし，この化合物は窒素を含むことが予想されるため，分子量は偶数ではない可能性がある．149（2.3%）にも弱いピークがある．このピークは 134 のピークより 15 大きいことを考えると，134 のピークはメチル基が脱離して生じたフラグメントイオンである可能性が高い．この化合物は特徴的なフラグメントイオンを生じさせる二つの官能基を含んでいる．それはベンゼン環とアミノ基である．ベンゼン環の α 位での開裂により，C$_6$H$_5$CH$_2$$^+$ イオンを生じ，これが基準ピーク 91（100%）となっている．134（41.7%）の脱メチルイオン（M－15）は窒素原子からの α 開裂によって生成する．ベンジル基と窒素をあわせた質量は 105（C$_6$H$_5$CH$_2$N）であり，分子量（149）をみたすには残りは 44（C$_3$H$_8$）となる．したがって分子式は C$_{10}$H$_{15}$N である．

^{1}H NMR

7.3 ppm に観測されている 1 本のシグナルは，一置換ベンゼン環の水素 5 個分である．一置換ベンゼン環には 3 種類の等価ではない水素が存在するが，これらの水素の化学シフトは非常に接近しているため，60 MHz 装置では低磁場側にほぼ 1 本に重なってみえる．強磁場の NMR 装置（400 MHz）であれば，これらのシグナルは分離して現れるかもしれない．3.8 ppm の一重線は芳香環と窒素原子の両方に結合したメチレン基である．2.8 ppm の七重線はイソプロピル基のメチン水素であり，1.1 ppm の二重線は二つのメチル基を表している．化学シフトから，このメチン基は窒素原子に結合していることがわかる．1.25 ppm の幅広いシグナルは第二級アミンの NH 水素であり，このシグナルは D$_2$O を 1, 2 滴添加してよく振ったあと測定すると消失する．

まとめ

部分構造として，ベンゼン環，メチレン基，NH 基，およびイソプロピル基の存在が明らかである．これらをつなぐことによりこの化合物は，イソプロピルベンジルアミン C$_6$H$_5$CH$_2$NHCH(CH$_3$)$_2$ であることがわかる．

問題 076 (064)

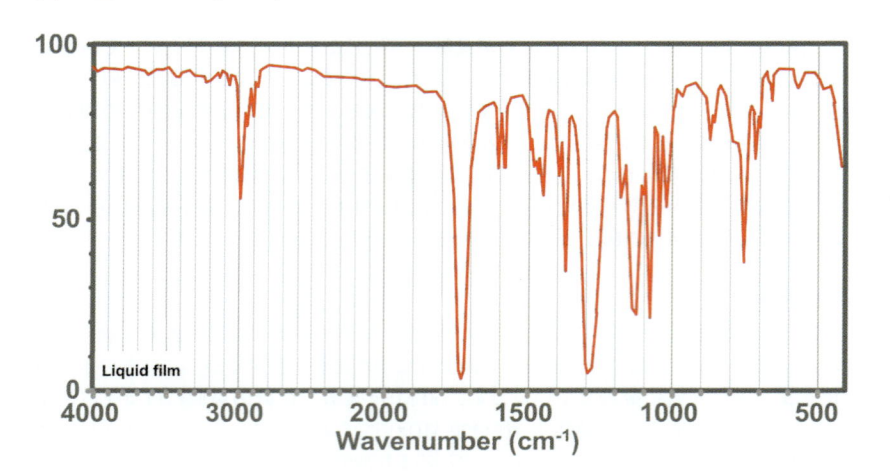

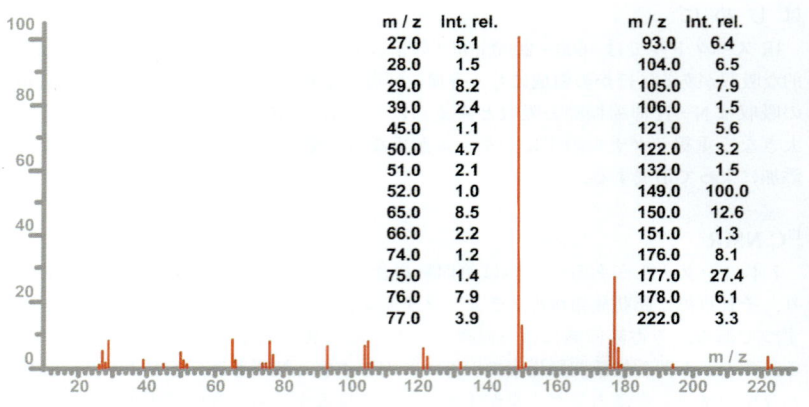

m/z	Int. rel.	m/z	Int. rel.
27.0	5.1	93.0	6.4
28.0	1.5	104.0	6.5
29.0	8.2	105.0	7.9
39.0	2.4	106.0	1.5
45.0	1.1	121.0	5.6
50.0	4.7	122.0	3.2
51.0	2.1	132.0	1.5
52.0	1.0	149.0	100.0
65.0	8.5	150.0	12.6
66.0	2.2	151.0	1.3
74.0	1.2	176.0	8.1
75.0	1.4	177.0	27.4
76.0	7.9	178.0	6.1
77.0	3.9	222.0	3.3

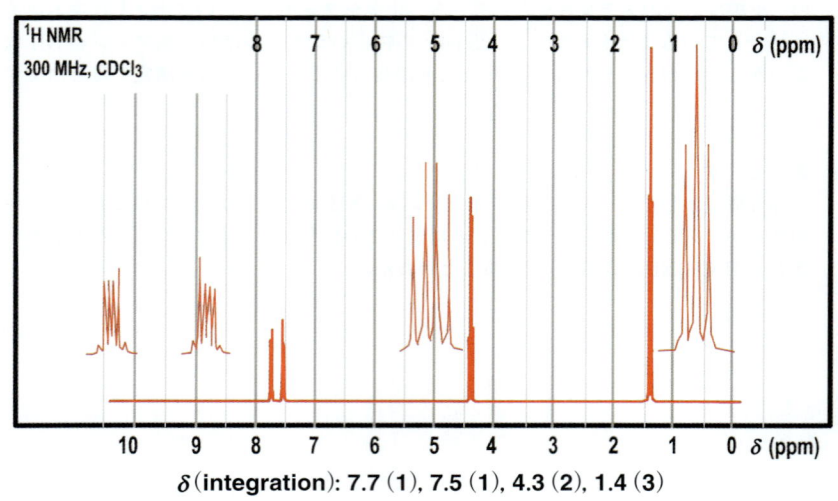

^{1}H NMR 300 MHz, CDCl$_3$

δ (integration): 7.7 (1), 7.5 (1), 4.3 (2), 1.4 (3)

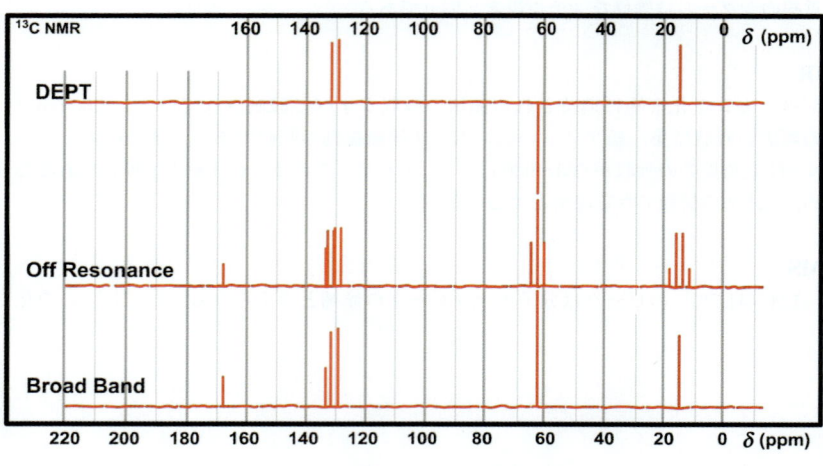

^{13}C NMR

δ: 168, 132, 131, 129, 62, 14

156 問題 076

問題 076（064）

はじめに

IR スペクトルの 1730 と 1290 cm^{-1} の吸収からエステルが含まれると予想される．^{1}H NMR スペクトルの芳香族水素が対称な分裂様式を示すことから，対称性のある置換ベンゼン環構造をもつことがわかる．

^{13}C NMR

対称な置換様式をもつことから芳香環領域には 3 本のシグナルがあるだけである．このうち二つはメチン炭素，残りの一つは第四級炭素である．エステルのカルボニル基のシグナルは 168 ppm に観測される．62 ppm のシグナルは OR スペクトルで三重線であり，エステルの酸素原子に結合したメチレン炭素である．最後に残った 14 ppm のシグナルはメチル炭素に帰属される．

MS

分子イオンピークとして 222（3.3%）に弱いピークがある．177（27.4%）のフラグメントイオンは 45（CH$_3$CH$_2$O）の脱離を表しており，エチルエステルが存在することが示唆される．さらに CO が脱離することにより 149 の基準ピークが生成する．194 の弱いピークはエチルエステルから McLafferty 転位を介してエチレンが脱離したイオンに相当する．39, 50, 51, 76, および 77 のピークはベンゼン環に特徴的なイオンである．

^{1}H NMR

芳香族領域に典型的な AA'BB' の分裂様式をもつ対称なピークがある．これはオルト置換ベンゼンの 2 種類の等価な水素原子の対に帰属される．これらのピークは電子求引性の置換基の影響で低磁場側にシフトしている．4.3 ppm の四重線と 1.4 ppm の三重線の 2 本のシグナルはエチルエステルに含まれるエチル基を表している．

IR

1730 cm^{-1} の吸収は共役エステルの領域で最も高振動数（高波数）の位置にある．エステルに特徴的なほかの吸収として 1290 cm^{-1} に =C-O および C-O 伸縮振動の吸収がある．1500〜1600 cm^{-1} の吸収は芳香環 >C=C< の存在を表す．750 cm^{-1} 付近の吸収は四連続芳香族水素（オルト二置換ベンゼン環）に由来する変角振動の吸収である．

まとめ

スペクトルデータから部分構造として，オルト二置換ベンゼン環とエチルエステルの存在が明らかである．MS スペクトルから分子式 C$_{12}$H$_{14}$O$_4$ をみたすためにはエステル基が 2 個存在しなければならない．これらの部分構造を組合わせることによりこの化合物はフタル酸ジエチル C$_6$H$_4$(COOCH$_2$CH$_3$)$_2$ であることがわかる．

問題 077 (071)

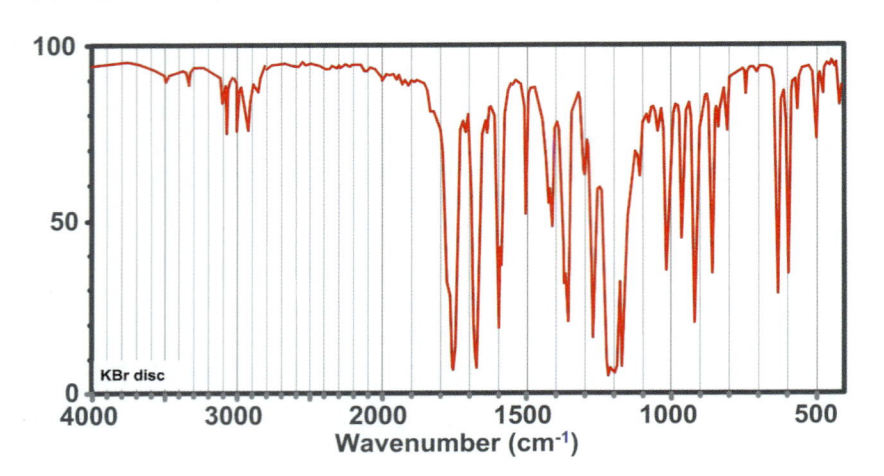

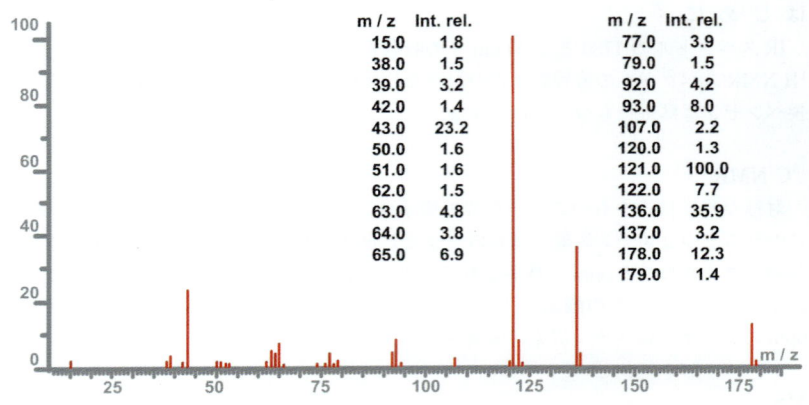

IR (KBr disc)

MS

m/z	Int. rel.	m/z	Int. rel.
15.0	1.8	77.0	3.9
38.0	1.5	79.0	1.5
39.0	3.2	92.0	4.2
42.0	1.4	93.0	8.0
43.0	23.2	107.0	2.2
50.0	1.6	120.0	1.3
51.0	1.6	121.0	100.0
62.0	1.5	122.0	7.7
63.0	4.8	136.0	35.9
64.0	3.8	137.0	3.2
65.0	6.9	178.0	12.3
		179.0	1.4

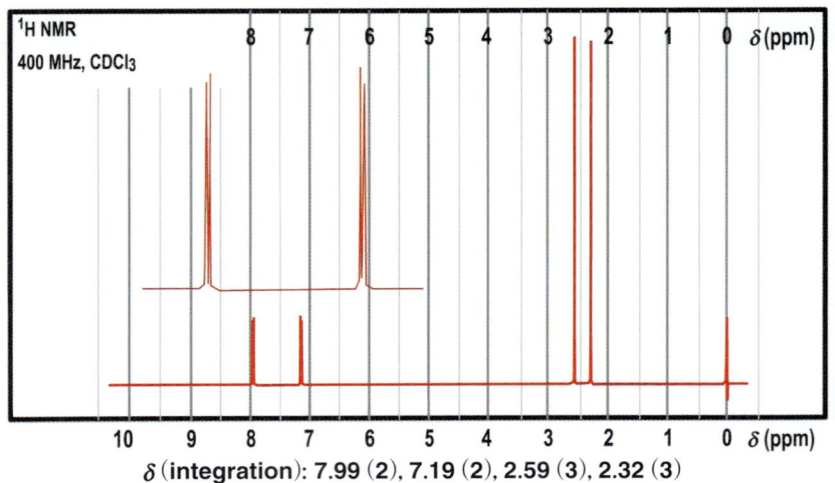

^{1}H NMR (400 MHz, CDCl$_3$)

δ (integration): 7.99 (2), 7.19 (2), 2.59 (3), 2.32 (3)

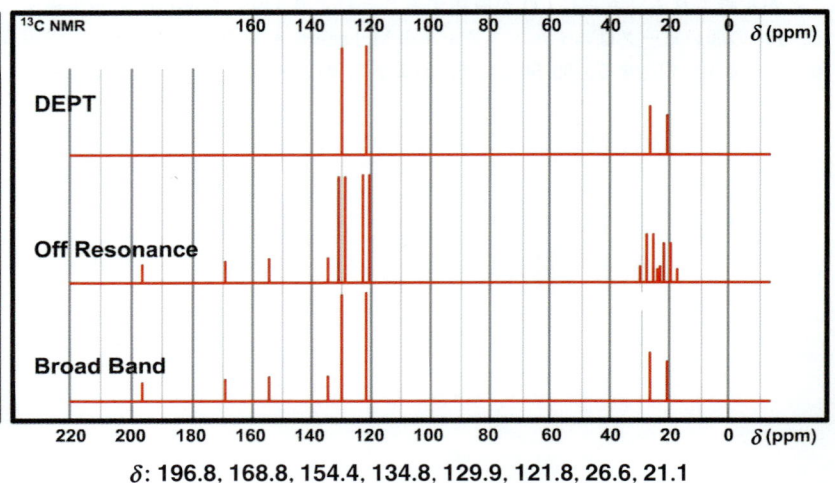

^{13}C NMR

δ: 196.8, 168.8, 154.4, 134.8, 129.9, 121.8, 26.6, 21.1

問題 077 (071)

はじめに

IRスペクトルにおいて2本の強いカルボニル基の吸収がある。1本はエステルの領域（1755 cm^{-1}），もう1本は共役ケトンの領域（1675 cm^{-1}）である。IRとNMRスペクトルから芳香環の存在が示唆される。^{1}H NMRスペクトルの7.99と7.19 ppmのシグナルは $J = 8.9$ Hzの二重線であることに注意しよう。

MS

分子イオンピークが178（12.3%）に，M＋1同位体ピークが179（1.4%）に観測されており，その相対強度から炭素数は10個と考えられる。136（35.9%）のフラグメントイオンは，ケテン CH$_2$=C=O の脱離したイオンに相当する。ケテンが脱離したイオンは芳香族酢酸エステルではしばしば観測される。基準ピークは121（100%）であり，これは136のイオンからさらにメチル基が脱離したイオンである。この基準ピークに対する同位体ピークが122（7.7%）に現れており，このフラグメントイオンには7個の炭素が含まれていることがわかる。これはケテンとメチル基が脱離したイオンであることから，分子全体で炭素が10個含まれることと一致する。

^{13}C NMR

10個の炭素に対して8本のシグナルが観測されている。シグナル強度が大きい121.8と129.9 ppmのシグナル（ORスペクトルで二重線）は，おのおの等価なメチン炭素2個分と考えられる。これらの2本のシグナルのほかに，さらに2本のシグナルが芳香族領域に観測される。それらは154.4と134.8 ppmのシグナルでありいずれも第四級炭素である。154.4 ppmのシグナルは非常に低磁場であり，この炭素には酸素原子が結合していると考えられる。これらのほかにさらに別の第四級炭素のシグナルが2本あり，それらはカルボニル炭素の領域にある。一つはケトン（196.8 ppm），もう一つはエステル（168.8 ppm）に帰属される。最後に残った2本のシグナル（26.6と21.1 ppm）はいずれもメチル炭素である。

^{1}H NMR

このスペクトルは非常に単純である。一重線のメチル基が2本，いずれもカルボニル基に結合していると考えられる化学シフト領域に現れており，また2本の二重線が芳香族領域にある。この二重線の結合定数（8.9 Hz）はオルトカップリングに相当する。低磁場側の7.99 ppmのシグナルはオルト位のカルボニル基によって非遮蔽化されており，一方高磁場側の7.19 ppmのシグナルはオルト位の酸素原子によって遮蔽化されている。

IR

1675と1755 cm^{-1}のカルボニル基の吸収のほかに，ベンゼン環に由来する吸収が3000〜3100 cm^{-1}，1600 cm^{-1}，1500 cm^{-1}，および855 cm^{-1}に現れている。

まとめ

以上のスペクトルデータを総合すると，この化合物にはベンゼン環に二つの置換基（ケトンとエステル）が結合していることが示唆される。エステルはアセトキシ基 $-$O(C=O)CH$_3$ であり，一方ケトンはアセチル基 $-$(C=O)CH$_3$ である。^{1}H NMRスペクトルにおいて，おのおのの置換基のオルト位の水素が等価であり，また芳香族水素が互いにオルトカップリングしていることから，パラ置換体であることがわかる。この化合物は，4-アセトキシアセトフェノン CH$_3$(C=O)C$_6$H$_4$O(C=O)CH$_3$ である。

問題 078 (081)

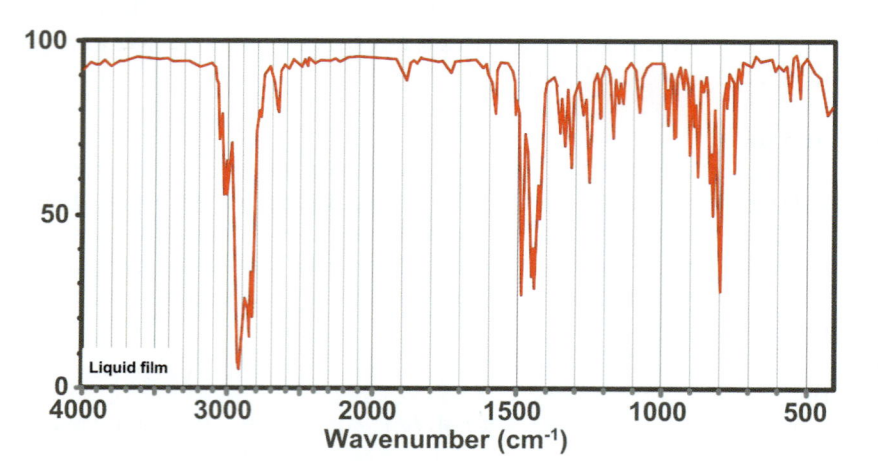

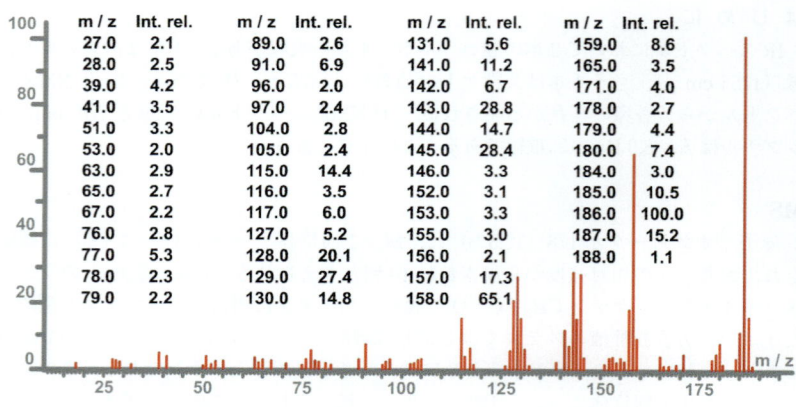

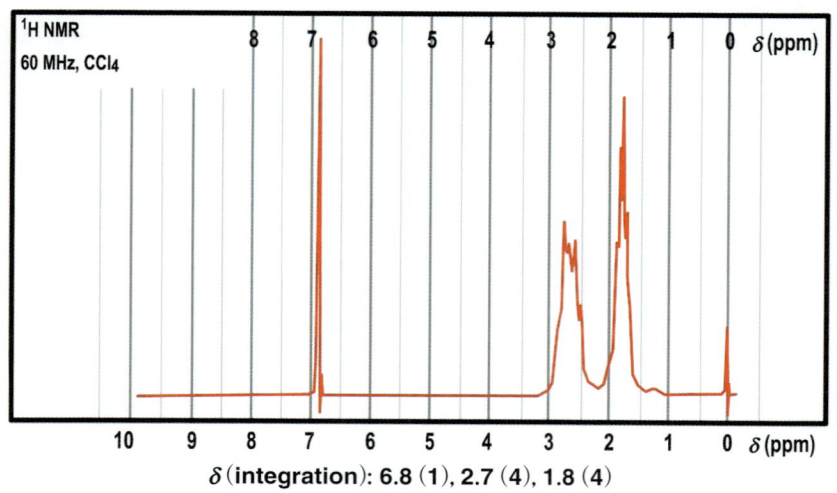

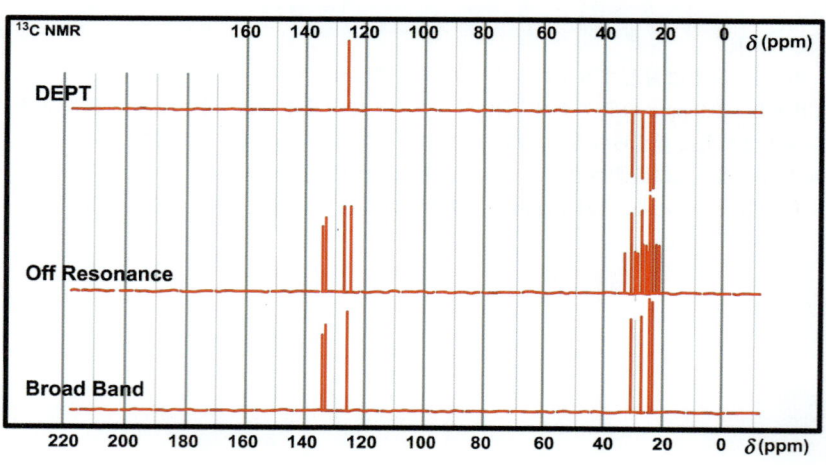

IR spectrum (Liquid film)
Wavenumber (cm⁻¹): 4000–500

Mass spectrum

m/z	Int. rel.	m/z	Int. rel.	m/z	Int. rel.	m/z	Int. rel.
27.0	2.1	89.0	2.6	131.0	5.6	159.0	8.6
28.0	2.5	91.0	6.9	141.0	11.2	165.0	3.5
39.0	4.2	96.0	2.0	142.0	6.7	171.0	4.0
41.0	3.5	97.0	2.4	143.0	28.8	178.0	2.7
51.0	3.3	104.0	2.8	144.0	14.7	179.0	4.4
53.0	2.0	105.0	2.4	145.0	28.4	180.0	7.4
63.0	2.9	115.0	14.4	146.0	3.3	184.0	3.0
65.0	2.7	116.0	3.5	152.0	3.1	185.0	10.5
67.0	2.2	117.0	6.0	153.0	3.3	186.0	100.0
76.0	2.8	127.0	5.2	155.0	3.0	187.0	15.2
77.0	5.3	128.0	20.1	156.0	2.1	188.0	1.1
78.0	2.3	129.0	27.4	157.0	17.3		
79.0	2.2	130.0	14.8	158.0	65.1		

¹H NMR (60 MHz, CCl₄)
δ (integration): 6.8 (1), 2.7 (4), 1.8 (4)

¹³C NMR
δ: 135.2, 134.2, 126.4, 30.1, 26.3, 23.6, 22.9

問 題 078 (081)

MS

186 (100%) の分子イオンピークは非常に安定で，基準ピークでもある．187 (15.2%) の M＋1 同位体ピークから炭素数は 14 と予想される．炭素 14 個の質量は 168 であり，分子量より 18 小さい．これより可能性の高い分子式として $C_{14}H_{18}$ が考えられる．非常に安定な分子イオンピークは環状 π 電子系をもつ化合物によくみられる．次に強度の大きなイオンは 158 の M－28 (65.1%) のイオンである．このイオンは π 結合をもつ 6 員環化合物でしばしばみられる逆 Diels-Alder 反応を経てエチレン分子の脱離により生成すると考えられる．130 のイオンは 158 のイオンからさらに第二の逆 Diels-Alder 反応を経て二つ目のエチレン分子 (28) が脱離したものである．

^{13}C NMR

芳香族領域に 3 本のシグナルがある．2 本は第四級炭素 (135.2 と 134.2 ppm) であり，残りの 1 本はメチン炭素 (126.4 ppm) である．ほかのシグナルはすべてメチレン炭素であり，脂肪族領域に観測される (30.1, 26.3, 23.6, 22.9 ppm)．分子中に炭素は 14 個含まれるが，観測されるシグナルは 7 本のみである．したがってこの化合物は対称性をもち，等価な構造を半分ずつもつと考えられる．

^{1}H NMR

芳香族領域の 1 本のシグナルは芳香族水素が 1 種類しかないことを表す．これは ^{13}C NMR スペクトルでもメチン炭素が 1 本のみであったことと対応する．芳香族水素は比較的高磁場 (6.8 ppm) に観測されるが，これはメチレン基の誘起効果の影響と考えられる．2.7 および 1.8 ppm 付近の多重線はメチレン基のシグナルである．低磁場側のシグナルは芳香環に結合したメチレン基，高磁場側のシグナルは芳香環から遠い方のメチレン基に帰属される．

IR

芳香環の存在が 3000 cm^{-1} より少し高振動数 (高波数) 側の吸収，1500〜1580 cm^{-1} の吸収，そして 800 cm^{-1} の二つの連続した芳香環水素に帰属される面外変角振動の吸収から示唆される．

ま と め

予想される分子式 $C_{14}H_{18}$ から不飽和度は 6 であり，ベンゼン環一つが不飽和度 4 に相当する．残りの不飽和度 2 は環または二重結合に由来すると考えられるが，ベンゼン環の sp^2 炭素以外には sp^3 メチレン炭素しかないため，環がさらに二つ存在すると考えられる．環はベンゼン環のオルト位に四つのメチレン炭素をつなぐことによって形成され，このような環は一つのベンゼンから二つつくることができる．したがって可能性のある構造はオクタヒドロフェナントレンか，またはオクタヒドロアントラセンとなる．オクタヒドロフェナントレン環は期待どおりの対称性をもち，メチレン炭素も ^{13}C NMR スペクトルで観測されたとおりに 4 種類存在する．一方オクタヒドロアントラセン環ではメチレン炭素は 2 種類しか存在しない．

以上より，この化合物は 1,2,3,4,5,6,7,8-オクタヒドロフェナントレンであることがわかる．この化合物は，中央の環を通る対称面により分子が二分され，対称面の両側では同じ原子が並んだ構造をもつ．

問 題 079 (089)

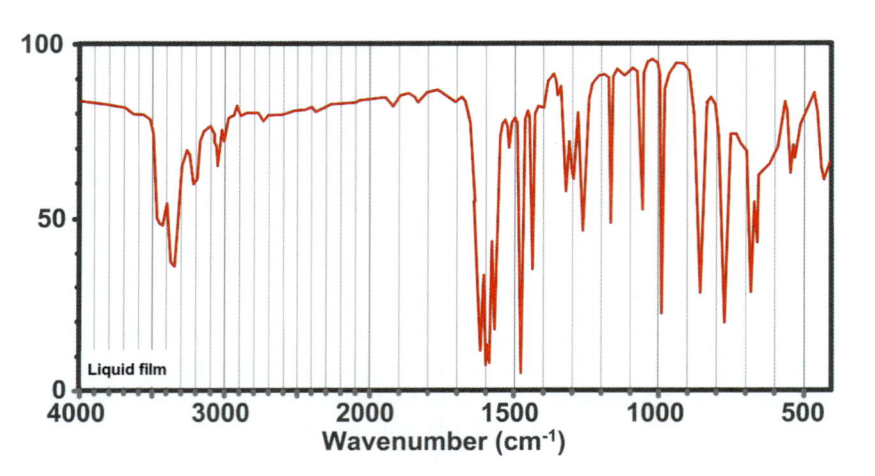

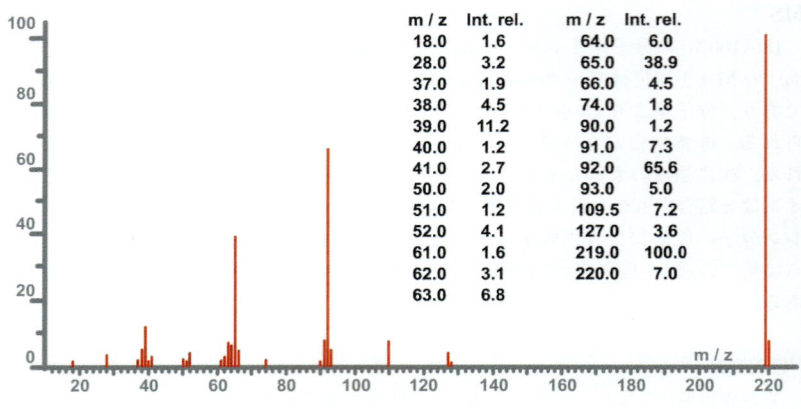

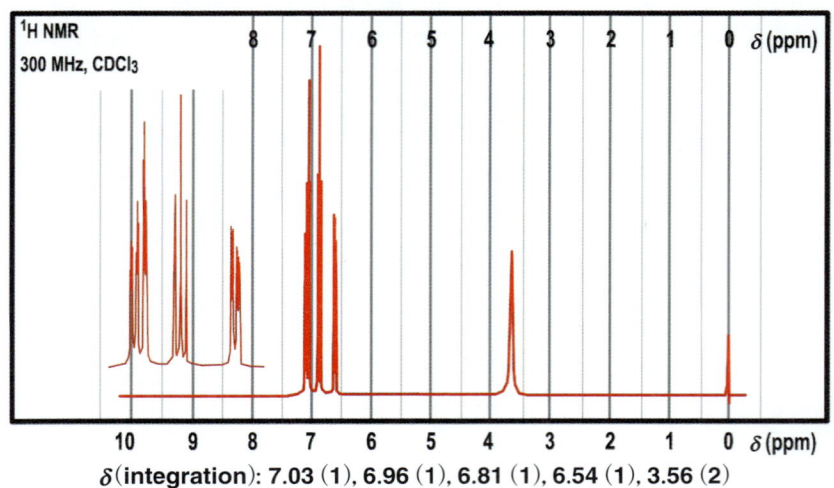

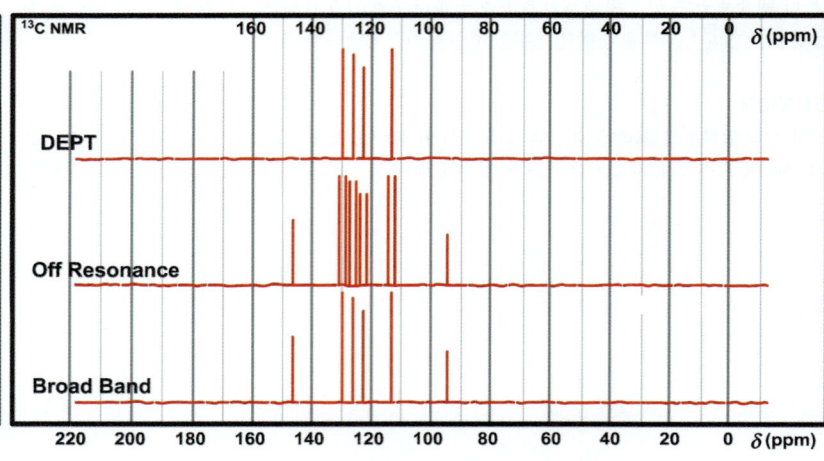

m/z	Int. rel.	m/z	Int. rel.
18.0	1.6	64.0	6.0
28.0	3.2	65.0	38.9
37.0	1.9	66.0	4.5
38.0	4.5	74.0	1.8
39.0	11.2	90.0	1.2
40.0	1.2	91.0	7.3
41.0	2.7	92.0	65.6
50.0	2.0	93.0	5.0
51.0	1.2	109.5	7.2
52.0	4.1	127.0	3.6
61.0	1.6	219.0	100.0
62.0	3.1	220.0	7.0
63.0	6.8		

^{1}H NMR 300 MHz, CDCl$_3$

δ(integration): 7.03 (1), 6.96 (1), 6.81 (1), 6.54 (1), 3.56 (2)

^{13}C NMR

δ: 147.6, 130.7, 127.2, 123.6, 114.2, 94.9

問題 079（089）

IR

3000～3050 cm^{-1} の吸収，1600 cm^{-1} 付近の強い吸収（強く分極した ＞C＝C＜ 結合），および 1490 cm^{-1} の吸収は芳香環の存在を表す．680 と 770 cm^{-1} は面外変角振動の吸収であり，メタ置換ベンゼン環に帰属される．3380 と 3450 cm^{-1} の2本の吸収は，第一級アミンの特徴的な対称および逆対称 N－H 伸縮振動の吸収である．1600 cm^{-1} 付近の強い吸収の一つは NH$_2$ 基の変角（はさみ）振動であり，650 cm^{-1} の幅広い中程度の吸収は縦ゆれ変角振動である．

^{13}C NMR

6本の芳香族炭素のシグナルがある．そのうち2本は第四級炭素（147.6 と 94.9 ppm），4本はメチン炭素（130.7, 127.2, 123.6, および 114.2 ppm）である．147.6 ppm の炭素はベンゼン（128.5 ppm）に比べると 19.1 ppm 非遮蔽効果を受けており，アミノ基が結合した位置（イプソ位）の化学シフト（＋18.2 ppm）に相当する．もう一つの置換基は強い遮蔽効果を及ぼす（－33.4 ppm）．このように大きな遮蔽効果を及ぼす置換基はヨウ素だけである（－34.1 ppm）．ヨウ素の大きな電子雲による遮蔽効果は"重原子効果"といわれる．これらの化学シフトはヨウ素と NH$_2$ 基がメタ位に置換したベンゼン環炭素の化学シフトの計算値と非常に近い．

MS

分子イオンピークが 219（100%）に，ヨウ素（127）が脱離したイオンが 92（65.6%）に強く現れている．分子イオンピークは環状 π 電子系に窒素とヨウ素の非結合電子が加わった大きな電子雲をもち，非常に安定である．この電子雲には豊富な電子があるために電子2個を失ったイオンの生成が起こりやすくなり，109.5（7.2%）に二重電荷を帯びた分子イオンピークが観測されている．65（39%）のピークは 92 のイオンから HCN（27）が脱離したイオンである．

^{1}H NMR

NH$_2$ 基の水素はやや幅広い一重線として 3.56 ppm に現れている．芳香族水素のシグナルは4本ある．これらは ^3J（オルト）カップリングにより次のような分裂パターンを示す．すなわち，7.03（二重線），6.96（一重線），6.81（三重線），および 6.54（二重線）である．7.03, 6.96, および 6.54 ppm のシグナルには小さなカップリングも観測される．二置換ベンゼンでこの ^3J の分裂様式を示すのはメタ置換体だけである．6.96 ppm のシグナルは小さな ^4J（メタ）カップリングをもつ．これは二つの置換基にはさまれた水素である．パラ置換体では対称な AA′XX′ 系となり，オルト置換体では ^3J カップリングにより二重線二つと三重線二つとなる．各シグナルは次のように帰属される．すなわち，6.54 ppm（NH$_2$ のオルト位，ヨウ素のパラ位），6.81 ppm（NH$_2$ のメタ位，ヨウ素のメタ位），6.96 ppm（NH$_2$ のオルト位，ヨウ素のオルト位），および 7.03 ppm（NH$_2$ のパラ位，ヨウ素のオルト位）となる．これらの値は，化学シフトへの置換基効果の表（p.228）に基づいた計算値とよい一致がみられる．

まとめ

多くのスペクトルデータから，この化合物は第一級アミノ基とヨウ素が置換した芳香環をもつことがわかる．分子に対称性はないことからパラ置換体ではない．IR スペクトルの面外変角振動の吸収からメタ置換体と考えられるが，それだけでは十分に明確な証拠とはいえない．^{1}H NMR スペクトルにおける分裂様式と ^{1}H NMR および ^{13}C NMR スペクトルの化学シフトから，メタ置換体であることの十分な証拠が得られる．この化合物は 3-ヨードアニリンである．

問題 080（090）

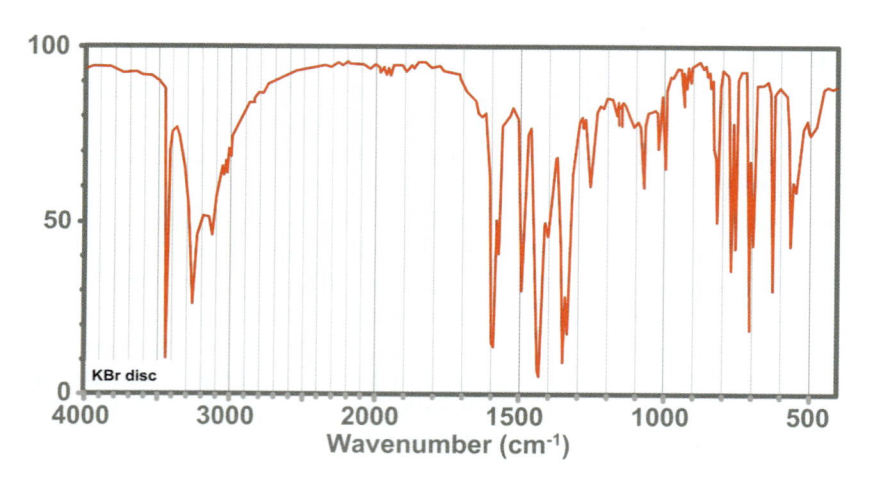

高分解能質量スペクトル ＝ 228.0721

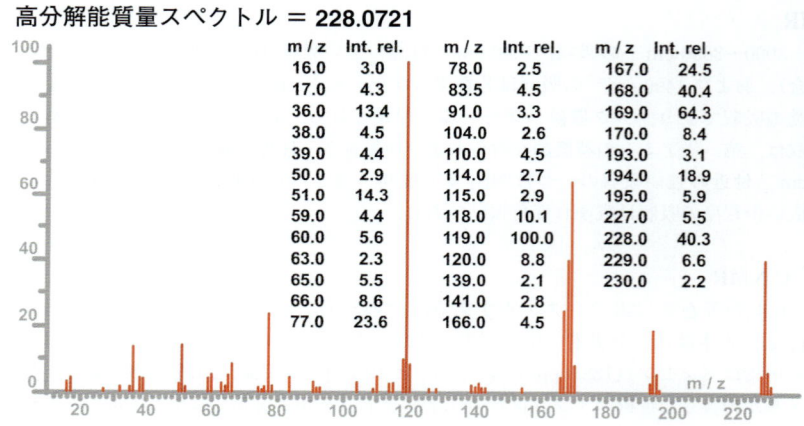

m/z	Int. rel.	m/z	Int. rel.	m/z	Int. rel.
16.0	3.0	78.0	2.5	167.0	24.5
17.0	4.3	83.5	4.5	168.0	40.4
36.0	13.4	91.0	3.3	169.0	64.3
38.0	4.5	104.0	2.6	170.0	8.4
39.0	4.4	110.0	4.5	193.0	3.1
50.0	2.9	114.0	2.7	194.0	18.9
51.0	14.3	115.0	2.9	195.0	5.9
59.0	4.4	118.0	10.1	227.0	5.5
60.0	5.6	119.0	100.0	228.0	40.3
63.0	2.3	120.0	8.8	229.0	6.6
65.0	5.5	139.0	2.1	230.0	2.2
66.0	8.6	141.0	2.8		
77.0	23.6	166.0	4.5		

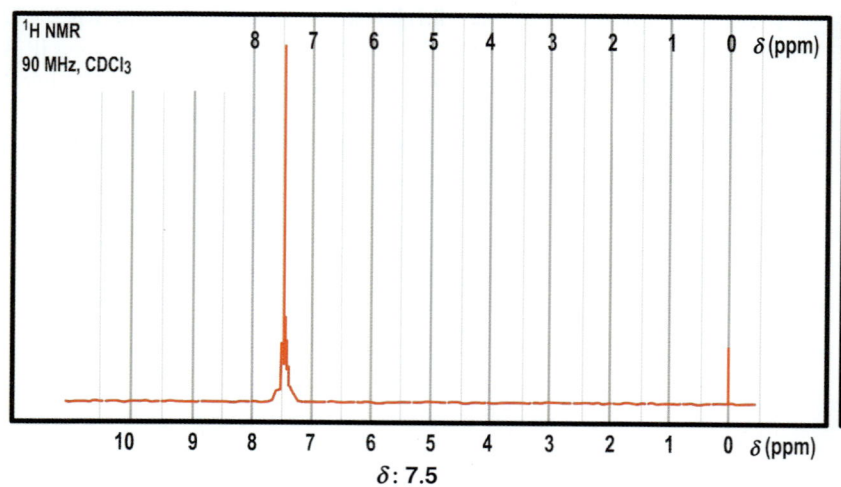

IR: KBr disc

^{1}H NMR, 90 MHz, CDCl$_3$
δ: 7.5

^{13}C NMR
δ: 183, 144, 130, 129, 128

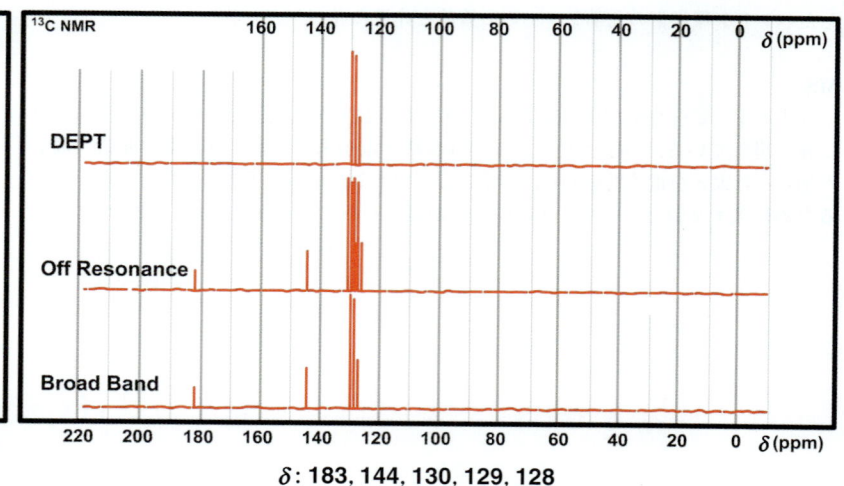

問題 080 (090)

はじめに

IRスペクトルでは芳香環と第一級アミノ基（3280と3460 cm^{-1}）の存在が示唆される．

MS

分子イオンピークが228（40.3%）に，M＋1同位体ピークが229（6.6%）に，M＋2同位体ピークが230（2.2%）に現れている．同位体ピークの相対強度はM＋1が16.4%，M＋2が5.5%である．M＋2イオンの相対強度から硫黄原子またはケイ素原子が含まれると予想されるが，ケイ素原子の場合はM＋1イオンの強度がもっと強くなるため，この化合物には硫黄原子が含まれると考えられる．^{34}Sの天然存在比は4.4%であり，M＋2イオンの相対強度の実測値が5.5%であることから，硫黄原子が1個含まれると考えられる．M＋1イオンの相対強度（16.4%）から炭素数を予想するときには^{33}Sと^{15}Nの寄与も考慮する必要がある．たとえば，硫黄原子1個で0.8%，窒素原子2個で0.72%（2×0.36%）の存在比を示すため，あわせるとM＋1イオンには1.5%の寄与がある．したがって，M＋1イオンの相対強度における^{13}Cの寄与は14.9%（16.4－1.5）である．これより炭素原子の数は13個と考えられる．基準ピークが119にみられるが，121のピークは観測されないため，119の基準ピークには硫黄原子は含まれない．119のピークは109の脱離に相当する．これはフェニル基（77）と硫黄原子（32）1個からなるチオフェノキシルラジカルが脱離したものと考えられる．これはベンゼン環と硫黄原子を含む化合物ではしばしばみられる特徴的なフラグメンテーションである．

^{13}C NMR

芳香族領域に4本のシグナルがある．メチン炭素のシグナル3本と第四級炭素のシグナル1本である．メチン炭素のシグナル3本のうち，2本は残りの1本に比べてシグナル強度が約2倍である．これは一置換ベンゼン環に特徴的なピークパターンである．最後に残った183 ppmのシグナルは大きく非遮蔽効果を受けた第四級炭素である．このシグナルはヘテロ原子に結合したsp^{2}炭素（たとえば，カルボニル基）の領域にある．しかしながら，IRスペクトルからはカルボニル基の存在を示す証拠が得られない．この化合物には硫黄原子が含まれるため，チオカルボニル基＞C＝Sが存在する可能性がある．

^{1}H NMR

芳香族領域に唯一のシグナル（7.5 ppm）が観測される．芳香族水素のシグナルが分離せず同じ位置に現れていることから置換基は非極性である．NH水素のシグナルが芳香族水素のシグナルの根元にある．化学シフトがほぼ同じであるがこれは偶然である．

IR

芳香環の存在を示唆する次のような吸収がある．3000〜3500 cm^{-1}のC－H伸縮振動の吸収，1500〜1600 cm^{-1}付近の＞C＝C＜伸縮振動の吸収，および700と760 cm^{-1}の面外変角振動の吸収（五連続芳香環水素に帰属される）である．3290と3470 cm^{-1}の2本の吸収は第一級アミンを表す対称および逆対称伸縮振動の吸収である．1600 cm^{-1}の強い吸収の一つはNH$_2$基の変角（はさみ）振動である．＞C＝S伸縮振動の吸収はおそらく1440 cm^{-1}に現れている．

まとめ

この化合物には芳香環（フェニル基）炭素以外の官能基の第四級炭素が一つ存在する．炭素数が13であることからフェニル基は二つ存在する．その官能基の第四級炭素は硫黄原子，第一級アミノ基，および二つのフェニル基に結合した窒素原子に結合している．分子式はC$_{13}$H$_{12}$N$_2$Sである．二つのフェニル基が窒素原子の一つに結合し，さらにその窒素原子がチオカルボニル基の炭素に結合する．この炭素に残っているNH$_2$基が結合すると，全体の構造が導かれる．この化合物は*N,N*-ジフェニルチオ尿素である．

問題 081 (100)

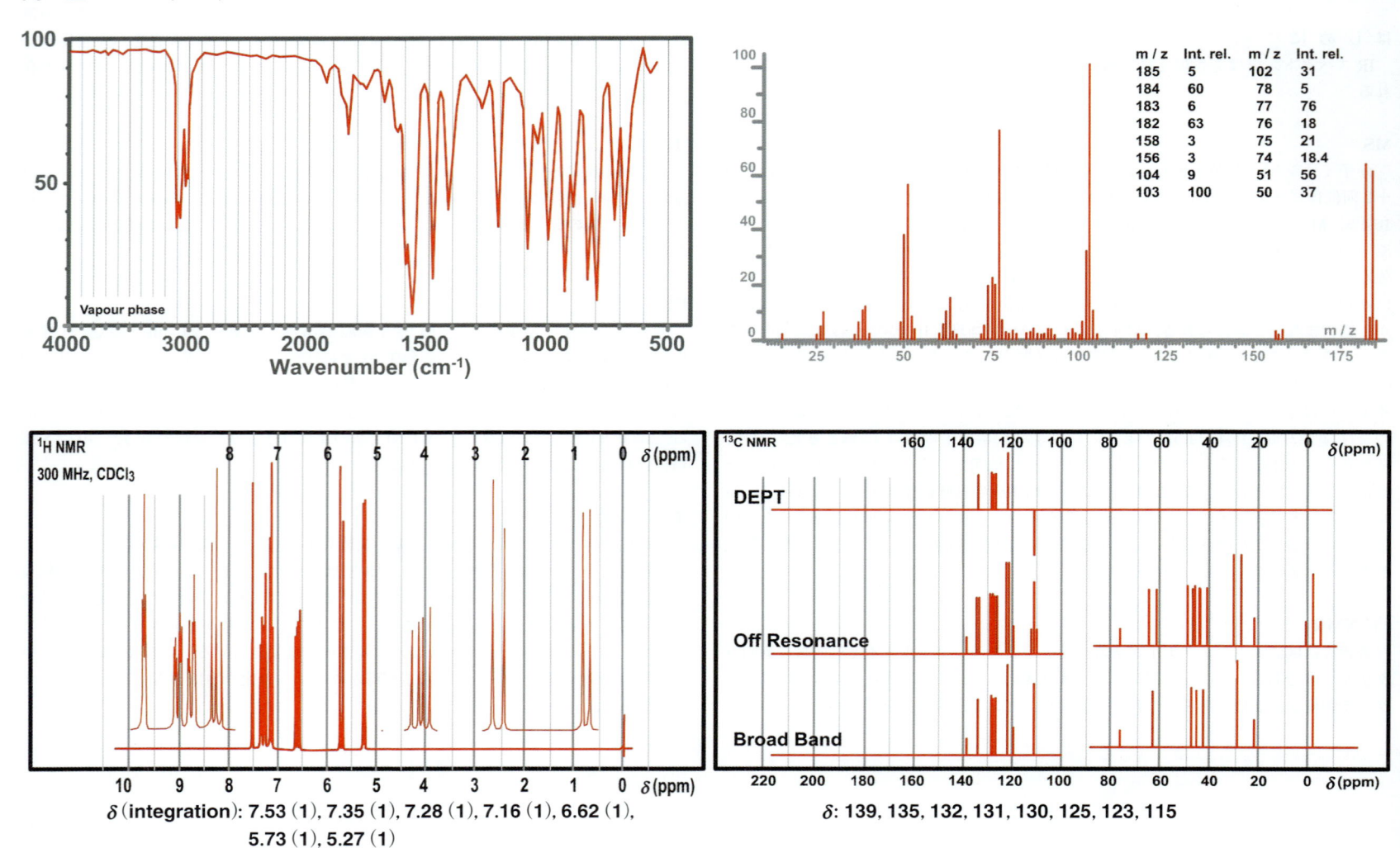

Vapour phase

m/z	Int. rel.	m/z	Int. rel.
185	5	102	31
184	60	78	5
183	6	77	76
182	63	76	18
158	3	75	21
156	3	74	18.4
104	9	51	56
103	100	50	37

1H NMR, 300 MHz, CDCl₃

δ (integration): 7.53 (1), 7.35 (1), 7.28 (1), 7.16 (1), 6.62 (1), 5.73 (1), 5.27 (1)

13C NMR

δ: 139, 135, 132, 131, 130, 125, 123, 115

問題 081（100）

はじめに

以下の枠の中には，通常用いられる記述法に従って，各スペクトルデータを示した．IRスペクトルの$3500\ cm^{-1}$付近の弱い吸収は倍音振動の吸収である．

IR

IR（気体） 3094, 3070, 3016, 1589, 1562, 1475, 1412, 1199, 1074, 989, 916, 881, 821, 785, 706, 666 cm^{-1}.

MS

EIMS（70 eV）m/z（相対強度） 185(5), 184(60), 183(6), 182(63), 158(3), 156(3), 104(9), 103(100), 102(31), 78(5), 77(76), 76(18), 75(21), 74(18.4), 51(56), 50(37).

182 と 184 のピークに注意しよう．

^{13}C NMR

^{13}C NMR（300 MHz, CDCl$_3$） δ 139, 135, 132, 131, 130, 125, 123, 115. すべての炭素がsp^2炭素領域にあることに注意しよう（数値と図中のピークが異なるが，数値が正しい）．

^{1}H NMR

^{1}H NMR（300 MHz, CDCl$_3$） δ 7.53 (t, J = 1.7 Hz, 1H), 7.35 (dt, J = 7.8, 1.7 Hz, 1H), 7.28 (dt, J = 7.8, 1.7 Hz, 1H), 7.16 (t, J = 7.8 Hz, 1H), 6.62 (dd, J = 17.5, 10.8 Hz, 1H), 5.73 (dd, J = 17.5, 0.7 Hz, 1H), 5.27 (dd, J = 10.8, 0.7, 1H).

シグナルの分裂様式にはたくさんの情報が含まれている．すべての結合定数を帰属しよう．三重線（J = 7.8 Hz）に注意しよう．また17.5 Hzという非常に大きな結合定数についても注意しよう．

まとめ

問 題 082 (079)

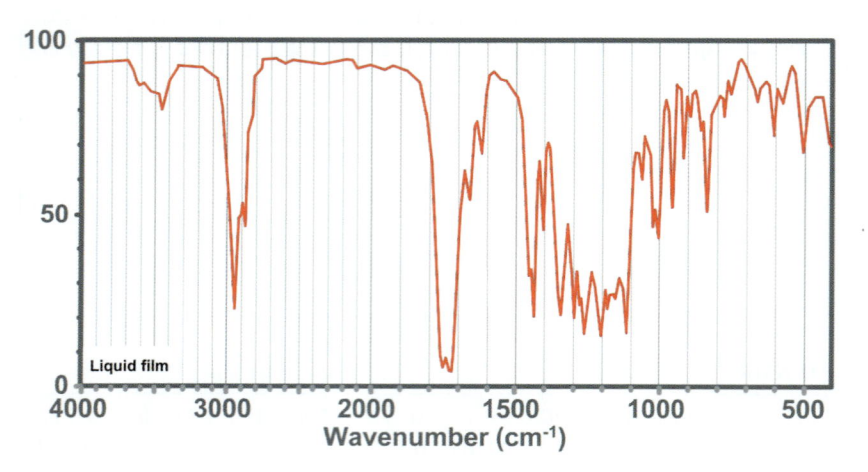

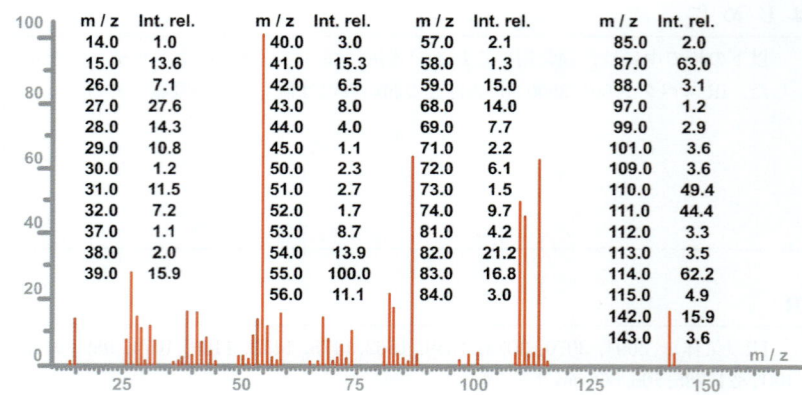

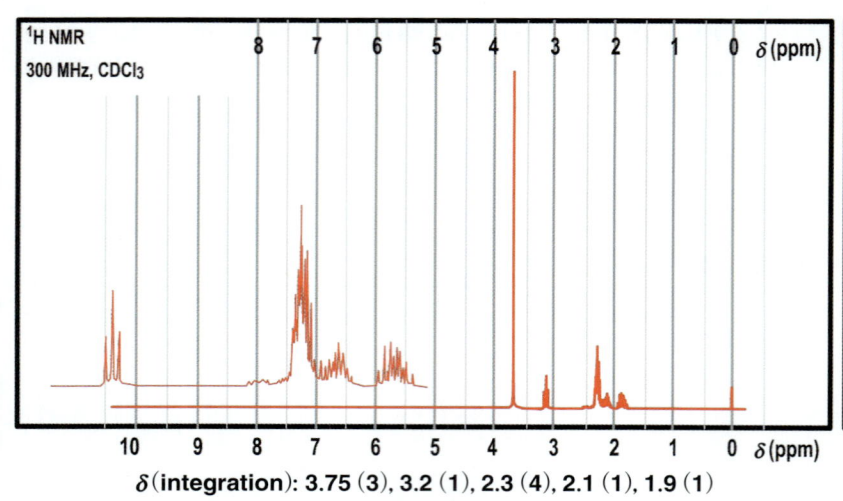

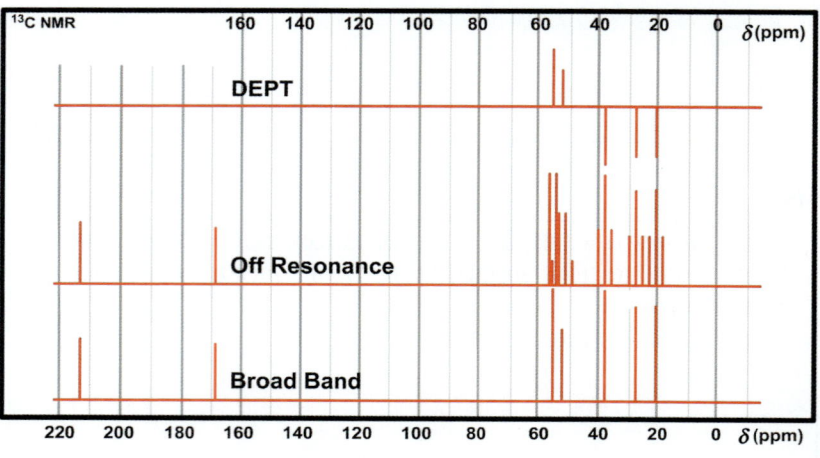

m/z	Int. rel.	m/z	Int. rel.	m/z	Int. rel.	m/z	Int. rel.
14.0	1.0	40.0	3.0	57.0	2.1	85.0	2.0
15.0	13.6	41.0	15.3	58.0	1.3	87.0	63.0
26.0	7.1	42.0	6.5	59.0	15.0	88.0	3.1
27.0	27.6	43.0	8.0	68.0	14.0	97.0	1.2
28.0	14.3	44.0	4.0	69.0	7.7	99.0	2.9
29.0	10.8	45.0	1.1	71.0	2.2	101.0	3.6
30.0	1.2	50.0	2.3	72.0	6.1	109.0	3.6
31.0	11.5	51.0	2.7	73.0	1.5	110.0	49.4
32.0	7.2	52.0	1.7	74.0	9.7	111.0	44.4
37.0	1.1	53.0	8.7	81.0	4.2	112.0	3.3
38.0	2.0	54.0	13.9	82.0	21.2	113.0	3.5
39.0	15.9	55.0	100.0	83.0	16.8	114.0	62.2
		56.0	11.1	84.0	3.0	115.0	4.9
						142.0	15.9
						143.0	3.6

^{1}H NMR 300 MHz, CDCl$_3$

δ(integration): 3.75 (3), 3.2 (1), 2.3 (4), 2.1 (1), 1.9 (1)

^{13}C NMR

δ: 212.2, 169.9, 54.7, 52.3, 38.0, 27.5, 21.0

問題 082（079）

はじめに

IR

1766 と 1728 cm^{-1} の 2 本の吸収から二つの官能基の存在がわかる．このことは ^{13}C NMR スペクトルからも確かめられる．これらの赤外吸収の振動数（波数）に注意しよう．

MS

142 のピークが分子イオンピークである．

^{13}C NMR

DEPT スペクトルから得られる情報は，^{1}H NMR スペクトルの情報とあわせて考えよう．

^{1}H NMR

積分値に注意しよう．一重線および三重線のシグナルの化学シフトに注意しよう．積分比から得られる情報は，^{13}C NMR の OR スペクトルから得られる情報と比較しながら考えよう．それにより 1.9〜2.1 ppm にある複雑なシグナルの解釈が可能になるだろう．

まとめ

問 題 083（075）

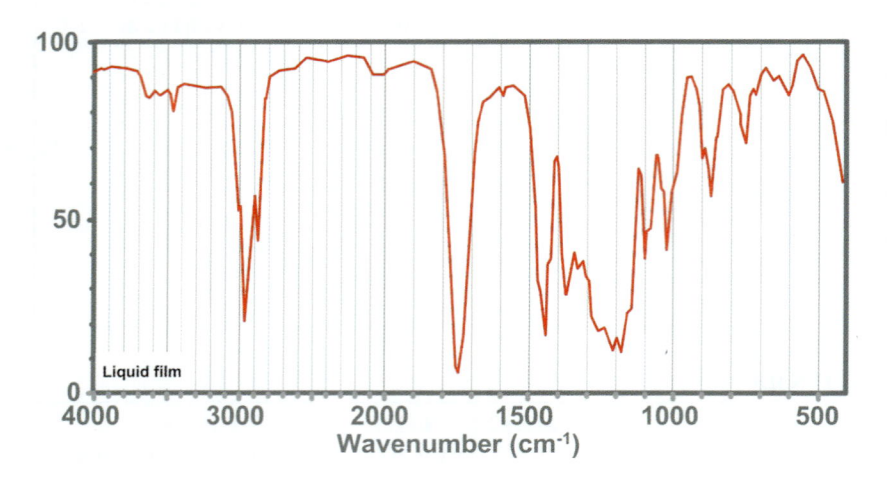

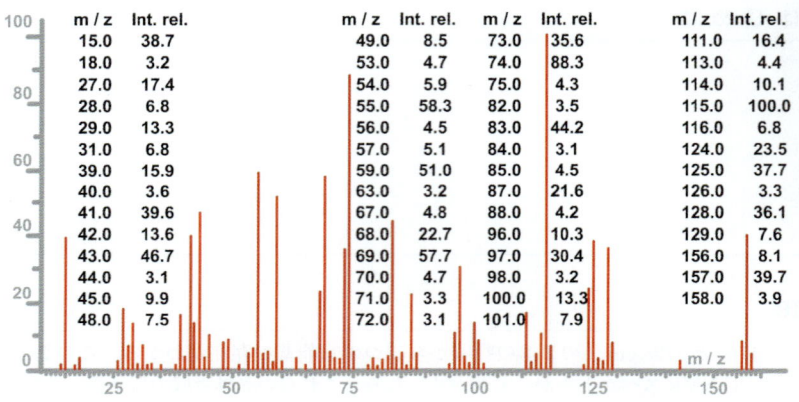

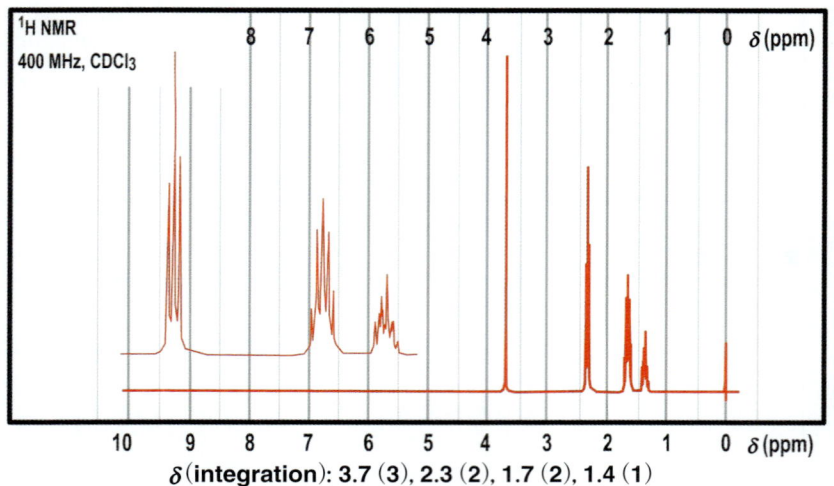

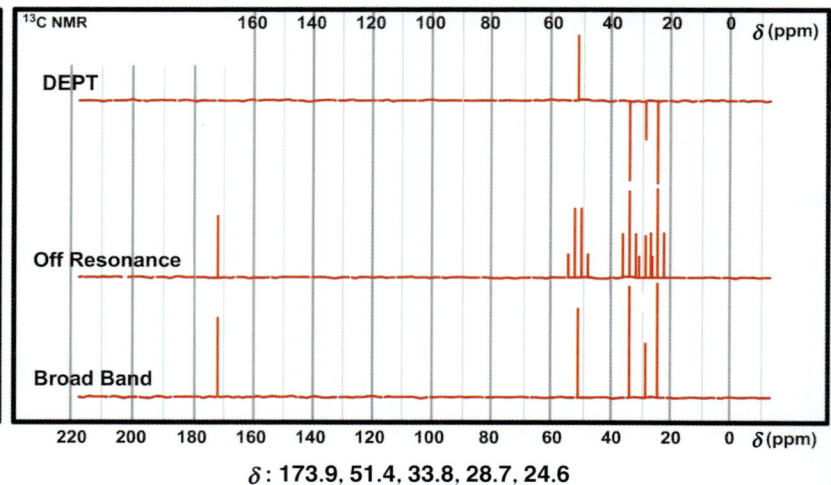

m/z	Int. rel.	m/z	Int. rel.	m/z	Int. rel.	m/z	Int. rel.
15.0	38.7	49.0	8.5	73.0	35.6	111.0	16.4
18.0	3.2	53.0	4.7	74.0	88.3	113.0	4.4
27.0	17.4	54.0	5.9	75.0	4.3	114.0	10.1
28.0	6.8	55.0	58.3	82.0	3.5	115.0	100.0
29.0	13.3	56.0	4.5	83.0	44.2	116.0	6.8
31.0	6.8	57.0	5.1	84.0	3.1	124.0	23.5
39.0	15.9	59.0	51.0	85.0	4.5	125.0	37.7
40.0	3.6	63.0	3.2	87.0	21.6	126.0	3.3
41.0	39.6	67.0	4.8	88.0	4.2	128.0	36.1
42.0	13.6	68.0	22.7	96.0	10.3	129.0	7.6
43.0	46.7	69.0	57.7	97.0	30.4	156.0	8.1
44.0	3.1	70.0	4.7	98.0	3.2	157.0	39.7
45.0	9.9	71.0	3.3	100.0	13.3	158.0	3.9
48.0	7.5	72.0	3.1	101.0	7.9		

δ(integration): 3.7 (3), 2.3 (2), 1.7 (2), 1.4 (1)

δ: 173.9, 51.4, 33.8, 28.7, 24.6

問題 083（075）

はじめに

IR

このスペクトルから予想される官能基については，^{13}C NMR スペクトルでも確認しよう．

MS

分子イオンピークは現れていない．これはこの化合物に含まれる官能基の特徴である．

^{13}C NMR

^{1}H NMR

^{1}H NMR（400 MHz, CDCl$_3$）δ 3.67（s, 3H），2.32（t, J = 7.5 Hz, 2H），1.66（五重線, J = 7.5 Hz, 2H），1.36（m, 1H）．

積分比については OR スペクトルから得られる情報とあわせて考えて，全体の構造を考えよう．

まとめ

問題 084 (061)

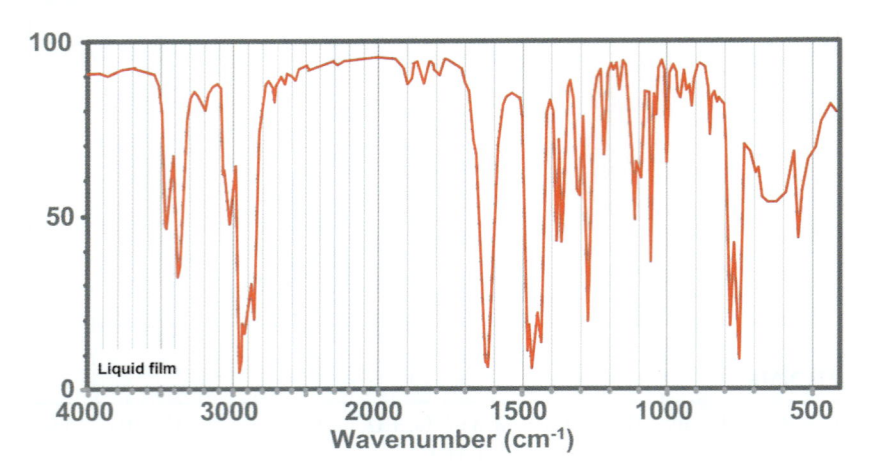

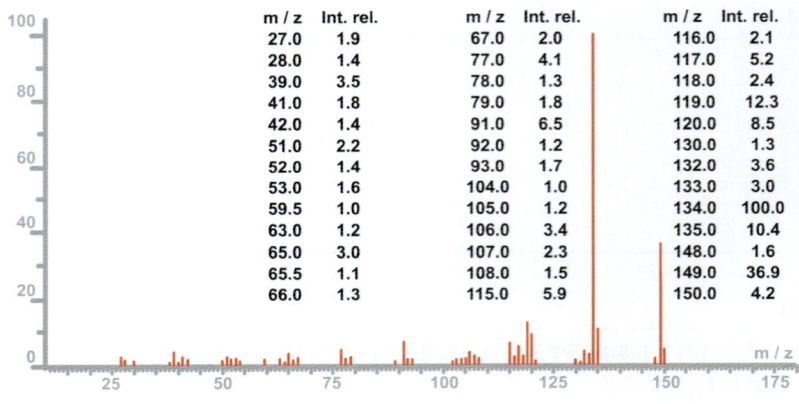

Mass Spectrum

m/z	Int. rel.	m/z	Int. rel.	m/z	Int. rel.
27.0	1.9	67.0	2.0	116.0	2.1
28.0	1.4	77.0	4.1	117.0	5.2
39.0	3.5	78.0	1.3	118.0	2.4
41.0	1.8	79.0	1.8	119.0	12.3
42.0	1.4	91.0	6.5	120.0	8.5
51.0	2.2	92.0	1.2	130.0	1.3
52.0	1.4	93.0	1.7	132.0	3.6
53.0	1.6	104.0	1.0	133.0	3.0
59.5	1.0	105.0	1.2	134.0	100.0
63.0	1.2	106.0	3.4	135.0	10.4
65.0	3.0	107.0	2.3	148.0	1.6
65.5	1.1	108.0	1.5	149.0	36.9
66.0	1.3	115.0	5.9	150.0	4.2

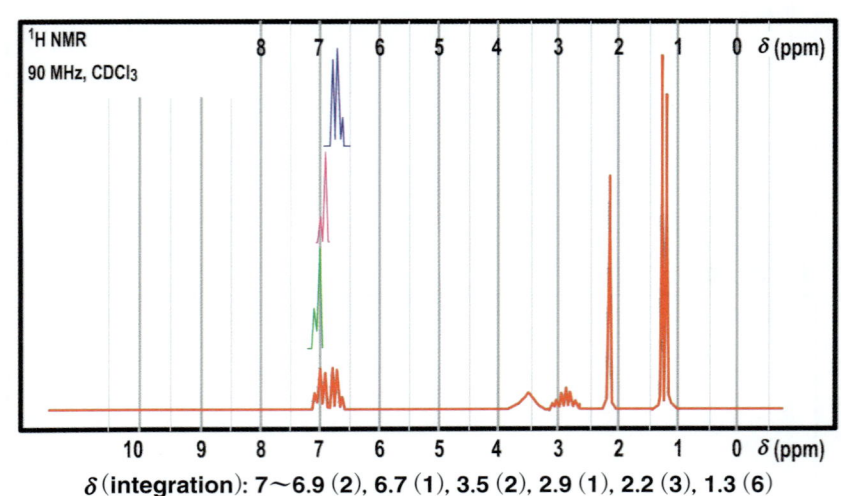

^{1}H NMR, 90 MHz, CDCl$_3$

δ (integration): 7〜6.9 (2), 6.7 (1), 3.5 (2), 2.9 (1), 2.2 (3), 1.3 (6)

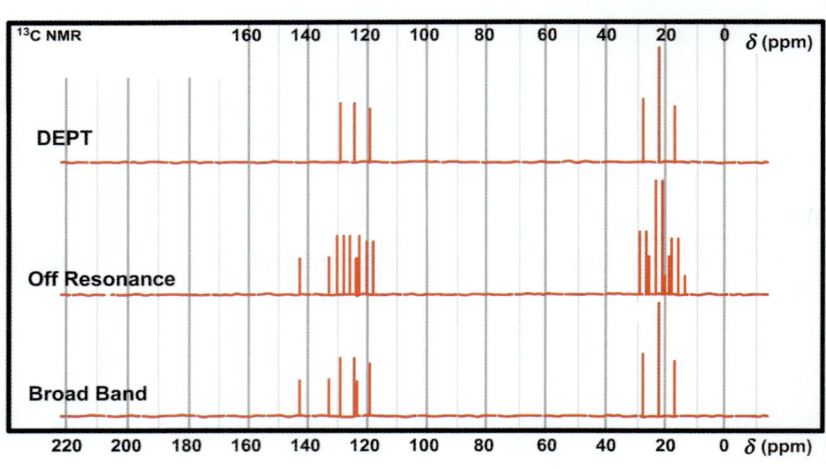

^{13}C NMR

δ: 141.5, 131.8, 127.9, 123.1, 122.1, 118.2, 27.8, 22.3, 17.9

172 問題 084

問題 084（061）

はじめに

IR

1600 cm^{-1} より少し高振動数（高波数）の吸収に注意しよう．また，^{13}C NMR スペクトルから示唆される官能基が存在することを IR スペクトルでも忘れずに確かめよう．面外変角振動の吸収から環の置換様式に関する情報が得られる．

MS

分子イオンピークが 149 に現れている．

^{13}C NMR

DEPT および OR スペクトルから芳香環に結合した置換基の数がわかる（数値と図中のピークが異なるが，数値が正しい）．

^{1}H NMR

^{1}H NMR（90 MHz, CDCl$_3$） δ 7.04（d, $J=$ 8 Hz, 1H），6.95（d, $J=$ 8 Hz, 1H），6.73（t, $J=$ 8 Hz, 1H），3.5（br, 2H），2.92（七重線, $J=$ 6.8 Hz, 1H），2.18（s, 3H），1.26（d, $J=$ 6.8 Hz, 6H）．芳香族水素の三重線の化学シフトは重要な情報である．

まとめ

問題 085 (052)

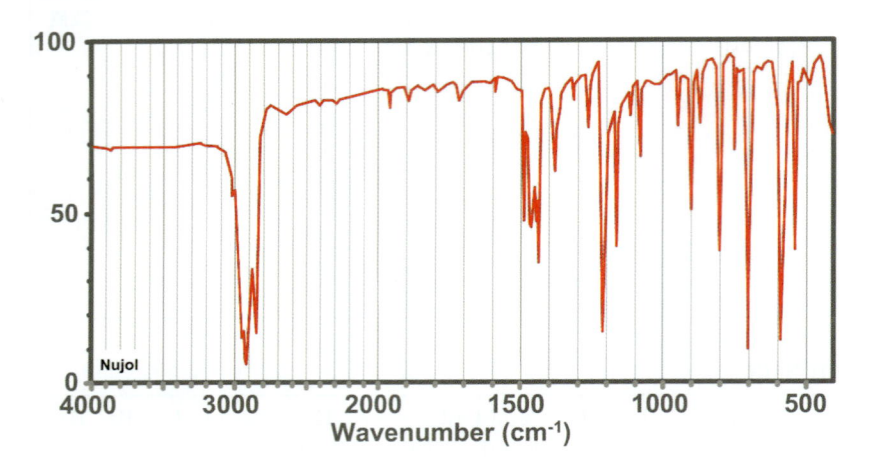

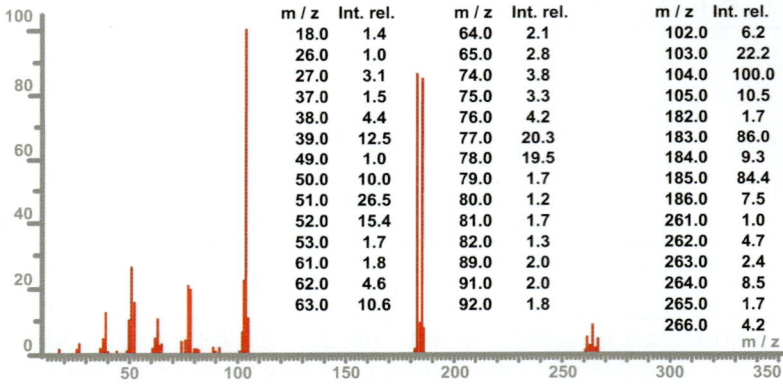

m/z	Int. rel.	m/z	Int. rel.	m/z	Int. rel.
18.0	1.4	64.0	2.1	102.0	6.2
26.0	1.0	65.0	2.8	103.0	22.2
27.0	3.1	74.0	3.8	104.0	100.0
37.0	1.5	75.0	3.3	105.0	10.5
38.0	4.4	76.0	4.2	182.0	1.7
39.0	12.5	77.0	20.3	183.0	86.0
49.0	1.0	78.0	19.5	184.0	9.3
50.0	10.0	79.0	1.7	185.0	84.4
51.0	26.5	80.0	1.2	186.0	7.5
52.0	15.4	81.0	1.7	261.0	1.0
53.0	1.7	82.0	1.3	262.0	4.7
61.0	1.8	89.0	2.0	263.0	2.4
62.0	4.6	91.0	2.0	264.0	8.5
63.0	10.6	92.0	1.8	265.0	1.7
				266.0	4.2

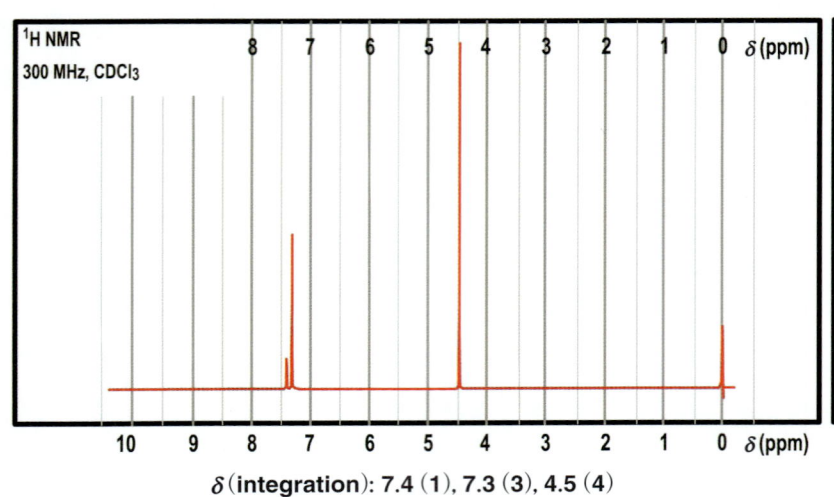

δ (integration): 7.4 (1), 7.3 (3), 4.5 (4)

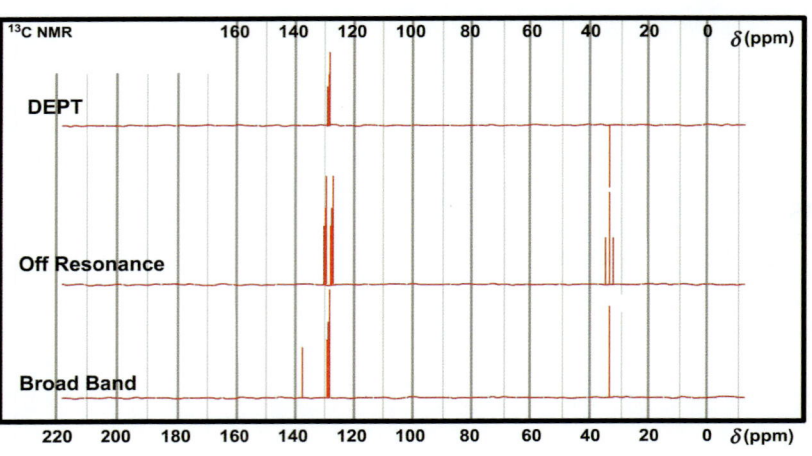

δ: 138.4, 129.5, 129.2, 129.1, 32.8

問題 085（052）

はじめに

IR

MS

262, 264, および 266 のピークは特徴的な同位体パターンを示している．

¹³C NMR

芳香族領域に観測されるシグナルの数は置換様式を決めるのに役立つ．

¹H NMR

芳香族水素の一つはほかのシグナルと少し異なる化学シフトをもっている．

まとめ

問題 086 (069)

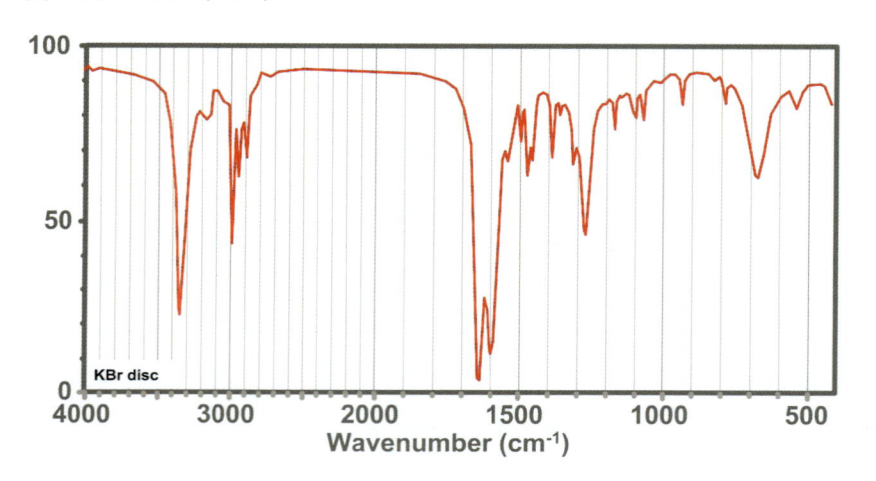

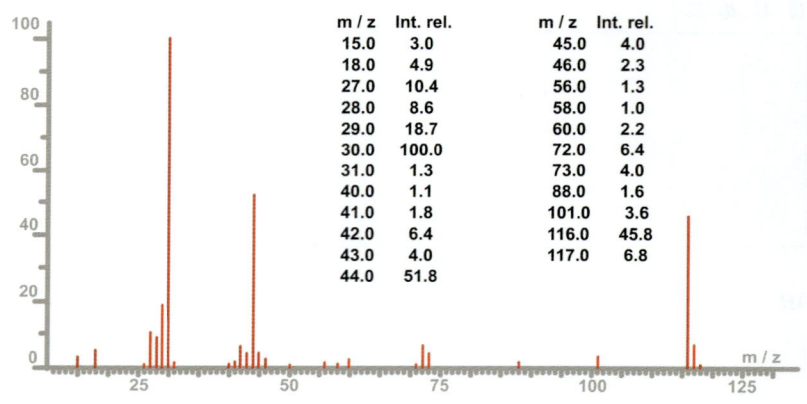

m/z	Int. rel.	m/z	Int. rel.
15.0	3.0	45.0	4.0
18.0	4.9	46.0	2.3
27.0	10.4	56.0	1.3
28.0	8.6	58.0	1.0
29.0	18.7	60.0	2.2
30.0	100.0	72.0	6.4
31.0	1.3	73.0	4.0
40.0	1.1	88.0	1.6
41.0	1.8	101.0	3.6
42.0	6.4	116.0	45.8
43.0	4.0	117.0	6.8
44.0	51.8		

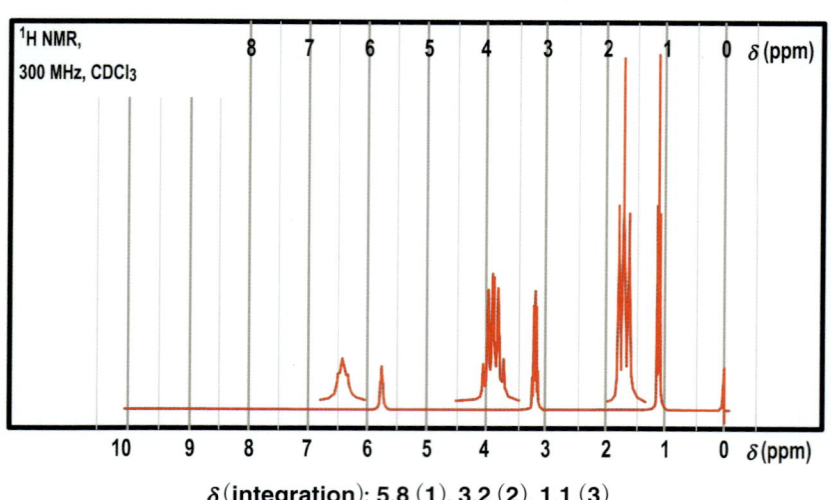

^{1}H NMR, 300 MHz, CDCl$_3$

δ (integration): 5.8 (1), 3.2 (2), 1.1 (3)

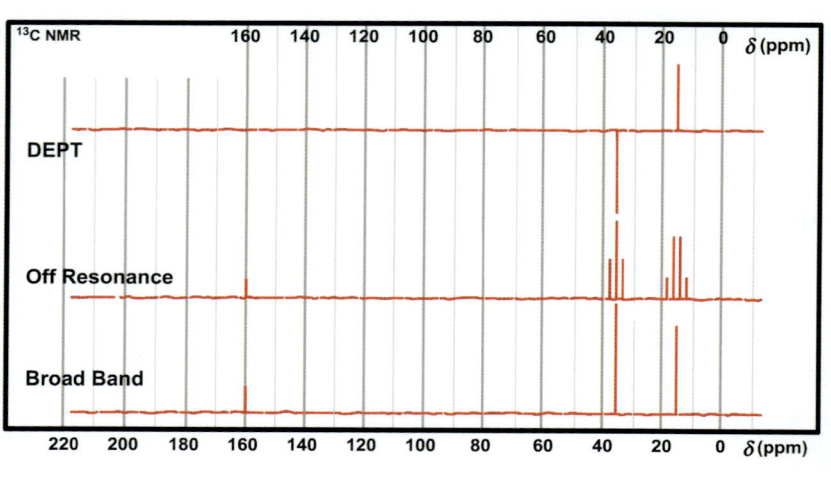

^{13}C NMR

δ: 161.4, 35.7, 15.3

問題 086（069）

はじめに

IR

このスペクトルを詳細に解析すれば，この化合物に含まれる官能基を強く示唆する吸収があることがわかる．

MS

基準ピーク30（100%）が窒素を含む偶数質量のフラグメントイオンであるために，分子イオンピークは奇数と予想されるかもしれない．しかし，この化合物の分子イオンピークは116である．

^{13}C NMR

^{1}H NMR

^{1}H NMR（300 MHz, CDCl$_3$） δ 5.8（br, 2H, NH），3.2（dt, J = 5.6, 7.3 Hz, 4H），1.1（t, J = 7.3 Hz, 6H）．

アルキル基は容易に判別できる．メチレン基がカップリングしている相手はメチル基だけではないことに注意しよう．

まとめ

可能性のあるあらゆる官能基について分子量が偶数であることと矛盾しないかよく検討しよう．^{13}C NMRスペクトルが単純であることにも注意しよう．

問題 087 (062)

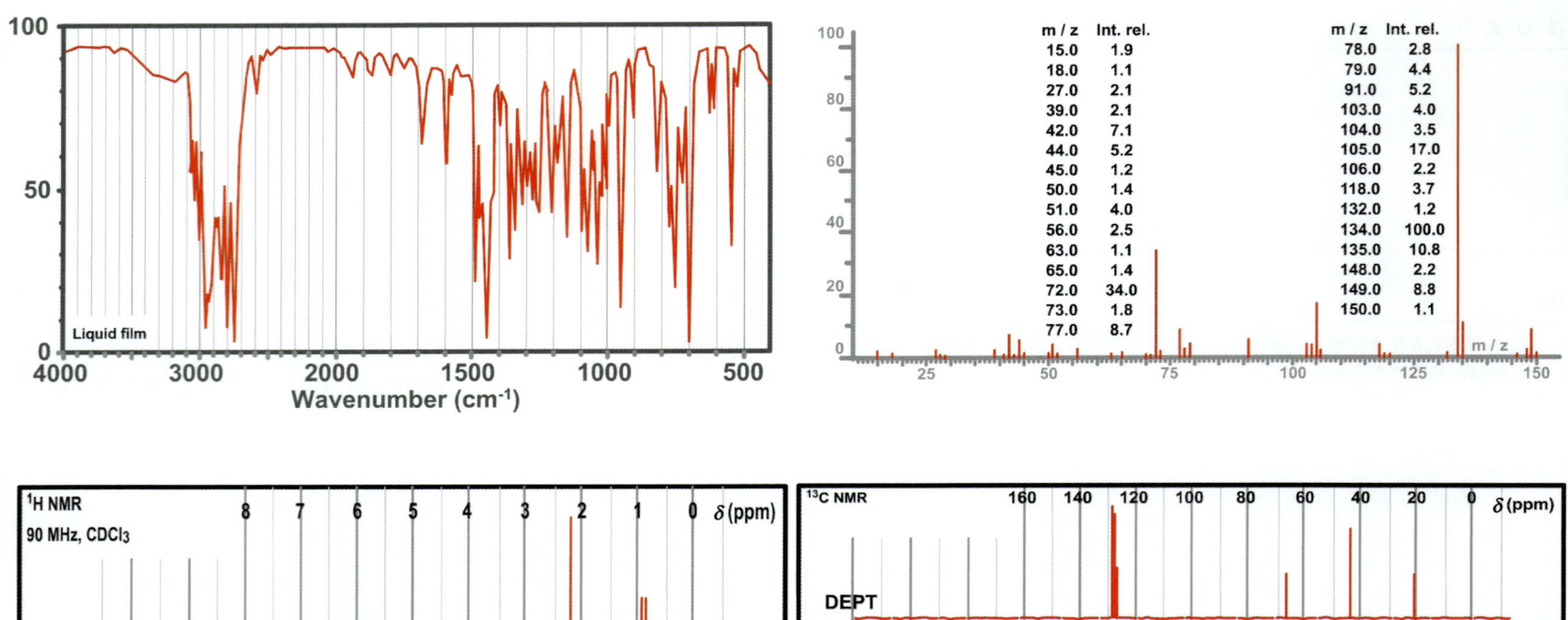

IR (Liquid film)

MS
m/z	Int. rel.	m/z	Int. rel.
15.0	1.9	78.0	2.8
18.0	1.1	79.0	4.4
27.0	2.1	91.0	5.2
39.0	2.1	103.0	4.0
42.0	7.1	104.0	3.5
44.0	5.2	105.0	17.0
45.0	1.2	106.0	2.2
50.0	1.4	118.0	3.7
51.0	4.0	132.0	1.2
56.0	2.5	134.0	100.0
63.0	1.1	135.0	10.8
65.0	1.4	148.0	2.2
72.0	34.0	149.0	8.8
73.0	1.8	150.0	1.1
77.0	8.7		

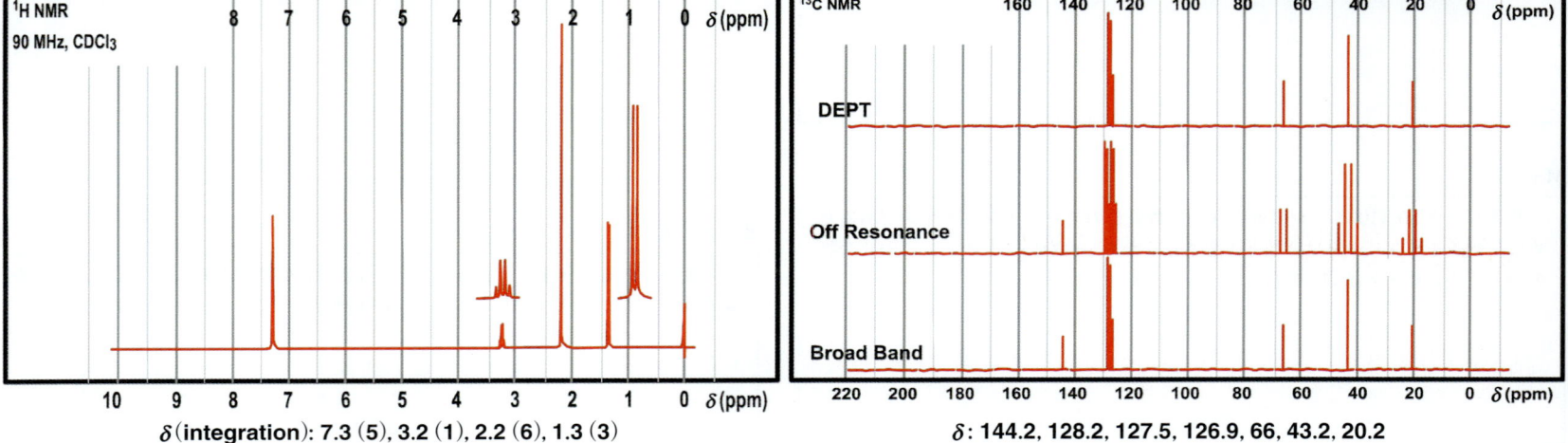

^{1}H NMR (90 MHz, CDCl$_3$)
δ (integration): 7.3 (5), 3.2 (1), 2.2 (6), 1.3 (3)

^{13}C NMR
δ: 144.2, 128.2, 127.5, 126.9, 66, 43.2, 20.2

問題 087 (062)

はじめに

IR

　この化合物に含まれる官能基をこのスペクトルから特定することはむずかしい．

MS

　分子イオンピークは 149 である．

^{13}C NMR

　^{13}C NMR スペクトルにおいて，同じ種類のシグナル強度を比較することが役立つ場合もある．この化合物の場合，メチン炭素どうしおよびメチル炭素どうしのシグナル強度を比較することは有用である．

^{1}H NMR

　^{1}H NMR (90 MHz, CDCl$_3$) δ 7.3 (s, 5H, Ar), 3.2 (q, J = 8 Hz, 1H), 2.2 (s, 6H), 1.3 (d, J = 8 Hz, 3H).

まとめ

問題 088 (072)

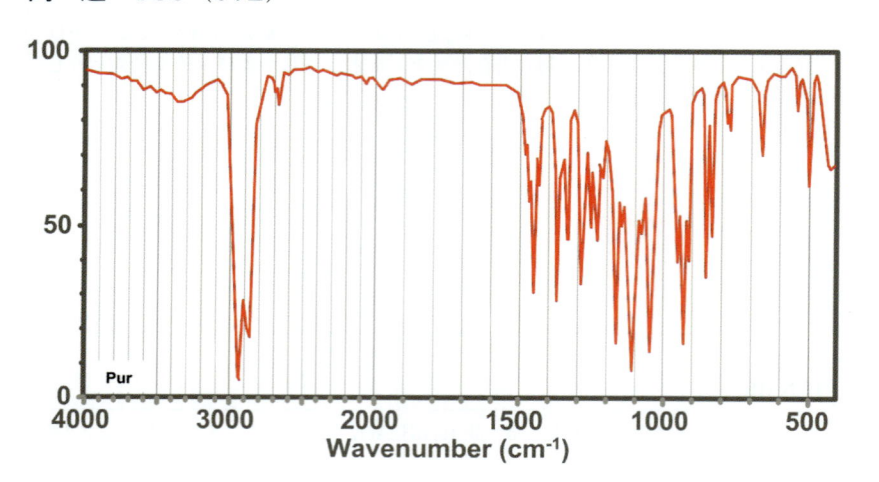

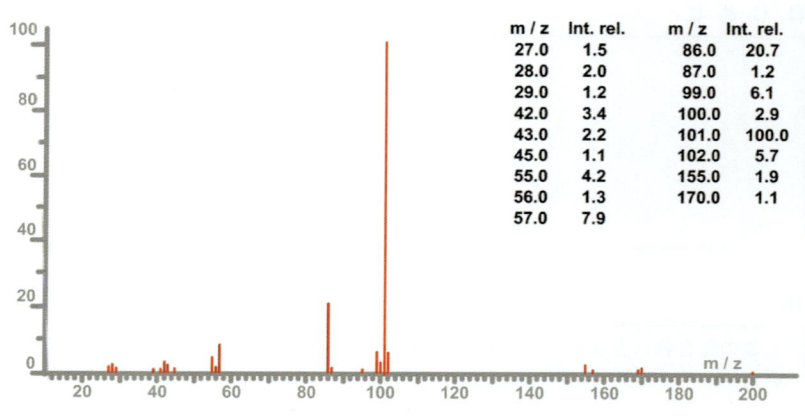

IR Spectrum
Wavenumber (cm⁻¹), Pur

Mass Spectrum

m/z	Int. rel.	m/z	Int. rel.
27.0	1.5	86.0	20.7
28.0	2.0	87.0	1.2
29.0	1.2	99.0	6.1
42.0	3.4	100.0	2.9
43.0	2.2	101.0	100.0
45.0	1.1	102.0	5.7
55.0	4.2	155.0	1.9
56.0	1.3	170.0	1.1
57.0	7.9		

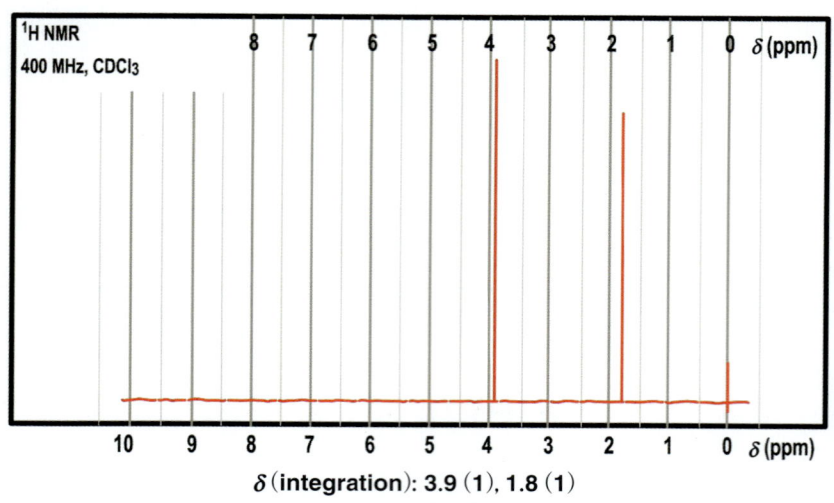

¹H NMR
400 MHz, CDCl₃

δ (integration): 3.9 (1), 1.8 (1)

¹³C NMR
DEPT, Off Resonance, Broad Band

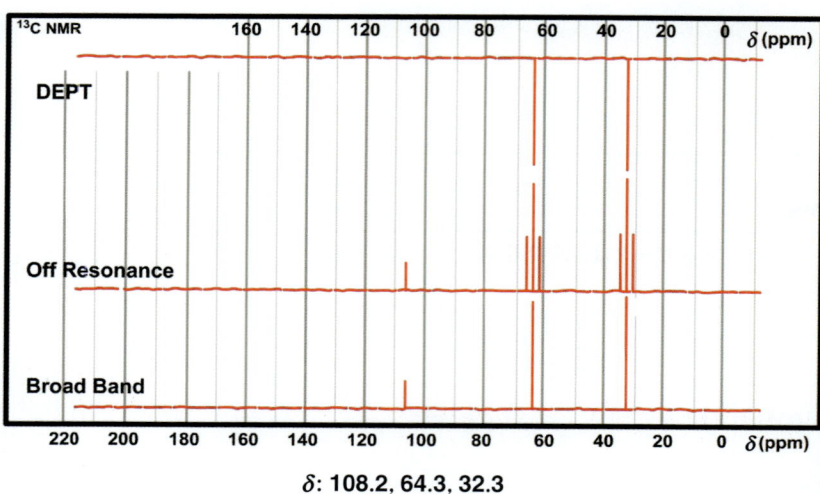

δ: 108.2, 64.3, 32.3

問題 088 (072)

はじめに

IR

このスペクトルから多くの官能基の存在を除外することができる．

MS

非常に小さいピークが 200 にあるので注意しよう．ピークリストには書き出されていないが，スペクトルチャート上に小さく現れている重要なイオンである．これが分子イオンピークである．

^{13}C NMR

分子量に比べて，シグナルの数は非常に少ない．108 ppm のシグナルに相当する官能基を特定するには，IR スペクトルの情報を考慮する必要がある．

^{1}H NMR

この化合物に含まれるアルキル基は ^{13}C NMR スペクトルからメチレン炭素であることがわかる．一方で，^{1}H NMR スペクトルからこれらがまったくカップリングを示していないことに注意しよう．

まとめ

この化合物は等価な部分構造を含んでおり，明らかに何らかの対称性の要素をもっている．

問題 089 (053)

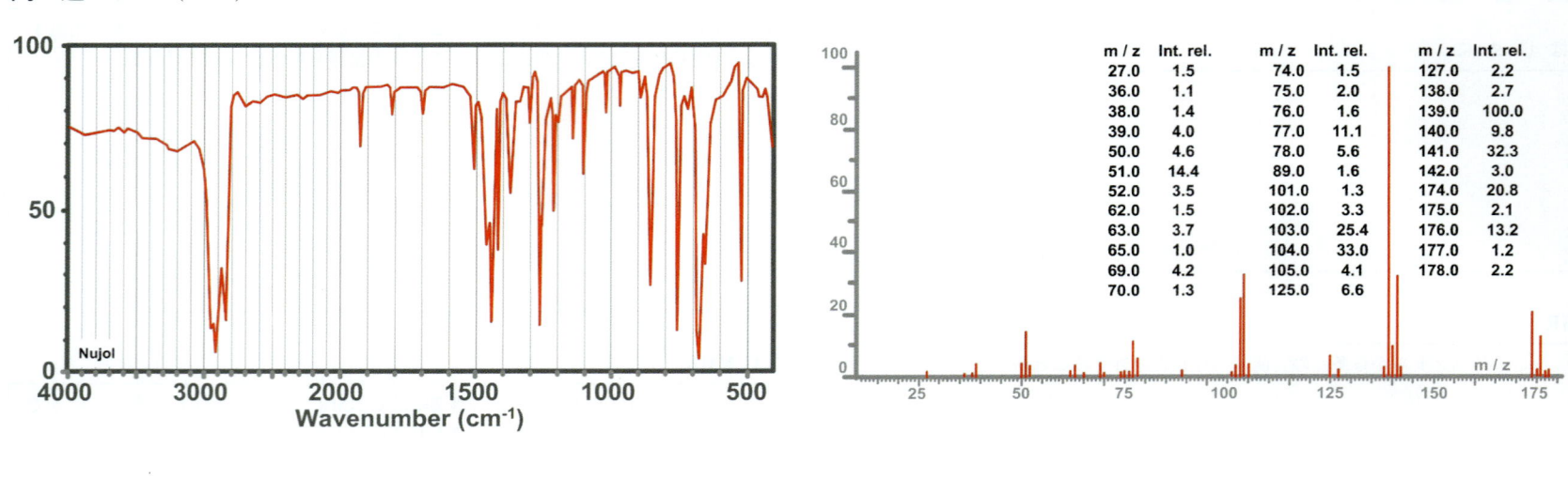

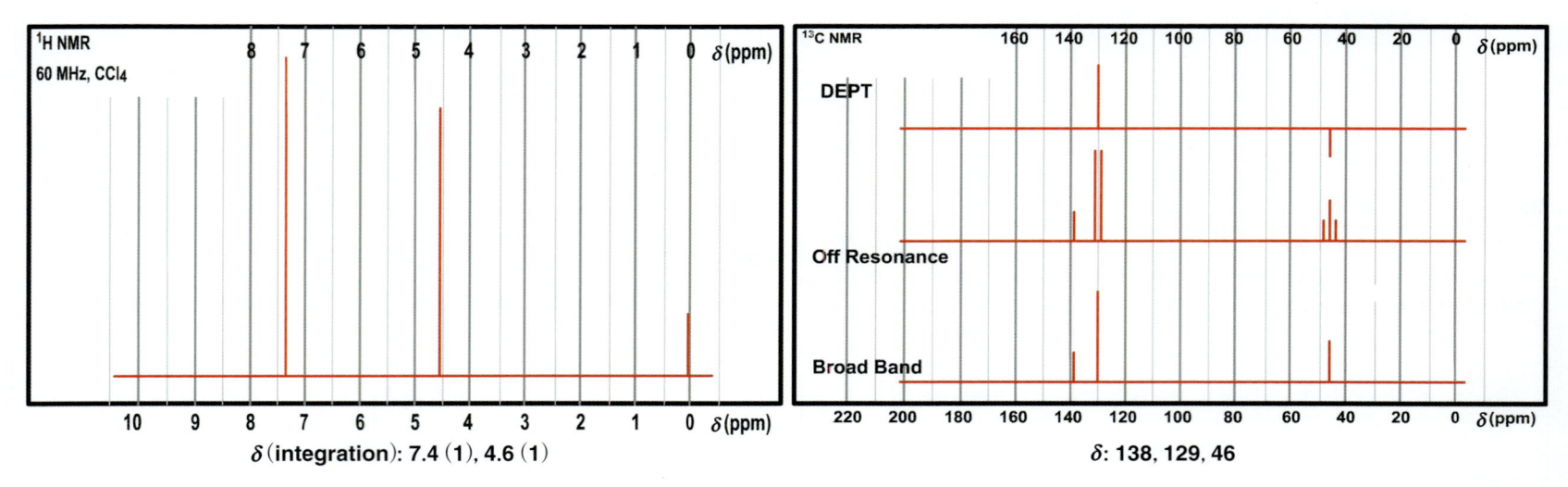

m/z	Int. rel.	m/z	Int. rel.	m/z	Int. rel.
27.0	1.5	74.0	1.5	127.0	2.2
36.0	1.1	75.0	2.0	138.0	2.7
38.0	1.4	76.0	1.6	139.0	100.0
39.0	4.0	77.0	11.1	140.0	9.8
50.0	4.6	78.0	5.6	141.0	32.3
51.0	14.4	89.0	1.6	142.0	3.0
52.0	3.5	101.0	1.3	174.0	20.8
62.0	1.5	102.0	3.3	175.0	2.1
63.0	3.7	103.0	25.4	176.0	13.2
65.0	1.0	104.0	33.0	177.0	1.2
69.0	4.2	105.0	4.1	178.0	2.2
70.0	1.3	125.0	6.6		

^{1}H NMR 60 MHz, CCl$_4$

δ (integration): 7.4 (1), 4.6 (1)

^{13}C NMR

δ: 138, 129, 46

問題 089（053）

はじめに

IR

　1600〜2000 cm^{-1} の吸収はかなり鋭いため，倍音および結合音振動とはわかりにくいかもしれない．また 700〜900 cm^{-1} の面外変角振動の吸収の帰属はむずかしい．しかし，芳香環が存在することは明らかである．

MS

　分子イオンピークが 174 にみられる．重要な同位体ピークが数多くある．

^{13}C NMR

　174 という分子量にもかかわらず，3 本のシグナルがあるだけである．これより対称性をもつ構造が考えられる．138 と 129 ppm のシグナルは，ある置換様式をもった芳香環に特徴的なシグナルである．

^{1}H NMR

　カップリングがないことや各シグナルの化学シフトから重要な情報が得られる（さらに MS スペクトルの情報を加えて考えよう）．

まとめ

問題 090 (056)

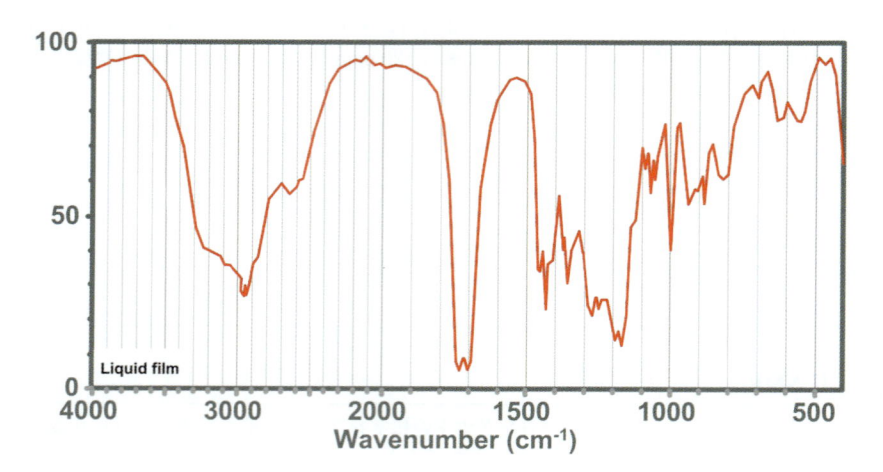

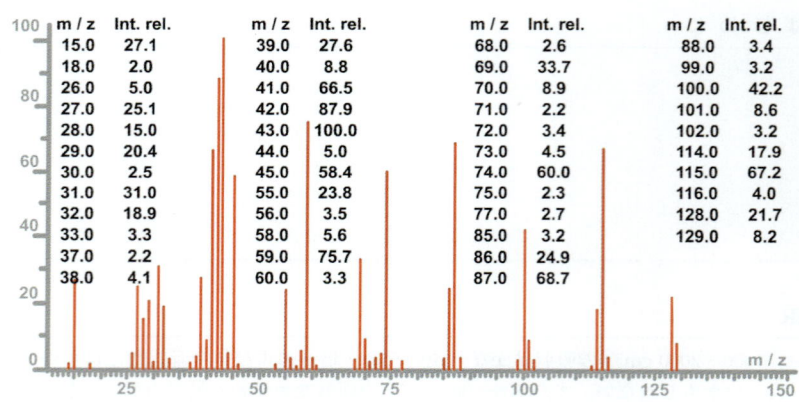

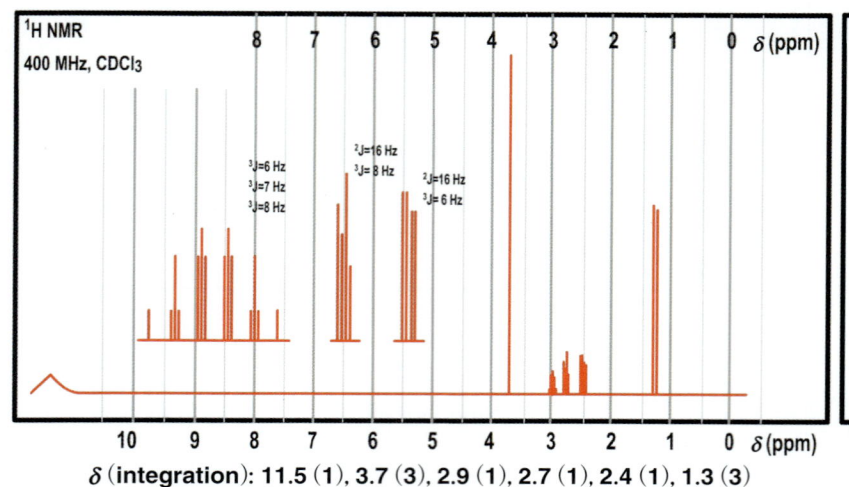

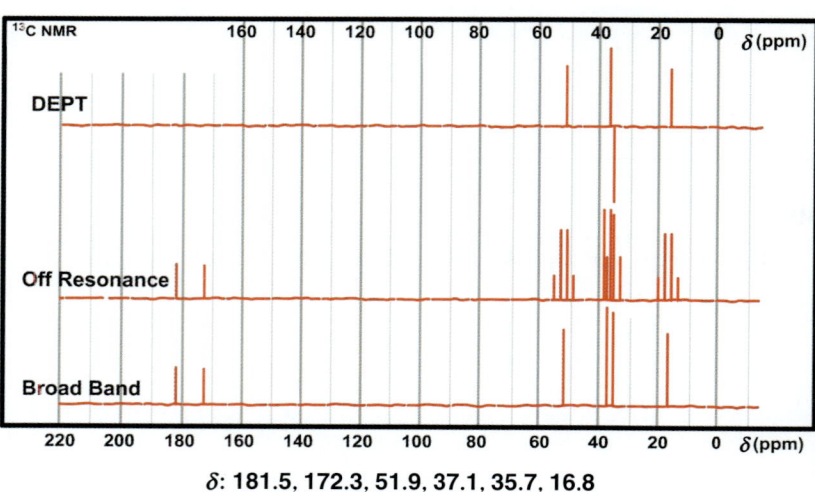

IR Spectrum (Liquid film)

Mass Spectrum

m/z	Int. rel.	m/z	Int. rel.	m/z	Int. rel.	m/z	Int. rel.
15.0	27.1	39.0	27.6	68.0	2.6	88.0	3.4
18.0	2.0	40.0	8.8	69.0	33.7	99.0	3.2
26.0	5.0	41.0	66.5	70.0	8.9	100.0	42.2
27.0	25.1	42.0	87.9	71.0	2.2	101.0	8.6
28.0	15.0	43.0	100.0	72.0	3.4	102.0	3.2
29.0	20.4	44.0	5.0	73.0	4.5	114.0	17.9
30.0	2.5	45.0	58.4	74.0	60.0	115.0	67.2
31.0	31.0	55.0	23.8	75.0	2.3	116.0	4.0
32.0	18.9	56.0	3.5	77.0	2.7	128.0	21.7
33.0	3.3	58.0	5.6	85.0	3.2	129.0	8.2
37.0	2.2	59.0	75.7	86.0	24.9		
38.0	4.1	60.0	3.3	87.0	68.7		

^{1}H NMR (400 MHz, CDCl$_3$)

^3J = 6 Hz, ^3J = 7 Hz, ^3J = 8 Hz
^2J = 16 Hz, ^3J = 8 Hz
^2J = 16 Hz, ^3J = 6 Hz

δ (integration): 11.5 (1), 3.7 (3), 2.9 (1), 2.7 (1), 2.4 (1), 1.3 (3)

^{13}C NMR

DEPT, Off Resonance, Broad Band

δ: 181.5, 172.3, 51.9, 37.1, 35.7, 16.8

問題 090（056）

はじめに

IR

官能基は簡単にわかるが，1700 cm^{-1}付近に2本の吸収があることに注意しよう．

^{13}C NMR

このスペクトルから二つの官能基の存在がわかる．

^{1}H NMR

^{1}H NMR（400 MHz, CDCl$_3$） δ 11.5（br, 1H），3.7（s, 3H），2.9（ddq, J = 8, 6, 7 Hz, 1H），2.7（dd, J = 16, 8, 1H），2.4（dd, J = 16, 6 Hz, 1H），1.3（d, J = 7 Hz, 3H）．

3個のメチン水素がおのおの積分値1H分で存在すると考えると，^{13}C NMRのORスペクトルのデータと矛盾する．この矛盾は立体化学を考察すると解決する．

MS

128のピークは分子イオンピークではない．非常に脱離しやすい官能基が存在する．二つの推定される構造を区別するにはMcLafferty転位反応が起こる可能性を考慮することが必須である．

まとめ

二つの官能基と，部分構造として明らかとなったアルキル基をつないで分子を組立てると可能性のある構造式が二つ導かれる．これらを区別するにはMSスペクトルを注意深く解析する必要がある．

問題 091 (058)

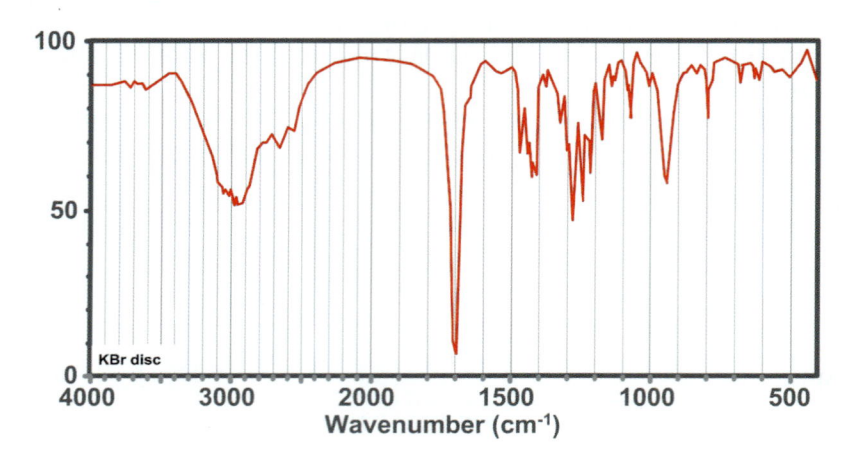

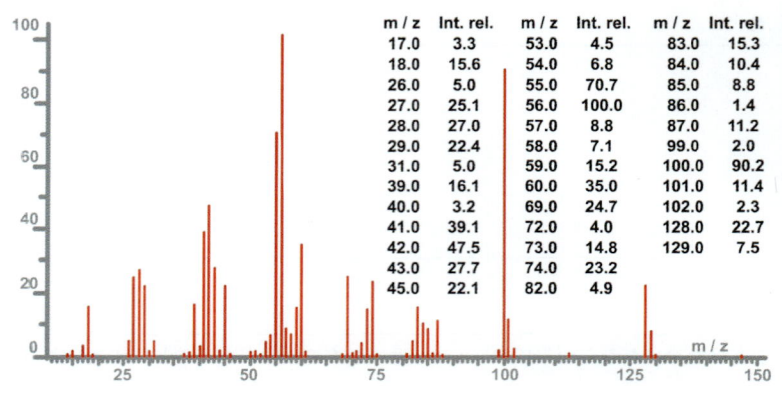

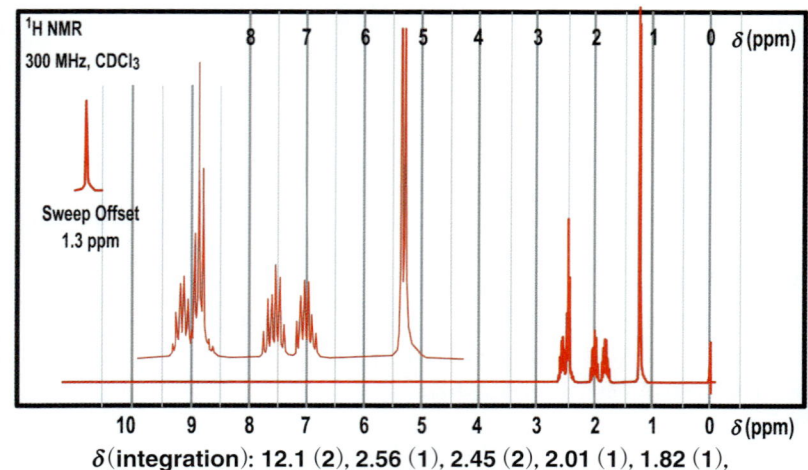

IR (KBr disc)

Mass Spectrum

m/z	Int. rel.	m/z	Int. rel.	m/z	Int. rel.
17.0	3.3	53.0	4.5	83.0	15.3
18.0	15.6	54.0	6.8	84.0	10.4
26.0	5.0	55.0	70.7	85.0	8.8
27.0	25.1	56.0	100.0	86.0	1.4
28.0	27.0	57.0	8.8	87.0	11.2
29.0	22.4	58.0	7.1	99.0	2.0
31.0	5.0	59.0	15.2	100.0	90.2
39.0	16.1	60.0	35.0	101.0	11.4
40.0	3.2	69.0	24.7	102.0	2.3
41.0	39.1	72.0	4.0	128.0	22.7
42.0	47.5	73.0	14.8	129.0	7.5
43.0	27.7	74.0	23.2		
45.0	22.1	82.0	4.9		

^{1}H NMR (300 MHz, CDCl$_3$)

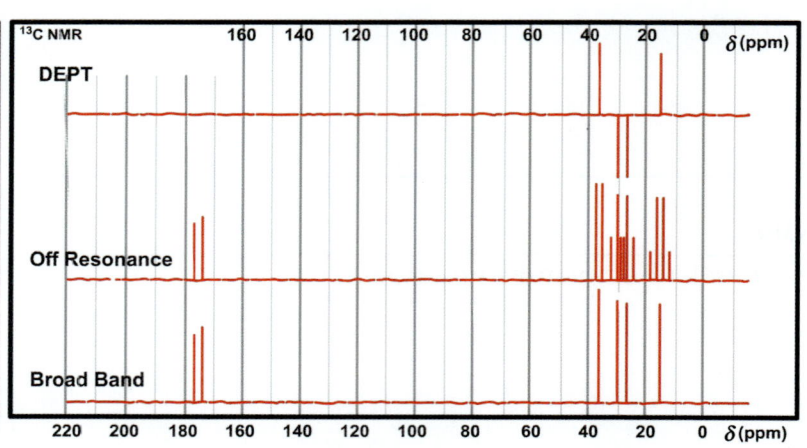

Sweep Offset 1.3 ppm

δ (integration): 12.1 (2), 2.56 (1), 2.45 (2), 2.01 (1), 1.82 (1), 1.23 (3)

^{13}C NMR

δ: 176.89, 173.97, 37.95, 31.35, 28.29, 16.73

問題 091 (058)

はじめに

IR

MS

ピークリストには書き出されていないが，146 (0.7%) と 147 (0.3%) に小さなピークがある．質量の大きい偶数のフラグメントイオンが多いことから小さな電荷をもたない分子の脱離が示唆される．

^{13}C NMR

^{1}H NMR

^{1}H NMR (300 MHz, CDCl$_3$) δ 12.1 (s, 2H), 2.56 (六重線, J = 7 Hz, 1H), 2.45 (t, J = 7 Hz, 2H), 2.01 (dq, J = 14, 7 Hz, 1H), 1.82 (dq, J = 14, 7 Hz, 1H), 1.23 (d, J = 7 Hz, 3H).

まとめ

問題 092 (073)

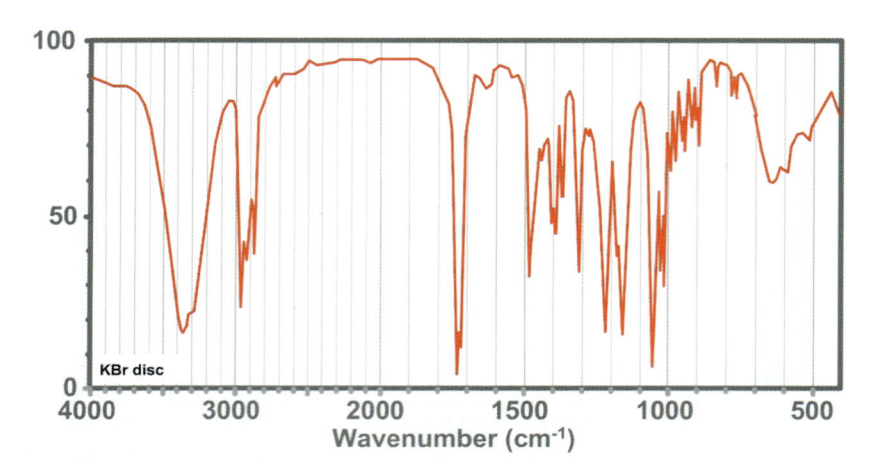

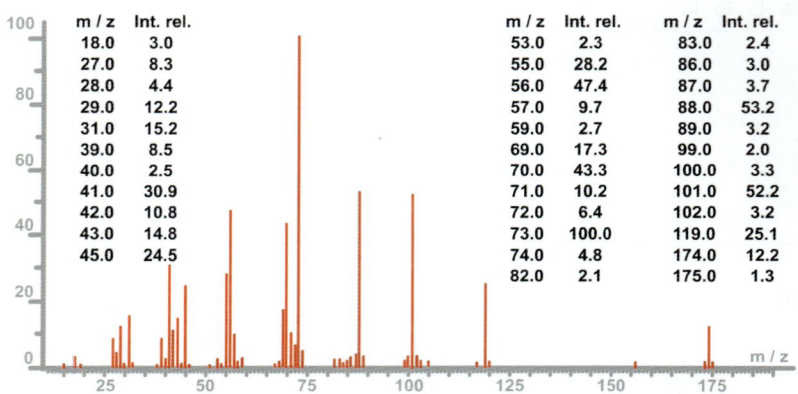

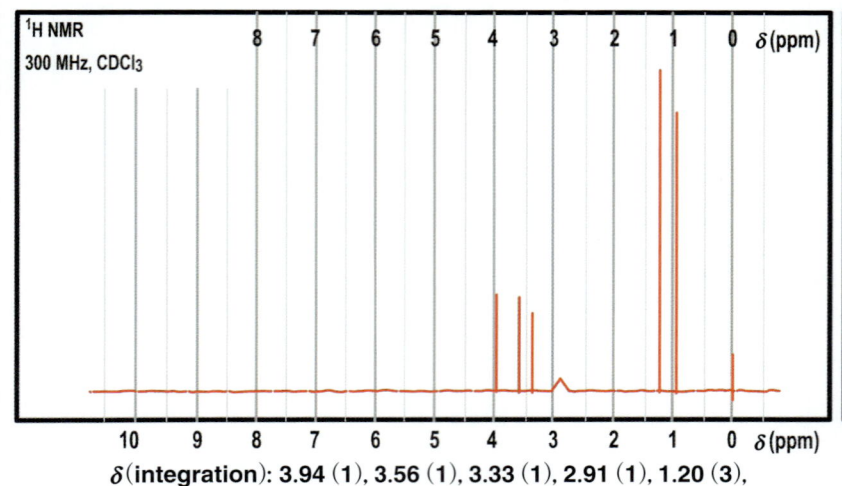

IR spectrum (KBr disc)

Mass spectrum

m/z	Int. rel.	m/z	Int. rel.	m/z	Int. rel.
18.0	3.0	53.0	2.3	83.0	2.4
27.0	8.3	55.0	28.2	86.0	3.0
28.0	4.4	56.0	47.4	87.0	3.7
29.0	12.2	57.0	9.7	88.0	53.2
31.0	15.2	59.0	2.7	89.0	3.2
39.0	8.5	69.0	17.3	99.0	2.0
40.0	2.5	70.0	43.3	100.0	3.3
41.0	30.9	71.0	10.2	101.0	52.2
42.0	10.8	72.0	6.4	102.0	3.2
43.0	14.8	73.0	100.0	119.0	25.1
45.0	24.5	74.0	4.8	174.0	12.2
		82.0	2.1	175.0	1.3

^{1}H NMR (300 MHz, CDCl$_3$)

δ (integration): 3.94 (1), 3.56 (1), 3.33 (1), 2.91 (1), 1.20 (3), 0.93 (3)

^{13}C NMR

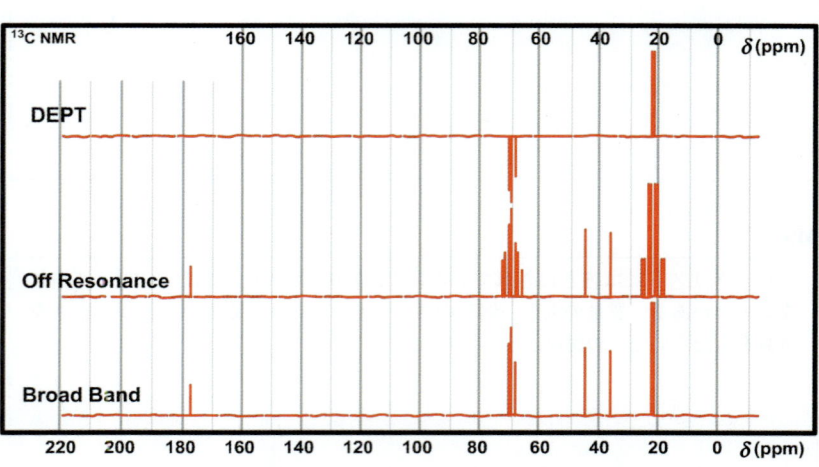

δ: 177.51, 69.81, 69.72, 68.28, 44.78, 36.23, 22.10, 21.59

問題 092（073）

はじめに

IR

このスペクトルから予想される官能基の存在について，NMRスペクトルからも確認しよう．

MS

この化合物中にはカルボニル基が含まれているので，分子イオンピークが現れていない可能性が高い．もしγ位に水素が存在すれば，α開裂や，場合によってはβ開裂も起こりやすい．

^{13}C NMR

70〜65 ppm の 3 本のシグナルを無視しないで考えよう（数値と図中のピークが異なるが，数値が正しい）．

^{1}H NMR

カップリングが観測されないことから，可能性のある構造式が限られてくる．積分値と ^{13}C NMR データを比較して考えよう．

まとめ

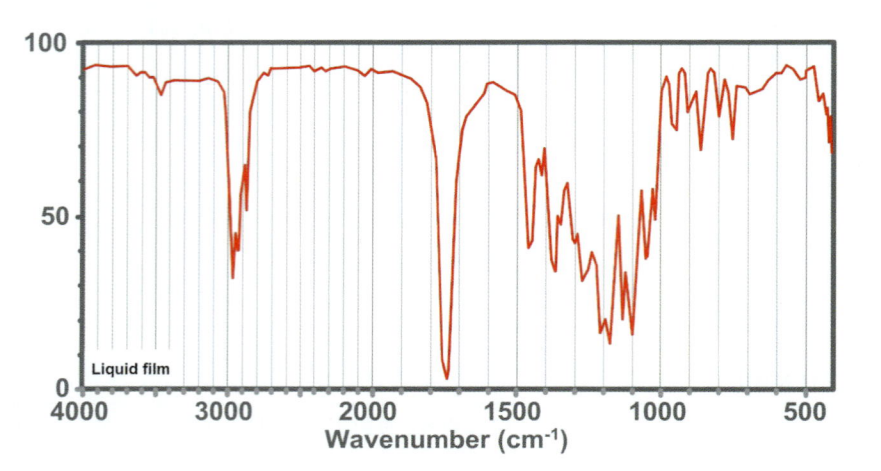

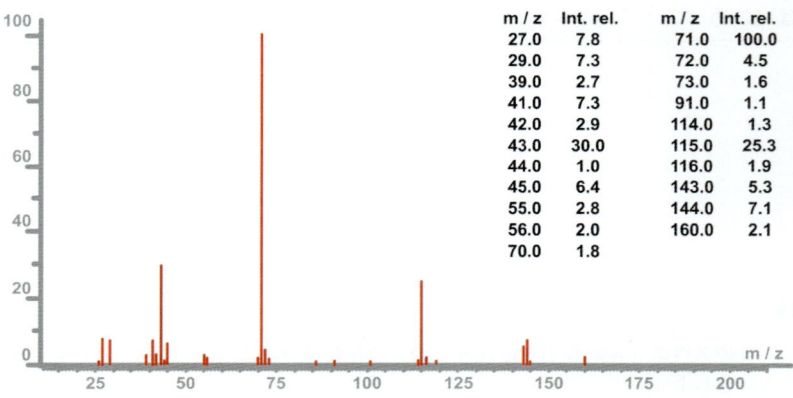

問題 093 (076)

IR (Liquid film)

Mass Spectrum

m/z	Int. rel.	m/z	Int. rel.
27.0	7.8	71.0	100.0
29.0	7.3	72.0	4.5
39.0	2.7	73.0	1.6
41.0	7.3	91.0	1.1
42.0	2.9	114.0	1.3
43.0	30.0	115.0	25.3
44.0	1.0	116.0	1.9
45.0	6.4	143.0	5.3
55.0	2.8	144.0	7.1
56.0	2.0	160.0	2.1
70.0	1.8		

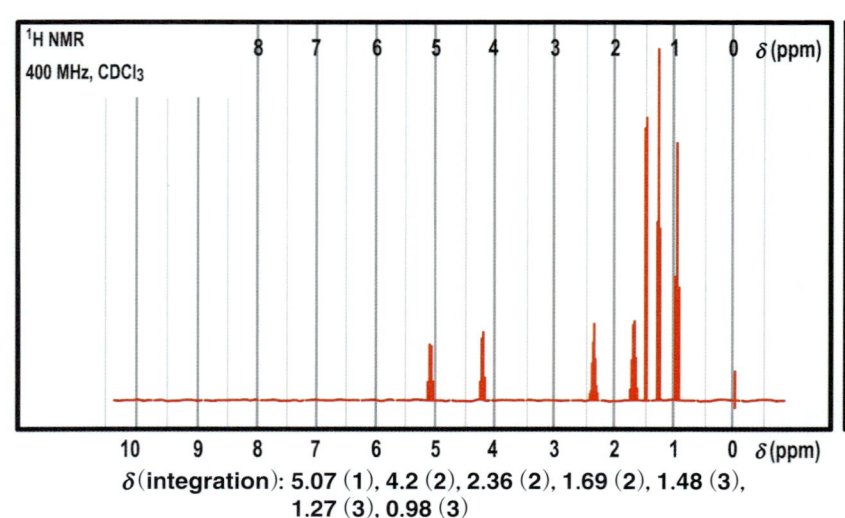

^{1}H NMR (400 MHz, CDCl$_3$)

δ (integration): 5.07 (1), 4.2 (2), 2.36 (2), 1.69 (2), 1.48 (3), 1.27 (3), 0.98 (3)

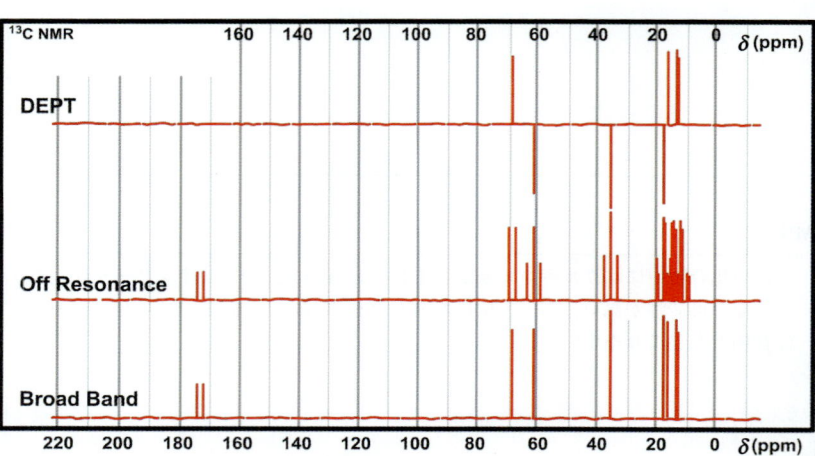

^{13}C NMR

δ: 173.02, 170.93, 68.46, 61.29, 35.89, 18.38, 16.96, 14.11, 13.59

問題 093（076）

はじめに

IR

IR（液体フィルム）1744 cm^{-1}

MS

分子イオンピークは現れていない．

^{13}C NMR

このスペクトルにより，IR スペクトルから示唆された官能基に関する情報が確認できる．さらにそれ以外の情報も得られる．

^{1}H NMR

^{1}H NMR (400 MHz, CDCl$_3$)　δ 5.07 (q, J = 7.1 Hz, 1H), 4.201 (q, J = 7.1 Hz, 1H), 4.199 (q, J = 7.1 Hz, 1H), 2.36 (t, J = 7.4 Hz, 1H), 2.37 (t, J = 7.4 Hz, 1H), 1.69 (六重線, J = 7.4 Hz, 2H), 1.48 (d, J = 7.1 Hz, 3H), 1.27 (t, J = 7.1 Hz, 3H), 0.98 (t, J = 7.4 Hz, 3H).

4.20 のシグナルは一見すると三重線にみえるが，もっと詳しく見るとさらに複雑に分裂している．不斉炭素がメチレン基の水素二つに及ぼす効果を考えよう．

まとめ

問題 094 (083)

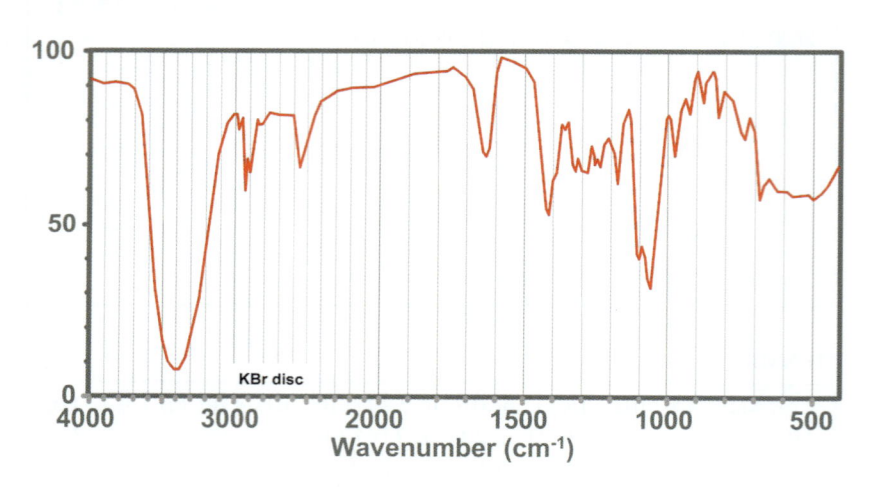

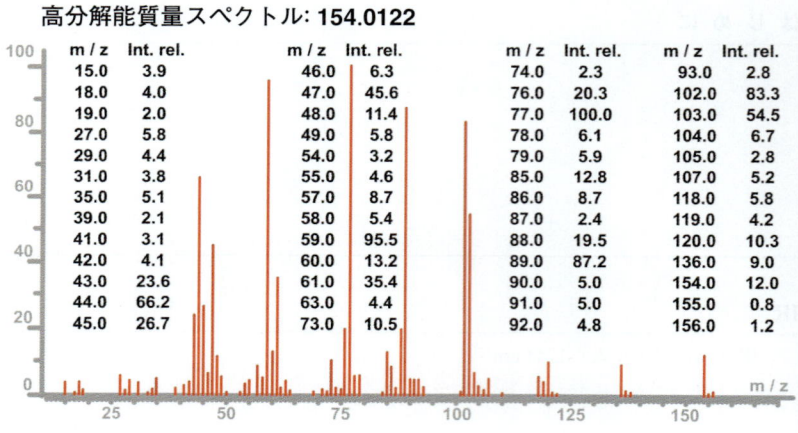

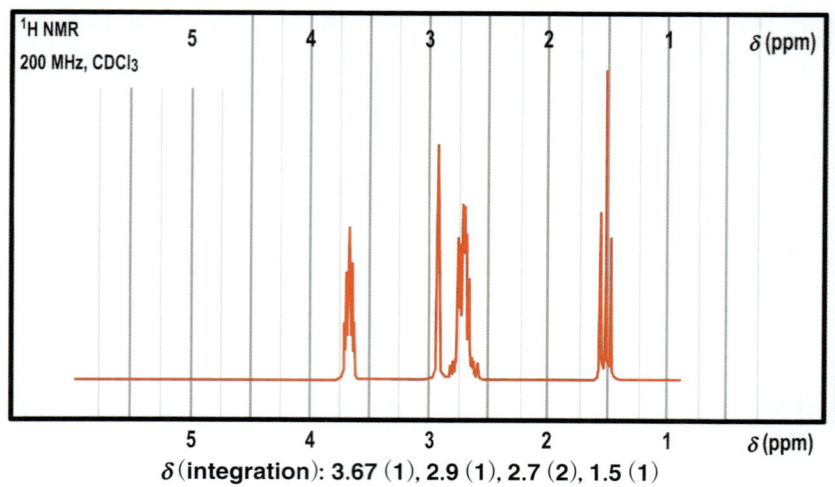

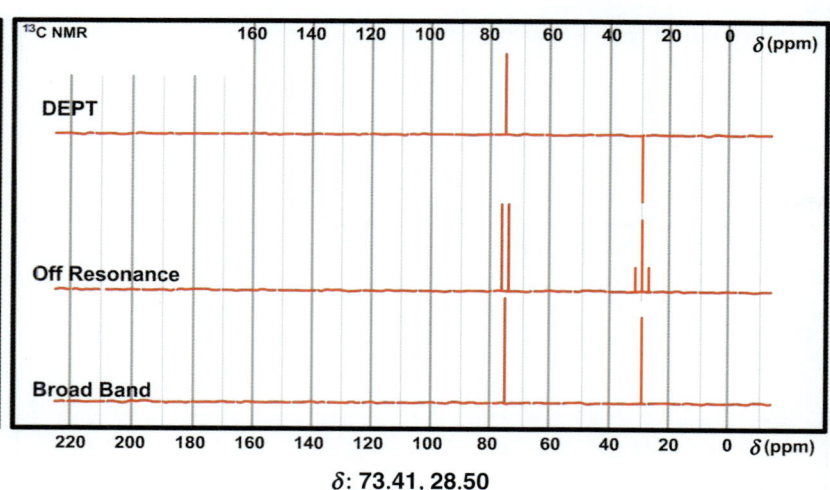

高分解能質量スペクトル: 154.0122

m/z	Int. rel.	m/z	Int. rel.	m/z	Int. rel.	m/z	Int. rel.
15.0	3.9	46.0	6.3	74.0	2.3	93.0	2.8
18.0	4.0	47.0	45.6	76.0	20.3	102.0	83.3
19.0	2.0	48.0	11.4	77.0	100.0	103.0	54.5
27.0	5.8	49.0	5.8	78.0	6.1	104.0	6.7
29.0	4.4	54.0	3.2	79.0	5.9	105.0	2.8
31.0	3.8	55.0	4.6	85.0	12.8	107.0	5.2
35.0	5.1	57.0	8.7	86.0	8.7	118.0	5.8
39.0	2.1	58.0	5.4	87.0	2.4	119.0	4.2
41.0	3.1	59.0	95.5	88.0	19.5	120.0	10.3
42.0	4.1	60.0	13.2	89.0	87.2	136.0	9.0
43.0	23.6	61.0	35.4	90.0	5.0	154.0	12.0
44.0	66.2	63.0	4.4	91.0	5.0	155.0	0.8
45.0	26.7	73.0	10.5	92.0	4.8	156.0	1.2

¹H NMR 200 MHz, CDCl₃

δ(integration): 3.67 (1), 2.9 (1), 2.7 (2), 1.5 (1)

¹³C NMR

δ: 73.41, 28.50

問 題 094（083）

はじめに

IR

3400 cm^{-1} の幅広い吸収から一つの官能基の存在が明らかである．二つ目の官能基が 2560 cm^{-1} の吸収から示唆される．

MS

分子イオンピークが 154 に現れている．その M＋1 および M＋2 同位体ピークから有用な情報が得られる．

^{13}C NMR

きわめて単純なスペクトルである．分子量が大きいことから複数の等価な炭素が存在すると考えられる（数値と図中のピークが異なるが，数値が正しい）．

^{1}H NMR

積分値から水素は全部で 5 個分に相当する．分子量が偶数であることから水素の数はこの 2 倍であることが示唆される．

まとめ

問題 095 (085)

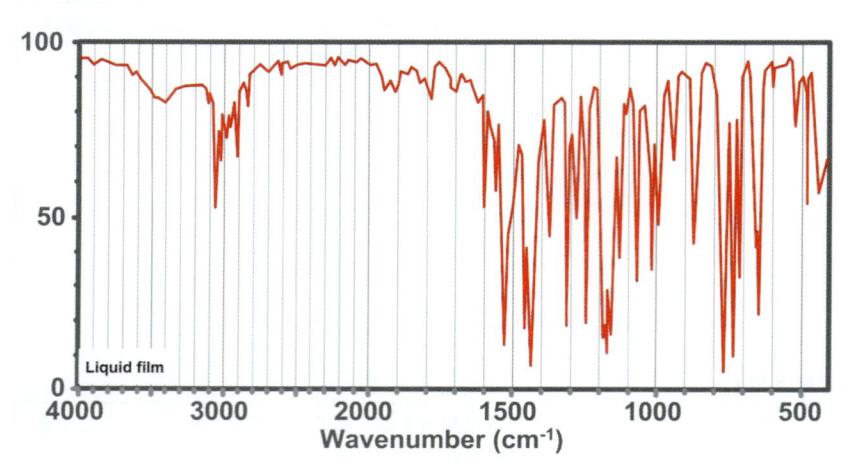

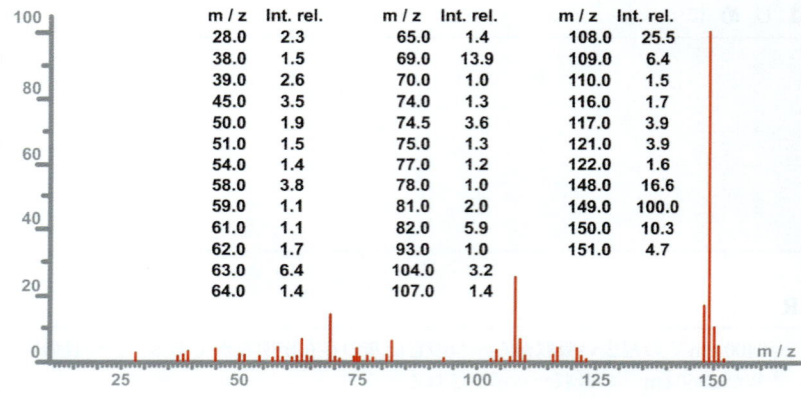

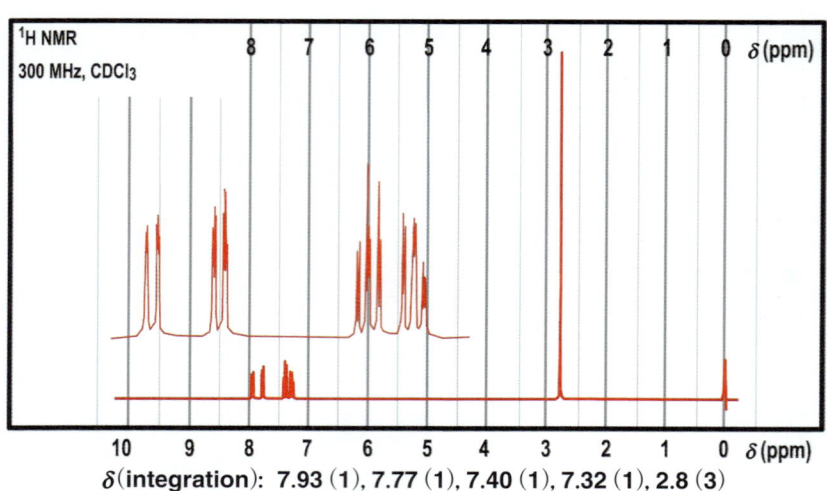

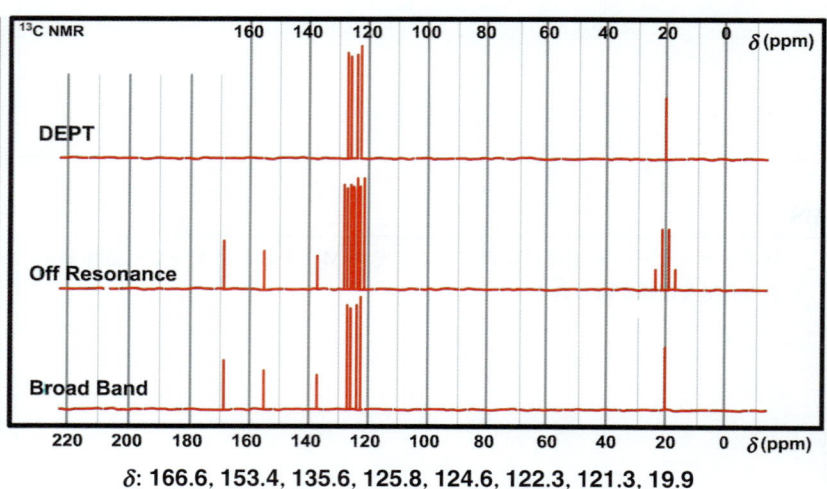

m/z	Int. rel.	m/z	Int. rel.	m/z	Int. rel.
28.0	2.3	65.0	1.4	108.0	25.5
38.0	1.5	69.0	13.9	109.0	6.4
39.0	2.6	70.0	1.0	110.0	1.5
45.0	3.5	74.0	1.3	116.0	1.7
50.0	1.9	74.5	3.6	117.0	3.9
51.0	1.5	75.0	1.3	121.0	3.9
54.0	1.4	77.0	1.2	122.0	1.6
58.0	3.8	78.0	1.0	148.0	16.6
59.0	1.1	81.0	2.0	149.0	100.0
61.0	1.1	82.0	5.9	150.0	10.3
62.0	1.7	93.0	1.0	151.0	4.7
63.0	6.4	104.0	3.2		
64.0	1.4	107.0	1.4		

^{1}H NMR 300 MHz, CDCl$_3$

δ(integration): 7.93 (1), 7.77 (1), 7.40 (1), 7.32 (1), 2.8 (3)

^{13}C NMR

δ: 166.6, 153.4, 135.6, 125.8, 124.6, 122.3, 121.3, 19.9

問 題 095 (085)

はじめに

IR
このスペクトルからいくつかの官能基の存在を除外することができる．

MS
149 に分子イオンピークがあり，二つの同位体ピークも観測されている．

^{13}C NMR

^{1}H NMR
^{1}H NMR (300 MHz, CDCl$_3$) δ 7.93 (dd, J = 8.1, 1.1 Hz, 1H), 7.77 (dd, J = 8.2, 1.1 Hz, 1H), 7.40 (ddd, J = 8.2, 7.2, 1.1 Hz, 1H), 7.32 (ddd, J = 8.1, 7.2, 1.1 Hz, 1H), 2.79 (s, 3H).

まとめ

問 題 096 (088)

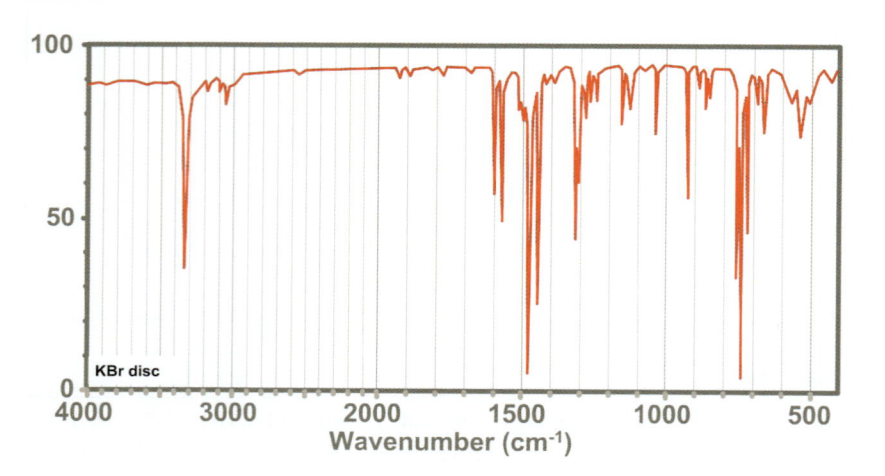

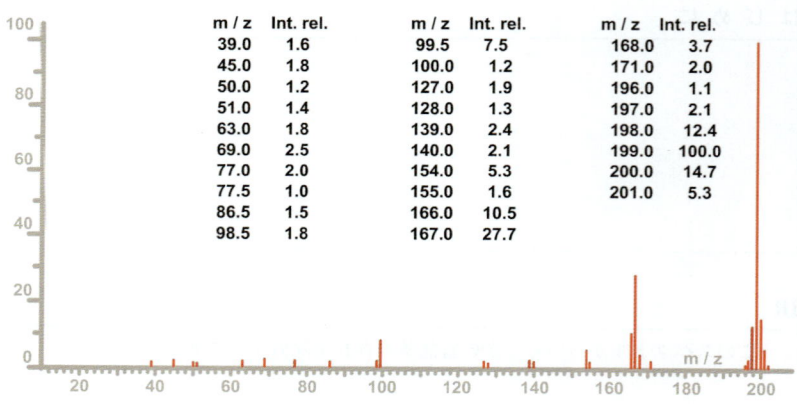

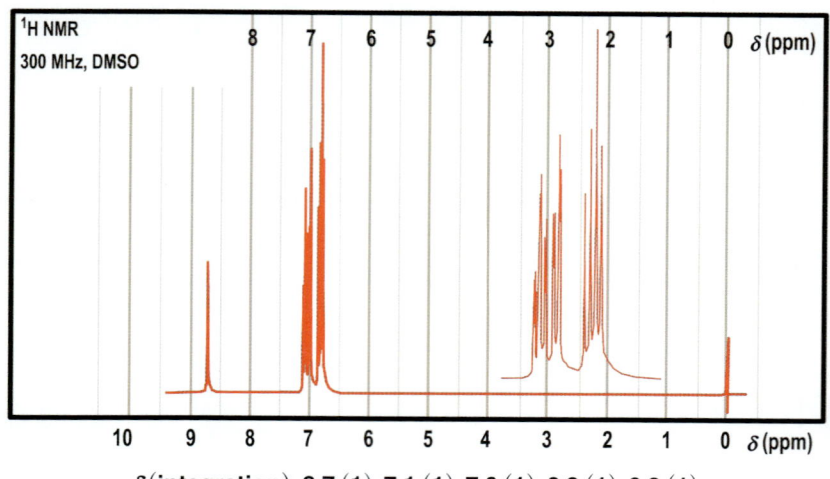

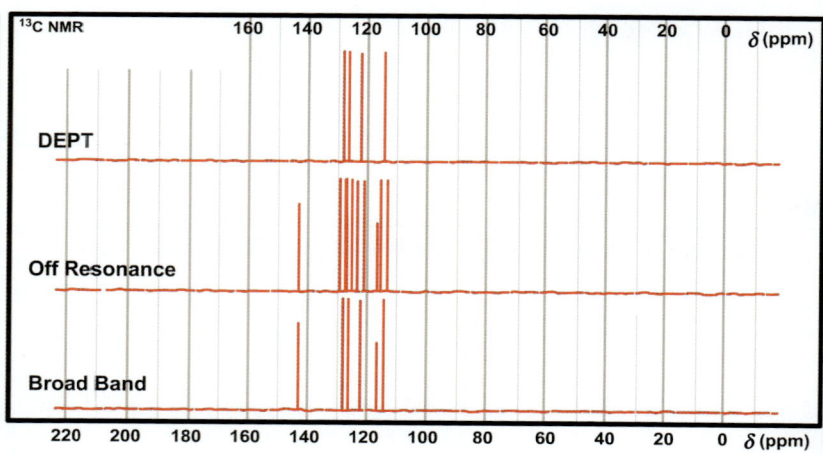

m/z	Int. rel.	m/z	Int. rel.	m/z	Int. rel.
39.0	1.6	99.5	7.5	168.0	3.7
45.0	1.8	100.0	1.2	171.0	2.0
50.0	1.2	127.0	1.9	196.0	1.1
51.0	1.4	128.0	1.3	197.0	2.1
63.0	1.8	139.0	2.4	198.0	12.4
69.0	2.5	140.0	2.1	199.0	100.0
77.0	2.0	154.0	5.3	200.0	14.7
77.5	1.0	155.0	1.6	201.0	5.3
86.5	1.5	166.0	10.5		
98.5	1.8	167.0	27.7		

δ(integration): 8.7 (1), 7.1 (1), 7.0 (1), 6.9 (1), 6.8 (1)

δ: 142.06, 127.41, 126.15, 121.67, 116.35, 114.36

問題 096（088）

はじめに

IR

IR と NMR スペクトルから環をもつ構造であることが明らかである．3320 cm^{-1} の鋭い吸収に注目しよう．

MS

199 に分子イオンピークがある．M＋1, M＋2 同位体ピークからは有用な情報が得られる．

^{13}C NMR

^{1}H NMR

^{1}H NMR（300 MHz, DMSO） δ 8.7（s, 1H），7.1（td, J = 7, 0.5 Hz, 1H），7.0（dd, J = 7, 0.5 Hz, 1H），6.9（td, J = 7, 0.5 Hz, 1H），6.8（dd, J = 7, 0.5 Hz, 1H）．

まとめ

問題 097 (095)

Liquid film

¹H NMR, 300 MHz, CDCl₃

δ(integration): 7.3 (5), 5.2 (1), 4.9 (1), 4.6 (1), 4.2 (1), 3.8 (1), 2.1 (1), 1.7 (1)

¹³C NMR — DEPT, Off Resonance, Broad Band

δ: 141.6, 128.4, 127.7, 125.7, 94.1, 78.6, 66.8, 34.0

m/z	Int. rel.	m/z	Int. rel.	m/z	Int. rel.	m/z	Int. rel.
26.0	1.0	53.0	1.0	79.0	11.2	115.0	3.3
27.0	5.5	55.0	1.2	89.0	2.0	116.0	1.0
28.0	17.6	56.0	2.1	90.0	1.1	117.0	16.1
29.0	4.8	57.0	4.9	91.0	8.8	118.0	73.2
30.0	4.6	58.0	10.9	92.0	4.5	119.0	7.7
31.0	7.8	63.0	2.9	102.0	1.3	121.0	7.6
38.0	1.0	65.0	2.2	103.0	7.8	133.0	3.8
39.0	5.6	74.0	1.5	104.0	16.5	134.0	19.8
45.0	4.4	75.0	1.5	105.0	100.0	135.0	2.2
50.0	4.8	76.0	2.0	106.0	72.3	136.0	1.2
51.0	13.0	77.0	27.2	107.0	17.8	164.0	6.7
52.0	3.5	78.0	19.7	108.0	1.3	165.0	1.5

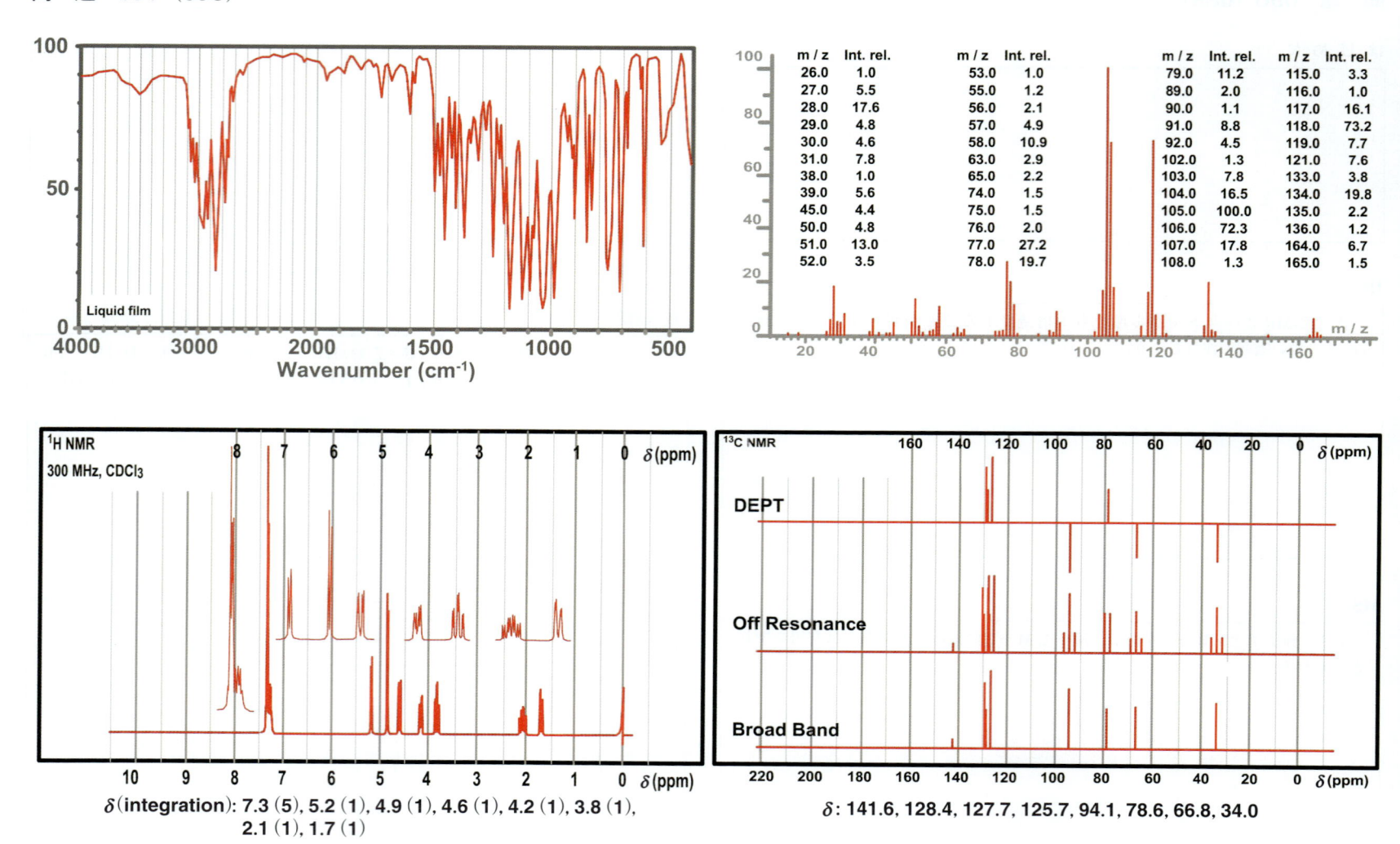

問題 097（095）

はじめに

IR

¹H NMR

¹H NMR (300 MHz, CDCl₃)　δ 7.3 (m, 5H, Ar)，5.20 (d, J = 6.2 Hz, 1H)，4.88 (d, J = 6.2 Hz, 1H)，4.63 (ddbr, J = 10.8, 2.8 Hz, 1H)，4.17 (ddbr, J = 11.4, 6.0 Hz, 1H)，3.84 (td, J = 11.4, 2.8 Hz, 1H)，2.06 (dddd, J = 13.5, 11.4, 10.8, 6.0 Hz, 1H)，1.69 (dbr, J = 13.5 Hz, 1H)．4.17 と 1.69 のシグナルはもう一つの小さなカップリングにより少し幅広く現れている．

¹³C NMR

メチレン炭素の化学シフトを注意深く解析しよう．

MS

164 が分子イオンピークである．

まとめ

優先される立体配座を書き，結合定数を解析しよう．

問題 098 (078)

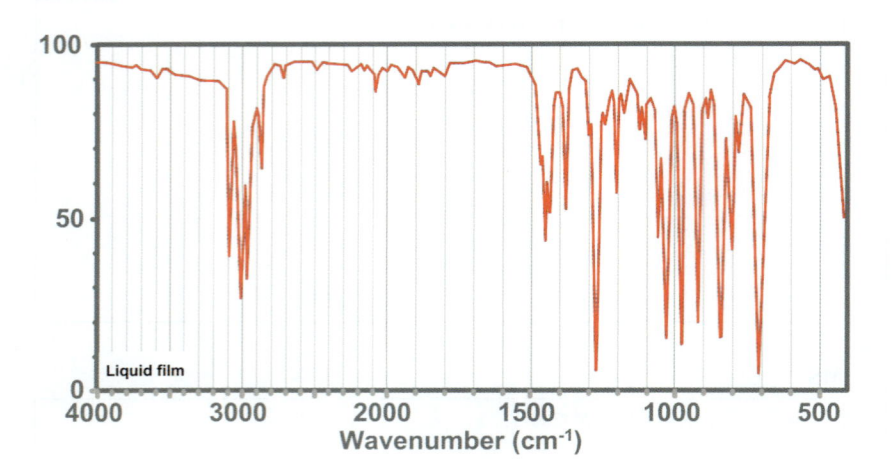

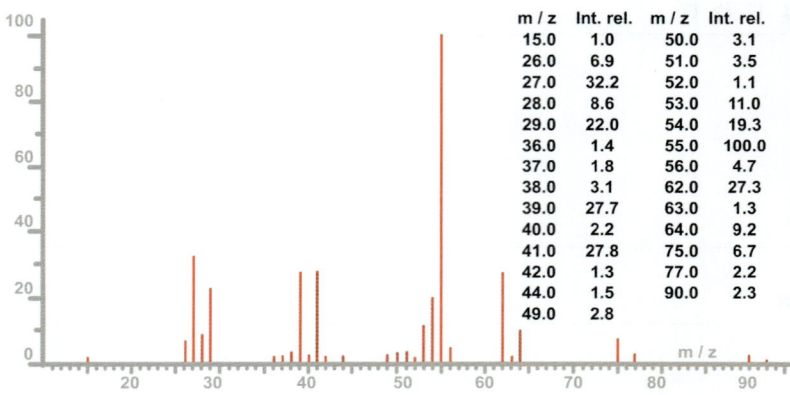

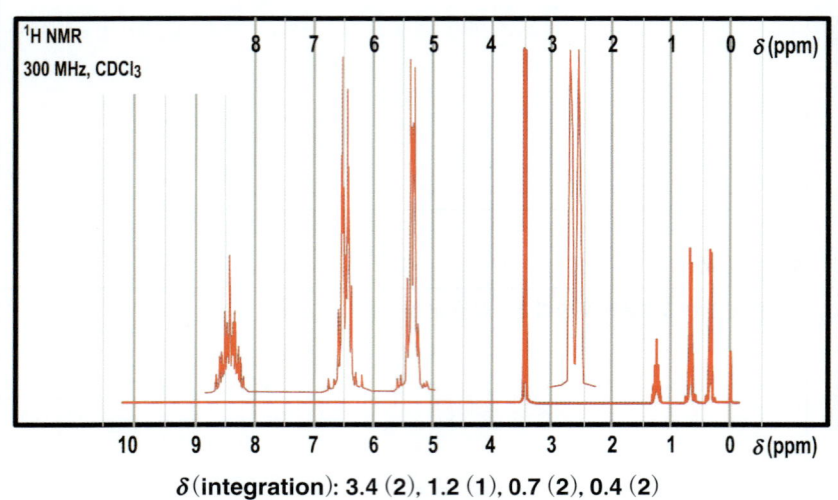

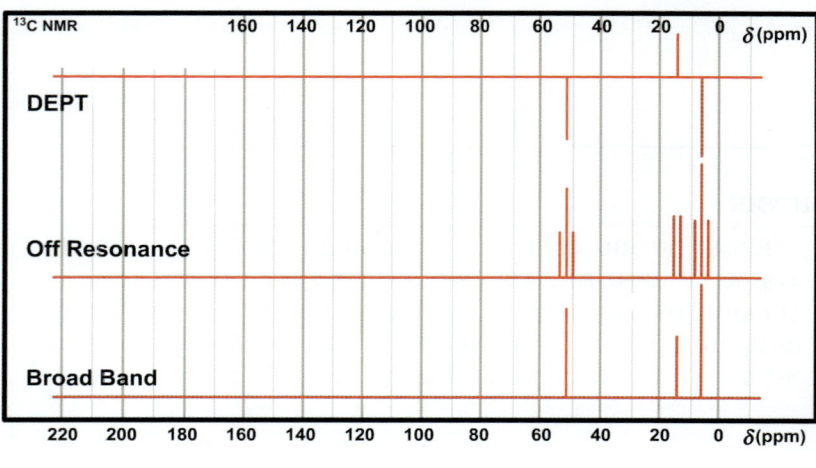

Liquid film

m/z	Int. rel.	m/z	Int. rel.
15.0	1.0	50.0	3.1
26.0	6.9	51.0	3.5
27.0	32.2	52.0	1.1
28.0	8.6	53.0	11.0
29.0	22.0	54.0	19.3
36.0	1.4	55.0	100.0
37.0	1.8	56.0	4.7
38.0	3.1	62.0	27.3
39.0	27.7	63.0	1.3
40.0	2.2	64.0	9.2
41.0	27.8	75.0	6.7
42.0	1.3	77.0	2.2
44.0	1.5	90.0	2.3
49.0	2.8		

^{1}H NMR 300 MHz, CDCl$_3$

δ(integration): 3.4 (2), 1.2 (1), 0.7 (2), 0.4 (2)

^{13}C NMR

δ: 50.3, 13.9, 5.8

問題 098（078）

はじめに

IR

3000 cm^{-1} より高振動数（高波数）側の H－C＝ 伸縮振動領域に吸収がある．しかし，これに相当するシグナルを NMR スペクトルで確認できるだろうか．

MS

分子イオンピークは 90 の小さいピークである．92 にはほとんど見えないくらいの小さなピークがある．最初のフラグメントイオンには M＋2 同位体ピークがより明瞭に観測される．

^{13}C NMR

化学シフトを注意深く解析しよう．

^{1}H NMR

^{1}H NMR (300 MHz, CDCl$_3$) δ 3.44 (d, J = 7.5, 2H), 1.23 (ttt, J = 8.1, 7.5, 4.9 Hz, 1H), 0.67 (m, 2H), 0.35 (m, 2H).

水素の数が奇数であることから炭素または酸素ではない原子が存在することが示唆される．2本のシグナルが非常に高磁場に現れている（化学シフトが小さい）ことに注意しよう．

まとめ

問題 099 (065)

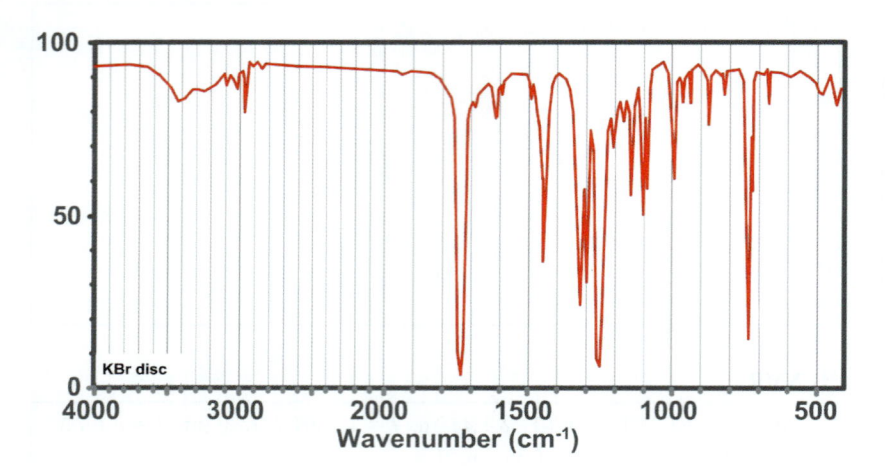

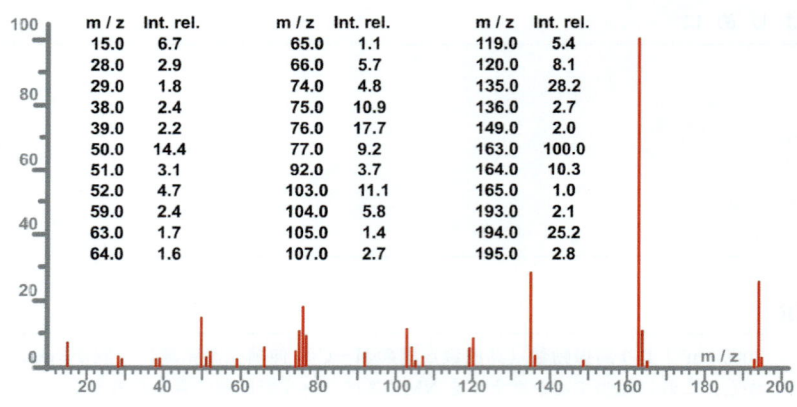

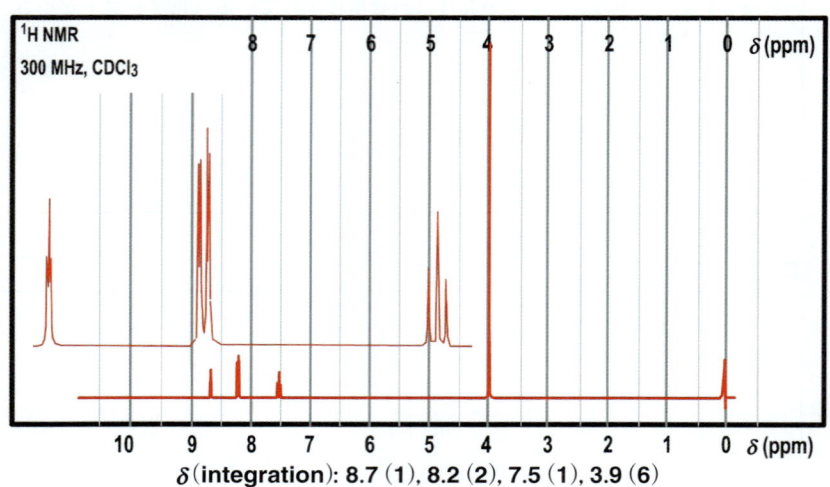

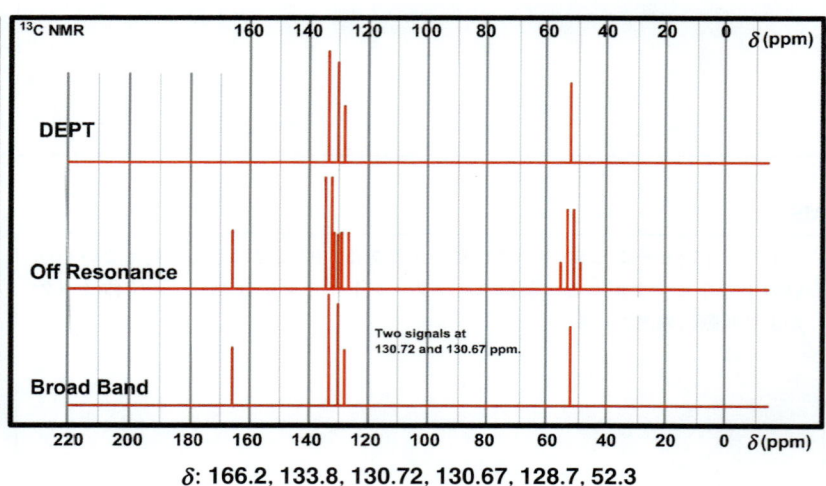

m/z	Int. rel.	m/z	Int. rel.	m/z	Int. rel.
15.0	6.7	65.0	1.1	119.0	5.4
28.0	2.9	66.0	5.7	120.0	8.1
29.0	1.8	74.0	4.8	135.0	28.2
38.0	2.4	75.0	10.9	136.0	2.7
39.0	2.2	76.0	17.7	149.0	2.0
50.0	14.4	77.0	9.2	163.0	100.0
51.0	3.1	92.0	3.7	164.0	10.3
52.0	4.7	103.0	11.1	165.0	1.0
59.0	2.4	104.0	5.8	193.0	2.1
63.0	1.7	105.0	1.4	194.0	25.2
64.0	1.6	107.0	2.7	195.0	2.8

^{1}H NMR 300 MHz, CDCl$_3$

δ (integration): 8.7 (1), 8.2 (2), 7.5 (1), 3.9 (6)

^{13}C NMR

Two signals at 130.72 and 130.67 ppm.

δ: 166.2, 133.8, 130.72, 130.67, 128.7, 52.3

問 題 099 (065)

はじめに

IR

MS

^{13}C NMR

OR スペクトルの 130.67 ppm の一重線を見落とさないようにしよう．

^{1}H NMR

^{1}H NMR (300 MHz, CDCl$_3$) δ 8.7 (t, J = 1.5 Hz, 1H), 8.2 (dd, J = 6.5, 1.5 Hz, 2H), 7.5 (t, J = 6.5 Hz, 1H), 3.9 (s, 6H).

まとめ

問題 100 (054)

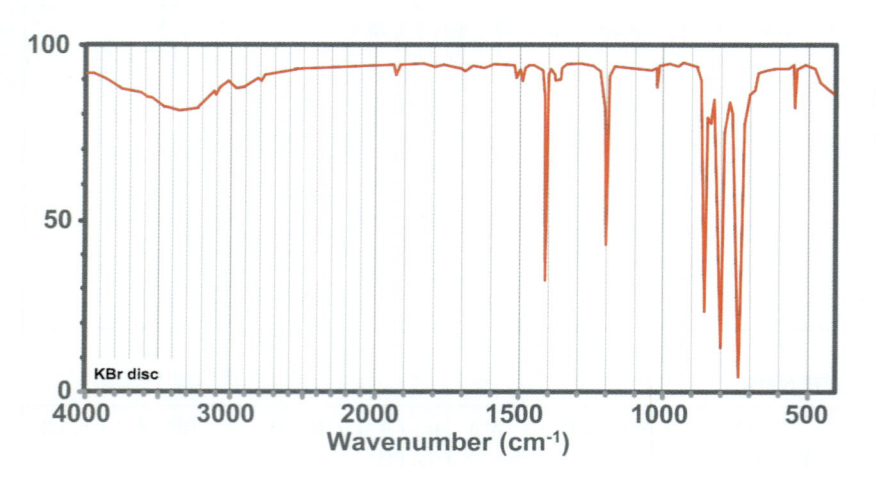

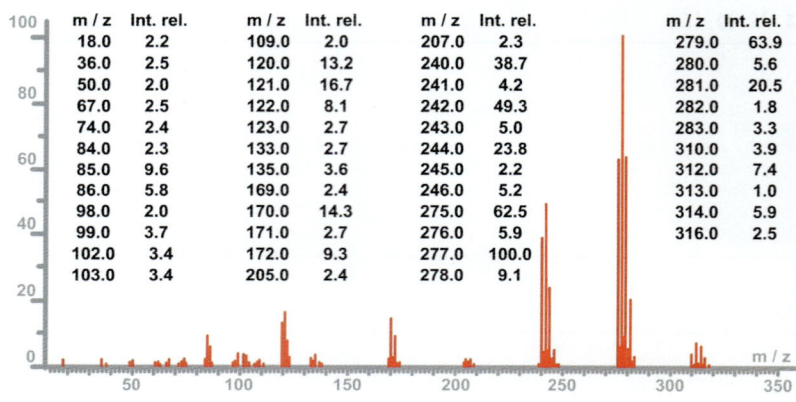

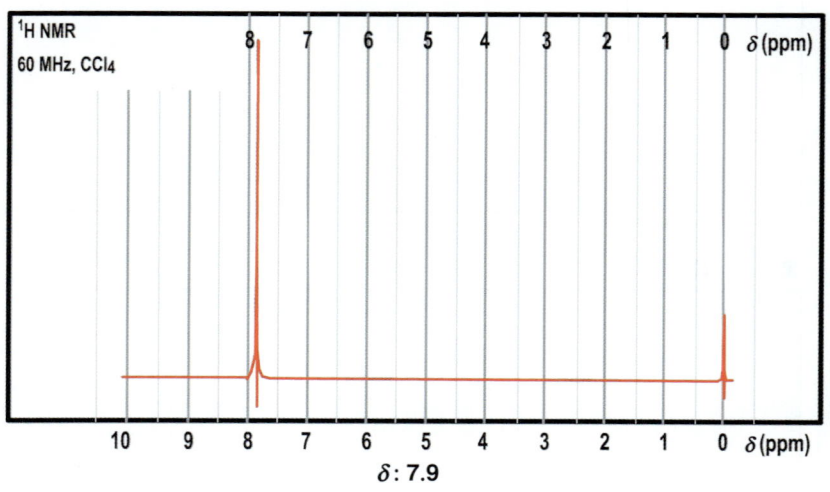

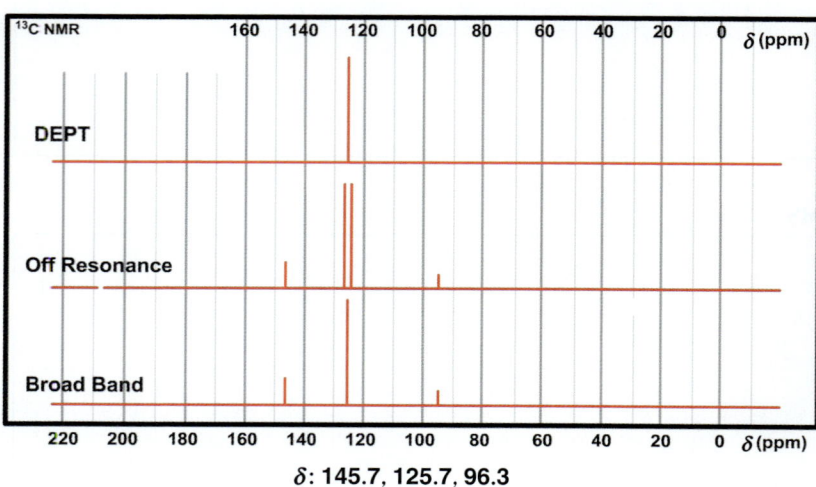

IR (KBr disc)

MS

m/z	Int. rel.	m/z	Int. rel.	m/z	Int. rel.	m/z	Int. rel.
18.0	2.2	109.0	2.0	207.0	2.3	279.0	63.9
36.0	2.5	120.0	13.2	240.0	38.7	280.0	5.6
50.0	2.0	121.0	16.7	241.0	4.2	281.0	20.5
67.0	2.5	122.0	8.1	242.0	49.3	282.0	1.8
74.0	2.4	123.0	2.7	243.0	5.0	283.0	3.3
84.0	2.3	133.0	2.7	244.0	23.8	310.0	3.9
85.0	9.6	135.0	3.6	245.0	2.2	312.0	7.4
86.0	5.8	169.0	2.4	246.0	5.2	313.0	1.0
98.0	2.0	170.0	14.3	275.0	62.5	314.0	5.9
99.0	3.7	171.0	2.7	276.0	5.9	316.0	2.5
102.0	3.4	172.0	9.3	277.0	100.0		
103.0	3.4	205.0	2.4	278.0	9.1		

¹H NMR (60 MHz, CCl₄)

δ: 7.9

¹³C NMR (DEPT, Off Resonance, Broad Band)

δ: 145.7, 125.7, 96.3

問題 100（054）

はじめに

IR

　分子が対称性をもつ場合には期待される領域の吸収が観測されないことがある．双極子モーメントの変化がない振動は IR スペクトルでは観測されない．

MS

　このスペクトルでは同位体ピークの出方に重要な情報が含まれている．310 の分子イオンピーク M^+ だけでなくいくつかのフラグメントイオンも興味深い同位体ピークを伴っている．

^{13}C NMR

^{1}H NMR

まとめ

　主となる骨格の構造がわかれば，分子式を考慮することにより，置換様式の決定は容易にできるだろう．

データ集および用語解説

- 1. IRデータ
- 2. ^{1}H NMRデータ
- 3. ^{13}C NMRデータ
- 4. MSスペクトルデータ
- 関連インターネットサイト
- 問題中の重要な用語

1. IRデータ

1 振動数（波数）別IRデータ

4000～3700 cm^{-1}
この領域には特に重要な吸収はない．

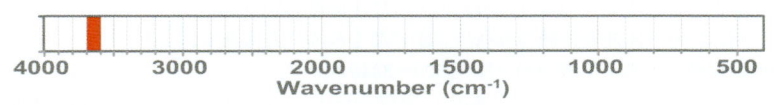

3700～3600 cm^{-1}
- 伸縮振動，O－H 水素結合をしていないもの（3600～3645 cm^{-1}）．
  アルコール試料の希薄溶液において，鋭い吸収がこの領域に観測される．
- 伸縮振動，O－H 分子内水素結合（3450～3600 cm^{-1}）．
  対称形の吸収〔ガウス関数形（正規分布形）〕を示すことが特徴である．
- 伸縮振動，O－H フェノール（3125～3700 cm^{-1}）．
  水素結合に由来する幅広く強い吸収．
- 水素結合していない OH 基の鋭い吸収（3640～3650 cm^{-1}）．
  分子内水素結合がないアルコール試料の希薄溶液，または大きな置換基（OH 基に対してオルト位に位置する置換基など）により水素結合の形成が阻まれている OH 基．

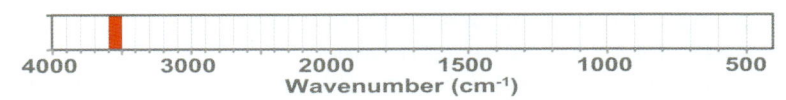

3600～3500 cm^{-1}
- 伸縮振動，O－H 分子内水素結合（3450～3600 cm^{-1}）．
  対称形の吸収（ガウス関数形）を示すことが特徴である．
- 伸縮振動，O－H フェノール（3125～3700 cm^{-1}）．
  水素結合に由来する幅広く強い吸収．しかし，もし大きな置換基（OH 基に対してオルト位に位置する置換基など）が水素結合の形成を阻む場合は，3645 cm^{-1} 付近に鋭い吸収が現れる．
- 水素結合していない OH 基の吸収（3600～3645 cm^{-1}）．
  分子内水素結合がないアルコール試料の希薄溶液では，この領域に鋭い吸収が現れる．

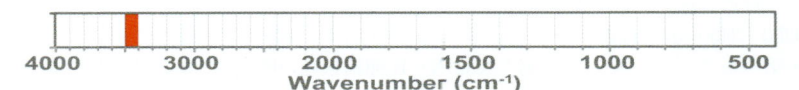

3500～3400 cm^{-1}
- 伸縮振動，O－H 分子間水素結合（3200～3400 cm^{-1}）．
  対称形の吸収（ガウス関数形）が特徴の吸収．カルボン酸の OH 基の吸収とは大きく異なる．希薄な試料溶液では相対強度が小さくなる．
- 伸縮振動，O－H フェノール（3125～3700 cm^{-1}）．
  水素結合に由来する幅広く強い吸収．しかし，もし大きな置換基（OH 基に対してオルト位に位置する置換基など）が水素結合の形成を阻む場合は，3645 cm^{-1} 付近に鋭い吸収が現れる．
- 伸縮振動，O－H 分子内水素結合（3450～3600 cm^{-1}）．
  対称形の吸収（ガウス関数形）を示す．

3250～3450 cm^{-1} 付近
- 第一級アミンの NH$_2$ 基に対しては N－H 伸縮振動の吸収が 2 本ある．第二級アミンの ＞N－H 伸縮振動に対しては N－H 伸縮振動の吸収は 1 本である．
- これらは N－H 基の存在を表す重要な吸収である．
- 類似した吸収がアミドにも観測されるが，その位置は 3150～3450 cm^{-1} である．

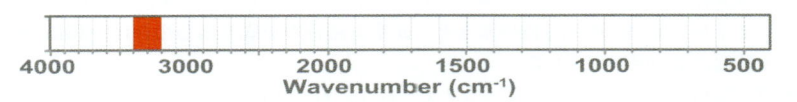

3400～3200 cm^{-1}
- 伸縮振動，≡C－H（3200～3400 cm^{-1}）．
  一置換アルキンに特徴的．この吸収はきわめて明瞭に一置換アルキンの存在を示

唆する．二置換アルキンではもちろん ≡C−H の吸収はない．
- 伸縮振動，O−H 分子間水素結合（3200〜3400 cm^{-1}）．
  対称形の吸収（ガウス関数形）が特徴の吸収．カルボン酸の OH 基の吸収とは大きく異なる．希薄な試料溶液では相対強度が小さくなる．
- 伸縮振動，O−H フェノール（3125〜3700 cm^{-1}）．
  水素結合に由来する幅広く強い吸収．しかし，もし大きな置換基（OH 基に対してオルト位に位置する置換基など）が水素結合の形成を阻む場合は，3645 cm^{-1} 付近に鋭い吸収が現れる．

3250〜3450 cm^{-1} 付近
- 第一級アミンの NH$_2$ 基に対しては N−H 伸縮振動の吸収が 2 本ある．第二級アミンの >N−H 伸縮振動に対しては N−H 伸縮振動の吸収は 1 本である．
- これらは N−H 基の存在を表す重要な吸収である．
- 類似した吸収がアミドにも観測されるが，その位置は 3150〜3450 cm^{-1} である．

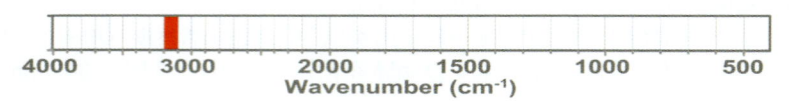

3200〜3100 cm^{-1}

- 伸縮振動，≡C−H（3200〜3400 cm^{-1}）．
  一置換アルキンに特徴的．この吸収はきわめて明瞭に一置換アルキンの存在を示唆する．二置換アルキンではもちろん ≡C−H の吸収はない．
- 伸縮振動，O−H 分子間水素結合（3200〜3400 cm^{-1}）．
  対称形の吸収（ガウス関数形）が特徴の吸収．カルボン酸の OH 基の吸収とは大きく異なる．希薄な試料溶液では相対強度が小さくなる．
- 伸縮振動，O−H フェノール（3125〜3700 cm^{-1}）．
  水素結合に由来する幅広く強い吸収．しかし，もし大きな置換基（OH 基に対してオルト位に位置する置換基など）が水素結合の形成を阻む場合は，3645 cm^{-1} 付近に鋭い吸収が現れる．
- 伸縮振動，アルケンおよび芳香族の C−H（3000〜3100 cm^{-1}）．
  脂肪族 C−H 伸縮振動の吸収のなかに埋もれることもある．
- 伸縮振動，カルボン酸の O−H（2500〜3340 cm^{-1}）．
  強い水素結合により著しく幅広い吸収となる．通常のアルコールの O−H 伸縮振動の現れ方とは明らかに異なる．

3100 cm^{-1} 付近
- 第二級アミド（N−H 基がアミドカルボニル基に対してトランス配置をとる場合）に特徴的な N−H 変角振動（1530〜1550 cm^{-1}）の倍音振動．
- >N−H 伸縮振動と混同しないように注意すべき吸収である．

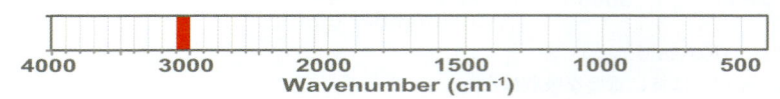

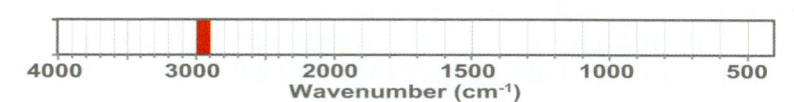

3100〜3000 cm^{-1}

- 伸縮振動，アルケンおよび芳香族の C−H（3000〜3100 cm^{-1}）．
  脂肪族 C−H 伸縮振動の吸収のなかに埋もれることもある．
- 伸縮振動，カルボン酸の O−H（2500〜3340 cm^{-1}）．
  強い水素結合により著しく幅広い吸収となる．通常のアルコールの O−H 伸縮振動の現れ方とは明らかに異なる．

3100 cm^{-1} 付近
- 第二級アミド（N−H 基がアミドカルボニル基に対してトランス配置をとる場合）に特徴的な N−H 変角振動（1530〜1550 cm^{-1}）の倍音振動．
- >N−H 伸縮振動と混同しないように注意すべき吸収である．

3000〜2900 cm^{-1}

- 伸縮振動，脂肪族 C−H 結合の対称および逆対称振動（2850〜2980 cm^{-1}）．
  ほかの多くの吸収に埋もれて識別しにくい吸収である．
- 伸縮振動，アルデヒドの =C−H（2800〜2900 cm^{-1}）．
  C−H 伸縮振動の吸収に埋もれていることが多いが，はっきり現れることもある．特にアルキル置換基の少ない芳香族アルデヒドでは，はっきり見えることが多い．
- 伸縮振動，カルボン酸の O−H（2500〜3340 cm^{-1}）．
  強い水素結合により著しく幅広い吸収となる．通常のアルコールの O−H 伸縮振動の現れ方とは明らかに異なる．

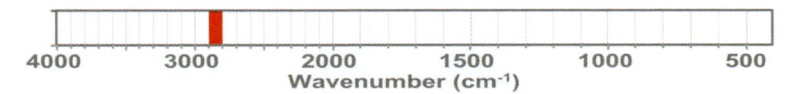

2900〜2800 cm^{-1}

- 伸縮振動，脂肪族 C−H 結合の対称および逆対称振動（2850〜2980 cm^{-1}）．
  ほかの吸収に埋もれて識別しにくい吸収である．
- 伸縮振動，アルデヒドの ＝C−H（2800〜2900 cm^{-1}）．
  C−H 伸縮振動の吸収に埋もれていることが多いが，はっきり現れることもある．特にアルキル置換基の少ない芳香族アルデヒドでは，はっきり見えることが多い．
- 伸縮振動，アルデヒドの ＝C−H（2700〜2800 cm^{-1}）．
  アルデヒドがあれば常に現れる．アルデヒドの存在の有無を示す指標となる．
- CH$_3$−O− の吸収（2820〜2850 cm^{-1}）．
  特に芳香族化合物の CH$_3$−O− に特徴的な吸収である．
- 伸縮振動，カルボン酸の O−H（2500〜3340 cm^{-1}）．
  強い水素結合により著しく幅広い吸収となる．通常のアルコールの O−H 伸縮振動の現れ方とは明らかに異なる．

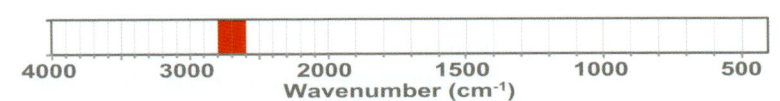

2800〜2600 cm^{-1}

- 伸縮振動，アルデヒドの ＝C−H（2700〜2800 cm^{-1}）．
  アルデヒドがあれば常に現れる．アルデヒドの存在の有無を示す指標となる．
- 伸縮振動，カルボン酸の O−H（2500〜3340 cm^{-1}）．
  強い水素結合により著しく幅広い吸収となる．通常のアルコールの O−H 伸縮振動の現れ方とは明らかに異なる．

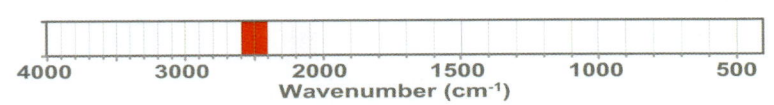

2600〜2400 cm^{-1}

- 伸縮振動，カルボン酸の O−H（2500〜3340 cm^{-1}）．
  強い水素結合により著しく幅広い吸収となる．通常のアルコールの O−H 伸縮振動の現れ方とは明らかに異なる．

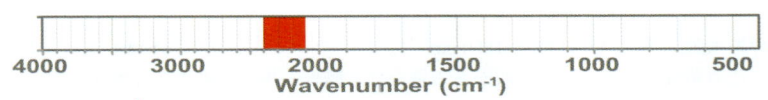

2400〜2100 cm^{-1}

- 伸縮振動，−C≡C−（2050〜2250 cm^{-1}）．
  対称二置換アルキンでは吸収が観測されない．吸収は双極子モーメントの変化に依存する．二置換アルキンの吸収は非常に小さい．−C≡N 伸縮振動と混同しないように注意しよう．−C≡N は二置換アルキンよりはるかに強い吸収を示す．また，一置換アルキンで観測される ≡C−H の吸収（3300 cm^{-1}）は観測されない．
- 伸縮振動，ニトリルの −C≡N（2200〜2300 cm^{-1}）．
  吸収強度は −C≡C− より大きいが，吸収位置は同じである．

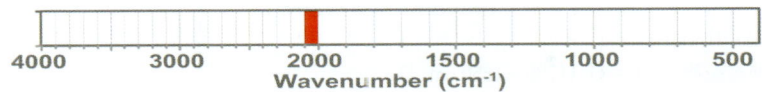

2100〜2000 cm^{-1}

- 伸縮振動，−C≡C−（2050〜2250 cm^{-1}）．
  対称二置換アルキンでは吸収が観測されない．吸収は双極子モーメントの変化に依存する．二置換アルキンの吸収は非常に小さい．−C≡N 伸縮振動と混同しないように注意しよう．−C≡N は二置換アルキンよりはるかに強い吸収を示す．また一置換アルキンで観測される ≡C−H の吸収（3300 cm^{-1}）は観測されない．

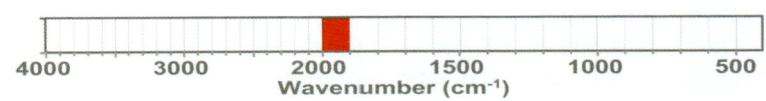

2000〜1900 cm^{-1}

- 芳香族化合物の倍音および結合音振動の弱い吸収が，この領域に観測されることがある．

1900〜1800 cm^{-1}

- 伸縮振動，>C＝O（1725〜1850 cm^{-1}）．
  この領域に2本の強い吸収がある場合は，酸無水物に由来する可能性が高い．環状酸無水物では2本の吸収のうち高振動数（高波数）側の吸収が弱い強度で観測される．一方，非環状酸無水物ではその逆である．
- 伸縮振動，4員環ラクトンの>C＝O（1830 cm^{-1}付近）．
- 伸縮振動，酸ハロゲン化物の>C＝O（1760〜1830 cm^{-1}付近）．
- 芳香族化合物の倍音および結合音振動の弱い吸収がこの領域に観測されることがある．

1800〜1700 cm^{-1}

- 伸縮振動，>C＝O（1725〜1850 cm^{-1}）．
  この領域に2本の強い吸収がある場合は，酸無水物に由来する可能性が高い．環状酸無水物では2本の吸収のうち高振動数（高波数）側の吸収が弱い強度で観測される．一方，非環状酸無水物ではその逆である．
- 伸縮振動，ケトンの>C＝O（1710 cm^{-1}付近）．
  この吸収は共役により低振動数（低波数）側へシフトする．一方，6員環より小さい環状ケトンでは高振動数側へシフトする．
- 伸縮振動，酸ハロゲン化物の>C＝O（1760〜1830 cm^{-1}付近）．
- 伸縮振動，カルボン酸の>C＝O，非常に強い吸収（1700〜1760 cm^{-1}）．
- 伸縮振動，エステルの>C＝O（1740 cm^{-1}付近）．
  共役により低振動数（低波数）側へシフトする．
- 伸縮振動，アルデヒドの>C＝O（1725 cm^{-1}付近）．
  共役すれば低振動数（低波数）側へシフトする．
- 芳香族化合物の倍音および結合音振動の弱い吸収がこの領域に観測されることがある．

1700〜1600 cm^{-1}

- 伸縮振動，カルボン酸の>C＝O，非常に強い吸収（1700〜1760 cm^{-1}）．
- 伸縮振動，アミドの>C＝O，非常に強い吸収（1640〜1690 cm^{-1}付近）．
  カルボニル基の吸収は窒素の電子供与性共鳴効果により低振動数（低波数）側へシフトする．
- 伸縮振動，芳香環の>C＝C<（1600〜1640 cm^{-1}）．
  共役すれば低振動数（低波数）側へシフトする．
- 伸縮振動，>C＝C<（1580〜1660 cm^{-1}）．
  対称アルケン，またはトランス（E）アルケンでは吸収が観測されないか非常に弱くなる．
- 変角（はさみ）振動，−NH$_2$（1580〜1650 cm^{-1}付近）．

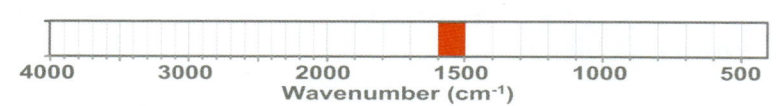

1600〜1500 cm^{-1}

- 伸縮振動，>C＝C<（1580〜1660 cm^{-1}）．
  対称アルケン，またはトランス（E）アルケンでは吸収が観測されないか非常に弱くなる．
- 伸縮振動，芳香環の>C＝C<（1600〜1640 cm^{-1}）．
  共役すれば低振動数（低波数）側へシフトする．
- 伸縮振動，芳香環の>C＝C<（1480〜1520 cm^{-1}）．
  吸収強度はさまざまである．
- 変角（はさみ）振動，−NH$_2$（1580〜1650 cm^{-1}付近）．

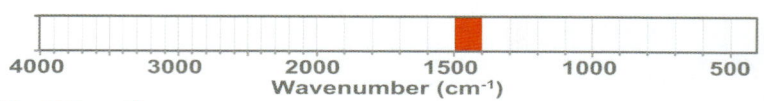

1500〜1400 cm^{-1}

- 伸縮振動，芳香環の>C＝C<（1480〜1520 cm^{-1}）．

吸収強度はさまざまである．
- N−H 変角振動（1530〜1550 cm^{-1}）．
  第二級アミド（N−H 基がアミドカルボニル基に対してトランス配置をとる場合）に特徴的な振動．倍音振動が 3100 cm^{-1} に観測される．この倍音振動を >N−H 伸縮振動と混同しないように注意しよう．
- 変角（はさみ）振動，−CH$_2$（1450 cm^{-1} 付近）．
  この領域には炭素骨格に由来する吸収が現れるため，あまり有用な吸収ではない．
- 伸縮振動，アミンの >N−C（1000〜1400 cm^{-1}）．
  吸収振動数（波数）は α 炭素上の置換基の数によって異なる．置換基が多ければ吸収振動数が大きくなる．

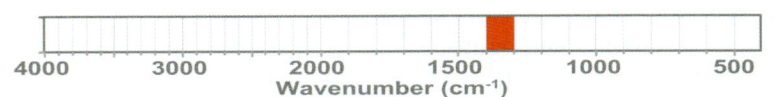

1400〜1300 cm^{-1}

- 伸縮振動，アミンの >N−C（1000〜1400 cm^{-1}）．
  吸収振動数（波数）は α 炭素上の置換基の数によって異なる．置換基が多ければ吸収振動数が大きくなる．
- 変角振動，−CH$_3$（1380 cm^{-1} 付近）．
  この領域の吸収を注意深く解析することは重要である．
  同じ強度の 2 本の吸収があれば，*gem*-ジメチル基 −CH(CH$_3$)$_2$ または >C(CH$_3$)$_2$ を示唆する．
  異なる強度の 2 本の吸収があれば，*tert*-ブチル基 −C(CH$_3$)$_3$ を示唆する．
- 変角振動，フェノールの O−H（1315〜1390 cm^{-1}）．
  構造解析にはあまり使われない．
- 伸縮振動，フェノールおよび芳香族エーテルの =C−O−（1000〜1300 cm^{-1}）．

1300〜1200 cm^{-1}

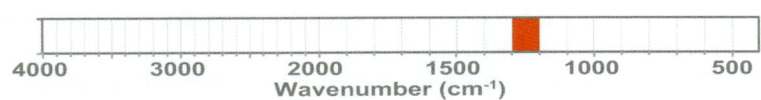

- 伸縮振動，アミンの >N−C（1000〜1400 cm^{-1}）．
  吸収振動数（波数）は α 炭素上の置換基の数によって異なる．置換基が多ければ吸収振動数が大きくなる．
- 伸縮振動，カルボン酸の =C−O（1250 cm^{-1} 付近）．
- 伸縮振動，酢酸エステルに特徴的な =C−O（1250 cm^{-1} 付近）．
- 伸縮振動，フェノールおよび芳香族エーテルの =C−O−（1000〜1300 cm^{-1}）．
- 伸縮振動，−O−C，強い吸収（1000〜1260 cm^{-1}）．
  吸収振動数（波数）によりアルコールの種類がわかる．吸収振動数が大きいほど，OH 基が結合した炭素の置換基の数が多い（第三級アルコール > 第二級アルコール > 第一級アルコール）．
- 伸縮振動，C−O−C 対称伸縮振動，エポキシ環の伸縮振動．"8 μm 吸収帯"という（1250 cm^{-1} 付近）．
- 伸縮振動，=C−O−C= および =C−O−C，強い吸収（1000〜1250 cm^{-1}）．
- 伸縮振動，フルオロアルカンの C−F（1100〜1250 cm^{-1}）．
- −O−C（1100〜1260 cm^{-1}）．
  第三級アルコール R$_1$R$_2$R$_3$COH に特徴的な吸収．

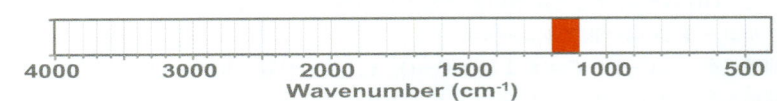

1200〜1100 cm^{-1}

- 伸縮振動，アミンの >N−C（1000〜1400 cm^{-1}）．
  吸収振動数（波数）は α 炭素上の置換基の数によって異なる．置換基が多ければ吸収振動数が大きくなる．
- 伸縮振動，フェノールおよび芳香族エーテルの =C−O−（1000〜1300 cm^{-1}）．
- 伸縮振動，−O−C，強い吸収（1000〜1260 cm^{-1}）．
  吸収振動数（波数）によりアルコールの種類がわかる．吸収振動数が大きいほど，OH 基が結合した炭素の置換基の数が多い（第三級アルコール > 第二級アルコール > 第一級アルコール）．
- 伸縮振動，=C−O−C= および =C−O−C，強い吸収（1000〜1250 cm^{-1}）．
- 伸縮振動，フルオロアルカンの C−F（1100〜1250 cm^{-1}）．
- −O−C（1100〜1260 cm^{-1}）．
  第三級アルコール R$_1$R$_2$R$_3$COH に特徴的な吸収．
- −O−C（1090〜1130 cm^{-1}）．
  第二級アルコール >CH−OH に特徴的な吸収．

- 伸縮振動，エーテル C−O−C の C−O（1000〜1150 cm^{-1}）．
- 伸縮振動，=C−O（1180 cm^{-1} 付近）．
    ギ酸エステルに特徴的な吸収．
- 伸縮振動，アミドの >N−C（1050〜1175 cm^{-1}）．

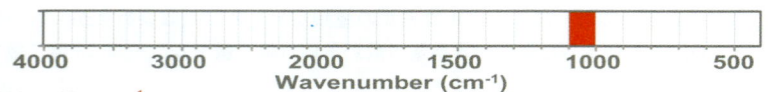

1100〜1000 cm^{-1}

- 伸縮振動，アミンの >N−C（1000〜1400 cm^{-1}）．
    吸収振動数（波数）は α 炭素上の置換基の数によって異なる．置換基が多ければ吸収振動数が大きくなる．
- 伸縮振動，フェノールおよび芳香族エーテルの =C−O−（1000〜1300 cm^{-1}）．
- 伸縮振動，−O−C，強い吸収（1000〜1260 cm^{-1}）．
    吸収振動数（波数）によりアルコールの種類がわかる．吸収振動数が大きいほど，OH 基が結合した炭素の置換基の数が多い（第三級アルコール > 第二級アルコール > 第一級アルコール）．
- 伸縮振動，=C−O−C= および =C−O−C，強い吸収（1000〜1250 cm^{-1}）．
- 伸縮振動，フルオロアルカンの C−F（1100〜1250 cm^{-1}）．
- −O−C（1100〜1260 cm^{-1}）．
    第三級アルコール R$_1$R$_2$R$_3$COH に特徴的な吸収．
- −O−C（1090〜1130 cm^{-1}）．
    第二級アルコール >CH−OH に特徴的な吸収．
- −O−C（1000〜1075 cm^{-1}）．
    第一級アルコール −CH$_2$OH に特徴的な吸収．
- 伸縮振動，エーテル C−O−C の C−O（1000〜1150 cm^{-1}）．
- 伸縮振動，アミドの >N−C（1050〜1175 cm^{-1}）．
- 伸縮振動，酸塩化物の C−Cl（860〜1050 cm^{-1}）．

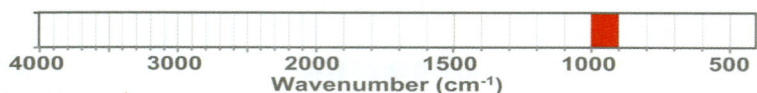

1000〜900 cm^{-1}

- 伸縮振動，アミンの >N−C（1000〜1400 cm^{-1}）．
    吸収振動数（波数）は α 炭素上の置換基の数によって異なる．置換基が多ければ吸収振動数が大きくなる．
- 伸縮振動，フェノールおよび芳香族エーテルの =C−O−（1000〜1300 cm^{-1}）．
- 伸縮振動，−O−C，強い吸収（1000〜1260 cm^{-1}）．
    吸収振動数（波数）によりアルコールの種類がわかる．吸収振動数が大きいほど，OH 基が結合した炭素の置換基の数が多い（第三級アルコール > 第二級アルコール > 第一級アルコール）．
- −O−C（1000〜1075 cm^{-1}）．
    第一級アルコール −CH$_2$OH に特徴的な吸収．
- 伸縮振動，=C−O−C= および =C−O−C，強い吸収（1000〜1250 cm^{-1}）．
- 伸縮振動，エーテル C−O−C の C−O（1000〜1150 cm^{-1}）．
- 伸縮振動，酸塩化物の C−Cl（860〜1050 cm^{-1}）．
- 変角振動（2 本の吸収），910〜990 cm^{-1}．
    一置換アルケン R−CH=CH$_2$
- 変角振動（1 本の吸収），970 cm^{-1} 付近．
    トランス二置換アルケン R−CH=CH−R′（E）
- 伸縮振動，C−O−C 逆対称伸縮振動，エポキシ環の伸縮振動．"11 μm 吸収帯"という（810〜950 cm^{-1} 付近）．
- 変角振動，>N−H（760〜920 cm^{-1}）．
    非常に幅広い吸収．アミンに特徴的な吸収 I および II．

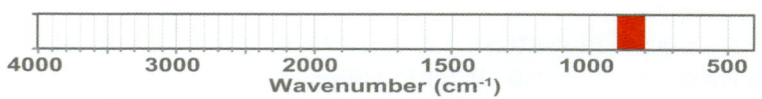

900〜800 cm^{-1}

- 伸縮振動，酸塩化物の C−Cl（860〜1050 cm^{-1}）．
- 変角振動，カルボン酸の O−H（850〜960 cm^{-1}）．
    構造解析にはあまり使われない．O−H 伸縮振動の非常に幅広い吸収の方がきわめて特徴的であり，構造解析に有用である．
- 伸縮振動，C−O−C 逆対称伸縮振動，エポキシ環の伸縮振動 "11 μm 吸収帯"という（810〜950 cm^{-1} 付近）．
- 変角振動，>N−H（760〜920 cm^{-1}）．
    非常に幅広い吸収．アミンに特徴的な吸収 I および II．アミドの吸収は明らか

に，より低振動数（低波数）側（700 cm^{-1} 以下）である．
- 変角振動（1 本の吸収），890 cm^{-1} 付近．
  末端アルケン RR′C＝CH$_2$
- 変角振動（1 本の吸収），790〜840 cm^{-1} 付近．
  三置換アルケン RR′C＝CHR″
- 変角振動（800〜855 cm^{-1}）．
  二連続芳香族水素が存在する芳香環に特徴的な吸収．
- 変角振動（765〜800 cm^{-1}）．
  三連続芳香族水素が存在する芳香環に特徴的な吸収．
- 伸縮振動，C－O－C 逆対称伸縮振動，エポキシ環の伸縮振動"12 μm 吸収帯"という（750〜840 cm^{-1} 付近）．
- 伸縮振動，クロロアルカンの C－Cl（600〜800 cm^{-1}）．

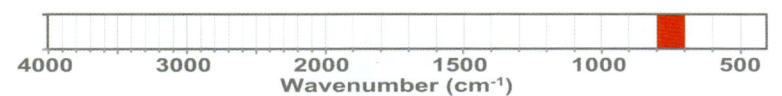

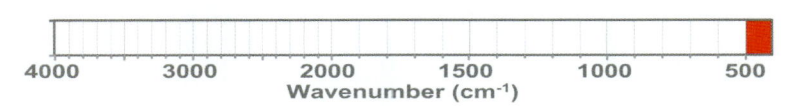

800〜700 cm^{-1}

- 変角振動（1 本の吸収），730 cm^{-1} 付近．
  シス二置換アルケン R－CH＝CH－R′（Z）
- 変角振動（1 本の吸収），790〜840 cm^{-1}．
  三置換アルケン RR′C＝CHR″
- 変角振動，＞N－H（760〜920 cm^{-1}）．
  非常に幅広い吸収．アミンに特徴的な吸収 I および II．アミドの対応する吸収は明らかにより低振動数（低波数）側（700 cm^{-1} 以下）である．
- 変角振動（800〜855 cm^{-1}）．
  二連続芳香族水素が存在する芳香環に特徴的な吸収．
- 変角振動（765〜800 cm^{-1}）．
  三連続芳香族水素が存在する芳香環に特徴的な吸収．
- 変角振動（四連続水素は 740〜770 cm^{-1}，五連続水素は 690〜700 cm^{-1}）．
  四連続または五連続芳香族水素が存在する芳香環（オルト二置換ベンゼンまたは一置換ベンゼン）に特徴的な吸収．
- 伸縮振動，C－O－C 逆対称伸縮振動，エポキシ環の伸縮振動"12 μm 吸収帯"という（750〜840 cm^{-1} 付近）．
- 伸縮振動，クロロアルカンの C－Cl（600〜800 cm^{-1}）．
- 横ゆれ振動，－CH$_2$－（720 cm^{-1} 付近）．メチレン基が 4 個以上存在する場合は中程度の強度．

700〜600 cm^{-1}

- 伸縮振動，クロロアルカンの C－Cl（600〜800 cm^{-1}）．
- 変角振動（690〜700 cm^{-1}）．
  五連続芳香族水素が存在する芳香環（一置換ベンゼン）に特徴的な吸収．
- 変角振動，≡C－H 一置換アルキン．

600〜500 cm^{-1}

- 伸縮振動，クロロアルカンの C－Cl（600〜800 cm^{-1}）．

500〜400 cm^{-1}

この領域には特に吸収は観測されない．

❷ IR 官能基別データ*

アルカン

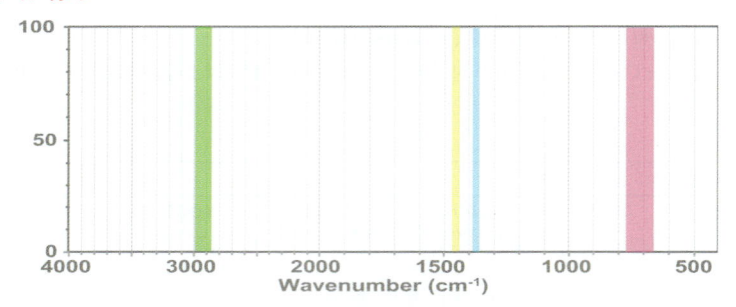

波数	色	説明
2850〜2980 cm^{-1}	緑	伸縮振動，C−H 対称および逆対称伸縮振動．
1450 cm^{-1} 付近	黄	変角はさみ振動．構造解析に使われることは少ない．
1380 cm^{-1} 付近	水色	変角振動，メチル基．同じ強度の 2 本の吸収は *gem*-ジメチル基 −C(CH$_3$)$_2$ 異なる強度の 2 本の吸収は *tert*-ブチル基 −C(CH$_3$)$_3$ で低振動数（低波数）の吸収の方が吸収強度は大きい．
720 cm^{-1} 付近	桃	横ゆれ振動，メチレン基．吸収強度はメチレン基の数で変わる．メチレン基が 4〜5 個あるとき十分な吸収強度となる．

アルケン

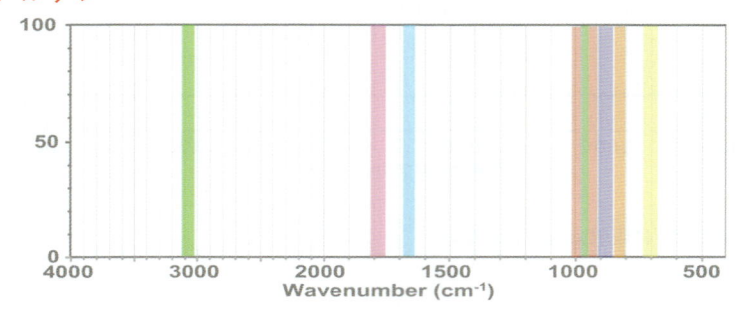

3000〜3110 cm^{-1}	伸縮振動，＝C−H，脂肪族 C−H 伸縮振動の吸収のなかに埋もれることがある．
1580〜1660 cm^{-1}	伸縮振動，＞C＝C＜，非常に弱いか，またはトランス（*E*）アルケンや対称アルケンでは観測されない．
1800 cm^{-1} 付近	910 cm^{-1} の吸収の倍音振動（一置換アルケン）．
1780 cm^{-1} 付近	890 cm^{-1} の吸収の倍音振動（*gem*-二置換アルケン）．

変角振動の吸収の数と振動数から二重結合の置換様式に関する情報が得られる．

910 と 990 cm^{-1} 付近，2 本の変角振動の吸収	R−CH＝CH$_2$
890 cm^{-1} 付近，1 本の変角振動の吸収	RR'C＝CH$_2$
680〜720 cm^{-1} 付近，1 本の変角振動の吸収	R−CH＝CH−R' (*Z*)
970 cm^{-1} 付近，1 本の変角振動の吸収	R−CH＝CH−R' (*E*)
790〜840 cm^{-1} 付近，1 本の変角振動の吸収	RR'C＝CH−R''

芳香族

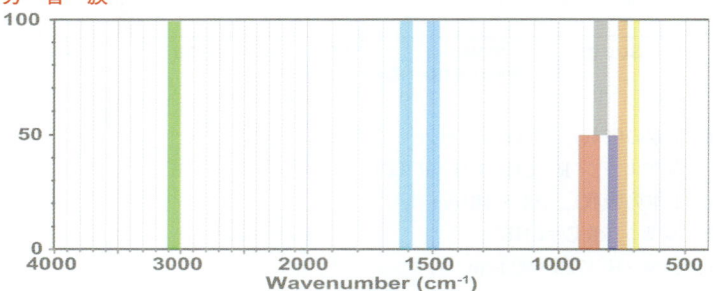

3000〜3100 cm^{-1}	伸縮振動，＝C−H，脂肪族 C−H 伸縮振動の吸収のなかに埋もれることがある．
1580〜1620 cm^{-1}	伸縮振動，＞C＝C＜，しばしば共役により低振動数（低波数）側に移動する．
1480〜1520 cm^{-1}	伸縮振動，＞C＝C＜，強度はさまざまである．

変角振動の吸収により，芳香環の置換様式を決めることができる．

690〜700 cm^{-1}	変角振動，五連続芳香族水素．
740〜770 cm^{-1}	変角振動，四連続芳香族水素．

---

* もちろん IR スペクトルにはほかの官能基に由来する吸収も観測される．おのおのの吸収領域は代表的なものであり，置換基の誘起効果や共役などによって吸収位置は移動する．

765〜800 cm^{-1}　変角振動，三連続芳香族水素．
800〜855 cm^{-1}　変角振動，二連続芳香族水素．
835〜910 cm^{-1}　変角振動，二つの置換基に挟まれた一つの芳香族水素．

アルキン

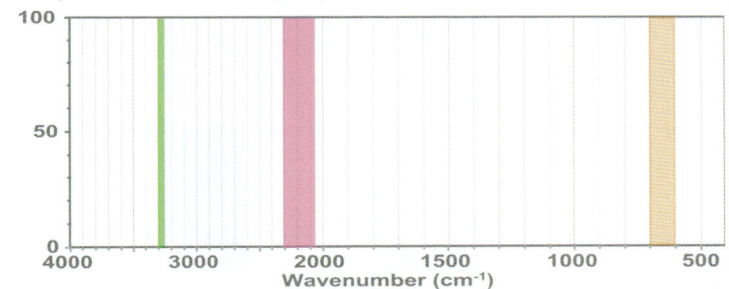

3250〜3300 cm^{-1}　伸縮振動，≡C−H，一置換アルキンに特徴的な吸収．二置換アルキンでは観測されない．
2050〜2300 cm^{-1}　伸縮振動，−C≡C−，対称な二置換アルキンでは観測されない．この吸収は双極子モーメントの違いによって変わりやすく，吸収強度は非常に弱い．

注意点：−C≡C− 結合が二置換体のとき，または置換基の効果によりアルキンの吸収が観測されないこともある．

600〜700 cm^{-1}　変角振動，≡C−H

アルコール

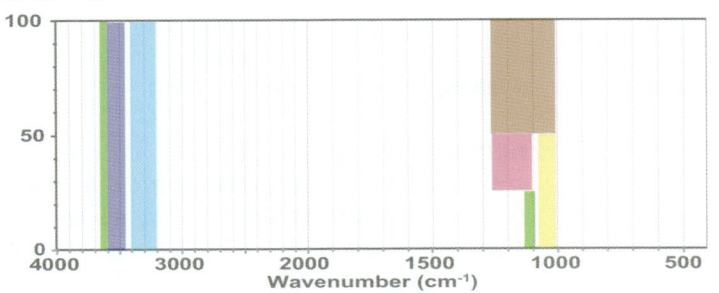

3600〜3645 cm^{-1}　水素結合していない O−H（アルコールの希薄溶液）．
3450〜3600 cm^{-1}　分子内水素結合．
3200〜3400 cm^{-1}　分子間水素結合，特徴的な吸収（対称形）．カルボン酸の OH の吸収とは形状が異なる．また，希薄溶液では消失する．
1000〜1260 cm^{-1}　伸縮振動，C−O−，強い吸収．吸収位置によってアルコールの種類を決めることができる場合もある．
1100〜1260 cm^{-1}　C−OH
1090〜1130 cm^{-1}　＞CH−OH
1000〜1075 cm^{-1}　−CH$_2$−OH

フェノール

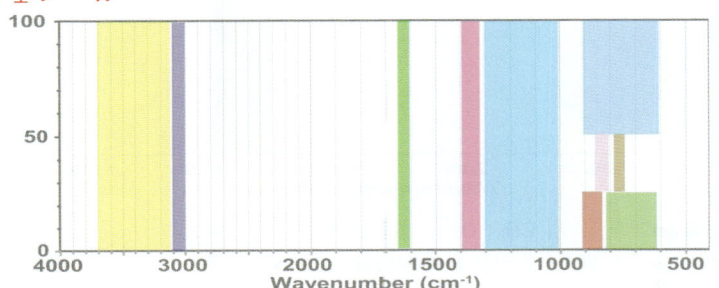

3125〜3700 cm^{-1}　O−H，幅広く強い吸収．水素結合をしている OH 基．隣接する置換基により立体障害を受けている場合は鋭い吸収（3700 cm^{-1}）となる．
3000〜3100 cm^{-1}　＝C−H，脂肪族 C−H 伸縮振動の吸収のなかに埋もれることがある．
1600〜1640 cm^{-1}　伸縮振動，＞C＝C＜，しばしば共役により低振動数（低波数）側に移動する．
1315〜1390 cm^{-1}　O−H 変角振動，＝C−O の変角振動は 700 cm^{-1} 以下．
1000〜1300 cm^{-1}　伸縮振動，＝C−O
600〜900 cm^{-1}　＝C−H 芳香環面外変角振動．この吸収の数と吸収位置によって芳香環の置換様式に関する情報が得られる．
690〜700 cm^{-1}　変角振動，五連続芳香族水素（図中には表示されていない）．

740～770 cm^{-1}	変角振動，四連続芳香族水素が存在する芳香環．
835～910 cm^{-1}	変角振動，二つの置換基に挟まれた一つの芳香族水素．
800～855 cm^{-1}	変角振動，二連続芳香族水素が存在する芳香環．
765～800 cm^{-1}	変角振動，三連続芳香族水素が存在する芳香環（数値と図中の範囲が異なるが，数値が正しい）．

エーテル

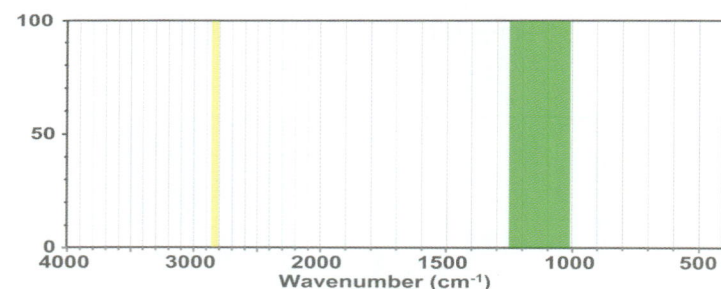

2820～2850 cm^{-1}	CH_3-O-，芳香族メチルエーテル．
1000～1250 cm^{-1}	C-O-C 伸縮振動，芳香環エーテル，またはアルケンに結合したエーテルの場合，吸収振動数（波数）の最高値は 1250 cm^{-1}．

酸無水物

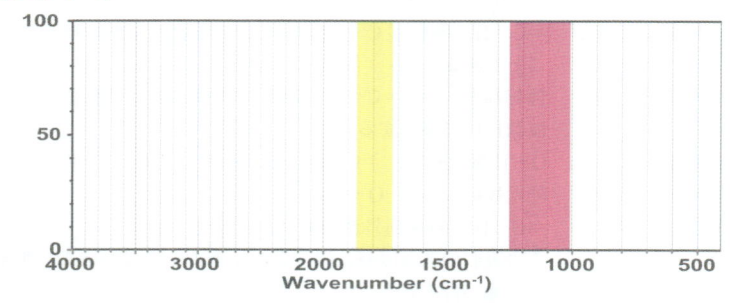

1725～1850 cm^{-1}	約 65 cm^{-1} 離れた二つの >C=O 伸縮振動の吸収．

>C=O（芳香族酸無水物）が共役すると，この吸収は低振動数（低波数）側に移動する．非環状酸無水物では，二つの >C=O の吸収のうち低振動数側の吸収の方が強度が弱い．環状酸無水物ではその逆である．

1000～1250 cm^{-1}	伸縮振動，=C-O-C=，強力な吸収．

エステル

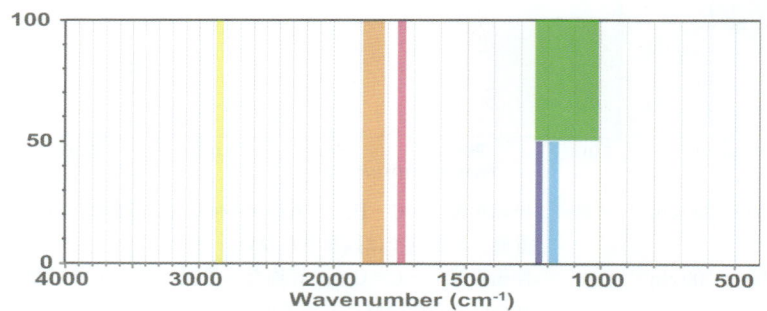

2850 cm^{-1} 付近	メトキシ基 CH_3-O- に特徴的な鋭い吸収．
1740 cm^{-1} 付近	伸縮振動，>C=O，共役すれば低振動数（低波数）側へ移動する．
1000～1250 cm^{-1}	伸縮振動，=C-O および O-C．
1180 cm^{-1} 付近	ギ酸エステル H-COO-R に特徴的な吸収．
1250 cm^{-1} 付近	酢酸エステル CH_3-COO-R に特徴的な吸収．

ラクトン

1740～1830 cm^{-1}	伸縮振動，>C=O，R=HC(CH$_2$)$_n$C=O（O で閉環）

吸収振動数（波数）は環の大きさによって変わる．ひずみのかかった環では，吸収振動数は大きくなり（4員環は 1830 cm^{-1}，5員環は 1770 cm^{-1}），一方，6員環やさらに大きい環では，通常のエステルの吸収振動数（1740 cm^{-1}）をもつ（数値と図中の範囲が異なるが，数値が正しい）．

酸

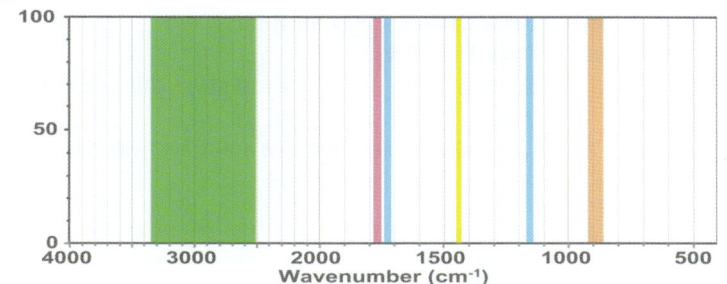

波数	色	説明
2500〜3340 cm^{-1}	緑	幅広い水素結合をもつ O−H の吸収.
1760 cm^{-1} 付近	桃	伸縮振動, >C=O（単量体のとき），強い吸収.
1710 cm^{-1} 付近	青	伸縮振動, >C=O（二量体のとき），溶液中では通常二量体で存在する.
1430 cm^{-1} 付近	黄	伸縮振動, =C−O
850〜960 cm^{-1}	橙	変角振動, O−H, 中程度の強度.

アルデヒド

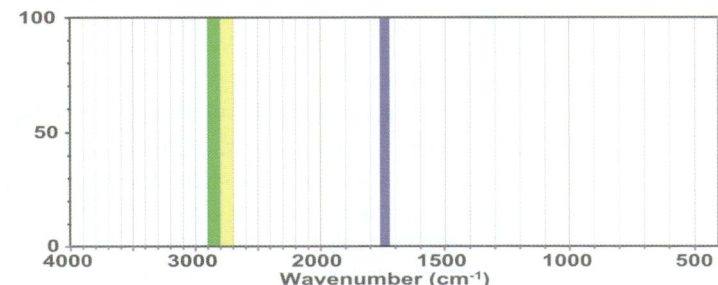

波数	色	説明
2800〜2900 cm^{-1}	緑	伸縮振動, =C−H, 脂肪族 C−H 伸縮振動の吸収のなかに埋もれることがある．ただし，芳香族アルデヒドではきわめて明瞭に観察されることもある.
2700〜2800 cm^{-1}	黄	伸縮振動, =C−H, 常に観測される.
1725 cm^{-1} 付近	紫	伸縮振動, >C=O, 共役により低振動数（低波数）側へ移動する.

ケトン

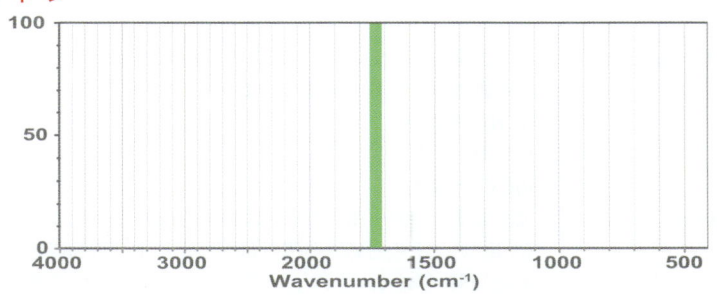

波数	色	説明
1710 cm^{-1} 付近	緑	伸縮振動, >C=O, 共役により低振動数（低波数）側へ移動する．しかし，6員環より小さい環状ケトンでは吸収振動数は大きくなる．カルボニル化合物のなかで，ケトンの判別が最もむずかしい．ほかのカルボニル化合物（アルデヒド，酸，エステル，酸無水物など）の可能性が除外されればその後で，そのカルボニル基の吸収がケトンに由来することがわかる.

アミン

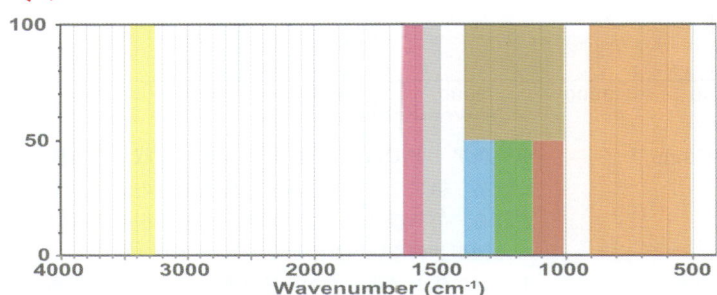

波数	色	説明
3250〜3450 cm^{-1}	黄	第一級アミンでは，N−H 伸縮振動の吸収は2本観測される．第二級アミンでは，N−H 伸縮振動の吸収は1本観測される．第三級アミンでは，N−H 伸縮振動の吸収はもちろん観測されない（NHがない）.
1580〜1650 cm^{-1}	桃	R−NH$_2$, 変角（はさみ）振動.

1490～1580 cm⁻¹		RR'NH，変角（はさみ）振動．ただし，判別は容易でない．
1000～1400 cm⁻¹		伸縮振動，C－N＜，α炭素上の置換基の数が増えると吸収振動数（波数）も大きくなる．
		RCH₂－NH₂
		RR'CH－NH₂
		RR'R"C－NH₂
760～920 cm⁻¹ 付近		変角振動，＞N－H，アミンに特徴的な幅広い吸収 I および II．アミドの対応する吸収は明らかにより低振動数（低波数）側（700 cm⁻¹ 以下）である（数値と図中の範囲が異なるが，数値が正しい）．

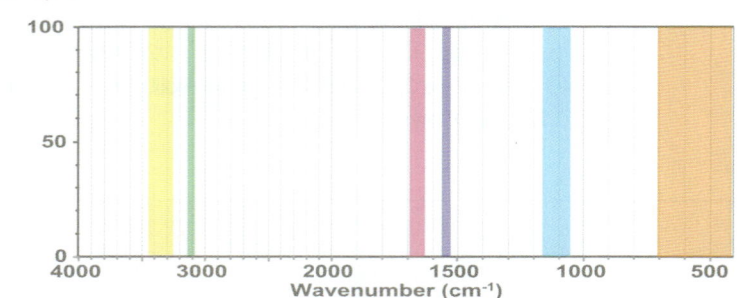

アミド

3250～3450 cm⁻¹		第一級アミドでは，N－H 伸縮振動の吸収は 2 本観測される．第二級アミドでは，N－H 伸縮振動の吸収は 1 本観測される．第三級アミドでは，N－H 伸縮振動の吸収はもちろん観測されない（NH がない）．
3100 cm⁻¹ 付近		トランス体のアミドの N－H 変角振動 II の倍音振動．＞N－H 伸縮振動とは異なる（吸収強度も異なる）．
1640～1690 cm⁻¹		伸縮振動，＞C＝O
1530～1550 cm⁻¹		トランス体のアミドの N－H 変角振動 II．
1055～1175 cm⁻¹		伸縮振動，C－N＜
＜700 cm⁻¹		変角振動，＞N－H，アミドに特徴的な幅広い吸収 I および II．

アミドは IR スペクトルにおいて同定が最もむずかしいカルボニル化合物である．

ニトリル

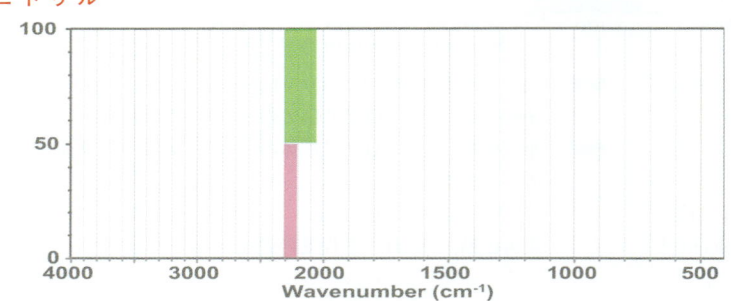

2050～2260 cm⁻¹		伸縮振動，－C≡C－（比較のために示したもの，ニトリルにはない）．
2200～2260 cm⁻¹		伸縮振動，－C≡N

アルキンの三重結合の伸縮振動の吸収も同様にこの領域に観測されるが，ニトリルとは通常，区別可能である．アルキンは双極子モーメントの変化が小さいため吸収は一般に 2200 cm⁻¹ 以下であり，その強度もニトリルより弱い．アルキンの吸収が強く観測されるのは末端アルキン ≡C－H の場合であり，末端アルキンでは ≡C－H の吸収が 3300 cm⁻¹ 付近に同時に観測されるため判別できる．

2. ¹H NMR データ

1 化学シフト表

基準物質（リファレンス）

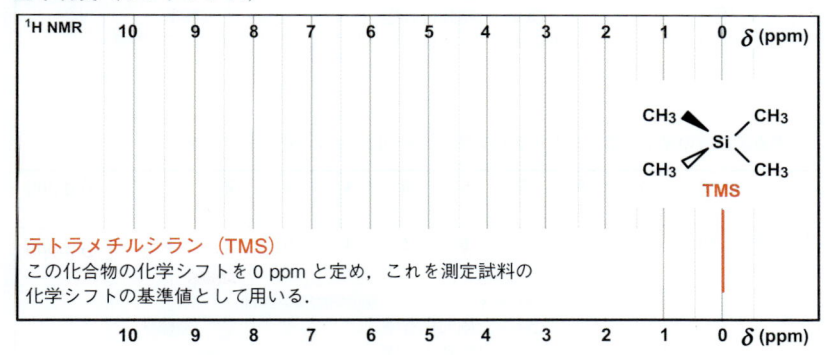

テトラメチルシラン（TMS）
この化合物の化学シフトを 0 ppm と定め，これを測定試料の化学シフトの基準値として用いる．

2 官能基の化学シフト表

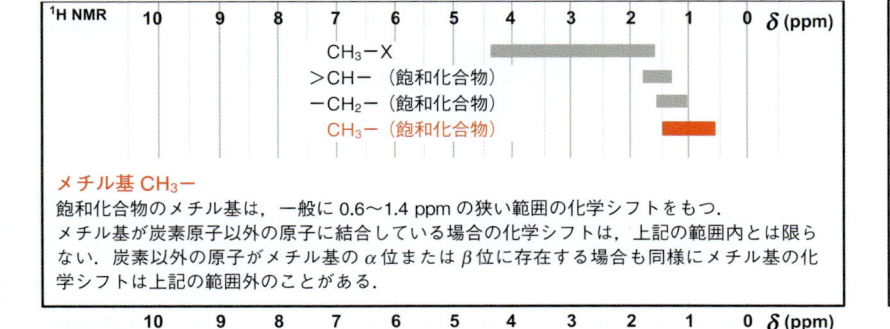

メチル基 CH₃−
飽和化合物のメチル基は，一般に 0.6〜1.4 ppm の狭い範囲の化学シフトをもつ．メチル基が炭素原子以外の原子に結合している場合の化学シフトは，上記の範囲内とは限らない．炭素以外の原子がメチル基の α 位または β 位に存在する場合も同様にメチル基の化学シフトは上記の範囲外のことがある．

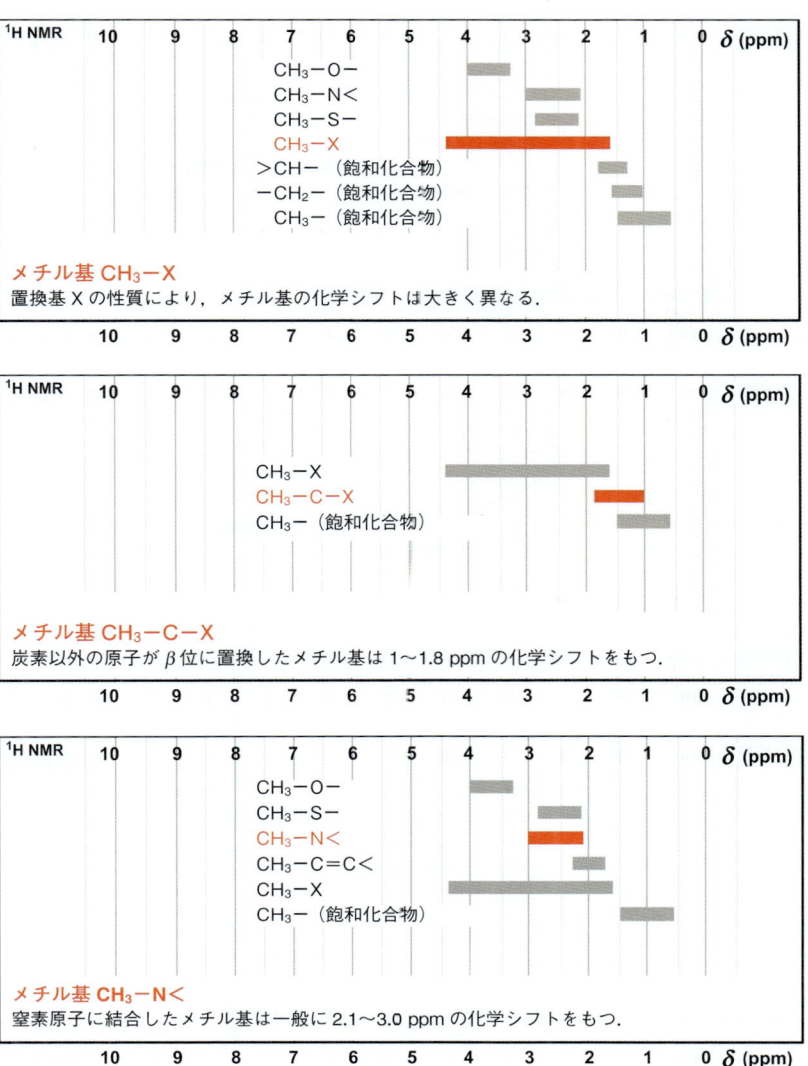

メチル基 CH₃−X
置換基 X の性質により，メチル基の化学シフトは大きく異なる．

メチル基 CH₃−C−X
炭素以外の原子が β 位に置換したメチル基は 1〜1.8 ppm の化学シフトをもつ．

メチル基 CH₃−N<
窒素原子に結合したメチル基は一般に 2.1〜3.0 ppm の化学シフトをもつ．

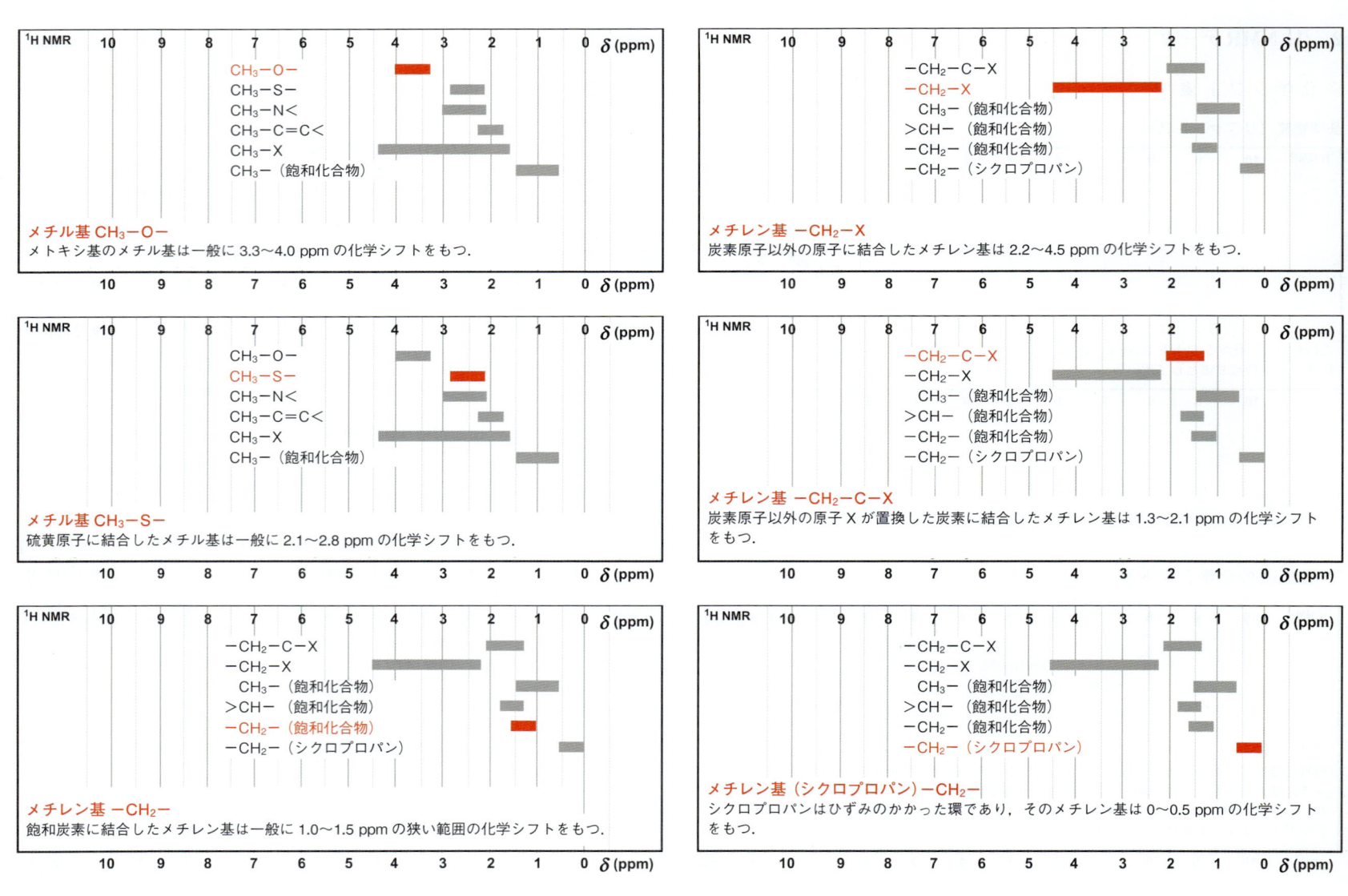

メチル基 CH₃−O−
メトキシ基のメチル基は一般に 3.3〜4.0 ppm の化学シフトをもつ．

メチル基 CH₃−S−
硫黄原子に結合したメチル基は一般に 2.1〜2.8 ppm の化学シフトをもつ．

メチレン基 −CH₂−
飽和炭素に結合したメチレン基は一般に 1.0〜1.5 ppm の狭い範囲の化学シフトをもつ．

メチレン基 −CH₂−X
炭素原子以外の原子に結合したメチレン基は 2.2〜4.5 ppm の化学シフトをもつ．

メチレン基 −CH₂−C−X
炭素原子以外の原子 X が置換した炭素に結合したメチレン基は 1.3〜2.1 ppm の化学シフトをもつ．

メチレン基（シクロプロパン）−CH₂−
シクロプロパンはひずみのかかった環であり，そのメチレン基は 0〜0.5 ppm の化学シフトをもつ．

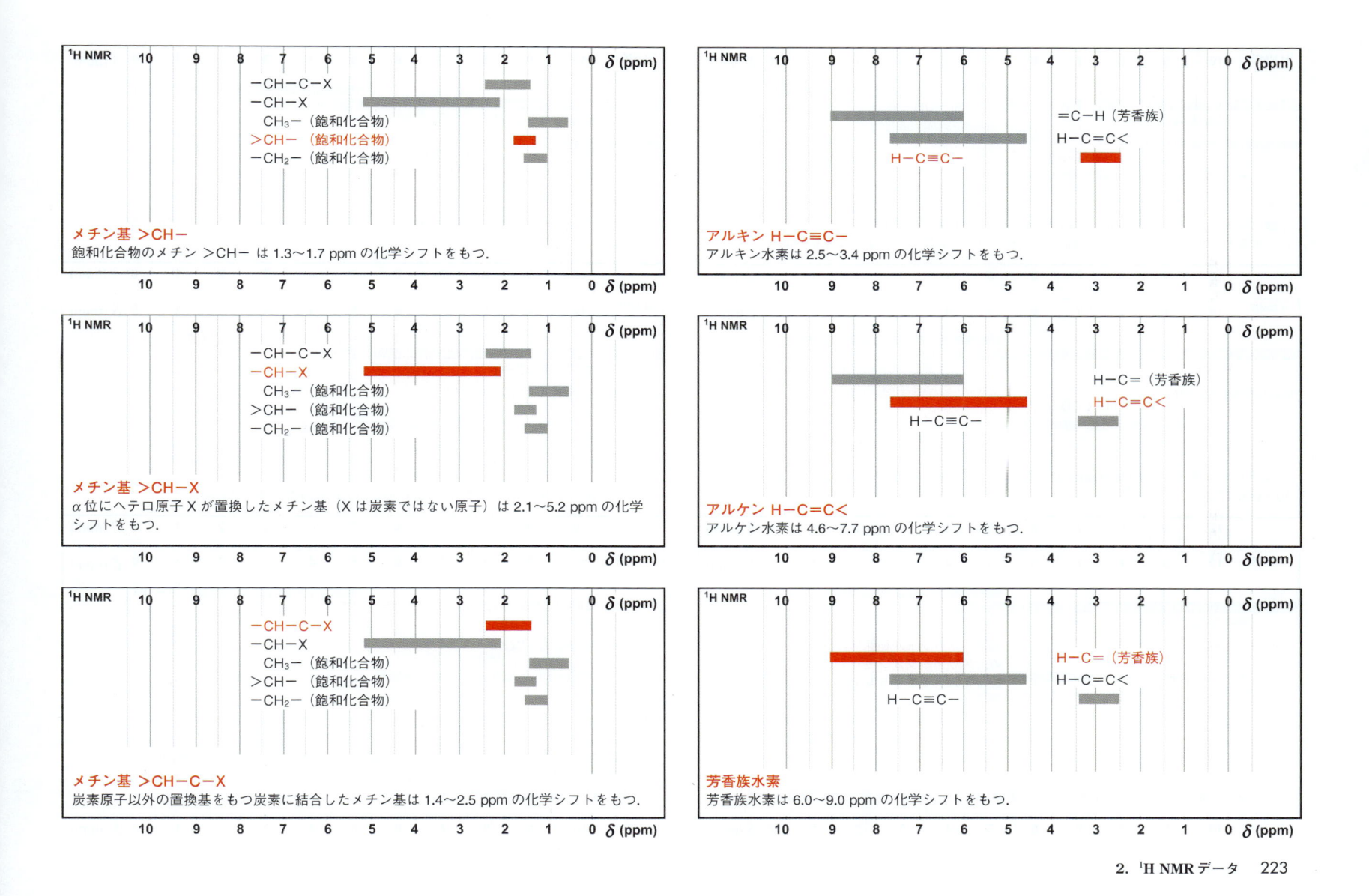

メチン基 >CH−
飽和化合物のメチン >CH− は 1.3〜1.7 ppm の化学シフトをもつ.

メチン基 >CH−X
α 位にヘテロ原子 X が置換したメチン基（X は炭素ではない原子）は 2.1〜5.2 ppm の化学シフトをもつ.

メチン基 >CH−C−X
炭素原子以外の置換基をもつ炭素に結合したメチン基は 1.4〜2.5 ppm の化学シフトをもつ.

アルキン H−C≡C−
アルキン水素は 2.5〜3.4 ppm の化学シフトをもつ.

アルケン H−C=C<
アルケン水素は 4.6〜7.7 ppm の化学シフトをもつ.

芳香族水素
芳香族水素は 6.0〜9.0 ppm の化学シフトをもつ.

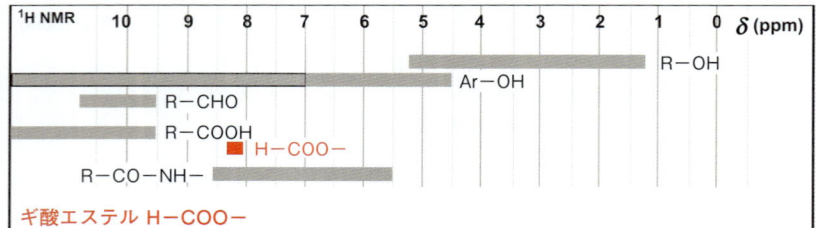

ギ酸エステル H−COO−
ギ酸エステルの水素 H−COO− は 8.0〜8.3 ppm の非常に狭い範囲の化学シフトをもつ．この水素とカルボン酸水素（10 ppm 付近に現れる）を混同しないように注意しよう．

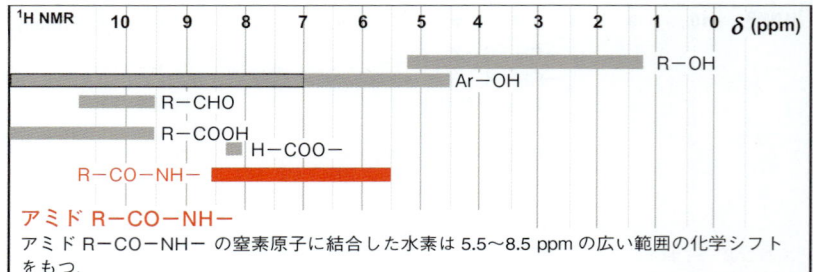

アミド R−CO−NH−
アミド R−CO−NH− の窒素原子に結合した水素は 5.5〜8.5 ppm の広い範囲の化学シフトをもつ．

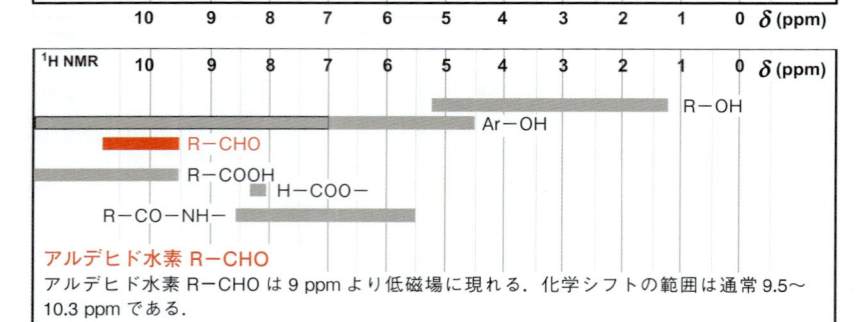

アルデヒド水素 R−CHO
アルデヒド水素 R−CHO は 9 ppm より低磁場に現れる．化学シフトの範囲は通常 9.5〜10.3 ppm である．

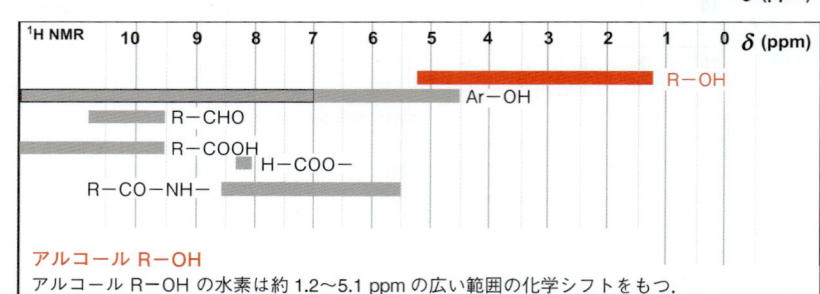

アルコール R−OH
アルコール R−OH の水素は約 1.2〜5.1 ppm の広い範囲の化学シフトをもつ．

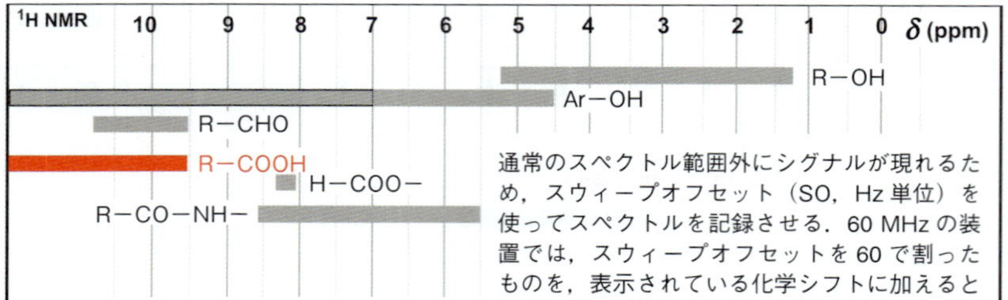

カルボン酸 R−COOH
通常のスペクトル範囲外にシグナルが現れるため，スウィープオフセット（SO，Hz 単位）を使ってスペクトルを記録させる．60 MHz の装置では，スウィープオフセットを 60 で割ったものを，表示されている化学シフトに加えると正しい δ 値（化学シフト）が得られる．

カルボン酸水素 R−COOH の化学シフトは変動しやすく，9.5〜14.5 ppm に観測される．

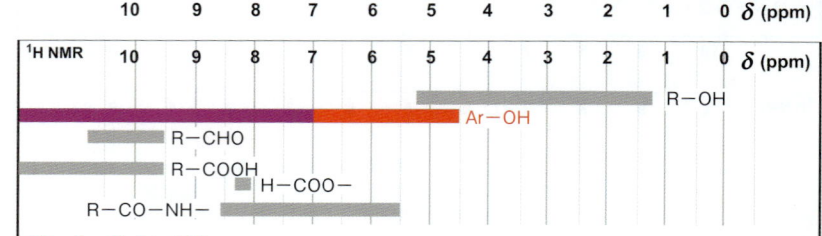

フェノール Ar−OH
通常，弱酸性のフェノールの水素は重クロロホルムのような溶媒中で，4.5〜6 ppm の化学シフトをもつ．フェノールの酸性が強くなったり，水素結合が強まると化学シフトの範囲は広まる．DMSO のようなより極性の高い溶媒中や，またはフェノールの酸性がさらに強い場合（芳香環に電子求引性置換基が結合している場合など）には，フェノール水素はさらに低磁場（約 12 ppm）に観測される．

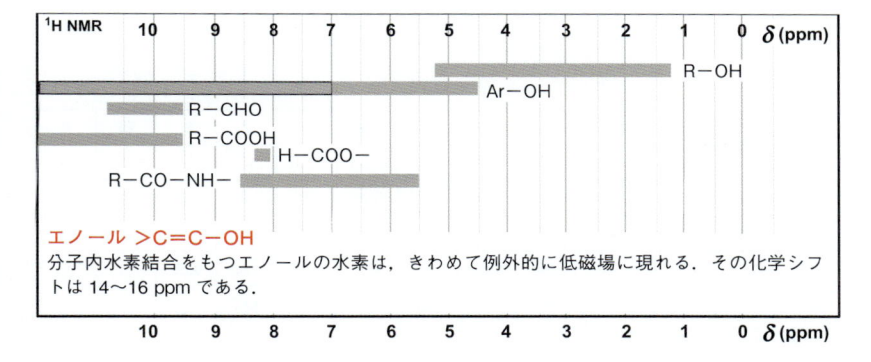

注意

化学シフト δ が通常のスペクトルチャートの範囲外にあるとき（カルボン酸，フェノール，エノールなど），スウィープオフセット（SO）を用いることによって真の化学シフトを得ることができる．すなわち，スウィープオフセットを ppm に変換し（100 MHz 装置では，Hz 単位のスウィープオフセットを 100 で割る），それを見かけ上の化学シフトに加えると，真の化学シフト δ が得られる．

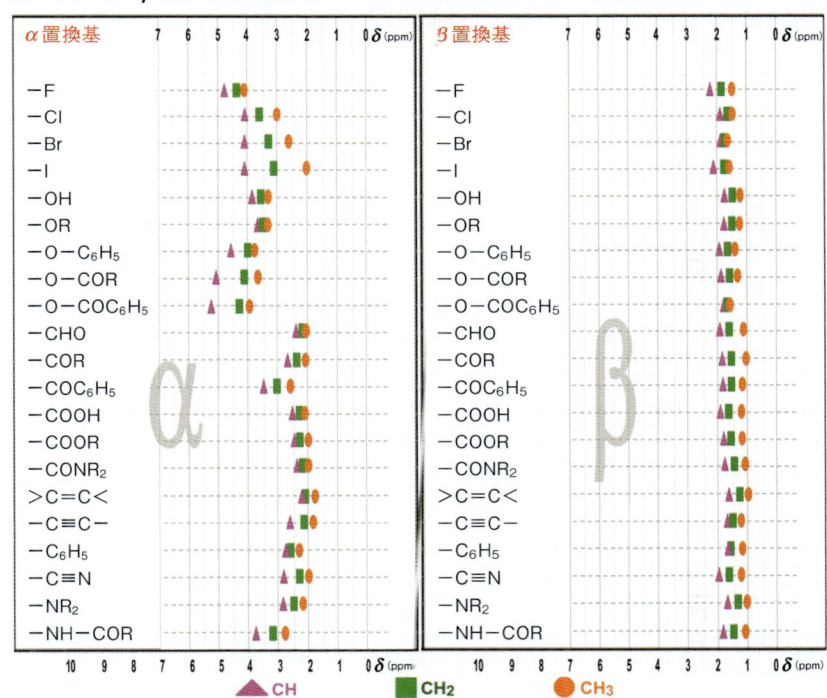

エノール >C=C−OH
分子内水素結合をもつエノールの水素は，きわめて例外的に低磁場に現れる．その化学シフトは 14〜16 ppm である．

❸ α または β 位に置換基をもつアルキル基の化学シフト比較表

❹ α位に二つ置換基をもつメチレン水素の化学シフト表

置換基定数（σ_1 および σ_2）を用いて Shoolery 則に従って導いた計算値
$\delta = 0.23 + \sigma_1 + \sigma_2$

置換基の σ_1 および σ_2 値

		NHCOR	NO₂	NRAr	NR₂	NH₂	Ar	C=C	CN	C≡C	CONR₂	COOR	COOH	COAr	COR	CHO	OCOCF₃	OCOAr	OCOR	OAr	OR	OH	I	Br	Cl	F
		1.32	1.32	1.64	1.57	1.57	1.85	1.70	1.7	1.44	1.59	1.55	1.55	1.9	1.7	1.7	3.2	3.8	3.13	3.23	2.36	2.56	1.82	2.33	2.53	3.2
F	3.2	4.75	4.75	5.07	5.00	5.00	5.28	5.13	5.13	4.87	5.02	4.98	4.98	5.33	5.13	5.13	6.63	7.23	6.56	6.66	5.79	5.99	5.25	5.76	5.96	6.63
Cl	2.53	4.08	4.08	4.40	4.33	4.33	4.61	4.46	4.46	4.20	4.35	4.31	4.31	4.66	4.46	4.46	5.96	6.56	5.89	5.99	5.12	5.32	4.58	5.09	5.29	
Br	2.33	3.88	3.88	4.20	4.13	4.13	4.41	4.26	4.26	4.00	4.15	4.11	4.11	4.46	4.26	4.26	5.76	6.36	5.69	5.79	4.92	5.12	4.38	4.89		
I	1.82	3.37	3.37	3.69	3.62	3.62	3.90	3.75	3.75	3.49	3.64	3.60	3.60	3.95	3.75	3.75	5.25	5.85	5.18	5.28	4.41	4.61	3.87			
OH	2.56	4.11	4.11	4.43	4.36	4.36	4.64	4.49	4.49	4.23	4.38	4.34	4.34	4.69	4.49	4.49	5.99	6.59	5.92	6.02	5.15	5.35				
OR	2.36	3.91	3.91	4.23	4.16	4.16	4.44	4.29	4.29	4.03	4.18	4.14	4.14	4.49	4.29	4.29	5.79	6.39	5.72	5.82	4.95					
OAr	3.23	4.78	4.78	5.10	5.03	5.03	5.31	5.16	5.16	4.90	5.05	5.01	5.01	5.36	5.16	5.16	6.66	7.26	6.59	6.69						
OCOR	3.13	4.68	4.68	5.00	4.93	4.93	5.21	5.06	5.06	4.80	4.95	4.91	4.91	5.26	5.06	5.06	6.56	7.16	6.49							
OCOAr	3.8	5.35	5.35	5.67	5.60	5.60	5.88	5.73	5.73	5.47	5.62	5.58	5.58	5.93	5.73	5.73	7.23	7.83								
OCOCF₃	3.2	4.75	4.75	5.07	5.00	5.00	5.28	5.13	5.13	4.87	5.02	4.98	4.98	5.33	5.13	5.13	6.63									
CHO	1.7	3.25	3.25	3.57	3.50	3.50	3.78	3.63	3.63	3.37	3.52	3.48	3.48	3.83	3.63	3.63										
COR	1.7	3.25	3.25	3.57	3.50	3.50	3.78	3.63	3.63	3.37	3.52	3.48	3.48	3.83	3.63											
COAr	1.9	3.45	3.45	3.77	3.70	3.70	3.98	3.83	3.83	3.57	3.72	3.68	3.68	4.03												
COOH	1.55	3.10	3.10	3.42	3.35	3.35	3.63	3.48	3.48	3.22	3.37	3.33	3.33													
COOR	1.55	3.10	3.10	3.42	3.35	3.35	3.63	3.48	3.48	3.22	3.37	3.33														
CONR₂	1.59	3.14	3.14	3.46	3.39	3.39	3.67	3.52	3.52	3.26	3.41															
C≡C	1.44	2.99	2.99	3.31	3.24	3.24	3.52	3.37	3.37	3.11																
CN	1.7	3.25	3.25	3.57	3.50	3.50	3.78	3.63	3.63																	
C=C	1.32	2.87	2.87	3.19	3.12	3.12	3.40	3.25																		
Ar	1.85	3.40	3.40	3.72	3.65	3.65	3.93																			
NH₂	1.57	3.12	3.12	3.44	3.37	3.37																				
NR₂	1.57	3.12	3.12	3.44	3.37																					
NRAr	1.64	3.19	3.19	3.51																						
NO₂	1.32	2.87	2.87																							
NHCOR	1.32	2.87																								

5 通常のメチレン水素の化学シフトを用いた近似式に従って導いた計算値

δCH_2-X および δCH_2-Y：X または Y が一つだけ結合したメチレン基（メチレン水素）の化学シフト

1.4 ppm：アルカンのメチレン基の化学シフトの平均値

$\delta = (\delta CH_2-X) + (\delta CH_2-Y) - 1.4$

		NHCOR	NO$_2$	NRAr	NR$_2$	NH$_2$	Ar	C=C	CN	C≡C	CONR$_2$	COOR	COOH	COAr	COR	CHO	OCOCF$_3$	OCOAr	OCOR	OAr	OR	OH	I	Br	Cl	F
		3.25	4.30	3.10	2.50	2.60	2.70	2.05	2.40	2.20	2.15	2.30	2.35	3.00	2.40	2.30	4.45	4.35	4.20	4.00	3.40	3.55	3.10	3.30	3.60	4.35
F	4.35	6.20	7.25	6.05	5.45	5.55	5.65	5.00	5.35	5.15	5.10	5.25	5.30	5.95	5.35	5.25	7.40	7.30	7.15	6.95	6.35	6.50	6.05	6.25	6.55	7.30
Cl	3.6	5.45	6.50	5.30	4.70	4.80	4.90	4.25	4.60	4.40	4.35	4.50	4.55	5.20	4.60	4.50	6.65	6.55	6.40	6.20	5.60	5.75	5.30	5.50	5.80	
Br	3.3	5.15	6.20	5.00	4.40	4.50	4.60	3.95	4.30	4.10	4.05	4.20	4.25	4.90	4.30	4.20	6.35	6.25	6.10	5.90	5.30	5.45	5.00	5.20		
I	3.1	4.95	6.00	4.80	4.20	4.30	4.40	3.75	4.10	3.90	3.85	4.00	4.05	4.70	4.10	4.00	6.15	6.05	5.90	5.70	5.10	5.25	4.80			
OH	3.55	5.40	6.45	5.25	4.65	4.75	4.85	4.20	4.55	4.35	4.30	4.45	4.50	5.15	4.55	4.45	6.60	6.50	6.35	6.15	5.55	5.70				
OR	3.4	5.25	6.30	5.10	4.50	4.60	4.70	4.05	4.40	4.20	4.15	4.30	4.35	5.00	4.40	4.30	6.45	6.35	6.20	6.00	5.40					
OAr	4.00	5.85	6.90	5.70	5.10	5.20	5.30	4.65	5.00	4.80	4.75	4.90	4.95	5.60	5.00	4.90	7.05	6.95	6.80	6.60						
OCOR	4.2	6.05	7.10	5.90	5.30	5.40	5.50	4.85	5.20	5.00	4.95	5.10	5.15	5.80	5.20	5.10	7.25	7.15	7.00							
OCOAr	4.35	6.20	7.25	6.05	5.45	5.55	5.65	5.00	5.35	5.15	5.10	5.25	5.30	5.95	5.35	5.25	7.40	7.30								
OCOCF$_3$	4.45	6.30	7.35	6.15	5.55	5.65	5.75	5.10	5.45	5.25	5.20	5.35	5.40	6.05	5.45	5.35	7.50									
CHO	2.3	4.15	5.20	4.00	3.40	3.50	3.60	2.95	3.30	3.10	3.05	3.20	3.25	3.90	3.30	3.20										
COR	2.4	4.25	5.30	4.10	3.50	3.60	3.70	3.05	3.40	3.20	3.15	3.30	3.35	4.00	3.40											
COAr	3.00	4.85	5.90	4.70	4.10	4.20	4.30	3.65	4.00	3.80	3.75	3.90	3.95	4.60												
COOH	2.35	4.20	5.25	4.05	3.45	3.55	3.65	3.00	3.35	3.15	3.10	3.25	3.30													
COOR	2.3	4.15	5.20	4.00	3.40	3.50	3.60	2.95	3.30	3.10	3.05	3.20														
CONR$_2$	2.15	4.00	5.05	3.85	3.25	3.35	3.45	2.80	3.15	2.95	2.90															
C≡C	2.2	4.05	5.10	3.90	3.30	3.40	3.50	2.85	3.20	3.00																
CN	2.4	4.25	5.30	4.10	3.50	3.60	3.70	3.05	3.40																	
C=C	2.05	3.90	4.95	3.75	3.15	3.25	3.35	2.70																		
Ar	2.7	4.55	5.60	4.40	3.80	3.90	4.00																			
NH$_2$	2.60	4.45	5.50	4.30	3.70	3.80																				
NR$_2$	2.5	4.35	5.40	4.20	3.60																					
NRAr	3.10	4.95	6.00	4.80																						
NO$_2$	4.3	6.15	7.20																							
NHCOR	3.25	5.10																								

❻ 芳香族水素の化学シフト表

芳香環上の置換基は，その相対的な位置に従って，芳香族水素の化学シフトに対してさまざまな影響をもたらす．各置換基の効果は，符号に従って，化学シフト値に足したり引いたりしなければならない．

ベンゼンの化学シフト 7.27 ppm がほかのすべての計算値の基本値となる．

遮蔽効果を示す．これらの値をベンゼンの化学シフト（7.27 ppm）に加えることによって，各水素の化学シフトの計算値が求められる．

$\delta_{H青} = 7.27 + 0.95 = 8.22$ ppm
$\delta_{H緑} = 7.27 + 0.17 = 7.44$ ppm
$\delta_{H赤} = 7.27 + 0.33 = 7.60$ ppm

a. 化学シフトへの置換基効果

置換基	オルト	メタ	パラ	置換基	オルト	メタ	パラ
H	0.00	0.00	0.00	CCl_3	0.80	0.20	0.20
F	−0.30	−0.02	−0.22	CHO	0.58	0.21	0.27
Cl	0.03	−0.06	−0.04	$COCH_3$	0.64	0.09	0.30
Br	0.22	−0.13	−0.03	COCl	0.83	0.16	0.30
I	0.40	−0.26	−0.03	COOH	0.80	0.14	0.20
C_6H_5	0.18	0.00	0.08	CO_2CH_3	0.74	0.07	0.20
CH_3	−0.17	−0.09	−0.18	OCH_3	−0.43	−0.09	−0.37
CH_2-CH_3	−0.15	−0.06	−0.18	$OCOCH_3$	−0.21	−0.02	−0.13
$CH(CH_3)_2$	−0.14	−0.09	−0.18	OH	−0.50	−0.14	−0.40
$C(CH_3)_3$	0.01	−0.10	−0.24	SCH_3	−0.03	0.00	0.00
CH_2OH	−0.10	−0.10	−0.10	CN	0.27	−0.11	−0.30
CH_2NH_2	0.00	0.00	0.00	NO_2	0.95	0.17	0.33
CH_2Cl	0.00	0.01	0.00	NH_2	−0.75	−0.24	−0.63
$CHCl_2$	−0.10	−0.06	−0.10	$N(CH_3)_2$	−0.60	−0.10	−0.62

b. 一つの置換基の効果

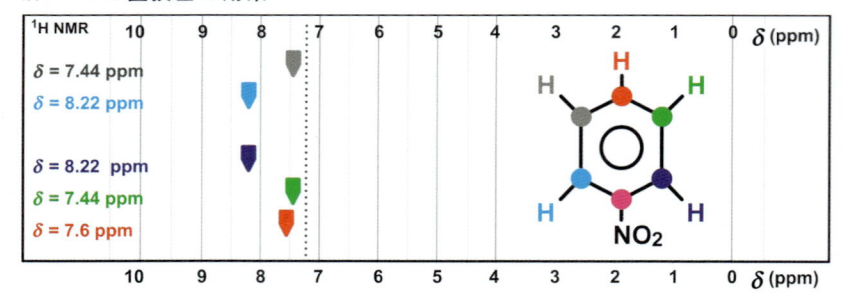

ニトロ基 $-NO_2$ はオルト位に +0.95，メタ位に +0.17，パラ位に +0.33 ppm の非

c. 二つの置換基の効果

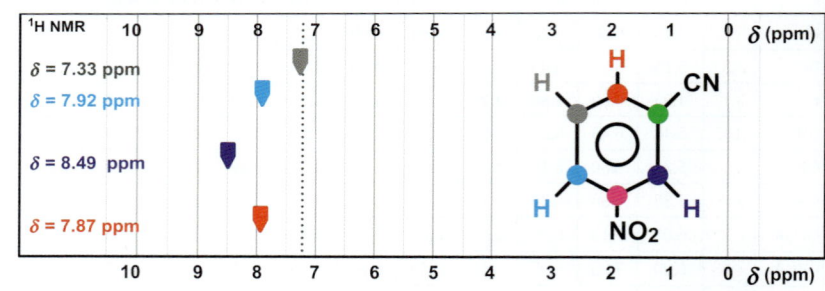

ニトロ基のメタ位にシアノ基が結合した場合，上記のニトロ基のみ置換した場合の化学シフトの計算値に，シアノ基の効果（+0.27，−0.11，−0.30 ppm）を加える．

$\delta_{H青} = 8.22 + 0.27 = 8.49$ ppm
$\delta_{H赤} = 7.60 + 0.27 = 7.87$ ppm
$\delta_{H灰色} = 7.44 − 0.11 = 7.33$ ppm
$\delta_{H水色} = 8.22 − 0.30 = 7.92$ ppm

d. 三つの置換基の効果

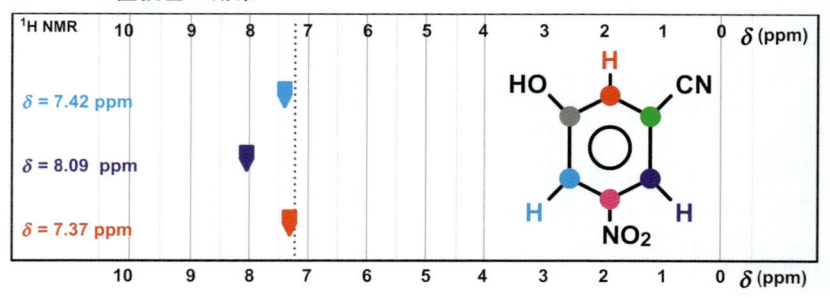

同じ方法により，さらにもう一つ置換基が増えた場合（たとえばニトロ基のメタ位にさらにヒドロキシ基が結合した場合），新しい置換基の効果（−0.50, −0.14, −0.40 ppm）をおのおのの位置の化学シフトに加える．

$$\delta_{H\,青} = 8.49 - 0.40 = 8.09\ \text{ppm}$$
$$\delta_{H\,赤} = 7.87 - 0.50 = 7.37\ \text{ppm}$$
$$\delta_{H\,水色} = 7.92 - 0.50 = 7.42\ \text{ppm}$$

7 結合定数

結合定数 J は一つの（または二つ以上の等価な）水素のシグナルが分裂しているときの，隣り合った線と線との間隔である（そのシグナルは分裂しなければ1本線として観測されるはずである）．

このシグナルの分裂は，隣の水素核の影響によるシグナルの変化であり，スピン-スピン相互作用とよばれる．結合定数は磁場の単位（ガウス）または振動数の単位（Hz）によって表される．NMR では後者の Hz が一般に用いられるが，電子常磁性共鳴（EPR）ではガウス（ミリガウス）単位が用いられる．

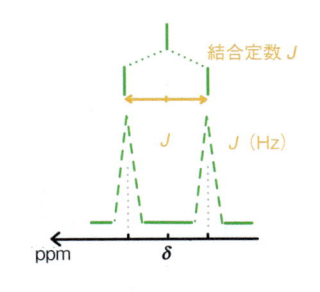

a. ^1J カップリング

^1J カップリングは，二つの核が一つの結合でつながっている場合であり，おもに異核間のカップリング（たとえば，$^{13}C-^1H$ カップリング）である．C−H 共有結合は，水素の 1s 軌道が炭素原子の混成軌道と重なり合うことで形成される．混成軌道の s 性は混成軌道の s/p 比によって表される．

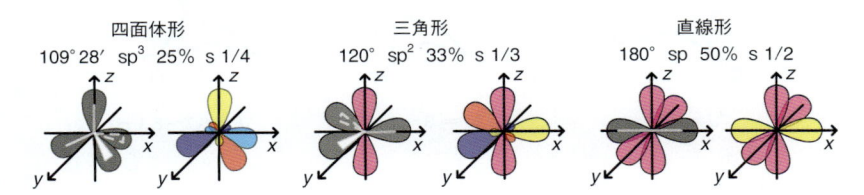

四面体形　109°28′ sp³ 25% s 1/4
三角形　120° sp² 33% s 1/3
直線形　180° sp 50% s 1/2

結合定数は炭素原子の混成軌道の s 性が大きいほど大きい．s 性とは言いかえると，σ 結合に関与する s 軌道の割合である．

炭素原子の混成軌道	s 性	$^1J\ ^{13}C-^1H$
sp³（四面体形）	0.25	125 Hz
sp²（三角形）	0.33	150 Hz
sp（直線形）	0.50	225 Hz

このように，結合定数の大きさは s 軌道の割合によって決まる電子伝導性に依存している．s 軌道だけが核において電子密度がゼロではない．

b. ^2J ジェミナルカップリング

ジェミナルカップリングは，結合二つ隔てた二つの非等価な核の間のスピン-スピン相互作用である．たとえば，メチレン基の二つの水素間のカップリングである．

ここでは二つの水素原子核を考えよう．ジェミナルカップリングは通常二つの水素原子核が化学的に非等価であるときにのみ観測される．シクロヘキサン環において一つのメチレン基のアキシアル水素とエクアトリアル水素を考えるとき，両者間の結合定数は $^2J = 8\sim14\ \text{Hz}$ である．
- 末端メチレン基の二つの水素 >C=CH₂（$^2J \approx 2\ \text{Hz}$）
- 非対称な sp³ メチレン基の水素（$^2J = 10\sim20\ \text{Hz}$）

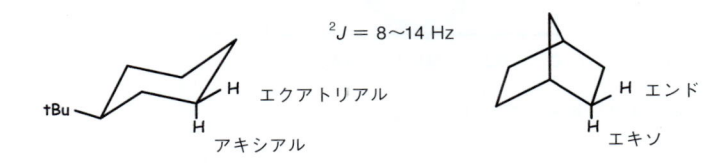

c. ^3J ビシナルカップリング

ビシナルカップリングは結合三つ隔てた二つの非等価な核の間のスピン-スピン相互作用である．たとえば，H−C−C−H．これは，二つの炭素が隣接し，おのおのの炭素に非等価な水素が結合している場合にみられるもので，カップリングとして最も頻繁に観測されるものである．

結合定数の大きさを決める要因としては，分子の立体化学，隣接する原子の電気陰性度，二つの炭素および隣接する炭素の混成状態ほか，多くのものがある．特に立体

化学的な要因はきわめて重要であり，カップリング（H–C–C–H）にかかわるC–C結合およびC–H結合を含む平面によって形成される二面角によって決まる．

大で，90°のときが0である）．

結合定数の大きさが二面角によって決まることから，分子の立体配置や立体配座を解析する際に，結合定数から非常に重要な情報が得られる．

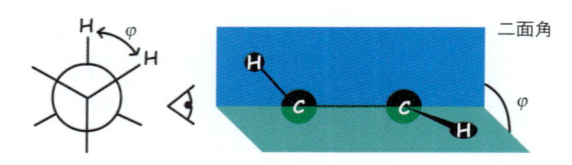

たとえば，
二面角　0°　H–C=C–H ^3J（シス）カップリング．
二面角　180°　H–C=C–H ^3J（トランス）カップリング．

これら二つの場合について，二面角のKarplus曲線を見ると，おのおのの結合定数が大きな値となることがわかる．

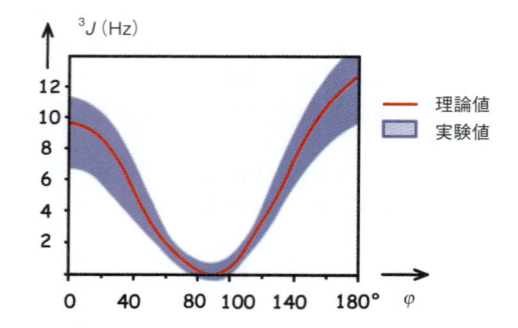

d. 遠隔カップリング

遠隔カップリングは結合四つ以上隔てた二つの核の間のスピン-スピン相互作用である．この遠隔カップリングは常に観測されるわけではない．

^4J遠隔カップリングが観測されるのは次のような場合である．
- アリル位（アリルカップリング），>CH–C=C–H
- 末端アセチレン，>CH–C≡C–H
- 芳香環のメタ位の水素間（メタカップリング）

遠隔カップリングの大きさは0から3 Hzの間である．弱いカップリングではあるが，この遠隔カップリングが観測されれば，特定の部分構造を示唆する有用な情報が得られる．

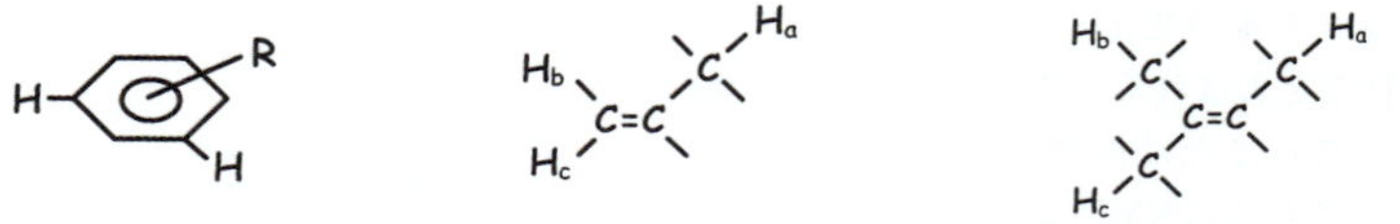

$^4J = 1～3$ Hz
メタカップリング

$^4J_{ab}$　$^4J_{ac}$
1.8　2.2 Hz
アリルカップリング

$^5J_{ab}$（シス）= 3 Hz
$^5J_{ac}$（トランス）= 3 Hz
ホモアリルカップリング

Karplusの式は一般的に次のように表される．

$$0° < \varphi < 90° \quad {}^3J = A\cos^2 f + B$$
$$90° < \varphi < 180° \quad {}^3J = A'\cos^2 f + B'$$

ここで，$A < A'$であり，これらの値はほかの要因（電気陰性度など）によって変わりうる．C–C結合のまわりの回転が自由であるとき，ビシナルカップリングの平均値は6～8 Hzである．

回転に束縛がある場合，結合定数は二面角 φ（H–C–C–H）の大きさに従って0から15 Hzまでの値をとりうる（Karplus曲線から，Jの値は0°と180°のときが最

遠隔カップリングは，立体配座が固定された構造をもつ化合物において，同一平面上にW字状またはM字状に二つの水素が配置される場合（すなわち，ジグザグ状にH–C–C–C–Hが配置される場合）にも観測される．

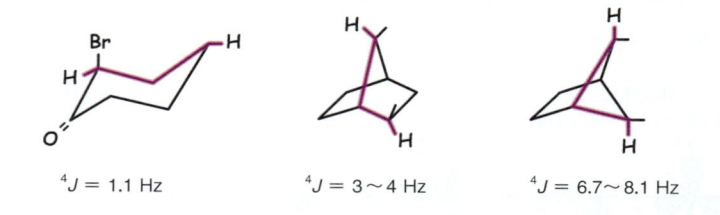

$^4J = 1.1$ Hz　　　$^4J = 3～4$ Hz　　　$^4J = 6.7～8.1$ Hz

3. ¹³C NMR データ

¹H NMR に比べると ¹³C NMR は大きな化学シフト範囲をもつことに注意しよう．

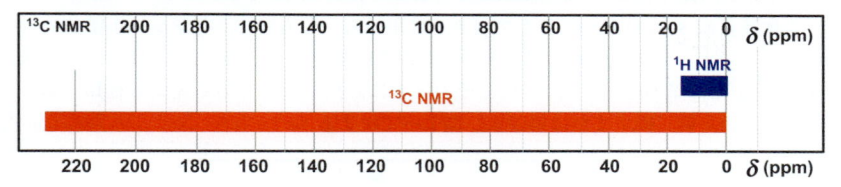

- スペクトルは大まかに四分割される．
- 20〜70 ppm, sp³ 炭素（結合する電子求引性官能基が1個以下の場合）．
- 70〜100 ppm, sp 炭素（炭素－炭素三重結合）．
- 100〜220 ppm, sp² 炭素，この領域はさらに次のように二分割される．
  - 100〜155 ppm, 炭素－炭素二重結合．
  - 155〜220 ppm, 炭素と酸素またはほかのヘテロ原子との間の二重結合．

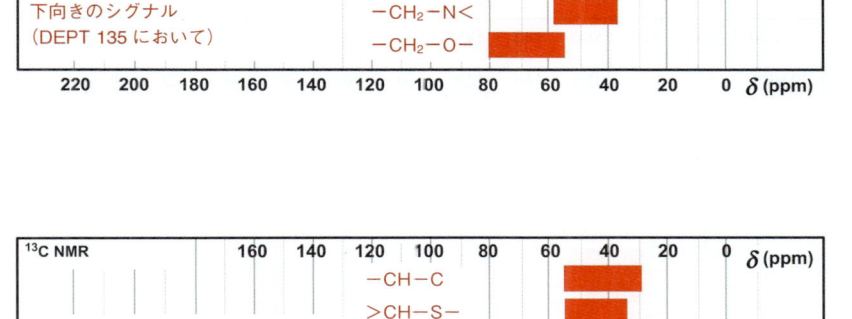

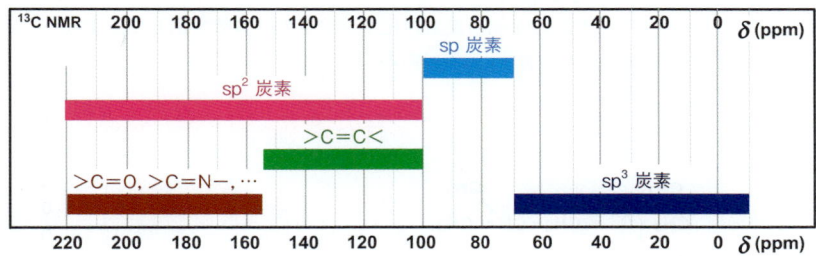

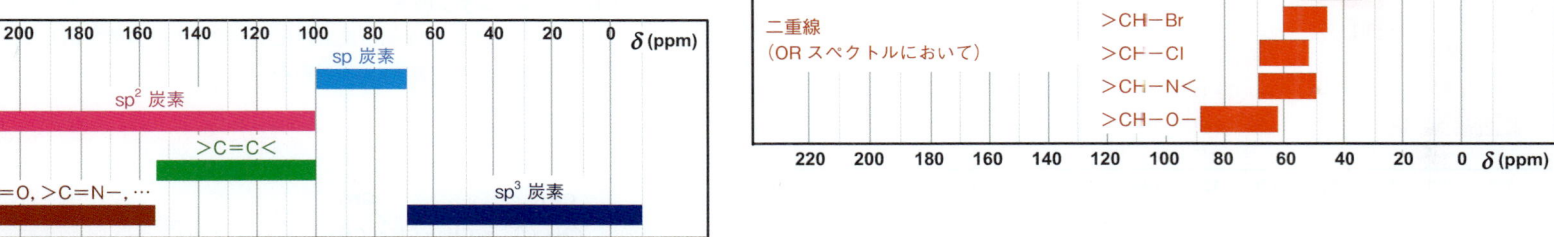

❶ CH₃−, −CH₂−, >CH− … の一般的な化学シフト領域

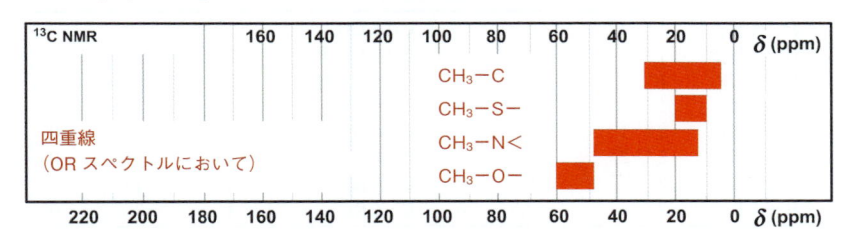

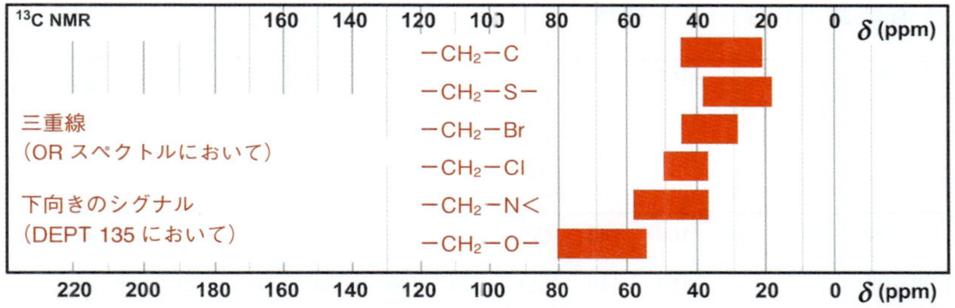

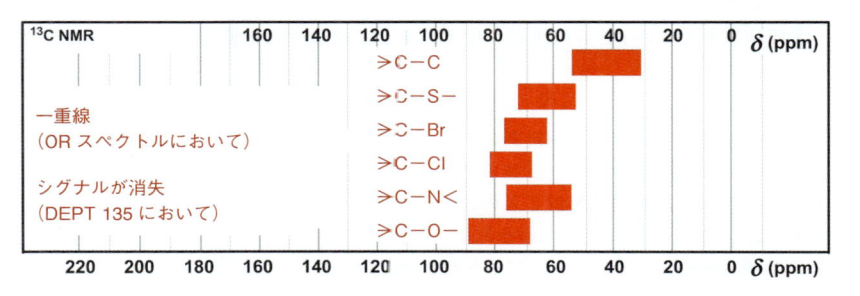

3. ¹³C NMR データ　231

❷ 官能基の化学シフト領域

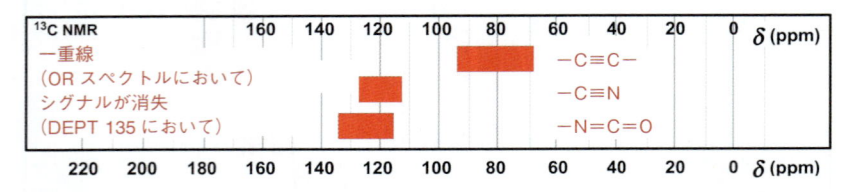

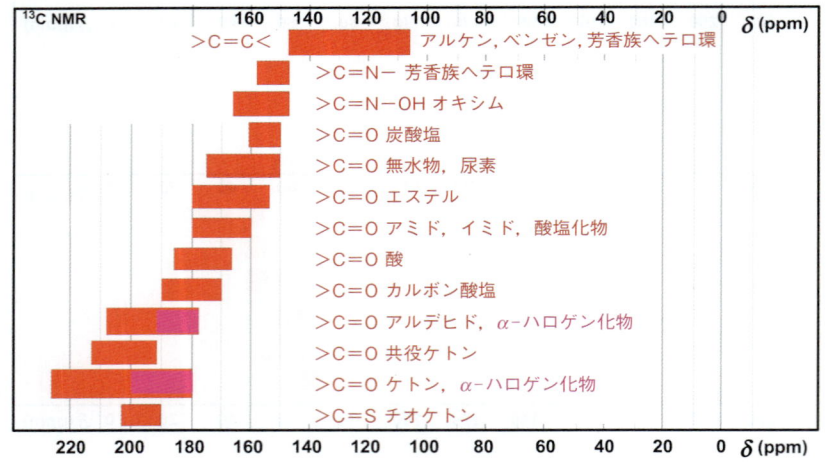

¹³C NMR
一重線
（OR スペクトルにおいて）
シグナルが消失
（DEPT 135 において）

- −C≡C−
- −C≡N
- −N=C=O

¹³C NMR
- >C=C< アルケン，ベンゼン，芳香族ヘテロ環
- >C=N− 芳香族ヘテロ環
- >C=N−OH オキシム
- >C=O 炭酸塩
- >C=O 無水物，尿素
- >C=O エステル
- >C=O アミド，イミド，酸塩化物
- >C=O 酸
- >C=O カルボン酸塩
- >C=O アルデヒド，α-ハロゲン化物
- >C=O 共役ケトン
- >C=O ケトン，α-ハロゲン化物
- >C=S チオケトン

❸ 化学シフトの見積もり

a. アルカン

直鎖状アルカンの i 番目の炭素の化学シフト δ_i は次の式を使って見積もることができる．

$$\delta_i = -2.3 + \sum A_j n_j + S_{ij}$$

- j は炭素 i から見たアルカン炭素の位置を表す．たとえば，α（直接結合した炭素），β（結合一つ隔てた炭素），γ（さらに結合一つ隔てた炭素）などである．
- A_j はアルカン炭素の各位置ごとの補正値（増加分）を表す．その位置に存在する炭素数（n_j）を掛けて足し合わせる．
- S_{ij} は枝分かれしたアルカンに用いられる立体補正値を表す．

補正値 A_j の使い方は単純で，各位置にある炭素1個ごとに次の値を加えればよい．

| α: +9.1 ppm | β: +9.4 ppm | γ: −2.5 ppm | δ: +0.3 ppm | ε: +0.1 ppm |

立体補正値 S_{ij} は枝分かれしたアルカンに用いられるもので，化学シフト計算の対象とする炭素の立体的圧縮効果やその種類〔第一級（CH₃），第二級（CH₂），第三級（CH），または第四級（C）〕，さらにその炭素に直接結合している炭素の種類（第一級，第二級，第三級，または第四級）によって決まる．

計算対象の炭素	隣接する炭素			
	CH₃	CH₂	CH	C
CH₃			−1.1	−3.4
CH₂			−2.5	−7.5
CH		−3.7	−9.5	−15.0
C	−1.5	−8.4	−15.0	−25.0

2,2,4-トリメチルペンタンの例

2,2,4-トリメチルペンタンの4位の炭素の化学シフトの計算値を出してみよう．アルカンは −2.3 ppm に α, β, γ, δ, ε …のおのおのの寄与を加える．

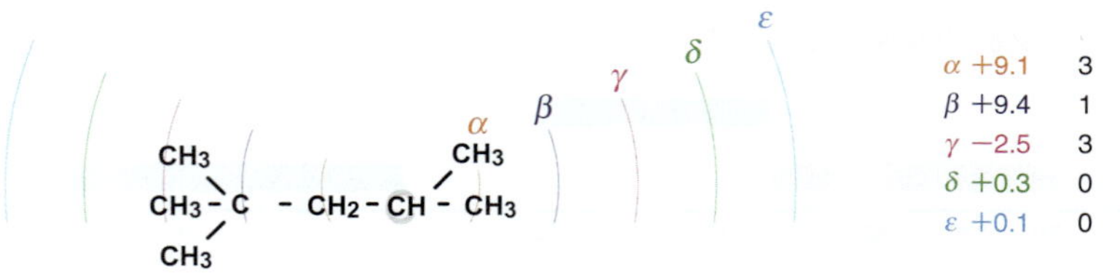

α +9.1	3
β +9.4	1
γ −2.5	3
δ +0.3	0
ε +0.1	0

立体補正値

CH₃−CH₃	1°	1°	0		CH−CH₃	3°	1°	0
CH₃−CH₂R	1°	2°	0		CH−CH₂R	3°	2°	−3.7	1
CH₃−CHR₂	1°	3°	−1.1	0	CH−CHR₂	3°	3°	−9.5	0
CH₃−CR₃	1°	4°	−3.4	0	CH−CR₃	3°	4°	−15	0
CH₂−CH₃	2°	1°	0		C−CH₃	4°	1°	−1.5	0
CH₂−CH₂R	2°	2°	0		C−CH₂R	4°	2°	−8.4	0
CH₂−CHR₂	2°	3°	−2.5	0	C−CHR₂	4°	3°	−15	0
CH₂−CR₃	2°	4°	−7.5	0	C−CR₃	4°	4°	−25	0

立体補正値は一つだけであることに注意しよう！

α 位には炭素 3 個，β 位には炭素 1 個，γ 位には炭素 3 個存在する．4 位の炭素は第三級炭素であり，隣に第二級炭素が結合している（CH−CH$_2$R）．立体補正値は −3.7 である．

$$\delta = -2.3 + 3 \times 9.1 + 1 \times 9.4 + 3 \times (-2.5) + 1 \times (-3.7) = 23.2 \text{ ppm}$$
$$\delta(\text{実測値}) = 24.7 \text{ ppm}$$

- **アルコール**

対応するアルカンの化学シフトに次の補正値（増加分）を加える（酸素原子を C−H 結合の間に挿入したものとみなす）．

	α	β	γ
第一級アルコール	48.3	10.2	−5.8
第二級アルコール	44.5	9.7	−3.3
第三級アルコール	39.7	7.3	−1.8

アルコールの種類の違いにより化学シフトが変わるのは，立体効果が増えることによって立体配座が変わるためと考えられる．したがって，もともと立体的にかさ高い分子（第三級アルコール）では γ 効果の寄与は小さくなる．表からわかるように，α 効果は非遮蔽化が非常に大きく（約 40〜50 ppm の範囲），β 効果はそれよりは小さい非遮蔽化（約 10 ppm）を示し，γ 効果は逆に遮蔽化を示す．

- **その他の置換基**

置換基の位置が分子末端か分子内部かによって，化学シフトへの寄与は異なる．下の表からわかるように，α, β 位の置換基は非遮蔽化，γ 位の置換基は遮蔽化を示す．アルケンの化学シフトの計算値を求める場合は，官能基ごとの補正値が異なっている．

官能基	α（末端）	β（末端）	α（内部）	β（内部）	γ
−CH$_3$	9	10	6	8	−2
−CH=CH$_2$	20	6	0	0	−0.5
−C≡C−H	4.5	5.5	0	0	−3.5
−C$_6$H$_5$	23	9	17	7	−2
−CN	4	3	1	3	−3
−COOH	21	3	16	2	−2
−COO$^-$	25	5	20	3	−2

（つづき）

官能基	α（末端）	β（末端）	α（内部）	β（内部）	γ
−COOR	20	3	17	2	−2
−COCl	33	0	28	2	0
−CONH$_2$	22	2.5	0	0	−0.5
−COR	30	1	24	1	−2
−CHO	31	0	0	0	−2
−OH	48	10	41	8	−5
−OR	58	8	51	5	−4
−OCOR	51	6	45	5	−3
−SH	11	12	11	11	−4
−SR	20	7	0	0	−3
−NH$_2$	29	11	24	10	−5
−NH$_3^+$	26	8	24	6	−5
−NHR	37	8	31	6	−4
−NR$_3^+$	31	5	0	0	−7
−NO$_2$	63	4	57	4	0
−F	68	9	63	6	−4
−Cl	31	11	32	10	−4
−Br	20	11	25	10	−3
−I	−6	11	4	12	−1

b. アルケン

アルケンの化学シフトの計算値の算出法はアルカンの場合と似ている．

計算値は，122.1 ppm を基本値として，これに置換基ごとの補正値を加えることによって求める．置換基ごとの補正値は，二重結合に対する置換基の位置（α, β, γ, または δ 位）によって決まる．計算対象とする炭素は置換基が直接結合している炭素（σ 炭素という）か，あるいは二重結合のもう一つの炭素（π 炭素という）である．置換基の二つの位置，すなわち，計算対象とする二重結合炭素（σ 炭素）に直接結合しているか，あるいは二重結合の反対側（π 炭素）に結合しているかによって，化学シフト計算への補正値は異なってくる．計算対象とする二重結合炭素（次の図中の赤で示した炭素，σ 炭素）に直接結合している置換基の補正値は，α, β, δ 位では正の値，γ 位では負の値となる．一方，二重結合の反対側（π 炭素）に結合している置換基の補正値は，β, γ 位では負の値，δ, ε 位では正の値となる．

アルケンの場合にも立体補正値（S）が加えられる．特にこの立体補正値は，シスまたはジェミナル（同じ sp^2 炭素上に結合した置換基）位に二つの置換基が存在する

場合，それが計算対象とする炭素（σ炭素）か，二重結合の反対側（π炭素）かのいずれであっても重要である．

次の表に化学シフト計算のための補正値を示す．

$$\delta = 122.1 + \sum A_i n_i + S$$

I	α^σ	β^π	β^σ	γ^π	γ^σ	δ^π	δ^σ	ε
A_i	+11.0	−7.1	+6.0	−1.9	−1.0	+1.1	+0.7	+0.2

置換様式	cis (Z)	gem^σ	gem^π	mul^σ	mul^π
S	−1.2	−4.9	+1.2	+1.3	−0.7

$gem^\sigma, gem^\pi, mul^\sigma, mul^\pi$ の説明
gem^σ: σ炭素に枝分かれがある（σ炭素に置換基が二つある）．
gem^π: π炭素に枝分かれがある（π炭素に置換基が二つある）．
mul^σ: σ炭素の隣の炭素に枝分かれがある．
mul^π: π炭素の隣の炭素に枝分かれがある．

2,2,3,4,5,5-ヘキサメチル-3-ヘキセンの例

2,2,3,4,5,5-ヘキサメチル-3-ヘキセンの3位の炭素の化学シフトの計算値を出してみよう．

アルケンは 122.1 ppm に $\alpha, \beta, \gamma, \delta, \varepsilon$ …のおのおのの寄与を加える．

α^σ位，β^π位には炭素2個，β^σ位，γ^π位には炭素3個存在する．
立体補正値を忘れないよう注意しよう（$gem^\sigma, gem^\pi, mul^\sigma, mul^\pi$ 枝分かれがある）．

$\delta = 122.1 + 2 \times 11.0 + 2 \times (-7.1) + 3 \times 6.0 + 3 \times (-1.9) - 4.9 + 1.2 + 1.3 - 0.7$

$= 139.1$ ppm

δ（実測値）$= 137.3$ ppm

・一置換アルケン

置換基をもつアルケンでは，置換基の位置が α 位か β 位かによって置換基の化学シフトに及ぼす効果は大きく異なる．X−C$_\alpha$H=C$_\beta$H$_2$ という構造をもつ化合物のビニル炭素の化学シフトは，エチレンの化学シフトを基準として次の置換基効果を加算して算出する．

$$\delta_i = 123.5 + \Delta\delta_i$$

置換基 X	$\Delta\delta_\alpha$	$\Delta\delta_\beta$	置換基 X	$\Delta\delta_\alpha$	$\Delta\delta_\beta$
−CH$_3$	10.6	−7.9	−F	24.9	−34.3
−CH$_2$−CH$_3$	15.5	−9.7	−Cl	2.6	−6.1
−CH(CH$_3$)$_2$	20.4	−11.5	−Br	−7.9	−1.4
−C(CH$_3$)$_3$	25.3	−13.3	−I	−38.1	7.0
−CH$_2$Cl	10.2	−6.0	−CN	−15.1	14.2
−CH$_2$Br	10.9	−4.5	−NO$_2$	22.3	−0.9
−CH$_2$I	14.2	−4.0	−CHO	13.1	12.7
−CH$_2$OH	14.2	−8.4	−COCH$_3$	15.0	5.8
−C$_6$H$_5$	12.5	−11.0	−COOH	4.2	8.9
−OCH$_3$	29.4	−38.9	−COOCH$_2$CH$_3$	6.3	7.0
−OCOCH$_3$	18.4	−26.7			

c. アルキン

アルキンでは，次の補正値（増加分）を用いて計算値を求める．

$$\delta_{C(k)} = 71.9 + \sum A_i n_{ki}$$

I	α	β	γ	δ
A_i	+6.93	+4.75	−0.13	+0.51

I	α^π	β^π	γ^π	δ^π
A_i	−5.69	+2.32	−1.32	+0.56

2,2,5,5-テトラメチル-3-ヘキシンの例

2,2,5,5-テトラメチル-3-ヘキシンの4位の炭素の化学シフトの計算値を出してみよう．

アルキンは 71.9 ppm に $\alpha, \beta, \gamma, \delta, \varepsilon$ …のおのおのの寄与を加える．

$\delta^{\pi}+0.56 \quad \gamma^{\pi}-1.32 \quad \beta^{\pi}+2.32 \quad \alpha^{\pi}-5.69 \quad \alpha+6.93 \quad \beta+4.75 \quad \gamma-0.13 \quad \delta+0.51$

$$\text{CH}_3-\text{CH}_2-\text{C}\equiv\text{C}-\text{CH}_2-\text{CH}_2-\text{CH}\begin{matrix}\text{CH}_3\\\text{CH}_3\end{matrix}$$

0　0　1　1　1　1　1　2

炭素が α 位に 1 個, β 位に 1 個, γ 位に 1 個, δ 位に 2 個存在し, 三重結合の反対側の α^{π} 位に 1 個, β^{π} 位に 1 個存在する.

$\delta = 71.9 + 1 \times 6.93 + 1 \times 4.75 + 1 \times (-0.13) + 2 \times 0.51 + 1 \times (-5.69) + 1 \times 2.32$
$= 81.10\ \text{ppm}$
$\delta(実測値) = 79.56\ \text{ppm}$

d. 置換基をもつベンゼン

芳香族炭素の ^{13}C NMR 化学シフトの計算値は, ベンゼンの化学シフト (128.5 ppm) と一置換ベンゼンの化学シフトの差から得られる補正値 (増加分) に基づいている. 計算式は, 次の式で表される.

$$\delta_i = 128.5 + \Delta\delta_i$$

置換基	ΔδC イプソ	ΔδC オルト	ΔδC メタ	ΔδC パラ
−CH₃	9.2	0.7	−0.1	−3.1
−CH₂−CH₃	15.6	−0.5	0	−2.7
−CH(CH₃)₂	20.1	−2.0	0	−2.5
−C(CH₃)₃	22.1	−3.4	−0.4	−3.1
−CH₂−CN	1.7	0.5	−0.8	−0.7
−CH₂COCH₃	6.0	1.0	0.2	−1.6
−CH₂NH₂	14.9	1.4	−0.1	−1.9
−CH₂OH	12.4	−1.2	0.2	−1.1
−CH₂OCH₃	11.0	0.5	−0.4	−0.5
−OH	26.9	−12.8	1.4	−7.4
−OCH₃	31.9	−14.4	1.0	−7.7
−OCOCH₃	22.4	−7.1	0.4	−3.2
−NH₂	18.2	−13.4	0.8	−10
−N(CH₃)₂	22.5	−15.4	0.9	−11.5
−NHCOCH₃	9.7	−8.1	0.2	−4.4
−F	34.8	−13.0	1.6	−4.4
−Cl	6.3	0.4	1.4	−1.9

(つづき)

置換基	ΔδC イプソ	ΔδC オルト	ΔδC メタ	ΔδC パラ
−Br	5.8	3.2	1.6	−1.6
−I	−34.1	8.9	1.6	−1.1
−CF₃	2.5	−3.2	0.3	3.3
−CN	−15.7	3.6	0.7	4.3
−NO₂	19.9	−4.9	0.9	6.1
−CHO	8.4	1.2	0.5	5.7
−COCH₃	8.9	0.0	−0.1	4.4
−COC₆H₅	9.3	1.6	−0.3	3.7
−CONH₂	5.0	−1.2	0.1	3.4
−COOH	2.1	1.6	−0.1	5.2
−COOCH₃	3.0	1.2	−0.1	4.3
−COOCH₂CH₃	2.1	1.0	−0.5	3.9
−SCH₃	10.2	−1.8	0.4	−3.6
−C≡CH₃	−5.8	6.9	0.1	0.4

e. 多置換ベンゼン環

異なる芳香環炭素の化学シフトの計算値を導くには, 一置換ベンゼンで観測された各置換基の化学シフトの増加分を補正値として加える.

	1	2	3	4	5	6
	128.5	128.5	128.5	128.5	128.5	128.5
OH	26.9ipso	−12.8o	1.4m	−7.4p	1.4m	−12.8o
Cl	1.4m	0.4o	6.3ipso	0.4o	1.4m	−1.9p
計算値	156.8	113.1	136.2	121.5	131.3	113.8
実測値	156.3	116.1	135.1	121.5	130.5	113.9

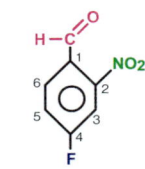

	1	2	3	4	5	6
	128.5	128.5	128.5	128.5	128.5	128.5
CHO	8.4ipso	1.2o	0.5m	5.7p	0.5m	1.2o
NO₂	−4.9o	19.9ipso	−4.9o	0.9m	6.1p	0.9m
F	−4.4p	1.6m	−13.0o	34.8ipso	−13.0o	1.6m
計算値	127.6	151.2	111.1	169.9	122.1	132.2
実測値	126.4	150.0	112.0	163.8	120.5	132.4

4. MS スペクトルデータ

1 主要なフラグメントイオン

アルカン

フラグメントイオン ── アルカン

アルカンのフラグメントイオンの質量は，メチル基 $-CH_3$ の質量 15 から始まってメチレン基に相当する 14 ずつ多い質量をもつ．すなわち，$15+14n = 29, 43, 57, \cdots$

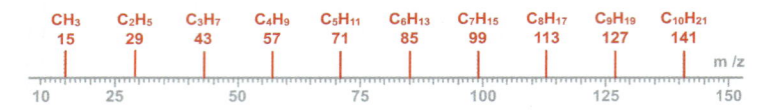

アルケン

フラグメントイオン ── アルケン，── アルカン

アルケンのフラグメントイオンの質量は，対応するアルカンのフラグメントイオンの質量より 2 ずつ少ない（2H 少ない）．

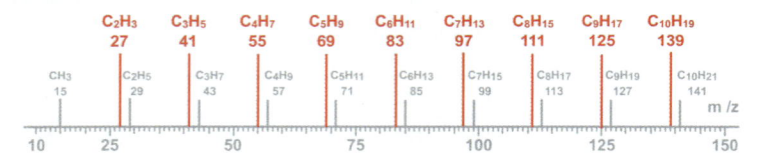

アルキン

フラグメントイオン ── アルキン，── アルケン，── アルカン

アルキンのフラグメントイオンの質量は，対応するアルカンのフラグメントイオンの質量より 4 ずつ少ない（4H 少ない）．

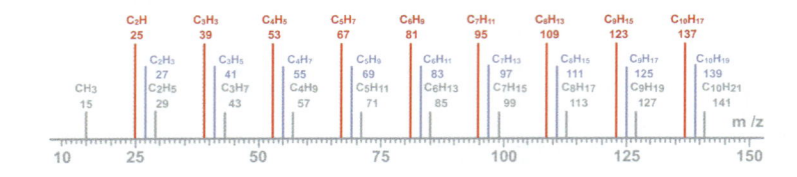

芳香環

フラグメントイオン ── 芳香環，── アルケン，── アルカン

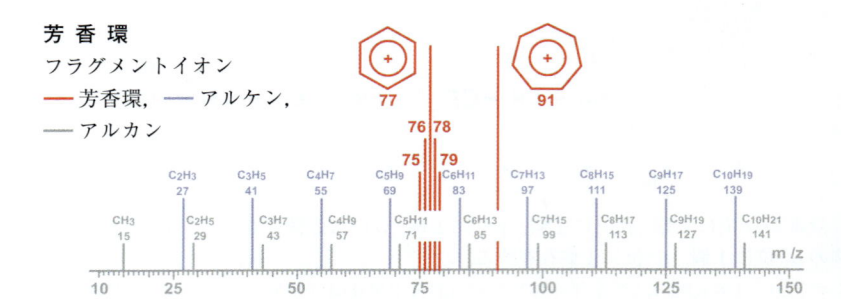

アルコール

フラグメントイオン ── アルコール・エーテル，── アルケン，── アルカン

酸素を含むイオンの質量は，炭素 1 個多く含む対応するアルカンのフラグメントイオンの質量より 2 ずつ大きい（質量 14 のメチレン基を 16 の酸素原子で置き換えたものに相当する）．

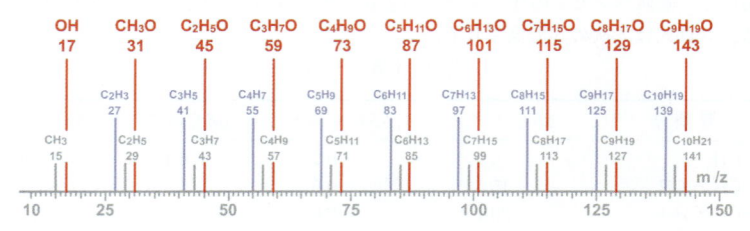

ケトン

フラグメントイオン ── ケトン，── アルカン

ケトンのフラグメントイオンの質量は，メチル基 $-CH_3$ の質量 15 にカルボニル基 $>CO$ の質量 28 を加えたものから始まって，メチレン基に相当する 14 ずつ多い質量をもつ．すなわち，$43+14n = 43, 57, 71\cdots$

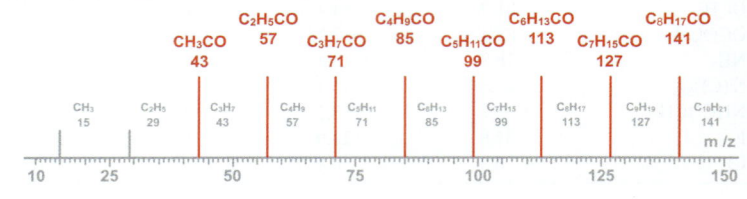

アルデヒド

フラグメントイオン ── アルデヒド, ── ケトン, ── アルカン

アルデヒドのフラグメントイオンの質量は, HCO の質量 29 から始まって, メチレン基に相当する 14 ずつ多い質量をもつ. すなわち, $29 + 14n = 29, 43, 57, 71\cdots$

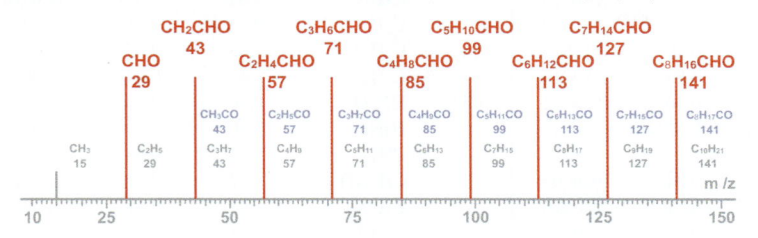

カルボン酸

フラグメントイオン ── カルボン酸, ── アルコール・エーテル, ── アルカン

カルボン酸のフラグメントイオンの質量は, COOH の質量 45 にメチレン基（14 ずつ）を加えた同族体の質量に相当する. すなわち, $45 + 14n = 45, 59, 73\cdots$

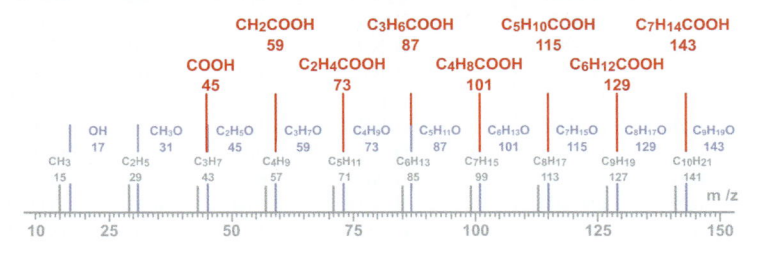

エステル

フラグメントイオン ── エステル, ── アルカン, ── アルコール・エーテル ── カルボン酸

エステルのフラグメントイオンの質量は, $C_2O_2H_3$ の質量 59 に一つ以上のメチレン基を結合させた誘導体の質量に相当する. すなわち, $59 + 14n = 73, 87, 101\cdots$

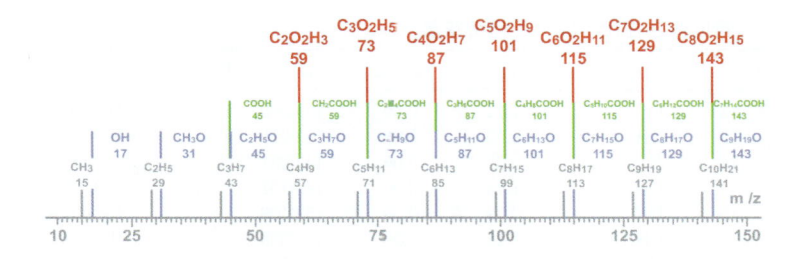

アミン

フラグメントイオン ── アミン, ── アルコール・エーテル, ── アルカン

窒素を含むイオンの質量（30, 44, 58…）はアルカンのフラグメントイオンの質量より 1 ずつ大きい（質量 14 のメチレン基を 15 の NH で置き換えたものに相当する）.

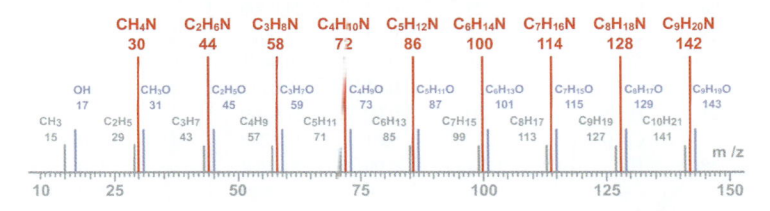

❷ 原子の質量

^{1}H	1.007825	^{31}P	30.973762
^{2}H	2.0140	^{32}S	31.972070
^{12}C	12.000000	^{33}S	32.971456
^{13}C	13.003355	^{34}S	33.967866
^{14}N	14.003074	^{35}Cl	34.968852
^{15}N	15.000108	^{37}Cl	36.965903
^{16}O	15.994915	^{79}Br	78.918336
^{17}O	16.999131	^{81}Br	80.916289
^{18}O	17.999160	^{127}I	126.90447
^{19}F	18.998403		

❸ 同位体存在比（％）と精密質量

質量	式	M+1	M+2	質量
12	C	1.11	0.00	12.0000
13	CH	1.13	0.00	13.0078
14	N	0.37	0.00	14.0031
	CH$_2$	1.14	0.00	14.0157
15	HN	0.39	0.00	15.0109
	CH$_3$	1.16	0.00	15.0235
16	H$_2$N	0.40	0.00	16.0187
	CH$_4$	1.17	0.00	16.0313
17	HO	0.06	0.20	17.0027
	H$_3$N	0.42	0.00	17.0266
18	H$_2$O	0.07	0.20	18.0106

19, 20, 21, 22, 23 の質量をもつ C, H, O, または N を含むフラグメントイオンはない．

質量	式	M+1	M+2	質量
24	C$_2$	2.22	0.01	24.0000
25	C$_2$H	2.24	0.01	25.0078
26	CN	1.48	0.00	26.0031
	C$_2$H$_2$	2.25	0.01	26.0157
27	HCN	1.50	0.00	27.0109
	C$_2$H$_3$	2.27	0.01	27.0235
28	N$_2$	0.74	0.00	28.0062
	CO	1.15	0.20	27.9949
	CH$_2$N	1.51	0.00	28.0187
	C$_2$H$_4$	2.28	0.01	28.0313
29	HN$_2$	0.76	0.00	29.0140
	CHO	1.17	0.20	29.0027
	CH$_3$N	1.53	0.00	29.0266
	C$_2$H$_5$	2.30	0.01	29.0391
30	NO	0.41	0.20	29.9980
	H$_2$N$_2$	0.77	0.00	30.0218
	CH$_2$O	1.18	0.20	30.0106
	CH$_4$N	1.54	0.01	30.0344
	C$_2$H$_6$	2.31	0.01	30.0470
31	HNO	0.43	0.20	31.0058
	H$_3$N$_2$	0.79	0.00	31.0297
	CH$_3$O	1.20	0.20	31.0184
	CH$_5$N	1.56	0.01	31.0422
32	O$_2$	0.08	0.40	31.9898

質量	式	M+1	M+2	質量
32	H$_2$NO	0.44	0.20	32.0136
	H$_4$N$_2$	0.80	0.00	32.0375
	CH$_4$O	1.21	0.20	32.0262
33	HO$_2$	0.10	0.40	32.9976
	H$_3$NO	0.46	0.20	33.0215
34	H$_2$O$_2$	0.11	0.40	34.0054

35 の質量をもつ C, H, O, または N を含むフラグメントイオンはない．

質量	式	M+1	M+2	質量
36	C$_3$	3.33	0.04	36.0000
37	C$_3$H	3.35	0.04	37.0078
38	C$_2$N	2.59	0.02	38.0031
	C$_3$H$_2$	3.36	0.04	38.0157
39	C$_2$HN	2.61	0.02	39.0109
	C$_3$H$_3$	3.38	0.04	39.0235
40	CN$_2$	1.85	0.01	40.0062
	C$_2$O	2.26	0.21	39.9949
	C$_2$H$_2$N	2.62	0.02	40.0187
	C$_3$H$_4$	3.39	0.04	40.0313
41	CHN$_2$	1.87	0.01	41.0140
	C$_2$HO	2.28	0.21	41.0027
	C$_2$H$_3$N	2.64	0.02	41.0266
	C$_3$H$_5$	3.41	0.04	41.0391
42	N$_3$	1.11	0.00	42.0093
	CNO	1.52	0.21	41.9980
	CH$_2$N$_2$	1.88	0.01	42.0218
	C$_2$H$_2$O	2.29	0.21	42.0106
	C$_2$H$_4$N	2.65	0.02	42.0344
	C$_3$H$_6$	3.42	0.04	42.0470
43	HN$_3$	1.13	0.00	43.0171
	CHNO	1.54	0.21	43.0058
	CH$_3$N$_2$	1.90	0.01	43.0297
	C$_2$H$_3$O	2.31	0.21	43.0184
	C$_2$H$_5$N	2.67	0.02	43.0422
	C$_3$H$_7$	3.44	0.04	43.0548
44	N$_2$O	0.78	0.20	44.0011
	H$_2$N$_3$	1.14	0.00	44.0249
	CO$_2$	1.19	0.40	43.9898

質量	式	M+1	M+2	質量
44	CH$_2$NO	1.55	0.21	44.0136
	CH$_4$N$_2$	1.91	0.01	44.0375
	C$_2$H$_4$O	2.32	0.21	44.0262
	C$_2$H$_6$N	2.68	0.02	44.0501
	C$_3$H$_8$	3.45	0.04	44.0626
45	HN$_2$O	0.80	0.20	45.0089
	H$_3$N$_3$	1.16	0.00	45.0328
	CHO$_2$	1.21	0.40	44.9976
	CH$_3$NO	1.57	0.21	45.0215
	CH$_5$N$_2$	1.93	0.01	45.0453
	C$_2$H$_5$O	2.34	0.21	45.0340
	C$_2$H$_7$N	2.70	0.02	45.0579
46	NO$_2$	0.45	0.40	45.9929
	H$_2$N$_2$O	0.81	0.20	46.0167
	H$_4$N$_3$	1.17	0.01	46.0406
	CH$_2$O$_2$	1.22	0.40	46.0054
	CH$_4$NO	1.58	0.21	46.0293
	CH$_6$N$_2$	1.94	0.01	46.0532
	C$_2$H$_6$O	2.35	0.22	46.0419
47	HNO$_2$	0.47	0.40	47.0007
	H$_3$N$_2$O	0.83	0.20	47.0248
	H$_5$N$_3$	1.19	0.01	47.0484
	CH$_3$O$_2$	1.24	0.40	47.0133
	CH$_5$NO	1.60	0.21	47.0371
48	O$_3$	0.12	0.60	47.9847
	H$_2$NO$_2$	0.48	0.40	48.0085
	H$_4$N$_2$O	0.84	0.20	48.0324
	CH$_4$O$_2$	1.25	0.40	48.0211
	C$_4$	4.44	0.07	48.0000
49	HO$_3$	0.14	0.60	48.9925
	H$_3$NO$_2$	0.50	0.40	49.0164
	C$_4$H	4.46	0.07	49.0078
50	H$_2$O$_3$	0.15	0.60	50.0003
	C$_3$N	3.70	0.05	50.0031
	C$_4$H$_2$	4.47	0.07	50.0157
51	C$_3$HN	3.72	0.05	51.0109
	C$_4$H$_3$	4.49	0.08	51.0235

		M+1	M+2	質量			M+1	M+2	質量			M+1	M+2	質量
52	C_2N_2	2.96	0.03	52.0062	58	N_3O	1.15	0.20	58.0042	61	CH_5N_2O	1.97	0.21	61.0402
	C_3O	3.37	0.24	51.9949		H_2N_4	1.51	0.01	58.0280		CH_7N_3	2.33	0.02	61.0641
	C_3H_2N	3.73	0.05	52.0187		CNO_2	1.56	0.41	57.9929		$C_2H_5O_2$	2.38	0.42	61.0289
	C_4H_4	4.50	0.08	52.0313		CH_2N_2O	1.92	0.21	58.0167		C_2H_7NO	2.74	0.22	61.0528
53	C_2HN_2	2.98	0.03	53.0140		CH_4N_3	2.28	0.02	58.0406		C_5H	5.57	0.12	61.0078
	C_3HO	3.39	0.24	53.0027		$C_2H_2O_2$	2.33	0.42	58.0054	62	NO_3	0.49	0.60	61.9878
	C_3H_3N	3.75	0.05	53.0266		C_2H_4NO	2.69	0.22	58.0293		$H_2N_2O_2$	0.85	0.40	62.0116
	C_4H_5	4.52	0.08	53.0391		$C_2H_6N_2$	3.05	0.03	58.0532		H_4N_3O	1.21	0.42	62.0354
54	CN_3	2.22	0.02	54.0093		C_3H_6O	3.46	0.24	58.0419		H_6N_4	1.57	0.01	62.0594
	C_2NO	2.63	0.22	53.9980		C_3H_8N	3.82	0.05	58.0657		CH_2O_3	1.26	0.60	62.0003
	$C_2H_2N_2$	2.98	0.03	54.0218		C_4H_{10}	4.59	0.08	58.0783		CH_4NO_2	1.62	0.41	62.0242
	C_3H_2O	3.40	0.24	54.0106	59	HN_3O	1.17	0.20	59.0120		CH_6N_2O	1.98	0.21	62.0480
	C_3H_4N	3.76	0.05	54.0344		H_3N_4	1.53	0.01	59.0359		$C_2H_6O_2$	2.39	0.42	62.0368
	C_4H_6	4.53	0.08	54.0470		$CHNO_2$	1.58	0.41	59.0007		C_4N	4.81	0.09	62.0031
55	CHN_3	2.24	0.02	55.0171		CH_3N_2O	1.94	0.21	59.0246		C_5H_2	5.58	0.12	62.0157
	C_2HNO	2.65	0.22	55.0058		CH_5N_3	2.30	0.02	59.0484	63	HNO_3	0.51	0.60	62.9956
	$C_2H_3N_2$	3.01	0.03	55.0297		$C_2H_3O_2$	2.35	0.42	59.0133		$H_3N_2O_2$	0.87	0.40	63.0195
	C_3H_3O	3.42	0.24	55.0184		C_2H_5NO	2.71	0.22	59.0371		H_5N_3O	1.23	0.21	63.0433
	C_3H_5N	3.78	0.05	55.0422		$C_2H_7N_2$	3.07	0.03	59.0610		CH_3O_3	1.28	0.60	63.0082
	C_4H_7	4.55	0.08	55.0548		C_3H_7O	3.48	0.24	59.0497		CH_5NO_2	1.64	0.41	63.0320
56	N_4	1.48	0.01	56.0124		C_3H_9N	3.84	0.05	59.0736		C_4HN	4.83	0.09	63.0109
	CN_2O	1.89	0.21	56.0011	60	N_2O_2	0.82	0.40	59.9960		C_5H_3	5.60	0.12	63.0235
	CH_2N_3	2.25	0.02	56.0249		H_2N_3O	1.18	0.20	60.0198	64	O_4	0.16	0.80	63.9796
	C_2O_2	2.30	0.41	55.9898		H_4N_4	1.54	0.01	60.0437		H_2NO_3	0.52	0.60	64.0034
	C_2H_2NO	2.66	0.22	56.0136		CO_3	1.23	0.60	59.9847		$H_4N_2O_2$	0.88	0.40	64.0273
	$C_2H_4N_2$	3.02	0.03	56.0375		CH_2NO_2	1.59	0.41	60.0085		CH_4O_3	1.29	0.60	64.0160
	C_3H_4O	3.43	0.24	56.0262		CH_4N_2O	1.95	0.21	60.0324		C_3N_2	4.07	0.06	64.0062
	C_3H_6N	3.79	0.05	56.0501		CH_6N_3	2.31	0.02	60.0563		C_4O	4.48	0.27	63.9949
	C_4H_8	4.56	0.08	56.0626		$C_2H_4O_2$	2.36	0.42	60.0211		C_4H_2N	4.84	0.09	64.0187
57	HN_4	1.50	0.01	57.0202		C_2H_6NO	2.72	0.22	60.0449		C_5H_4	5.61	0.12	64.0313
	CHN_2O	1.91	0.21	57.0089		$C_2H_8N_2$	3.08	0.03	60.0688	65	HO_4	0.18	0.80	64.9874
	CH_3N_3	2.27	0.02	57.0328		C_3H_8O	3.49	0.24	60.0575		H_3NO_3	0.54	0.60	65.0113
	C_2HO_2	2.32	0.41	56.9976		C_5	5.55	0.12	60.0000		C_3HN_2	4.09	0.06	65.0140
	C_2H_3NO	2.68	0.22	57.0215	61	HN_2O_2	0.84	0.40	61.0038		C_4HO	4.50	0.27	65.0027
	$C_2H_5N_2$	3.04	0.03	57.0453		H_3N_3O	1.20	0.21	61.0277		C_4H_3N	4.86	0.09	65.0266
	C_3H_5O	3.45	0.24	57.0340		H_5N_4	1.56	0.01	61.0515		C_5H_5	5.63	0.12	65.0391
	C_3H_7N	3.81	0.05	57.0579		CHO_3	1.25	0.60	60.9925	66	H_2O_4	0.19	0.80	65.9953
	C_4H_9	4.58	0.08	57.0705		CH_3NO_2	1.61	0.41	61.0164		C_2N_3	3.33	0.04	66.0093

4. MS スペクトルデータ 239

		M+1	M+2	質量			M+1	M+2	質量			M+1	M+2	質量
66	C_3NO	3.74	0.25	65.9980	70	C_4H_8N	4.93	0.09	70.0657	73	$C_3H_9N_2$	4.21	0.07	73.0767
	$C_3H_2N_2$	4.10	0.06	66.0218		C_5H_{10}	5.70	0.13	70.0783		C_4H_9O	4.62	0.28	73.0653
	C_4H_2O	4.51	0.27	66.0106	71	CHN_3O	2.28	0.22	71.0120		$C_4H_{11}N$	4.98	0.09	73.0892
	C_4H_4N	4.87	0.09	66.0344		CH_3N_4	2.64	0.03	71.0359		C_6H	6.68	0.18	73.0078
	C_5H_6	5.64	0.12	66.0470		C_2HNO_2	2.69	0.42	71.0007	74	N_3O_2	1.19	0.41	73.9991
67	C_2HN_3	3.35	0.04	67.0171		$C_2H_3N_2O$	3.05	0.23	71.0246		H_2N_4O	1.55	0.21	74.0229
	C_3HNO	3.76	0.25	67.0058		$C_2H_5N_3$	3.41	0.04	71.0484		CNO_3	1.60	0.61	73.9878
	$C_3H_3N_2$	4.12	0.06	67.0297		$C_3H_3O_2$	3.46	0.44	71.0133		$CH_2N_2O_2$	1.96	0.41	74.0116
	C_4H_3O	4.53	0.27	67.0184		C_3H_5NO	3.82	0.25	71.0371		CH_4N_3O	2.32	0.22	74.0355
	C_4H_5N	4.89	0.09	67.0422		$C_3H_7N_2$	4.18	0.07	71.0610		CH_6N_4	2.68	0.03	74.0594
	C_5H_7	5.66	0.12	67.0548		C_4H_7O	4.59	0.28	71.0497		$C_2H_2O_3$	2.37	0.62	74.0003
68	CN_4	2.59	0.02	68.0124		C_4H_9N	4.95	0.10	71.0736		$C_2H_4NO_2$	2.73	0.42	74.0242
	C_2N_2O	3.00	0.23	68.0011		C_5H_{11}	5.72	0.13	71.0861		$C_2H_6N_2O$	3.09	0.23	74.0480
	$C_2H_2N_3$	3.36	0.04	68.0249	72	N_4O	1.52	0.21	72.0073		$C_2H_8N_3$	3.45	0.05	74.0719
	C_3O_2	3.41	0.44	67.9898		CN_2O_2	1.93	0.41	71.9960		$C_3H_6O_2$	3.50	0.44	74.0368
	C_3H_2NO	3.77	0.25	68.0136		CH_2N_3O	2.29	0.22	72.0198		C_3H_8NO	3.86	0.25	74.0606
	$C_3H_4N_2$	4.13	0.06	68.0375		CH_4N_4	2.65	0.03	72.0437		$C_3H_{10}N_2$	4.22	0.07	74.0845
	C_4H_4O	4.54	0.28	68.0262		C_2O_3	2.34	0.62	71.9847		$C_4H_{10}O$	4.63	0.28	74.0732
	C_4H_6N	4.90	0.09	68.0501		$C_2H_2NO_2$	2.70	0.42	72.0085		C_5N	5.92	0.14	74.0031
	C_5H_8	5.67	0.13	68.0626		$C_2H_4N_2O$	3.06	0.23	72.0324		C_6H_2	6.69	0.18	74.0157
69	CHN_4	2.61	0.03	69.0202		$C_2H_6N_3$	3.42	0.04	72.0563	75	HN_3O_2	1.21	0.41	75.0069
	C_2HN_2O	3.02	0.23	69.0089		$C_3H_4O_2$	3.47	0.44	72.0211		H_3N_4O	1.57	0.21	75.0308
	$C_2H_3N_3$	3.38	0.04	69.0328		C_3H_6NO	3.83	0.25	72.0449		$CHNO_3$	1.62	0.61	74.9956
	C_3HO_2	3.43	0.44	68.9976		$C_3H_8N_2$	4.19	0.07	72.0688		$CH_3N_2O_2$	0.98	0.41	75.0195
	C_3H_3NO	3.79	0.25	69.0215		C_4H_8O	4.60	0.28	72.0575		CH_5N_3O	12.34	0.22	75.0433
	$C_3H_5N_2$	4.15	0.06	69.0453		$C_4H_{10}N$	4.96	0.09	72.0814		CH_7N_4	2.70	0.03	75.0672
	C_4H_5O	4.56	0.28	69.0340		C_5H_{12}	5.73	0.13	72.0939		$C_2H_3O_3$	2.39	0.62	75.0082
	C_4H_7N	4.92	0.09	69.0579		C_6	6.66	0.18	72.0000		$C_2H_5NO_2$	2.75	0.43	75.0320
	C_5H_9	5.69	0.13	69.0705	73	HN_4O	1.54	0.21	73.0151		$C_2H_7N_2O$	3.11	0.23	75.0559
70	CN_3O	2.26	0.22	70.0042		CHN_2O_2	1.95	0.41	73.0038		$C_2H_9N_3$	3.47	0.05	75.0798
	CH_2N_4	2.62	0.03	70.0280		CH_3N_3O	2.31	0.22	73.0277		$C_3H_7O_2$	3.52	0.44	75.0446
	C_2NO_2	2.67	0.42	69.9929		CH_5N_4	2.67	0.03	73.0515		C_3H_9NO	3.88	0.25	75.0684
	$C_2H_2N_2O$	3.03	0.23	70.0167		C_2HO_3	2.36	0.62	72.9925		C_5HN	5.94	0.14	75.0109
	$C_2H_4N_3$	3.39	0.04	70.0406		$C_2H_3NO_2$	2.72	0.42	73.0164		C_6H_3	6.71	0.18	75.0235
	$C_3H_2O_2$	3.44	0.44	70.0054		$C_2H_5N_2O$	3.08	0.23	73.0402	76	N_2O_3	0.86	0.60	75.9909
	C_3H_4NO	3.80	0.25	70.0293		$C_2H_7N_3$	3.44	0.04	73.0641		$H_2N_3O_2$	1.22	0.41	76.0147
	$C_3H_6N_2$	4.16	0.07	70.0532		$C_3H_5O_2$	3.49	0.44	73.0289		H_4N_4O	1.58	0.21	76.0386
	C_4H_6O	4.57	0.28	70.0419		C_3H_7NO	3.85	0.25	73.0528		CO_4	1.27	0.80	75.9796

質量	組成	M+1	M+2	質量
76	CH₂NO₃	1.63	0.61	76.0034
	CH₄N₂O₂	1.99	0.41	76.0273
	CH₆N₃O	2.35	0.22	76.0511
	CH₈N₄	2.71	0.03	76.0750
	C₂H₄O₃	2.40	0.62	76.0160
	C₂H₆NO₂	2.76	0.43	76.0399
	C₂H₈N₂O	3.12	0.24	76.0637
	C₃H₈O₂	3.53	0.44	76.0524
	C₄N₂	5.18	0.10	76.0062
	C₅O	5.59	0.32	75.9949
	C₅H₂N	5.95	0.14	76.0187
	C₆H₄	6.72	0.19	76.0313
77	HN₂O₃	0.88	0.60	76.9987
	H₃N₃O₂	1.24	0.41	77.0226
	H₅N₄O	1.60	0.21	77.0464
	CHO₄	1.29	0.80	76.9874
	CH₃NO₃	1.65	0.61	77.0113
	CH₅N₂O₂	2.01	0.41	77.0351
	CH₇N₃O	2.37	0.22	77.0590
	C₂H₅O₃	2.42	0.62	77.0238
	C₂H₇NO₂	2.78	0.43	77.0477
	C₄HN₂	5.20	0.11	77.0140
	C₅HO	5.61	0.32	77.0027
	C₅H₃N	5.97	0.15	77.0266
	C₆H₅	6.74	0.19	77.0391
78	NO₄	0.53	0.80	77.9827
	H₂N₂O₃	0.89	0.60	78.0065
	H₄N₃O₂	1.25	0.41	78.0304
	H₆N₄O	1.61	0.21	78.0542
	CH₂O₄	1.30	0.80	77.9953
	CH₄NO₃	1.66	0.61	78.0191
	CH₆N₂O₂	2.02	0.41	78.0429
	C₂H₆O₃	2.43	0.62	78.0317
	C₃N₃	4.44	0.08	78.0093
	C₄NO	4.85	0.29	77.9980
	C₄H₂N₂	5.21	0.11	78.0218
	C₅H₂O	5.62	0.32	78.0106
	C₅H₄N	5.98	0.14	78.0344
78	C₆H₆	6.75	0.19	78.0470
79	HNO₄	0.55	0.80	78.9905
	H₃N₂O₃	0.91	0.60	79.0144
	H₅N₃O₂	1.27	0.41	79.0382
	CH₃O₄	1.32	0.80	79.0031
	CH₅NO₃	1.68	0.61	79.0269
	C₃HN₃	4.46	0.08	79.0171
	C₄HNO	4.87	0.29	79.0058
	C₄H₃N₂	5.23	0.11	79.0297
	C₅H₃O	5.64	0.32	79.0184
	C₅H₅N	6.00	0.14	79.0422
	C₆H₇	6.77	0.19	79.0548
80	H₂NO₄	0.56	0.80	79.9983
	H₄N₂O₃	0.92	0.60	80.0222
	CH₄O₄	1.33	0.80	80.0109
	C₂N₄	3.70	0.05	80.0124
	C₃N₂O	4.11	0.26	80.0011
	C₃H₂N₃	4.47	0.08	80.0249
	C₄O₂	4.52	0.47	79.9898
	C₄H₂NO	4.88	0.29	80.0136
	C₄H₄N₂	5.24	0.11	80.0375
	C₅H₄O	5.65	0.32	80.0262
	C₅H₆N	6.0	10.14	80.0501
	C₆H₈	6.78	0.19	80.0626
81	H₃NO₄	0.58	0.80	81.0062
	C₂HN₄	3.72	0.05	81.0202
	C₃HN₂O	4.13	0.26	81.0089
	C₃H₃N₃	4.49	0.08	81.0328
	C₄HO₂	4.54	0.48	80.9976
	C₄H₃NO	4.90	0.29	81.0215
	C₄H₅N₂	5.26	0.11	81.0453
	C₅H₅O	5.67	0.32	81.0340
	C₅H₇N	6.03	0.14	81.0579
	C₆H₉	6.80	0.19	81.0705
82	C₂N₃O	3.37	0.24	82.0042
	C₂H₂N₄	3.73	0.05	82.0280
	C₃NO₂	3.78	0.45	81.9929
	C₃H₂N₂O	4.14	0.26	82.0167
82	C₃H₄N₃	4.50	0.08	82.0406
	C₄H₂O₂	4.55	0.48	82.0054
	C₄H₄NO	4.91	0.29	82.0293
	C₄H₆N₂	5.27	0.11	82.0532
	C₅H₆O	5.68	0.32	82.0419
	C₅H₈N	6.04	0.14	82.0657
	C₆H₁₀	6.81	0.19	82.0783
83	C₂HN₃O	3.39	0.24	83.0120
	C₂H₃N₄	3.75	0.06	83.0359
	C₃HNO₂	3.80	0.45	83.0007
	C₃H₃N₂O	4.16	0.27	83.0246
	C₃H₅N₃	4.52	0.08	83.0484
	C₄H₃O₂	4.57	0.48	83.0133
	C₄H₅NO	4.93	0.29	83.0371
	C₄H₇N₂	5.29	0.11	83.0610
	C₅H₇O	5.70	0.33	83.0497
	C₅H₉N	6.06	0.15	83.0736
	C₆H₁₁	6.83	0.19	83.0861
84	CN₄O	2.63	0.23	84.0073
	C₂H₂N₃O	3.40	0.24	84.0198
	C₂N₂O₂	3.04	0.43	83.9960
	C₂H₄N₄	3.76	0.06	84.0437
	C₃O₃	3.45	0.64	83.9847
	C₃H₂NO₂	3.81	0.45	84.0085
	C₃H₄N₂O	4.17	0.27	84.0324
	C₃H₆N₃	4.53	0.08	84.0563
	C₄H₄O₂	4.58	0.48	84.0211
	C₄H₆NO	4.94	0.29	84.0449
	C₄H₈N₂	5.30	0.11	84.0688
	C₅H₈O	5.71	0.33	84.0575
	C₅H₁₀N	6.07	0.15	84.0814
	C₆H₁₂	6.84	0.19	84.0939
	C₇	7.77	0.26	84.0000
85	CHN₄O	2.65	0.23	85.0151
	C₂HN₂O₂	3.06	0.43	85.0038
	C₂H₃N₃O	3.42	0.24	85.0277
	C₂H₅N₄	3.78	0.06	85.0515
	C₂HO₃	3.47	0.64	84.9925

		M+1	M+2	質量			M+1	M+2	質量			M+1	M+2	質量
85	C₃H₃NO₂	3.83	0.45	85.0164	87	C₄H₇O₂	4.63	0.48	87.0446	89	C₃H₇NO₂	3.89	0.46	89.0477
	C₃H₅N₂O	4.19	0.27	85.0402		C₄H₉NO	4.99	0.30	87.0684		C₃H₉N₂O	4.25	0.27	89.0715
	C₃H₇N₃	4.55	0.08	85.0641		C₄H₁₁N₂	5.35	0.11	87.0923		C₃H₁₁N₃	4.61	0.08	89.0954
	C₄H₅O₂	4.60	0.48	85.0289		C₅H₁₁O	5.76	0.33	87.0810		C₄H₉O₂	4.66	0.48	89.0603
	C₄H₇NO	4.96	0.29	85.0528		C₅H₁₃N	6.12	0.15	87.1049		C₄H₁₁NO	5.02	0.30	89.0841
	C₄H₉N₂	5.32	0.11	85.0767		C₆HN	7.05	0.21	87.0109		C₅HN₂	6.31	0.16	89.0140
	C₅H₉O	5.73	0.33	85.0653		C₇H₃	7.82	0.26	87.0235		C₆HO	6.72	0.38	89.0027
	C₅H₁₁N	6.09	0.16	85.0892	88	N₄O₂	1.56	0.41	88.0022		C₆H₃N	7.08	0.21	89.0266
	C₆H₁₃	6.86	0.20	85.1018		CN₂O₃	1.97	0.61	87.9909		C₇H₅	7.85	0.26	89.0391
	C₇H	7.79	0.26	85.0078		CH₂N₃O₂	2.33	0.42	88.0147	90	N₃O₃	1.23	0.60	89.9940
86	CN₃O₂	2.30	0.41	85.9991		CH₄N₄O	2.69	0.23	88.0386		H₂N₄O₂	1.59	0.40	90.0178
	CH₂N₄O	2.66	0.21	86.0229		C₂O₄	2.38	0.82	87.9796		CNO₄	1.64	0.80	89.9827
	C₂NO₃	2.71	0.62	85.9878		C₂H₂NO₃	2.74	0.63	88.0034		CH₂N₂O₃	2.00	0.61	90.0065
	C₂H₂N₂O₂	3.07	0.43	86.0116		C₂H₄N₂O₂	3.10	0.43	88.0273		CH₄N₃O₂	2.36	0.42	90.0304
	C₂H₄N₃O	3.43	0.24	86.0355		C₂H₆N₃O	3.46	0.25	88.0511		CH₆N₄O	2.72	0.23	90.0542
	C₂H₆N₄	3.79	0.06	86.0594		C₂H₈N₄	3.82	0.06	88.0750		C₂H₂O₄	2.41	0.82	89.9953
	C₃H₂O₃	3.48	0.64	86.0003		C₃H₄O₃	33.51	0.64	88.0160		C₂H₄NO₃	2.77	0.63	90.0191
	C₃H₄NO₂	3.84	0.45	86.0242		C₃H₆NO₂	3.87	0.45	88.0399		C₂H₆N₂O₂	3.13	0.44	90.0429
	C₃H₆N₂O	4.20	0.27	86.0480		C₃H₈N₂O	4.23	0.27	88.0637		C₂H₈N₃O	3.49	0.25	90.0668
	C₃H₈N₃	4.56	0.08	86.0719		C₃H₁₀N₃	4.59	0.08	88.0876		C₂H₁₀N₄	3.85	0.06	90.0907
	C₄H₆O₂	4.61	0.48	86.0368		C₄H₈O₂	4.64	0.48	88.0524		C₃H₆O₃	3.54	0.64	90.0317
	C₄H₈NO	4.97	0.30	86.0606		C₄H₁₀NO	5.00	0.30	88.0763		C₃H₈NO₂	3.90	0.46	90.0555
	C₄H₁₀N₂	5.33	0.11	86.0845		C₄H₁₂N₂	5.36	0.11	88.1001		C₃H₁₀N₂O	4.26	0.27	90.0794
	C₅H₁₀O	5.74	0.33	86.0732		C₅H₁₂O	5.77	0.33	88.0888		C₄H₁₀O₂	4.67	0.48	90.0681
	C₅H₁₂N	6.10	0.16	86.0970		C₅N₂	6.29	0.16	88.0062		C₄N₃	5.55	0.13	90.0093
	C₆H₁₄	6.87	0.21	86.1096		C₆O	6.70	0.38	87.9949		C₅NO	5.96	0.34	89.9980
	C₆N	7.03	0.21	86.0031		C₆H₂N	7.06	0.21	88.0187		C₅H₂N₂	6.32	0.17	90.0218
	C₇H₂	7.80	0.26	86.0157		C₇H₄	7.83	0.26	88.0313		C₆H₂O	6.73	0.38	90.0106
87	CHN₃O₂	2.32	0.42	87.0069	89	HN₄O₂	1.58	0.41	89.0100		C₆H₄N	7.09	0.21	90.0344
	CH₃N₄O	2.68	0.23	87.0308		CHN₂O₃	1.99	0.61	88.9987		C₇H₆	7.86	0.26	90.0470
	C₂HNO₃	2.73	0.62	86.9956		CH₃N₃O₂	2.35	0.42	89.0226	91	HN₃O₃	1.25	0.60	91.0018
	C₂H₃N₂O₂	3.09	0.43	87.0195		CH₅N₄O	2.71	0.23	89.0464		H₃N₄O₂	1.61	0.41	91.0257
	C₂H₅N₃O	3.45	0.25	87.0433		C₂HO₄	2.40	0.82	88.9874		CHNO₄	1.66	0.81	90.9905
	C₂H₇N₄	3.81	0.06	87.0672		C₂H₃NO₃	2.76	0.63	89.0113		CH₃N₂O₃	2.02	0.61	91.0144
	C₃H₃O₃	3.50	0.64	87.0082		C₂H₅N₂O₂	3.12	0.44	89.0351		CH₅N₃O₂	2.38	0.42	91.0382
	C₃H₅NO₂	3.86	0.45	87.0320		C₂H₇N₃O	3.48	0.25	89.0590		CH₇N₄O	2.74	0.23	91.0621
	C₃H₇N₂O	4.22	0.27	87.0559		C₂H₉N₄	3.84	0.06	89.0829		C₂H₃O₄	2.43	0.82	91.0031
	C₃H₉N₃	4.58	0.08	87.0798		C₃H₅O₃	3.53	0.64	89.0238		C₂H₅NO₃	2.79	0.63	91.0269

242　4．MS スペクトルデータ

		M+1	M+2	質量			M+1	M+2	質量			M+1	M+2	質量
91	$C_2H_7N_2O_2$	3.15	0.44	91.0508	93	C_3HN_4	4.83	0.09	93.0202	95	C_7H_{11}	7.17	0.22	95.0861
	$C_2H_9N_3O$	3.51	0.25	91.0746		C_4HN_2O	5.24	0.31	93.0089	96	$H_4N_2O_4$	0.96	0.80	96.0171
	$C_3H_7O_3$	3.56	0.64	91.0395		$C_4H_3N_3$	5.60	0.13	93.0328		C_2N_4O	3.74	0.26	96.0073
	$C_3H_9NO_2$	3.92	0.46	91.0634		C_5HO_2	5.65	0.52	92.9976		$C_3N_2O_2$	4.15	0.47	95.9960
	C_4HN_3	5.57	0.13	91.0171		C_5H_3NO	6.01	0.35	93.0215		$C_3H_2N_3O$	4.51	0.28	96.0198
	C_5NHO	5.98	0.34	91.0058		$C_5H_5N_2$	6.37	0.17	93.0453		$C_3H_4N_4$	4.87	0.10	96.0437
	$C_5H_3N_2$	6.34	0.17	91.0297		C_6H_5O	6.78	0.38	93.0340		C_4O_3	4.56	0.67	95.9847
	C_6H_3O	6.75	0.38	91.0184		C_6H_7N	7.14	0.22	93.0579		$C_4H_2NO_2$	4.92	0.49	96.0085
	C_6H_5N	7.11	0.21	91.0422		C_7H_9	7.91	0.27	93.0705		$C_4H_4N_2O$	5.28	0.31	96.0324
	C_7H_7	7.88	0.26	91.0548	94	$H_2N_2O_4$	0.93	0.80	94.0014		$C_4H_6N_3$	5.64	0.13	96.0563
92	N_2O_4	0.90	0.80	91.9858		$H_4N_3O_3$	1.29	0.61	94.0253		$C_5H_4O_2$	5.69	0.53	96.0211
	$H_2N_3O_3$	1.26	0.60	92.0096		$H_6N_4O_2$	1.65	0.41	94.0491		C_5H_6NO	6.05	0.35	96.0449
	$H_4N_4O_2$	1.62	0.41	92.0335		CH_4NO_4	1.70	0.81	94.0140		$C_5H_8N_2$	6.41	0.17	96.0688
	CH_2NO_4	1.67	0.81	91.9983		$CH_6N_2O_3$	2.06	0.62	94.0379		C_6H_8O	6.82	0.39	96.0575
	$CH_4N_2O_3$	2.03	0.61	92.0222		$C_2H_6O_4$	2.47	0.82	94.0266		$C_6H_{10}N$	7.18	0.22	96.0814
	$CH_6N_3O_2$	2.39	0.42	92.0460		C_3N_3O	4.48	0.28	94.0042		C_7H_{12}	7.95	0.27	96.0939
	CH_8N_4O	2.75	0.23	92.0699		$C_3H_2N_4$	4.84	0.09	94.0280		C_8	8.88	0.34	96.0000
	$C_2H_4O_4$	2.44	0.82	92.0109		C_4NO_2	4.89	0.49	93.9929	97	C_2HN_4O	3.76	0.26	97.0151
	$C_2H_6NO_3$	2.80	0.63	92.0348		$C_4H_2N_2O$	5.25	0.31	94.0167		$C_3HN_2O_2$	4.17	0.47	97.0038
	$C_2H_8N_2O_2$	3.16	0.44	92.0586		$C_4H_4N_3$	5.61	0.13	94.0406		$C_3H_3N_3O$	4.53	0.28	97.0277
	$C_3H_8O_3$	3.57	0.64	92.0473		$C_5H_2O_2$	5.66	0.52	94.0054		$C_3H_5N_4$	4.89	0.10	97.0515
	C_3N_4	4.81	0.09	92.0124		C_5H_4NO	6.02	0.35	94.0293		C_4HO_3	4.58	0.68	96.9925
	C_4N_2O	5.22	0.31	92.0011		$C_5H_6N_2$	6.38	0.17	94.0532		$C_4H_3NO_2$	4.94	0.49	97.0164
	$C_4H_2N_3$	5.58	0.13	92.0249		C_6H_6O	6.79	0.38	94.0419		$C_4H_5N_2O$	5.30	0.31	97.0402
	C_5O_2	5.63	0.52	91.9898		C_6H_8N	7.15	0.22	94.0657		$C_4H_7N_3$	5.66	0.13	97.0641
	C_5H_2NO	5.99	0.34	92.0136		C_7H_{10}	7.92	0.27	94.0783		$C_5H_5O_2$	5.71	0.53	97.0289
	$C_5H_4N_2$	6.35	0.17	92.0375	95	$H_3N_2O_4$	0.95	0.80	95.0093		C_5H_7NO	6.07	0.35	97.0528
	C_6H_4O	5.76	0.38	92.0262		$H_5N_3O_3$	1.31	0.60	95.0331		$C_5H_6N_2$	6.43	0.17	97.0767
	C_6H_6N	7.12	0.21	92.0501		C_3HN_3O	1.72	0.81	95.0120		C_6H_9O	6.84	0.39	97.0653
	C_7H_8	7.89	0.27	92.0626		$C_3H_3N_4$	4.50	0.28	95.0359		$C_6H_{11}N$	7.20	0.22	97.0892
93	HN_2O_4	0.92	0.80	92.9936		C_4HNO_2	4.86	0.10	95.0007		C_7H_{13}	7.97	0.27	97.1018
	$H_3N_3O_3$	1.28	0.60	93.0175		$C_4H_3N_2O$	4.91	0.49	95.0246		C_8H	8.90	0.34	97.0078
	$H_5N_4O_2$	1.64	0.41	93.0413		$C_4H_5N_3$	5.27	0.31	95.0484	98	$C_2N_3O_2$	3.41	0.44	97.9991
	CH_3NO_4	1.69	0.81	93.0062		$C_5H_3O_2$	5.63	0.13	95.0133		$C_2H_2N_4O$	3.77	0.26	98.0229
	$CH_5N_2O_3$	2.05	0.61	93.0300		C_5H_5NO	5.68	0.52	95.0371		C_3NO_3	3.82	0.65	97.9878
	$CH_7N_3O_2$	2.41	0.42	93.0539		$C_5H_7N_2$	6.04	0.35	95.0610		$C_3H_2N_2O_2$	4.18	0.47	98.0116
	$C_2H_5O_4$	2.46	0.82	93.0187		C_6H_7O	6.40	0.17	95.0497		$C_3H_4N_3O$	4.54	0.28	98.0355
	$C_2H_7NO_3$	2.82	0.63	93.0426		C_6H_9N	6.81	0.39	95.0736		$C_3H_6N_4$	4.90	0.10	98.0594

		M+1	M+2	質量			M+1	M+2	質量			M+1	M+2	質量
98	$C_4H_2O_3$	4.59	0.68	98.0003	98	C_7N	8.14	0.27	98.0031	99	$C_4H_7N_2O$	5.33	0.31	99.0559
	$C_4H_4NO_2$	4.95	0.49	98.0242		C_8H_2	8.91	0.33	98.0157		$C_4H_9N_3$	5.69	0.13	99.0798
	$C_4H_6N_2O$	5.31	0.31	98.0480	99	$C_2HN_3O_2$	3.43	0.44	99.0069		$C_5H_7O_2$	5.74	0.53	99.0446
	$C_4H_8N_3$	5.67	0.13	98.0719		$C_2H_3N_4O$	3.79	0.25	99.0308		C_5H_9NO	6.11	0.35	99.0684
	$C_5H_6O_2$	5.72	0.53	98.0368		C_3HNO_3	3.84	0.65	98.9956		$C_5H_{11}N_2$	6.46	0.17	99.0923
	C_5H_8NO	6.08	0.35	98.0606		$C_3H_3N_2O_2$	4.20	0.47	99.0195		$C_6H_{11}O$	6.86	0.39	99.0810
	$C_5H_{10}N_2$	6.44	0.17	98.0844		$C_3H_5N_3O$	4.56	0.28	99.0433		$C_6H_{13}N$	7.23	0.22	99.1049
	$C_6H_{10}O$	6.85	0.39	98.0732		$C_3H_7N_4$	4.92	0.10	99.0672		C_7H_{15}	8.00	0.27	99.1174
	$C_6H_{12}N$	7.21	0.21	98.0970		$C_4H_3O_3$	4.61	0.68	99.0082		C_7HN	8.16	0.29	99.0109
	C_7H_{14}	7.98	0.26	98.1096		$C_4H_5NO_2$	4.97	0.49	99.0320		C_8H_3	8.93	0.35	99.0235

関連インターネットサイト*

マルチスペクトル
本書に載っている問題は下記サイトのマルチスペクトルからアクセスできる．
http://spectros.unice.fr/

スペクトルデータベース
有機化合物のスペクトルデータベース，MS，NMR，IR
http://sdbs.db.aist.go.jp/

Sigma-aldrich 社，NMR，IR
http://www.sigmaaldrich.com

NIST 化学ウェブブック，MS，IR
http://webbook.nist.gov/chemistry/

アクロス社，IR
http://www.acros.com/portal/alias_Rainbow/lang_en-US/tabID_28/DesktopDefault.aspx

Biological Magnetic Resonance データバンク
http://www.bmrb.wisc.edu/metabolomics/

MassBank，高分解能 MS スペクトルデータベース
http://www.massbank.jp/index.html?lang=en

その他の関連サイト
化学シフトおよび結合定数に関する総合的データベース
http://www.chem.wisc.edu/areas/reich/handouts/nmr-h/hdata.htm

NMR acronyms
http://www.chem.ox.ac.uk/spectroscopy/nmr/acropage.htm

---

* 訳注：このサイトは英語版読者のために運営されているもので，日本語版読者の使用は必ずしも保証されていません．

問題中の重要な用語

MS

α開裂［α-cleavage］ 電荷をもった原子の隣の原子（α位）とさらにその隣の原子（β位）の間の結合の開裂．β開裂は電荷を帯びた原子からさらにもう一つ遠い結合の開裂．α開裂の例としては，エチルエーテルにおいて，分子イオンからメチルラジカルが脱離するときの開裂があげられる．

$$CH_3-CH_2-\overset{+}{\underset{CH_2-CH_3}{O}} \longrightarrow CH_3-CH_2-\overset{+}{\underset{CH_2}{O}} + {}^{\bullet}CH_3$$

HRMS［high-resolution mass spectrometry］ 高分解能質量スペクトル．

M または **M$^+$** 分子イオン．分子が開裂することなく，一つ以上の電子が脱離して生成する陽イオン．または一つ以上の電子が付加することによって生成する陰イオン．分子イオンピークは天然存在比が最も多い同位体からなるイオンをさす．

逆 Diels–Alder 反応［retro Diels-Alder reaction］ 転位反応を伴う開裂反応の一つである．本反応により二つのσ結合の切断を経て得られる二つの生成物は［4＋2］付加環化反応の二つの出発物質に相当する．一例として，シクロヘキセンの分子イオンからエチレンが脱離する逆 Diels-Alder 反応を次に示す．

P または **P$^+$イオン** 親イオンまたは前駆イオン．Pは分子イオンピークをさして用いられることもある．しかしPは，電荷をもったフラグメントイオンを意味する場合もある．この場合のフラグメントイオンはさらに開裂して小さなフラグメントイオンを生じる．

β開裂［β-cleavage］ α開裂参照．

McLafferty 転位［McLafferty rearrangement］ 6員環遷移状態を経て進行するβ開裂の一つであり，γ位の水素が二重結合を形成する原子の一つに転位する過程を含む．一つの例としては，ブチルアルデヒドからエチレンが脱離する開裂反応があげられる．

NMR

NMR 省略形［NMR abbreviations］ NMRスペクトルデータを記載するときに用いられる省略形．δ：化学シフト，テトラメチルシラン（tetramethylsilane，TMS）のような基準物質から低磁場側にどれだけ離れているかを ppm 単位で表すもの．s：一重線，d：二重線，t：三重線，q：四重線，m：多重線，br：ブロード，Ar：芳香環．

OR［off resonance］ オフレゾナンス．$^1J_{CH}$ のみが観測できる程度に $^{13}C-^1H$ カップリングを弱めて測定された ^{13}C NMRスペクトル．

化学シフト：δ［chemical shift］ ある核の共鳴周波数と基準物質（通常，テトラメチルシラン）の共鳴周波数との差．ppm 単位で表す．

化学シフト等価性［chemical shift equivalent］ 等価参照．

帰属［assignment］ NMRシグナルが構造式中のどの核に由来するかを対応づけること．

結合定数：J［coupling constant］ 結合を介したカップリングを表す数値．磁場強度に関係なく，ヘルツ（Hz）単位で表す．

高磁場［upfield］ 小さな化学シフト（δ値）の方向（本書の ^1H NMRスペクトルでは右側方向）．ある変化により核を遮蔽する効果が強まったときに，共鳴を起こすためには照射する外部磁場強度を強くする（高くする）必要があることからきた用語．連続波スペクトルを用いていた時代のNMR測定法に由来する．

磁気的等価性［magnetic equivalence］ 同じ化学シフトをもち，さらに隣接する核と同じスピン-スピン結合定数をもつ複数の核をさしていう．磁気的等価性をもつ二つの核の対は A_2B_2 と表記される．これに対して，化学シフト等価性のみをもつ核の対は $AA'BB'$ と表記される．このとき，J_{AB} は $J_{AB'}$ と同じではない．

遮蔽［shield］ 核が外部磁場から遮蔽される程度に従って用いられる用語．化学シフトに影響を与える要因の変化を表すときに用いられる．たとえば，核のまわりの電子密度が増えると，"遮蔽"が大きくなり化学シフトは高磁場にシフトする．核のまわりの電子密度が減ると，"非遮蔽化"されて，低磁場にシフトする．

重原子効果［heavy atom effect］　重原子（たとえば，ヨウ素）がもつ豊富な電子雲によって生じる強い遮蔽効果．

スピニングサイドバンド［spinning sideband］　強い（背の高い）ピークの両側の左右対称の位置に観測される小さなピーク．試料管を回転させることにより現れる．本来観測されないはずのピークで，シム調整が不十分な場合に生じることが多い．

第四級炭素［quaternary carbon］　直接結合した水素原子をもたない炭素．^{13}C NMR スペクトルの解析において多く用いられる．同様に，第三級，第二級，第一級炭素という用語も用いられる．これらはその炭素に結合した C−H 結合以外の結合の数（π結合も含む）を表す．

TMS［tetramethylsilane］　テトラメチルシラン．基準物質として測定時に加えられる化合物．溶媒ピークを化学シフトの基準値として用いることもできるため，TMS を必ずしも加える必要はない．

低磁場［downfield］　大きな化学シフト（δ値）の方向（本書の ^{1}H NMR スペクトルでは左側方向）．ある変化により核を遮蔽する効果が弱まったときに，共鳴を起こすためには照射する外部磁場強度を弱める（低くする）必要があることからきた用語．連続波スペクトルを用いていた時代の NMR 測定法に由来する．

DEPT［distortionless enhancement by polarization transfer］　本書に掲載された DEPT スペクトルはすべて DEPT-135 スペクトルである．DEPT-135 スペクトルでは，メチル炭素とメチン炭素のシグナルは上向きに，メチレン炭素の単一線は下向きに現れ，第四級炭素は消失する．

等価［isochronous］　化学シフト等価性ともいう．同じ化学シフトをもつ複数の核をさしていう．化学シフト的に等価な核とは，対称操作や速い変換過程（結合の回転など）によって入換え可能な核のことである．

非遮蔽［deshield］　遮蔽参照．

BB スペクトル［broad band decoupled spectrum］　ブロードバンドデカップルスペクトル．すべての ^{13}C−^{1}H カップリングを消去して測定された ^{13}C NMR スペクトル．水素原子核の全領域を照射する幅広いデカップリング法が用いられる．

IR

IR 省略形［IR abbreviation］　IR スペクトルデータを記載するときに用いられる省略形．b: ブロード，m: 中程度，s: 強い，w: 弱い．

解　答

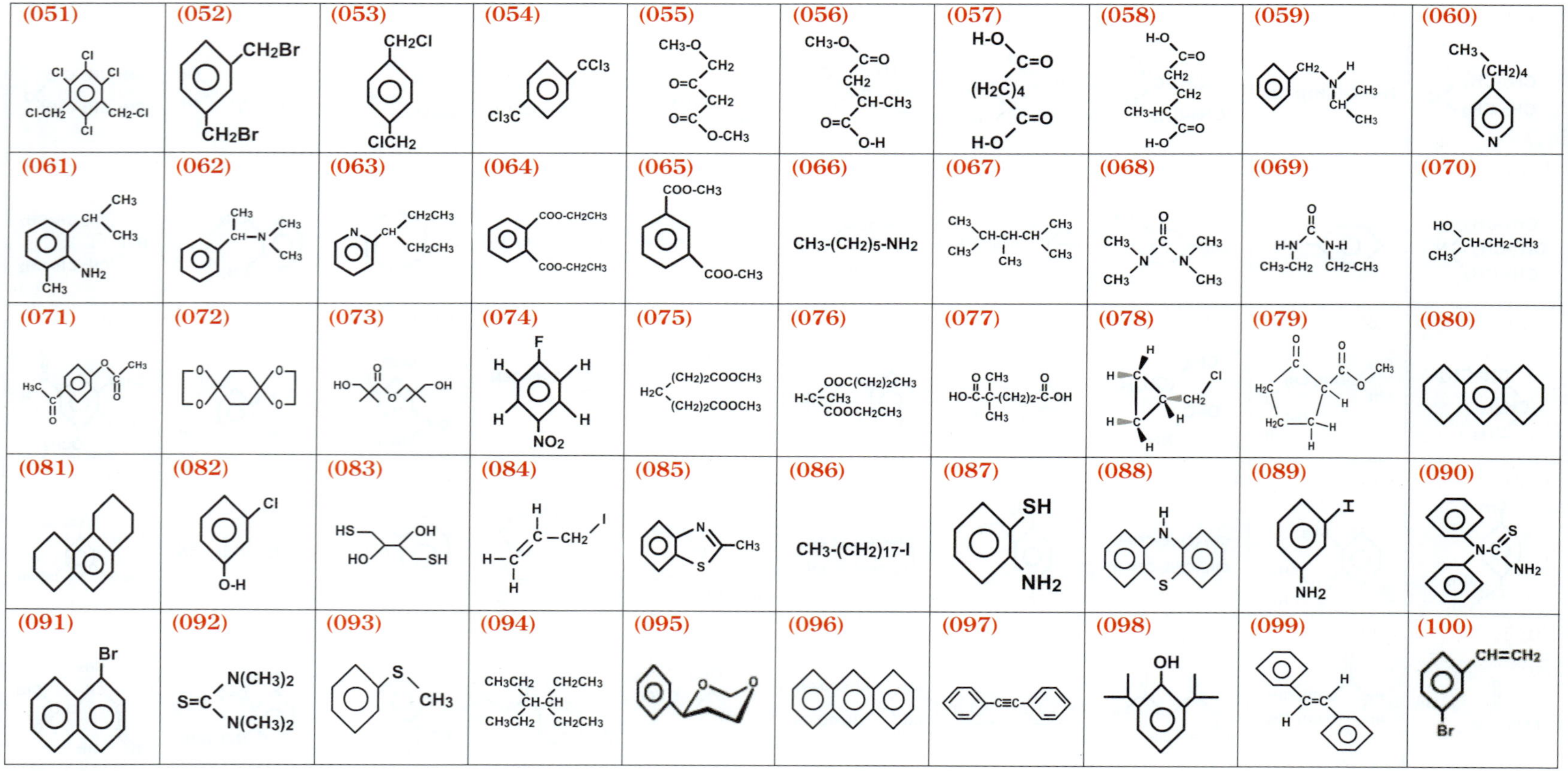
(051)
Cl
Cl
Cl
Cl-CH2
CH2-Cl
Cl
(052)
CH2Br
CH2Br
(053)
CH2Cl
ClCH2
(054)
CCl3
Cl3C
(055)
CH3-O
CH2
O=C
CH2
O=C
O-CH3
(056)
CH3-O
C=O
CH2
CH-CH3
O=C
O-H
(057)
H-O
C=O
(H2C)4
C=O
H-O
(058)
H-O
C=O
CH2
CH2
CH3-HC
C=O
H-O
(059)
CH2
H
N
CH3
CH
CH3
(060)
CH3
(CH2)4
N
(061)
CH3
CH
CH3
NH2
CH3
(062)
CH3
CH—N
CH3
CH3
(063)
N
CH
CH2CH3
CH2CH3
(064)
COO-CH2CH3
COO-CH2CH3
(065)
COO-CH3
COO-CH3
(066)
CH3-(CH2)5-NH2
(067)
CH3
CH-CH-CH
CH3
CH3
CH3
CH3
(068)
O
C
CH3
N
N
CH3
CH3
CH3
(069)
O
C
H-N
N-H
CH3-CH2
CH2-CH3
(070)
HO
CH-CH2-CH3
CH3
(071)
H3C
O
CH3
O
O
(072)
O
O
O
O
(073)
HO
O
O
OH
(074)
F
H
H
H
H
NO2
(075)
(CH2)2COOCH3
H2C
(CH2)2COOCH3
(076)
OOC(CH2)2CH3
H-C-CH3
COOCH2CH3
(077)
O CH3
O
HO-C-C-(CH2)2-C-OH
CH3
(078)
H
H
C
Cl
C
CH2
H
C
H
H
(079)
O
O
C
C
CH3
O
H2C
C
H
H2C
C
H
H
(080)
(081)
(082)
Cl
O-H
(083)
HS
OH
HO
SH
(084)
H
C
CH2
I
H
C
H
(085)
N
CH3
S
(086)
CH3-(CH2)17-I
(087)
SH
NH2
(088)
H
N
S
(089)
I
NH2
(090)
S
N-C
NH2
(091)
Br
(092)
N(CH3)2
S=C
N(CH3)2
(093)
S
CH3
(094)
CH3CH2
CH2CH3
CH-CH
CH3CH2
CH2CH3
(095)
O
O
(096)
(097)
C≡C
(098)
OH
(099)
H
C=C
H
(100)
CH=CH2
Br

索　引

事 項 索 引

IR スペクトル　1
EIMS → 電子衝撃イオン化法
HRMS → 高分解能質量スペクトル
^{1}H NMR スペクトル　1
MS スペクトル　1
OR スペクトル　7
オフレゾナンススペクトル
　　　　　　　　　→ OR スペクトル
Karplus 曲線　230
高分解能質量スペクトル　1
^{13}C NMR スペクトル　1
質量スペクトル → MS スペクトル
重原子効果　93
スピニングサイドバンド　17
赤外スペクトル → IR スペクトル
窒素ルール　13
DEPT スペクトル　1
電子衝撃イオン化法　1
BB スペクトル　7
不飽和度　5
ブロードバンドデカップルスペクトル
　　　　　　　　　→ BB スペクトル

化 合 物 索 引

アジピン酸　19
α-アセチル-γ-ブチロラクトン　151
4-アセトキシアセトフェノン　159
アニソール　49
p-アミノ安息香酸エチル　115
o-アミノチオフェノール　83
アントラセン　121

イソバレルアルデヒド　35
イソプロピルベンジルアミン　155
2-インダノン　99

ウンデカンニトリル　107

エチリデンジアセタート　143
2-(1-エチルプロピル)ピリジン　89
o-エトキシ安息香酸エチル　149
o-エトキシベンズアミド　139

1,2,3,4,5,6,7,8-オクタヒドロアント
　　　　　　　　　　ラセン　131
1,2,3,4,5,6,7,8-オクタヒドロフェナ
　　　　　　　　　ントレン　161

ギ酸イソペンチル　23

p-クロロアセトフェノン　81

コハク酸ジエチル　111

酢酸エチル　9
酢酸プロピル　13

ジアリルアミン　41
ジイソプロピルエーテル　17
2,6-ジイソプロピルフェノール　125

N,N-ジエチルアセトアミド　95
ジエチルエーテル　7
3,4-ジエチルヘキサン　15
シクロヘキセン　39
ジフェニルアセチレン　123
N,N-ジフェニルチオ尿素　165
ジプロピルエーテル　11
2,2′-ジブロモビフェニル　79
N,N-ジメチルアセトアミド　29
3,3-ジメチルグルタル酸　67
2,2-ジメチルグルタル酸　127
o-シメン　101
p-シメン　133

スチルベン　119

炭酸ジエチル　97

チオアニソール　73

TMS　7
1,9-デカジイン　105
2,8-デカジイン　147
テトラメチルシラン　7
テトラメチルチオ尿素　91
テトラメチル尿素　33
1,2,3,4-テトラメチルベンゼン　103
テレフタル酸ジメチル　109

1,3,5-トリアセチルベンゼン　55
トリエチルアミン　21
トリメチルアセトアルデヒド　25
1,3,5-トリメチルベンゼン　47
2,3,4-トリメチルペンタン　87
2,4,5-トリメトキシベンズアルデヒド　145
3,4,5-トリメトキシベンズアルデヒド　117

トルエン　45

ピバルアルデヒド　25
ピバル酸無水物　113

2-ブタノール　85
フタル酸ジエチル　157
ブタン酸無水物　69
p-tert-ブチル安息香酸メチル　141
3-ブチン-1-オール　65
フルオロ酢酸エチル　43
p-フルオロニトロベンゼン　135
1-ブロモナフタレン　77

α,α′,2,4,5,6-ヘキサクロロ-m-
　　　　　　　　　キシレン　137
ヘキサンアミド　31
ヘキシルアミン　27
1-ヘキセン　37
ベンジルニトリル　63
ベンズアルデヒド　51
4-ペンチルピリジン　53
1-ペンチン　59
2-ペンチン　61

マロン酸水素 4-ニトロベンジル　129

メシチレン　47
メタクロロフェノール　75
β-メチルナフタレン　71
4-メトキシアセト酢酸メチル　153

ヨウ化アリル　57
3-ヨードアニリン　163
ヨードオクタデカン　93

石 橋 正 己
いし ばし まさ み

1957 年 佐賀県に生まれる
1980 年 東京大学理学部 卒
1985 年 東京大学大学院理学系研究科博士課程 修了
現 千葉大学大学院薬学研究院 教授
専攻 天然物化学
理学博士

第 1 版 第 1 刷 2014 年 2 月 21 日 発行

有機スペクトル解析ワークブック

© 2014

訳 者 石 橋 正 己
発 行 者 小 澤 美 奈 子
発 行 株式会社 東京化学同人
東京都文京区千石 3-36-7(〒 112-0011)
電話 03-3946-5311・FAX 03-3946-5316
URL: http://www.tkd-pbl.com/

印刷 株式会社 シナノ 製本 株式会社 青木製本所

ISBN978-4-8079-0839-4　　Printed in Japan
無断転載および複製物（コピー，電子データなど）
の配布，配信を禁じます．